Erasmus Bode

Konstruktionsatlas

Werkstoffgerechtes Konstruieren
Verfahrensgerechtes Konstruieren

Aus dem Programm
Konstruktion und Maschinenelemente

Handbuch Wälzlagertechnik
von H. Dahlke

Konstruieren und Gestalten
von H. Hintzen, H. Laufenberg u. a.

Leichtbau-Konstruktion
von B. Klein

Handbuch Vorrichtungen
von H. Matuszewski

Konstruktionsatlas
von E. Bode

Grundlagen der Fördertechnik –
Elemente und Triebwerke
von M. Scheffler

Roloff / Matek Maschinenelemente
von W. Matek, D. Muhs, H. Wittel und M. Becker

Transport- und Lagerlogistik
von H. Martin

Fördertechnik
von H. Pfeifer, G. Kabisch und H. Lautner

Vieweg

Erasmus Bode

Konstruktionsatlas

Werkstoffgerechtes Konstruieren
Verfahrensgerechtes Konstruieren

6., aktualisierte und erweiterte Auflage

Mit 1200 Konstruktionsbeispielen

vieweg

Sämtliche Zeichnungen: Dipl.-Ing. Erasmus Bode

Das Buch erschien bis zur 5. Auflage im Hoppenstedt Verlag, Darmstadt
6., aktualisierte und erweiterte Auflage 1996

© Springer Fachmedien Wiesbaden 1996
Ursprünglich erschienen bei Friedr. Viweg & Sohn Verlagsgesellschaft mbH, Braunschweig/Wiesbaden 1996
Softcover reprint of the hardcover 6th edition 1996

Druck und buchbinderische Verarbeitung: Lengericher Handelsdruckerei, Lengerich
Gedruckt auf säurefreiem Papier

ISBN 978-3-663-16321-3   ISBN 978-3-663-16320-6 (eBook)
DOI 10.1007/978-3-663-16320-6

Vorwort

Die vielschichtigen Restriktionen durch die verschiedenen Fertigungsverfahren und Werkstoffe bei der Herstellung eines Bauteils ließen die Forderung nach einem nicht brancheneinschränkenden, alle Fertigungsverfahren umfassenden Konstruktions-Atlas entstehen.

Ein Konstrukteur muß nicht nur über alle Werkstoffe und Herstellverfahren abwägend und vergleichend urteilen können, sondern auch über die direkt in seine Konstruktion einfließenden verschiedenen fertigungsspezifischen Eigenarten und Details.

Diese Aufgabe will dieser Konstruktions-Atlas erfüllen.

Oktober 1982   Karl-Heinz Bode

Vorwort zur 6. Auflage

Zu den traditionellen Anforderungen an ein Produkt zählen heutzutage außer der Funktionserfüllung auch die Zielsetzungen *recyclingfreundlich* und *kostengünstig.* Diese Zielsetzungen müssen sich nicht wiedersprechen. Denn werden schon bei der Produktentwicklung entsprechend gestalterische Maßnahmen berücksichtigt, so muß auch eine recyclinggerechte Konstruktion die Herstellkosten nicht erhöhen. Wie man diesen Forderungen gerecht wird, ist anhand zahlreicher Konstruktionsbeispiele in den neuen Kapiteln RECYCLING und KOSTEN dargestellt.

Von elementarer Bedeutung bleibt weiterhin das *werkstoff-* und *verfahrensgerechte* Konstruieren. Aufgrund des zunehmenden Gebrauchs von Keramik, wurde dieses Kapitel wesentlich erweitert. Das Kapitel KERAMIK enthält neue Konstruktionshinweise allgemeiner Art, Hinweise zum Schleifen und fügegerechtes Gestalten. Neu ist das Kapitel WÄRMEBEHANDLUNG, in dem Hinweise für thermisch zu behandelnde Produkte zu finden sind. Weiterhin enthält dieser Atlas zu Beginn eines jeden Kapitels Checklisten, um die wichtigsten Konstruktionsregeln auf einen Blick zu haben.

Möge auch diese nunmehr 6. Auflage mit seinen zahlreichen Neuerungen dem Konstrukteur bei seiner täglichen Arbeit wertvolle Hilfe leisten.

Januar 1996   Erasmus Bode

Inhalt

Produkt-Gestaltung

Jedes zu konstruierende Bauteil hat mit minimalem Herstellungsaufwand bei einer bestimmten zu fordernden Lebensdauer störunanfällig seine Aufgabe zu erfüllen.

Der für die Herstellung zu wählende Werkstoff und das zu wählende Herstellungsverfahren haben direkten Einfluß auf die Konstruktion der Grundform und die Details des zu entwerfenden Bauteils. Werkstoff- und Verfahrensrestriktionen sind zu berücksichtigen. Nur wenn alle Herstellungsmöglichkeiten für ein zu konstruierendes Bauteil gedanklich oder skizzenhaft „durchgespielt" werden, ist eine optimale Einzelteilgestaltung möglich.

Konstruktionsbeispiel: **Keilriemenscheiben.** Die Konstruktion nach **a** wird spanend hergestellt.

Sie ist wirtschaftlich nach diesem Verfahren nur als Einzelstück oder in geringen Stückzahlen herstellbar. Die massive Ausführung erfordert minimalen Zerspanungsaufwand. Natürlich kann diese Konstruktion durch Hinterdrehen der Keilrillen wesentlich leichter ausgeführt werden. Die Herstellkosten werden dadurch jedoch steigen.

Die Konstruktion nach **b** ist gelötet (auch als geklebte Konstruktion hätte sie die gleiche Bauform). Die Ausführung ist als Gemischtbauweise durch 2 verschiedene Preßwerkzeuge für die Blechteile aufwendig. Zusätzlich muß die Nabe spanend gefertigt werden. Selbst bei höheren Stückzahlen wird eine wirtschaftliche Herstellung durch das Teil für Teil nötige Fügeverfahren (Löten oder Kleben) erschwert.

Die Konstruktion nach **c** ist eine ausgesprochene Leichtbauweise, die jedoch erheblichen Werkzeugaufwand für das zu ziehende (drückende) Bauteil erforderlich macht. Die Gestaltfestigkeit ist durch das umlaufende Wellenprofil optimal. Nur für große Stückzahlen geeignet.

Die Konstruktion nach **d** ist eine punktgeschweißte Blechausführung. Auch hier sind — wie bei der Ausführung b — 2 verschiedene Preßwerkzeuge erforderlich. Allerdings besteht die eigentliche Scheibe aus 2 gleichen Teilen. Durch das Punktschweißen ist Wirtschaftlichkeit hier zusätzlich durch die nötigen Werkzeuge selbst bei hohen Stückzahlen schwer erreichbar.

Die Konstruktion nach **e** ist eine gegossene Ausführung. Durch gießtechnisch einfache Konstruktion (Nabe nur nach einer Seite ausgelegt) ergeben sich günstige Modellkosten. Eine Konstruktion für mittlere und große Stückzahlen. Beim Einsatz von Leichtmetall eine sehr gewichtsparende Ausführung.

Die Konstruktion nach **f** ist geschmiedet. Die Massivumformung

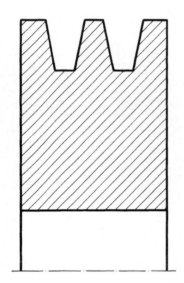

a

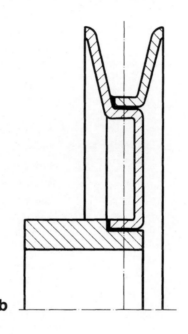

b

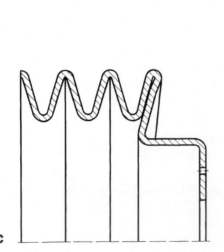

c

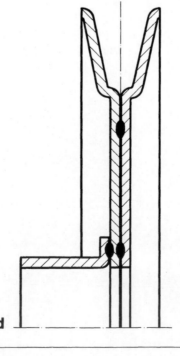

d

— aus Stahl oder auch NE-Metallen — erfordert Werkzeuge, die große Stückzahlen bedingen. Die Keilrillen sind schmiedetechnisch schwer herstellbar (Seitenschieber im Gesenk). Vorteilhafter sind die Keilrillen nach dem Schmieden spanend herzustellen.

Ein weiteres, anderes Konstruktionsbeispiel, das nach verschiedenen Werkstoff- und Verfahrensalternativen herstellbar ist, zeigen die Zeichnungen **g** bis **j**.

Der **Lenkhebel** nach **g** ist eine Blechschweißkonstruktion. 5teilig ist diese Ausführung sicher nur als Einzelstück oder für geringe Stückzahlen geeignet. Er hat eine ausgezeichnete Steifigkeit durch das Kastenprofil bei gleichzeitig geringem Gewicht (geringe Wanddicke).

Der Lenkhebel nach **h** ist eine gegossene Konstruktion, die innen hohl ist. Der gießtechnisch erforderliche Kern für den Hohlraum ist durchgeführt bis zur großen Bohrung links. Ein relativ leichtes einteiliges Bauteil. Für mittlere bis größere Serien.

Der Lenkhebel nach **i** ist geschmiedet. Sein Querschnitt ist beanspruchungsgerecht als angenähertes Doppel-T ausgeführt. Durch die notwendigen Werkzeugkosten für mittlere bis größere Serien geeignet.`

Der Lenkhebel nach **j** ist aus einem technischen Kunststoff. Weitgehend angenäherter Doppel-T-Querschnitt ergibt ausgezeichnete Gestaltfestigkeit. Das Teil soll in Spritzguß gefertigt werden und erfordert entsprechende Werkzeuge. Die 7 Bohrungen (alle aus Kostengründen mit gleichem Durchmesser) werden durch einen Seitenschieber mit 7 Stempeln während des Spritzgießens in einem Arbeitsgang bei der Teileherstellung mit angebracht. Dieser Lenkhebel ist der leichteste von den 4 dargestellten . Durch die erforderlichen Werkzeuge für mittlere bis große Serien wirtschaftlich herstellbar.

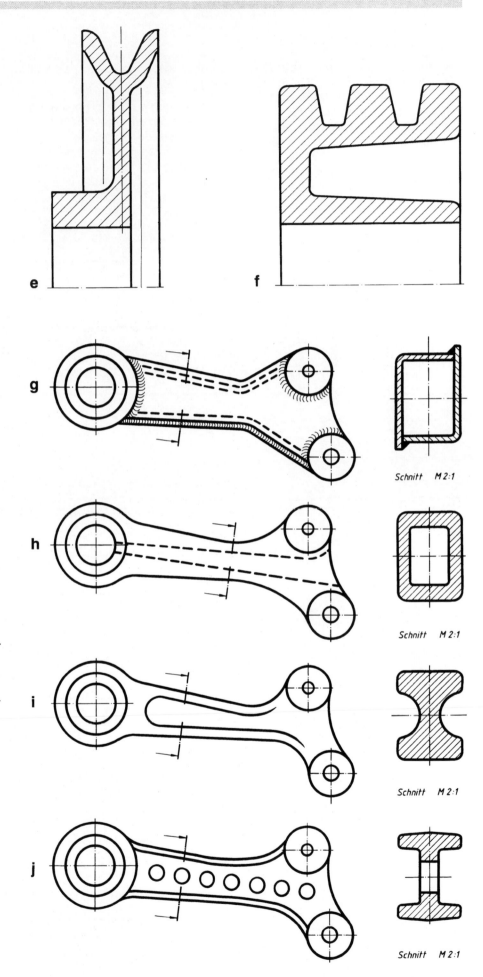

e   f

g   Schnitt   M 2:1

h   Schnitt   M 2:1

i   Schnitt   M 2:1

j   Schnitt   M 2:1

Zeichenarbeit vereinfachen

Technisches Zeichnen ist zeitraubend und aufwendig. Trotz vieler Hilfsmittel zum schnelleren Erstellen einer Zeichnung sind bei Werkstattzeichnungen, bei Einzelteil- und auch Detailzeichnungen nur noch wesentliche Zeit- und damit Kosteneinsparungen durch Zeichnungsvereinfachung sinnvoll möglich.

Zeichnungen sind Informationsträger, nach denen ohne Rückfragen gefertigt werden kann. Zeichenarbeit vereinfachen heißt in dem hier gemeinten Sinne auch klären, verdeutlichen, verständlicher machen. Es leuchtet ein, daß eine Zeichnung, die verschiedene Symbole in großer Häufigkeit aufweist, mehr Zeit zum „Lesen" benötigt.

Die Zeichnung **k** zeigt, wie ohne Darstellung genormter Verbindungselemente auszukommen ist. Nach der Darstellung rechts ist die Zeichnung schnell herzustellen und zusätzlich schneller lesbar.

Die Zeichnung **l** zeigt mögliche Vereinfachungen in der Draufsicht.

In der Zeichnung **m** sind Bohrungen dargestellt: links in bisheriger Form, rechts in vereinfachter Zeichenform.

Die Zeichnung **n** zeigt in üblicher Darstellung eine Welle mit Schnitten und Vermaßung. Die Zeichnung **o** zeigt die gleiche Welle, jedoch nur zur Hälfte gezeichnet, da es sich um ein Rotationsteil handelt. Auf die Schnitte konnte ganz verzichtet werden.

Die Zeichnung **p** zeigt eine Hydraulikplatte mit allen erforderlichen Schnitten und Maßen. Die gleiche Platte in vereinfachter Darstellung ist in **q** zu sehen. Bei der vergleichenden Betrachtung von **n** mit **o** und **p** mit **q** fällt nicht nur der wesentlich reduzierte Zeichenaufwand, sondern auch die schnellere und bessere Lesbarkeit auf.

Diese hier gezeigten Beispiele sind Anregungen und lassen sich beliebig fortsetzen.

Bei der Anwendung sind vorherige Absprachen zwischen Konstruktion und Fertigung erforderlich.

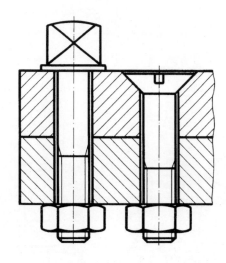

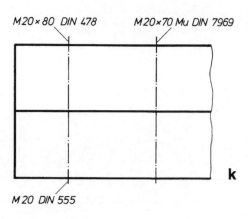

M20×80 DIN 478   M20×70 Mu DIN 7969

M20 DIN 555

k

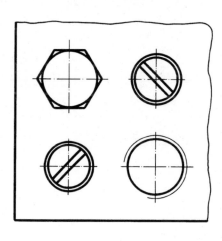

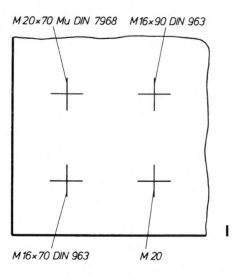

M20×70 Mu DIN 7968   M16×90 DIN 963

M16×70 DIN 963   M20

l

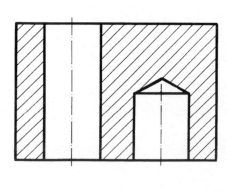

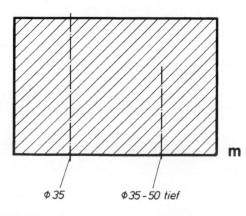

Ø35   Ø35-50 tief

m

Zeichenarbeit vereinfachen

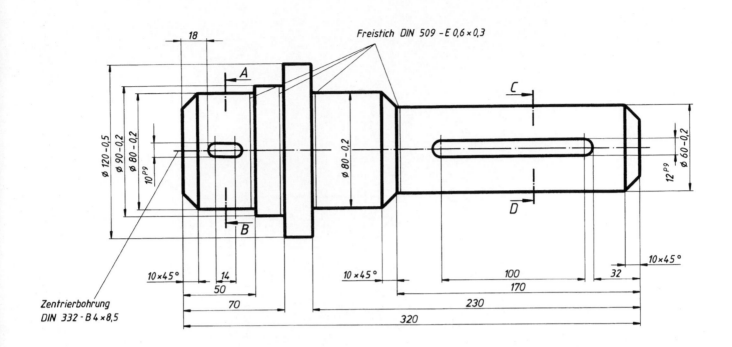

Freistich DIN 509 – E 0,6 × 0,3

Zentrierbohrung
DIN 332 - B 4 × 8,5

n

Schnitt A – B M 1:1   Schnitt C – D M 1:1

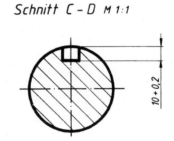

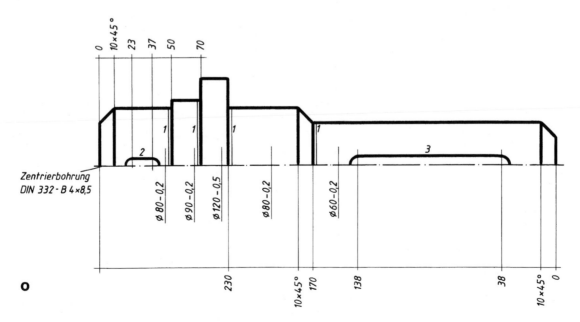

Zentrierbohrung
DIN 332 - B 4 × 8,5

o

1 = Freistich DIN 509 – E 0,6 × 0,3
2 = Nut 10 ^{P9} × 5 + 0,2 tief
3 = Nut 12 ^{P9} × 10 + 0,2 tief

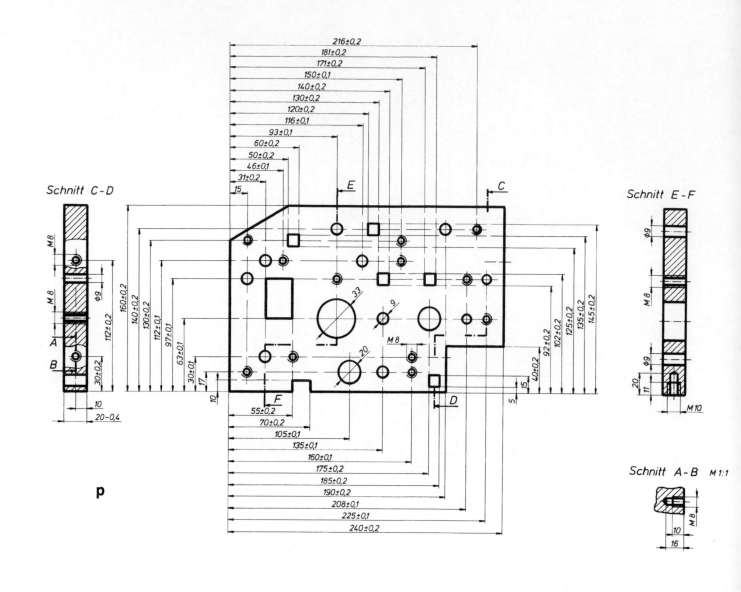

Schnitt C-D

Schnitt E-F

Schnitt A-B   M 1:1

p

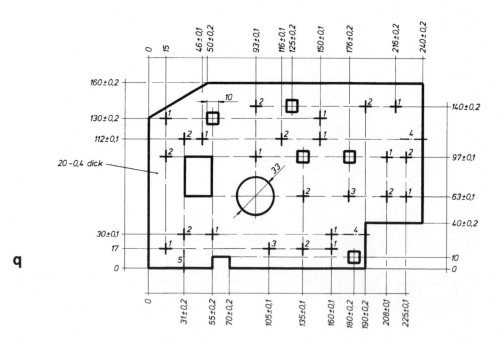

q

1 = M 8 (12×)
2 = Φ 9 (10×)
3 = Φ 20 (2×)
4 = mittig M 8 –10 tief (2 ×)
5 = mittig M 10 –11 tief (1 ×)

Kostengünstiges Konstruieren

Der Konstrukteur hat mit 60 bis 80 % der Kostenfestlegung eines Produktes eine hohe Kostenverantwortung im Unternehmen. Gerade die Phase des Konzipierens bietet die größten Möglichkeiten zur Kostenbeeinflussung (siehe Abb. 1). Es ist völlig sinnlos, erst im nachhinein die Kosten zu-

muß das wollen und durchsetzen. Kostenziele sind festzulegen und zu kontrollieren. Erst dann lassen sich die Maßnahmem zum Kostensenken (siehe Abb. 2) wirkungsvoll einsetzen.

Der Konstrukteur sollte im Gesamtsystem und unternehmerisch denken. Das heißt, der Konstrukteur muß in der Lage sein, die Kosten verursachungsgerecht zuzuordnen. Nur dann kann er erkennen, *wo* und *wieviel* Kosten entstehen, um sie zu reduzieren. Die innerbetriebliche Kostenrechnung sollte für den Konstrukteur kein Buch mit „sieben Siegeln" sein. Zwar soll er konstruieren und nicht kalkulieren, doch sollte er

über Kostenstrukturen Bescheid wissen (siehe Abb. 3).

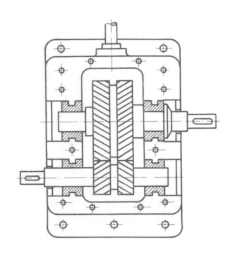

Abb. 1: Kostenbeeinflussung und -beurteilung beim Konstruktionsprozeß

sammenzurechnen, wenn das Produkt schon gefertigt ist. Denn je weiter der Konstruktionsprozeß fortgeschritten ist, desto geringer sind die Möglichkeiten, die Kosten zu beeinflussen. Notwendig ist eine Kostenfrüherkennung. Ein kurzer Regelkreis zwischen Konstruktion, Arbeitsvorbereitung und Kalkulation ist die Voraussetzung, um kostengünstig zu konstruieren.

Es ist notwendig, daß Kosteninformationen erstellt, gepflegt und zugänglich sind. Die Unternehmensleitung

	Grundschritt	Maßnahmen zum Kostensenken
1	Aufgabe klären	Kostenziel festlegen Kostenziel aufteilen (mit Kostenstrukturen)
2	Lösungen und Maßnahmen suchen	Synthese-Hilfsmittel anwenden: - Regeln / Tendenzangaben - Kostenwachstumsgesetze - Relativkosten - Grenzstückzahlen
3	Lösungen bewerten und auswählen	Analyseverfahren anwenden: - Kosten schätzen - Kostendaten von Kauf- und Wiederholteilen abrufen - Kurzkalkulationsverfahren - Kostenwachstumsgesetze
4	Konstruktion durchführen	Kontrolle des Kostenziels durch: - Vorkalkulation
5	Fertigen	- Nachkalkulation

Abb. 2: Maßnahmen zum Kostensenken

Kostenstruktur des Getriebes nach Bauteilen

Teil		HK % (Teile)
Gußgehäuse (GG)	18.788,-	28 %
Rad (31CrMoV9)	17.640,-	26 %
Radwelle (C45N)	14.000,-	14 %
Ritzelwelle (15CrNi6)	9.352,-	21 %
2 Radlager	3.360,-	5 %
2 Ritzellager	2.800,-	4 %
2 Dichtungen, 2 Deckel	1.400,-	1,5 %
Rohrleitungen	420,-	0,5 %
Herstellkosten der Teile	67.760,-	100 %
Montage	7.392,-	
Probelauf	4.032,-	
Fertigungsrisiko (Ausschuß)	6.720,-	
Gesamte Herstellkosten HK	85.904,-	

Kostenstruktur der Bauteile nach Kostenarten

Materialkosten in %
Fertigungskosten aus Einzelzeiten in %
Fertigungskosten aus Rüstzeiten in %

Materialkosten 68% (einschließlich Modellkostenanteil) | 24% | 8%

44% | 46% | 10%

26% | 49% | 25%

45% | 45% | 10%

Kaufteile

Herstellkostenstruktur gesamt:

53%	35%	12%
Materialkosten (u.Zukaufteile, Modelle)	Fertigungskosten (aus Einzelzeiten)	Rüst- kosten

Abb. 3: Kostenstruktur eines Turbinengetriebes

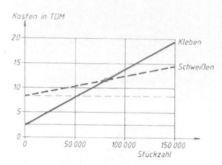

Abb. 4: In diesem Vergleich der Verbindungstechniken Kleben und Ultraschallschweißen von Thermoplasten ist die Grenzstückzahl ersichtlich. Sie gibt die Wirtschaftlichkeitsgrenze zwischen zwei konkurrierenden Fertigungsverfahren oder technischen Alternativen an.

Um kostengünstig entscheiden zu können, benötigt der Konstrukteur zudem fertigungstechnisches Wissen. Nur so ist eine fachgerechte Zusammenarbeit von Konstruktion und Arbeitsvorbereitung möglich. Der Konstrukteur muß über die sich verändernden Fertigungsmöglichkeiten informiert sein, aber auch der Fertigungsingenieur muß wissen, welche Wege der Konstrukteur in der weiteren technischen Entwicklung für möglich hält. Es kann z. B. sinnvoll sein, teure Spezialmaschinen besser durch Fremdaufträge auszulasten, als durch teure firmeninterne Aufträge, um die hohen Maschinenstundenkosten zu mindern. Zudem kennt die Arbeitsvorbereitung die Grenzstückzahlen, die ausdrükken, ab welcher Stückzahl ein anderes Fertigungsverfahren sinnvoller ist (siehe Abb. 4). Der Fertigungsingenieur kann mit seinen speziellen Kenntnissen der Verfahren, Fertigungsabläufe, Produktionseinrichtun-

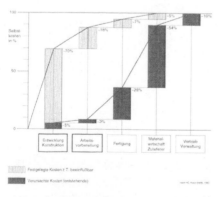

Abb. 5: Kostenverantwortung verschiedener Unternehmensbereiche

gen, wirtschaftlichen Toleranzen und der Maßnahmen der Qualitätssicherung dem Konstrukteur eine große Hilfe zum kostengünstigen Gestalten sein.

Durch einen möglichst frühzeitigen Informationsaustausch (schon im Planungsprozeß) zwischen Konstruktion und Arbeitsvorbereitung lassen sich die Weichen für minimale Herstellkosten stellen. Diese Abteilungen legen nicht nur fast 90 % der veränderbaren Kosten fest, sondern bei ihnen entstehen auch die geringsten Kosten von allen Abteilungen. Daher müssen diese Abteilungen so eng wie möglich zusammenarbeiten (siehe Abb. 5).

Es gibt verschiedene Hilfsmittel zur Kostenfrüherkennung. Besonders erwähnenswert sind *Kurzkalkulationsformeln* und *Relativkosten*. Der Anwendungsbereich der *Kurzkalkulationsverfahren* liegt überwiegend in der Planungs- und Konstruktionsphase von Produkten. Kennzeichnend ist für diesen Zeitpunkt, daß die benötigten Daten für die übliche Kalkulation noch nicht oder nicht vollständig vorhanden sind und ein größerer Zeitaufwand für langwierige Erhebungen und Berechnungen vermieden werden soll.

Die Kurzkalkulationen sind auf eine bestimmte Situation ausgerichtet. Daher sind sie nicht ohne weiteres auf andere Situationen übertragbar. Eingeschränkt wird ihre Anwendung durch die Vergleichbarkeit von:

— Kalkulationsobjekten (z. B. Einzelteil oder Baugruppe)
— Fertigungsverfahren
— Den bei der Erarbeitung statistisch abgesicherten Gültigkeitsbereich.

In der Praxis finden die verschiedensten Kalkulationsverfahren nebeneinander Verwendung. In bestimmten Anwendungsfällen lassen sich die Kosten auch durch Schätzen, ausgehend von den Kosten ähnlicher Teile, ausreichend genau bestimmen. Die Auswahl der Kalkulationsverfahren ist abhängig von den vorliegenden Daten, der erforderlichen Genauigkeit und dem zulässigen Aufwand zur Kalkulation. Zu beachten ist, daß die zu

verschiedenen Zeiten im Laufe der Produkterstellung ermittelten Kostenwerte sich nur dann vergleichen lassen, wenn sie mit ein und demselben Kalkulationsverfahren ermittelt wurden. Wählt man ein anderes Kalkulationsverfahren, so ändern sich die Ergebnisse.

Tabelle 1 zeigt die Verfahren der Kurzkalkulation nach DIN 32 992 Teil 2. Die Auswahl des Kalkulationsverfahrens richtet sich nach verschiedenen Kriterien:

— Zweck der Kurzkalkulation (z. B. Angebot, Verfahrensauswahl)
— Zeitpunkt in der Produkt-Fertigung (z. B. Definition, Entwicklung, Vorserie, Serie)
— Kostenbestimmende Einflußgrößen (z. B. Gestalt, Abmessungen, Fertigungsfolge)
— Fertigungstyp (z. B. Einzel-, Serien-, Massenfertigung)
— Verfügbarkeit der Daten über das Kalkulationsobjekt (z. B. Art und Abmessungen des Materials, Vorgabezeiten, Art und Typ der Fertigungsmittel)
— Verfügbarkeit der Daten über das Bezugsobjekt (z. B. Daten aus Vor- oder Nachkalkulationen)
— Wiederholung der Anwendung (z. B. gelegentlich, häufig, regelmäßig)

Dient die Kurzkalkulation beispielsweise als Grundlage für ein Angebot, so ist eine hohe Genauigkeit anzustreben. Dagegen erfordert die Kurzkalkulation zur Verfahrensauswahl nur eine solche Genauigkeit, damit sicher zwischen den Alternativen entschieden werden kann.

Der Gebrauch der Kurzkalkulationsformeln gestaltet sich in folgender Weise:

1. Zuerst ist eine Teilgruppe auszuwählen, die häufig vorkommende, artgleiche Teile enthält. Denn eine einmal erarbeitete Formel soll für möglichst viele Teile Anwendung finden.

2. Es folgt eine Analyse der Herstellkosten von möglichst vielen Teilen der ausgewählten Gruppe. Zu bestimmen sind die Parameter, die wesentlichen Einfluß auf die

Tabelle 1: Verfahren der Kurzkalkulation

Kurzkalkulations-Verfahren auf der Grundlage von	Hilfsmittel	Beschreibung
Kostenwachstumsgesetzen (KWG)	Ähnlichkeiten der geometrischen und/oder physikalischen Größen	Bei Kurzkalkulationen, die auf Kostenwachstumsgesetzen basieren, werden die Kosten des Kalkulationsobjektes aus den Kostenanteilen des Bezugsobjektes und einer kostenbeeinflussenden Größe mittels einer Potenzreihe abgeleitet. Es werden also immer Ähnlichkeitsbeziehungen eines Folgeentwurfs (Teil, Baugruppe) relativ zu einem Grundentwurf formuliert.
		Kostenbeeinflussende Größen sind meist geometrische Abmessungen, aber auch andere physikalische Größen (z. B. Größe, Gewicht, Zahl der Teile, Losgröße . . .). Das Bezugsobjekt sollte möglichst für einen großen Bereich unterschiedlicher Baugrößen mit vergleichbarer Funktion und Fertigung repräsentativ sein.
		Anwendung finden Kurzkalkulationen auf der Grundlage von Kostenwachstumsgesetzen üblicherweise bei geometrisch ähnlichen oder halbähnlichen Objekten innerhalb von Baureihen, sowie bei Anpassungs- oder Variantenkonstruktionen.
		Das Kostenwachstumsgesetz für den Stufensprung der Herstellkosten hat die folgende einfach zu handhabende Form eines Polynoms dritten Grades: $$\varphi_{HKq} = \frac{a_0}{\varphi_{Zq}} + a_1 \cdot \varphi_{Lq} + a_2 \cdot \varphi_{Lq}{}^2 + a_3 \cdot \varphi_{Lq}{}^3$$ φ_{Lq} = Stufensprung der Baugröße φ_{Zq} = Stufensprung der Losgröße
		Die Materialkosten und die Kosten für die Fertigungsoperationen beim Bezugsobjekt werden auf die Herstellkosten bezogen: $$a_m = \frac{MK_0}{HK_0}$$ a_m = Materialkostenanteil MK_0 = Materialkosten beim Bezugsobjekt HK_0 = Herstellkosten des Bezugsobjektes
		Die Herstellkosten berechnen sich aus dem Produkt von Stufensprung der Herstellkosten und den Herstellkosten des Bezugsobjektes: HK_q = $\varphi_{HKq} \cdot HK_0$ HK_q = Herstellkosten des Kalkulationsobjektes HK_0 = Herstellkosten des Bezugsobjektes φ_{HKq} = Stufensprung der Herstellkosten
fertigungstechnischen Ähnlichkeiten	Ähnlicher Arbeitsplan	Bei Kurzkalkulationen, die auf fertigungstechnischen Ähnlichkeiten basieren, werden aus mehreren Bezugsobjekten die Kosten des Bezugsobjektes übernommen, das hinsichtlich der zugrunde gelegten Vergleichskriterien dem Kalkulationsobjekt am nächsten kommt.
		Fertigungstechnische Ähnlichkeit ist dann vorhanden, wenn die Abweichung in den Vergleichskriterien einen Schwellenwert nicht überschreitet. Der Schwellenwert wird aufgrund von Erfahrungen bzw. Anforderungen an die erforderliche Genauigkeit festgelegt.
statistisch verknüpften Einflußgrößen	geometrische, physikalische, fertigungstechnische, organisatorische Einflußgrößen	Bei Kurzkalkulationen, die auf statistisch verknüpften Einflußgrößen basieren, werden aus Kosten und Einflußgrößen einer Vielzahl von Bezugsobjekten die Kosten des Kalkulationsobjektes anhand statistisch ermittelter funktionaler Zusammenhänge abgeleitet.
		Es müssen genügend Daten aus Kalkulationen bereits gefertigter Produkte vorliegen, um funktionale Zusammenhänge (Kostenfunktionen) zwischen den Kosten und deren Einflußgrößen zu ermitteln.
		Einflußgrößen können geometrische (Länge, Breite, Flächenzahl), physikalische (Leistung, Gewicht, Wertstoffkennwerte), fertigungstechnische (Art und Anzahl der Verfahren) sowie organisatorische (Losgrößen, Losintervalle) Werte sein.

Herstellkosten haben und wie groß dieser Einfluß quantitativ ist. Hilfreich sind dafür statistische Auswertemethoden.

3. Es ergeben sich sogenannte Regressionsgleichungen. In ihnen sind die Herstellkostenanteile mit den sie beeinflussenden Parametern verknüpft.

4. Mathematisch zusammengefaßt führen die Regressionsgleichungen zur Kurzkalkulationsformel. Diese ist zum Zweck der Schätzkalkulation ausreichend.

Relativkosten sind schon seit langer Zeit von großer Bedeutung für das kostengünstige Konstruieren. Relativkosten sind Bewertungszahlen, um die Kosten zwischen den Lösungsvarianten zu vergleichen. Dabei wird eine Lösung als Bezugsobjekt gewählt. Dies ist meist die kostengünstigste oder am häufigsten verwendete Lösung. Das Verhältnis der Kosten der anderen Lösungen zu den Kosten des Bezugsobjektes sind die Relativkosten.

Relativkosten sind nicht für Kalkulationen geeignet. Sind jedoch die Kosten des Bezugsobjektes bekannt, so läßt sich auch mit Relativkosten eine Kostenschätzung vornehmen. Ansonsten dienen Relativkosten nur zum Vergleich alternativer Lösungen. Das Ziel ist es, den Konstrukteur schnell und zuverlässig auf die ko-

stengünstige Lösung hinzuführen. Relativkosten lassen sich prinzipiell von allen möglichen Merkmalen erstellen, z. B. Funktionsstrukturen, Lösungsprinzipien, Werkstoffen, Fertigungsverfahren, Gestaltungszonen, Toleranzen usw.

Relativkosten von Werkstoffen, Halbzeugen, Norm- und Kaufteilen sind am ehesten überbetrieblich zu erarbeiten und zu nutzen, sofern sie auf einheitlichen Marktpreisen beruhen. Dagegen sind Relativkosten von Funktionsstrukturen, Fertigungsverfahren, Gestaltungszonen und Toleranzen meist nur innerbetrieblich nutzbar, da erhebliche Unterschiede in der Fertigung und der Kostenrechnung bestehen. Als Beispiel zeigt Abb. 6 die Relativkosten von Werkstoffen nach VDI-Richtlinie 2225 Blatt 2.

Zur vertiefenden Behandlung des Themas sowie zur einheitlichen Verständigung, Darstellung und Nutzung von Kosteninformationen werden empfohlen:

DIN 32 990 T1
Begriffe zu Kosteninformationen in der Maschinenindustrie

DIN 32 991 T1
Kosteninformations-Unterlagen – Gestaltungsgrundsätze

DIN 32 991 T1 Bbl.1
Gestaltungsgrundsätze für Kosten-

informationsunterlagen – Beispiele für Relativkostenblätter

DIN 32 992 T1
Berechnungsgrundlagen – Kalkulationsarten und -verfahren

DIN 32 992 T2
Berechnungsgrundlagen – Verfahren der Kurzkalkulation

DIN 32 992 T3
Berechnungsgrundlagen – Ermittlung der Relativkosten-Zahlen

VDI-Richtlinie 2225
Technisch-wirtschaftliches Konstruieren

VDI-Richtlinie 2234
Wirtschaftliche Grundlagen für den Konstrukteur

VDI-Richtlinie 2235
Wirtschaftliche Entscheidungen beim Konstruieren – Methoden und Hilfen

Wichtige Hinweise zum kostengünstigen Konstruieren sind in der nachfolgenden Checkliste aufgeführt.

Literatur

Bode, Ingrid; GUSS-Produkte 94 – Jahreshandbuch für Gußanwender, Verlag Hoppenstedt GmbH, Darmstadt, 1994.
DIN Deutsches Institut für Normung e.V.: Kosteninformationen zur Kostenfrüherkennung, Beuth Verlag GmbH, Berlin, Köln, 1987.
Ehrlenspiel, Klaus: Kostengünstig konstruieren, Springer-Verlag, Berlin, Heidelberg, 1985.
Sahm, Prof. Dr.-Ing. Peter R.: Formfüll- und Erstarrungssimulation, GUSS-Produkte 1994, Verlag Hoppenstedt GmbH, Darmstadt
Technische Akademie Esslingen: Kostenbewußtes Entwickeln und Konstruieren, Seminar-Handbuch, Sarnen, 1993.
Technische Akademie Wuppertal e.V.: Kostengünstiges Konstruieren, Seminar-Handbuch, Wuppertal, 1993.
Verein Deutscher Ingenieure: VDI-Berichte 457, Konstrukteure senken Herstellkosten – Methoden und Hilfen, VDI-Verlag GmbH, Düsseldorf, 1982.
Verein Deutscher Ingenieure: VDI-Berichte 651, Herstellkosten im Griff? Konstrukteure und Fertiger packen's gemeinsam, VDI-Verlag GmbH, Düsseldorf, 1987.
Verein Deutscher Ingenieure: Konstrukteure senken Kosten – Wie man Produkte auf ein Kostenziel hin entwickelt und optimiert, Seminar-Handbuch, VDI-Bildungswerk, Düsseldorf, 1993.
Verein Deutscher Ingenieure: VDI-Berichte 1097, Konstrukteure gestalten Kosten, VDI-Verlag GmbH, Düsseldorf, 1993.

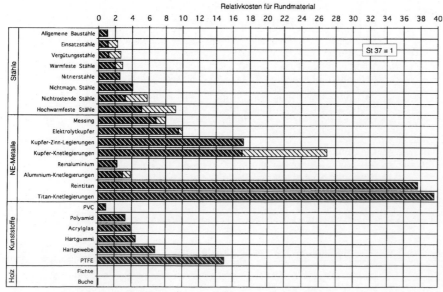

Abb. 6: Relativkosten von Werkstoffen nach VDI-Richtlinie 2225 Blatt 2. Bezugs-Werkstoff ist St37 = 1, k_v* St37 = 1.

✗ Checkliste zum kostengünstigen Konstruieren

Aufgabe klären
— Kostenziel festlegen
— Kostenziel aufteilen und grobe Kostenstrukturen ermitteln
— Vorausschauende Terminplanung
— Frühzeitige und verbindliche Entscheidungen treffen
— Teamarbeit und Beratung am Brett durchführen
— Kurzen Regelkreis zwischen Konstruktion, Arbeitsvorbereitung (Fertigung) und Kalkulation schaffen
— Umfassende Informationsbeschaffung

Lösungen und Maßnahmen suchen mit den Hilfsmitteln
— Kostenwachstumsgesetze
— Relativkosten
— Grenzstückzahlen

Lösungen bewerten und auswählen mittels
— Kosten schätzen
— Kostendaten von Kauf- und Wiederholteilen abrufen
— Kurzkalkulationsverfahren
— Kostenwachstumsgesetze

Konstruktive und wirtschaftliche Maßnahmen beachten
— Kleinere Baugröße
— Weniger Teile (Gleichteile, Normteile, Modulbauweise)
— Weniger Material (evtl. durch hochfeste Werkstoffe)
— Preiswerteres Material
— Optimierte Form/Gestalt
— Optimiertes Fertigungsverfahren
— Toleranzen und Oberflächenrauheit so grob wie möglich wählen
— Montageaufwand gering halten
— Höhere Stückzahlen wählen (z.B. durch mehr Gleichteile)

Konstruktion durchführen
— Kontrolle des Kostenziels

Fertigen
— Nachkalkulation

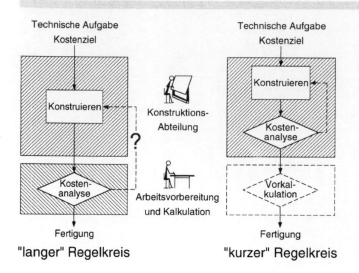

"langer" Regelkreis   "kurzer" Regelkreis

Ein kurzer Regelkreis zwischen Konstruktion, Arbeitsvorbereitung und Kalkulation ist die Voraussetzung für die **Kostenfrüherkennung** (siehe Bild rechts). Eine enge Zusammenarbeit dieser Abteilungen macht die Einflußgrößen und Einwirkungsmöglichkeiten auf die Kosten sichtbar. Nur so ist es möglich, die Kosten z. B. nach Baugruppen oder Kostenarten (Material-, Rüst-, Einzelzeit-Kosten) aufzuschlüsseln. So lassen sich die Kosten verursachungsgerecht zuordnen und gezielt reduzieren.

Mit Hilfe von **Relativkosten** lassen sich die Kosten alternativer Konstruktionslösungen vergleichen. Sie sind eins der verschiedenen Hilfsmittel zur Kostenfrüherkennung. Relativkosten werden dadurch gebildet, daß man die Kosten von Baureihen, Werkstoffen, Fertigungsverfahren usw. auf die Kosten einer Basis bezieht. Im Vergleich zu Absolutkosten weisen Relativkosten folgende Vorteile auf:

— Die Relationen aus wenigen Ziffern sind leicht zu merken.
— Die Reklativkosten verändern sich im Laufe der Jahre weniger als Absolutkosten. Vor allem, wenn die Basis so gewählt wird, daß sich die Kosten der Varianten in gleicher Weise ändern.

Die errechneten Relativkosten sind jedoch von den Gegebenheiten eines Unternehmens abhängig und nur bedingt übertragbar. Der Einsatz solcher Relativkosten-Kataloge empfiehlt sich vor allem in der Einzel- und Kleinserienfertigung. Denn hier bekommt der Konstrukteur meist eine Vielzahl unterschiedlicher Aufgaben gestellt, für die er, oftmals aus Zeitgründen, nicht immer die wirtschaftlich optimale Lösung wählen kann.

Als Beispiel sind nebenstehend die Relativkosten-Zahlen für **Gestaltzonen** nach DIN 32 991 Teil 1 dargestellt. Derartige Relativkosten-Zahlen sind für sämtliche Werkstoffe, Verfahren, Toleranzen, Baureihen usw. vorhanden.

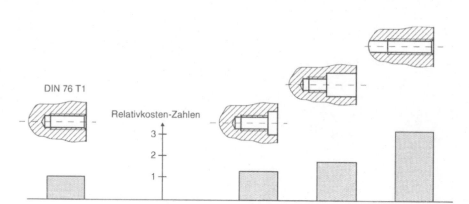

Die Anforderungsliste sollte neben den technischen auch wirtschaftliche Anforderungen enthalten, insbesondere ein **Kostenziel.** Durch systematische Vorgaben ist eine zielstrebige und effiziente Arbeitsweise in der Konstruktion möglich. Dieses **Target Costing** (Zielkostenmanagement) verbindet Kundenorientierung und Kostenplanung bereits in den frühen Phasen der Produktplanung. Ausgangspunkt des Target Costing ist die Frage:

Welchen Preis ist der Kunde bereit, für ein Produkt, das bestimmte Anforderungen und Qualitätsmerkmale erfüllt, zu zahlen?

Die zentrale Frage lautet nicht *Was wird das Produkt kosten?,* sondern *Was darf das Produkt kosten?* Der Kunde sollte Ausgangspunkt aller Konstruktionsüberlegungen sein. Seine Wünsche sind zum Beispiel durch Marktumfragen oder direkten Kundenkontakt zu ermitteln und in konkrete Anforderungen an die Funktionen und den Preis des Produktes umzuwandeln.

Nr.	Art der Anford.	Anforderungen		Quantifizierung		Bedeutung
1	F	Druck				
		- Hochdruckseite	p_h	...bar		
		- Niederdruckseite	p_n	...bar		
2	F	Temperatur				
		- Hochdruckseite	T_h	...°C		
		- Niederdruckseite	T_n	...°C		
3	M	Anschlußmaße				
		- EIN	$\varnothing \geq$	...mm		*
		- AUS	$\varnothing \geq$	...mm		***
...						
24	M	Zulässige Herstellkosten	$\leq$	...DM		****

F	Festforderung	****	von entscheidender Bedeutung	
M	Mindestforderung	***	von großer Bedeutung	
W	Wunsch	**	von Bedeutung	
		*	von geringer Bedeutung	

Das **Kostenziel** dieser **Generator-Rotornut** war es, die Herstellkosten um 25 % zu senken. Die Analyse ergab, daß die Nutfertigung durch die Profilvielfalt sehr kostenintensiv ist. Durch wirtschaftliche Umgestaltung in eine einzige Rechtecknut (siehe Bild rechts) wurde das Kostenziel sogar überschritten, da sich die Kosten für Nutfräsen, Cu-Material, Wicklungsmontage und -verfestigung stark reduzierten.

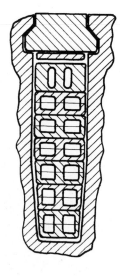
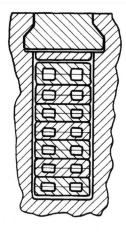

KOSTEN

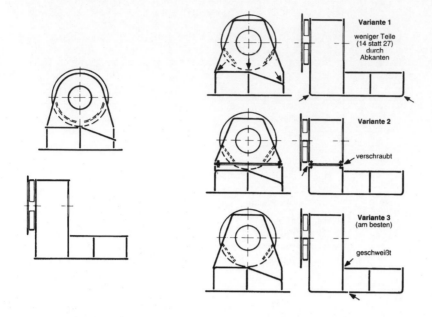

Variante 1
weniger Teile
(14 statt 27)
durch
Abkanten

Variante 2
verschraubt

Variante 3
(am besten)
geschweißt

Das **Kostenziel** des geschweißten **Lagerbocks** war es, die Herstellkosten um 10 % zu senken.
Links ist die Ausgangslösung
dargestellt, rechts die Varianten.
Die **Herstellkostenstruktur** der
Lagerbockvarianten zeigt, wo die
Schwerpunkte der Kostensenkung liegen (siehe Bild unten).
Variante 1 hat eine geringere Teilezahl und eine geringere
Schweißnahtlänge als die Ausgangslösung. Bei Variante 2 ist
der Öltank verschraubt. Variante
3 ist die kostengünstigste Lösung
durch die Fertigung auf einer
Karuselldrehmaschine mit niedri-
geren Bearbeitungszeiten und
Stundensätzen. Das gesteckte Kostenziel hat Variante 3 bei weitem
überschritten. Arbeitsvorbereitung,
Schweißer und Konstrukteur arbei-
teten in diesem Fall eng zusammen.

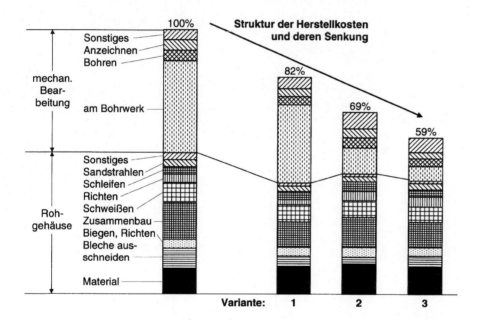

**Struktur der Herstellkosten
und deren Senkung**

100%

mechan.
Bear-
beitung

Sonstiges
Anzeichnen
Bohren

am Bohrwerk

82%

69%

59%

Roh-
gehäuse

Sonstiges
Sandstrahlen
Schleifen
Richten
Schweißen
Zusammenbau
Biegen, Richten
Bleche aus-
schneiden

Material

Variante: 1   2   3

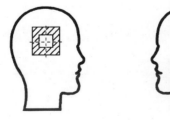

Schon im Entwurfsstadium muß
nicht nur über die technischen
Eigenschaften des Produktes
nachgedacht werden, sondern
auch über die Kosten (siehe Bild
rechts). Technik und Kosten sind
in gleichem Maße zu berücksichtigen, denn **Kostendenken** bringt
„Kostensenken".

Mit Hilfe von **Kostenwachstumsgesetzen** ist es möglich, für ähnliche Konstruktionen die Veränderungen der Kostenstruktur zu beschreiben. Man versteht darunter die Beziehung der Kosten eines Folgeentwurfs zu den bekannten Kosten eines Grundentwurfs mit Hilfe des Stufensprungs als variable Größe. Kostenwachstumsgesetze haben die Form von Potenzreihen. Für die Herstellkosten wird:

$$\varphi_K = \frac{HK_x}{HK_0} = f(\varphi_L)$$

mit dem Stufensprung der Länge:

$$\varphi_L = \frac{l_x}{l_0}$$

Außer der Hochrechnung von Herstellkosten für abgeleitete Varianten gibt es noch weitere Anwendungsmöglichkeiten der Kostenwachstumsgesetze. So ist es möglich, die Kostenstruktur eines Teils oder einer Baugruppe in die Kosten für einzelne Fertigungsverfahren aufzuschlüsseln und ihre Veränderung mit der Baugröße zu analysieren. Hieraus lassen sich gezielt Maßnahmen ableiten, um besonders kostenintensive Bearbeitungen zu reduzieren. Mit Hilfe von Kostenwachstumsgesetzen läßt sich die sogenannte „kritische" Baugröße ermitteln, bei der sich der Übergang von einer Ausführung zur anderen aus Kostengründen lohnt.

Das Beispiel (siehe Abbildung) in Einzelteilfertigung hergestellter, einsatzgehärteter und geschliffener Zahnräder zeigt: Die Herstellkosten nehmen bei kleinen Teilen langsam zu, z. B. proportional zum Stufensprung $\varphi_L = l_x / l_0$ (l_0 = Länge des Grundentwurfs, l_x = Länge des Folgeentwurfs). Mit zunehmender Größe wachsen sie steiler mit φ_L^2 und schließlich bei sehr großen Teilen mit nahezu φ_L^3, das heißt proportional zum Volumen. Ursache dafür ist, daß die Materialkosten MK näherungsweise mit φ_L^3 wachsen, die Fertigungskosten aus Einzelzeiten FKe mit φ_L^2 (gilt für die meisten spanenden Verfahren von Haupt- und Nebenzeit), und die Fertigungskosten aus Rüstzeiten FKr je nach eingesetzter Fertigungsmaschine sprunghaft wachsen, aber ungefähr mit $\varphi_L^{0,5}$ (bei anderen Produkten mit $\varphi_L^{0,2 \text{ bis } 0,4}$). Da die Streuungen der Herstellkosten verschiedener Unternehmen trotz völlig gleicher Bedingungen ohnehin sehr groß sind, sind diese groben Vereinfachungen gerechtfertigt.

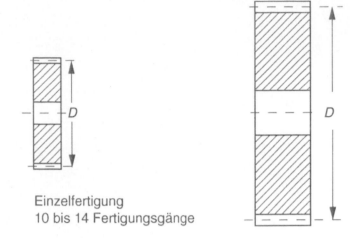

Einzelfertigung
10 bis 14 Fertigungsgänge

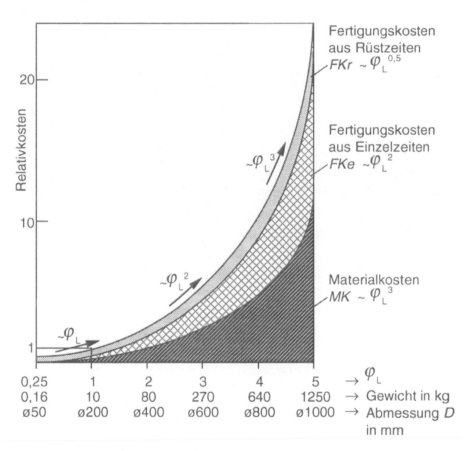

Fertigungskosten aus Rüstzeiten $FKr \sim \varphi_L^{0,5}$

Fertigungskosten aus Einzelzeiten $FKe \sim \varphi_L^2$

Materialkosten $MK \sim \varphi_L^3$

$\sim \varphi_L^3$

$\sim \varphi_L^2$

$\sim \varphi_L$

0,25	1	2	3	4	5	$\rightarrow \varphi_L$
0,16	10	80	270	640	1250	$\rightarrow$ Gewicht in kg
ø50	ø200	ø400	ø600	ø800	ø1000	$\rightarrow$ Abmessung D in mm

Anwachsen der Herstellkosten und ihrer Anteile mit zunehmender Baugröße bei Einzelfertigung von einsatzgehärteten, geschliffenen Zahnrädern

KOSTEN

Die **Baugröße** eines Konstruktionsteils hat folgenden Einfluß auf die Kosten:

Bei *kleinen oder sehr komplizierten Teilen* sollte durch Produktnormung (Gleichteile, Wiederholteile, Teilefamilien, Baureihen, Baukästen) die Losgröße erhöht werden. Dies kann zu Lasten der Baugröße oder der Materialkosten erfolgen, da beide in diesem Größenbereich geringen Einfluß auf die Herstellkosten haben. Die Rüstkosten sind durch Verringerung der Anzahl von Fertigungsgängen zu minimieren.

Bei *sehr großen oder sehr einfachen Teilen* sind möglichst Materialkosten einzusparen und die einzelzeitabhängigen Fertigungskosten zu senken. Möglich ist dies durch eine kleinere Baugröße, preiswerteres Material, weniger Material (geringere Wanddikke, weniger Abfall) und einfach herzustellende Konstruktionen. Die Stückzahl hat bei sehr großen Teilen einen geringen Einfluß auf die Herstellkosten (siehe Bild unten).

Für *kleine Teile in sehr großer Stückzahl* trifft die Regel der großen Teile zu, da sich mit größer werdender Stückzahl die Kostenstruktur von kleinen Teilen der von großen Teilen nähert.

Für *mittelgroße Teile* ist eine Kombination der obigen Maßnahmen sinnvoll.

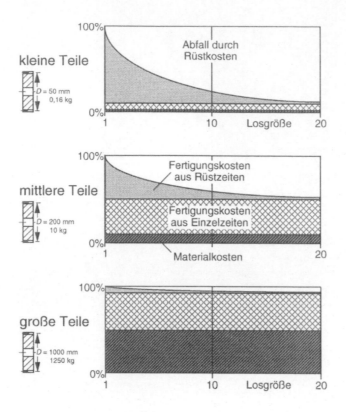

Herstellkosten in Abhängigkeit von Losgröße und Baugröße

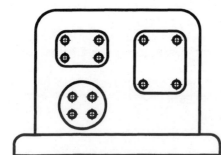
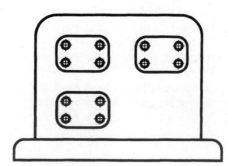

Durch **Gleichteile** lassen sich erheblich Kosten sparen. Die Konstruktion rechts besitzt gleiche Deckel, Dichtungen und Befestigungsschrauben. Um Verwechslungen bei der Montage zu vermeiden, sollten die Teile entweder völlig gleich sein oder sich deutlich voneinander unterscheiden.

Die **Losgröße** hat auf die Kosten folgenden Einfluß: Hohe Losgrößen verringern die Herstellkosten durch bessere Aufteilung der Fixkosten und durch rationelle Fertigung. Der Einsatz von Gleich- und Wiederholteilen reduziert die Anzahl der unterschiedlichen Bauteile innerhalb eines Produktes und erhöht dabei gleichzeitig die Stückzahl der Einzelteile. Grenzstückzahlen geben an, wenn auf ein günstigeres Fertigungsverfahren zu wechseln ist.

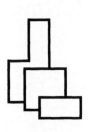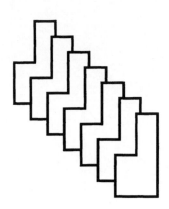

Durch das Einhalten von **Normen** und durch die Verwendung von **Normteilen** wählt man in der Regel immer die kostengünstigere Lösung (siehe Bild rechts).

DIN 444

Durch eine zusätzliche **Strukturstufe** kann zum Beispiel ein Fliehgewicht in größeren Stückzahlen pro Los hergestellt werden, wodurch eine rationelle Fertigung ermöglicht wird; links ungünstige, rechts günstige Ausführung.

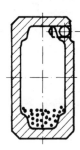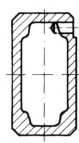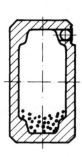

Durch Umgestaltung eines bisher aus zwei Schmiederohrteilen (Ck 15) gefertigten **Schwinghebels** in ein Schmiedeteil (16 Mn Cr 5) wurden die Fertigungszeit und somit die Herstellkosten reduziert. Schweiß- und Richtarbeiten entfallen bei der Ausführung rechts.

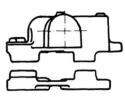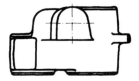
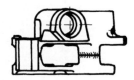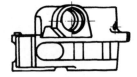

Eine **Toleranzentfeinerung** von Oberflächen und Passungen vereinfacht die mechanische Fertigung und reduziert damit die Fertigungszeit und die Kosten. Bisher war nach dem Vergüten des Unterlegrings links ein zweiter Arbeitsvorgang Drehen notwendig, da die Wärmebehandlung die Maßhaltigkeit negativ beeinflußte. Durch Entfeinerung der Oberflächengüten und der Durchmessertoleranzen muß der Ring rechts nach dem Vergüten nicht mehr mechanisch bearbeitet werden.

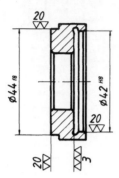
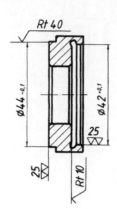

Kurz gesagt:
— Toleranzen so groß wie möglich und so fein wie nötig wählen. Möglichst so, daß sie knapp vor dem nächsten Kostensprung liegen.
— Grobtolerant fertigen und feintolerant montieren.

Enge **Toleranzen** sind möglichst zu vermeiden, da mit zunehmender Toleranzfeinheit der Fertigungsaufwand progressiv ansteigt. Zum Beispiel solche Verbindungstechniken wählen, die grobe Toleranzen der Fügeteile erlauben (siehe rechts).

Die **Oberflächenrauhheit** sollte so grob wie möglich vorgegeben werden, um die Maschinenleistung, Ausschußquote und damit die Kosten gering zu halten. Das Diagramm zeigt die relativen Fertigungskosten als Funktion des Mittenrauhwertes. Günstig ist der Bereich rechts.

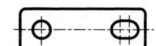
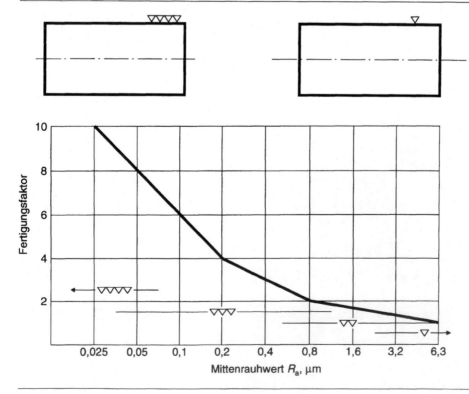

Der **Montageaufwand** soll so gering wie möglich sein. Beim Fügen zum Beispiel reduzieren Fasen an Stift und Bohrung den Zeitaufwand und somit die Kosten erheblich (siehe rechts). Weitere Beispiele zu diesem Thema sind im Kapitel „Recyclinggerechtes Konstruieren, Montage" zu finden.

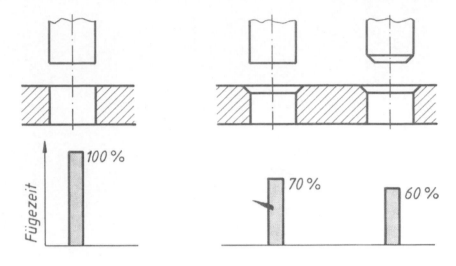

Zur Versorgung der Nockenwellenlager werden **Ölbohrungen** benötigt. Das Ziel war es, die Maschinenlaufzeit für das Tiefloch zu reduzieren und eine höhere Stückzahl zu erreichen. Gelöst wurde das Problem durch eine Stufenbohrung. In 2 Arbeitsgängen wird auf zwei verschiedenen Bohreinheiten gefertigt. Zuerst wird auf 50 % der Tiefe mit Ø 5 mm vorgebohrt, die 2. Bohreinheit stellt die restlichen 50 % mit Ø 4 mm fertig.

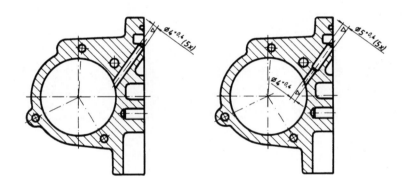

Bei **Schweißnähten** ist auf eine wirtschaftliche Wahl von Nahtform, Nahtart und Nahtgröße zu achten. Kehlnähte sollten nicht größer ausgeführt werden als rechnerisch notwendig. Bei der Schweißnaht links oben beträgt die Volumensteigerung 300 % gegenüber der rechts oben dargestellten, wodurch sich die Schweißzeit und die Lohnkosten entsprechend erhöhen. Einseitige Kehlnähte sollten vermieden werden (siehe Bild links unten). Man muß 100 % mehr Schweißvolumen aufbringen, um dabei den gleichen Anschlußquerschnitt zu erreichen. Kehlnähte mit a > 8 mm sind meist unwirtschaftlich.

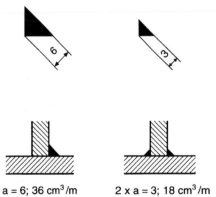

a = 6; 36 cm³/m   2 x a = 3; 18 cm³/m

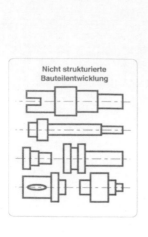

Nicht strukturierte Bauteilentwicklung

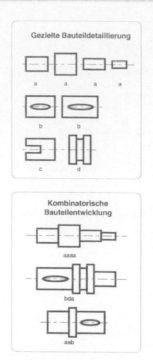

Gezielte Bauteildetaillierung

a a a a

b b

c d

Kombinatorische Bauteilentwicklung

aaaa

bda

aab

Durch **Teilereduzierung** lassen sich erheblich Kosten sparen. Denn jedes Teil verursacht Kosten bei der Einführung und der laufenden Pflege des Teilestamms. Von Bedeutung beim Vermindern der Teilezahl, speziell für die Einzel- und Kleinserienfertigung, ist die Einführung von **Baukästen.** Darunter ist ein System aufeinander angepaßter Teile zu verstehen, das es ermöglicht, unter Verwendung vergleichsweise weniger verschiedener Teile, eine große Zahl von varianten Produkten herzustellen.

Auch die Anwendung von CAD wird erst dann rationell, wenn weitgehend auf vorhandene oder ähnliche CAD-Zeichnungen zurückgegriffen werden kann. Ausnahmen sind die Fälle, wo eine algorithmische Erzeugung von Zeichnungsvarianten möglich ist.

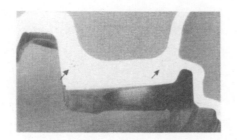

Die **Rechnerunterstützung** gestattet nicht nur eine schnelle und reproduzierbare Bereitstellung von Geometriedaten für die Kalkulation, sondern ermöglicht auch vor der eigentlichen Fertigung eine Bauteiloptimierung. So bieten zum Beispiel Simulationsprogramme für Gießereien die Möglichkeit, die Formfüllung und Erstarrung von Guß-Konstruktionen am Bildschirm zu simulieren. Diese Simulationsprogramme sind den Finite-Element-Programmen für Festigkeitsberechnungen ähnlich. Durch sie ist der Konstrukteur in der Lage, gefährdete Gestaltzonen seines Bauteils zu erkennen, gezielt Änderungen durchzuführen und damit Kosten zu sparen. Die Abbildung zeigt die lunkergefährdeten Zonen eines Autoradsegments.

Der Computer ist ein gutes Werkzeug zur Kostenbestimmung, Kostenkontrolle und Informationsunterstützung. Insbesondere wissensbasierte Systeme, die mit einem CAD-System verknüpft sind, ermöglichen eine automatische, konstruktionsbegleitende Kalkulation. Derartige Systeme müssen sich jedoch stark am Entwicklungsprozeß, der firmenspezifischen Fertigung, dem Informationsfluß und der Wissensverarbeitung im Unternehmen orientieren.

Um für ein Bauteil die kostenrelevanten Größen zu bestimmen, ist eine **Aufgliederung** des Werkstücks in Haupt- und Zusatzelemente zweckmäßig (siehe rechts). Der Konstrukteur kann so die Einzelelemente optimieren und einen Kostenvergleich alternativer Lösungen vornehmen.

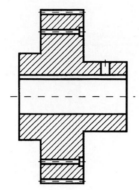 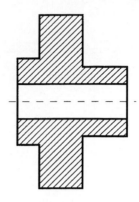

Zusatzelemente:
- Verzahnung
- Nut
- Bohrung (radial)
- Bohrung (axial)

Eine **Checkliste** mit kostensenkenden Maßnahmen sollte für jede Konstruktionsabteilung erarbeitet werden. Diese Liste ist individuell und bezieht sich auf die besonders typischen Merkmale der zu konstruierenden Produkte. Sie kann viel spezieller sein, als die hier dargestellte Checkliste. Sie enthüllt sämtliche Erfahrungen der Mitarbeiter und dient dem Konstrukteur zum direkten und indirekten Kostensenken. Durch die Überprüfung anhand einer Checkliste ist die Gefahr deutlich reduziert, wichtige kostensenkende Merkmale zu übersehen.

Kurzcheckliste

für kostensenkende Maßnahmen vor, während und nach der Entwicklungsphase

- Vorausschauende Terminplanung
- Aufstellen des Kostenziels und Ermitteln grober Kostenstrukturen
- Klären der Aufgabenstellung
- Frühzeitige und verbindliche Entscheidungen
- Teamarbeit und Beratung am Brett
- Paralleles Entwickeln mehrerer Alternativen
- Umfassende Informationsbeschaffung

- Bewerten und Auswählen der optimalen Alternative
- Methodisch vorgehen

- Kleinere Baugröße
- Weniger Teile
- Weniger Material
- Preiswerteres Material (evtl. auch hochfestes Material)
- Optimierte Form/Gestalt
- Optimiertes Fertigungsverfahren
- Baugruppenabgrenzung (Vormontage möglich)
- Höhere Stückzahlen

KOSTEN

 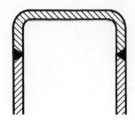

Durch Verringern des **Material-volumens** lassen sich sowohl bei großen Teilen als auch bei kleinen Teilen großer Stückzahl erheblich die Kosten senken. Zum Beispiel durch eine verringerte **Wanddicke** oder verminderte **Blechüberstände** beim Schweißen (siehe Bild rechts).

 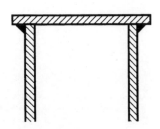

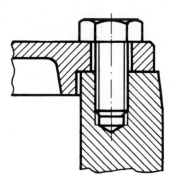 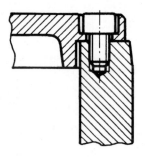

Das **Materialvolumen** läßt sich auch durch eine höhere **Schraubenfestigkeit** verringern. Innensechskantschrauben ergeben günstigere Verbindungen als Sechskantschrauben.

Schraube M 10
Festigkeitsklasse 6.8
Länge 20 mm

Schraube M 6
Festigkeitsklasse 10.9
Länge 12 mm

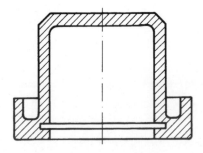 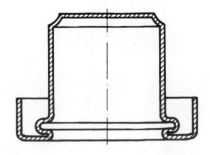

Durch die Wahl eines anderen Fertigungsverfahrens läßt sich auch **Materialvolumen** einsparen. Das bisher gesenkgeschmiedete und spanend bearbeitete Teil hat als Tiefziehteil ein wesentlich geringeres Gewicht und wesentlich niedrigere Herstellkosten (siehe Bild rechts).

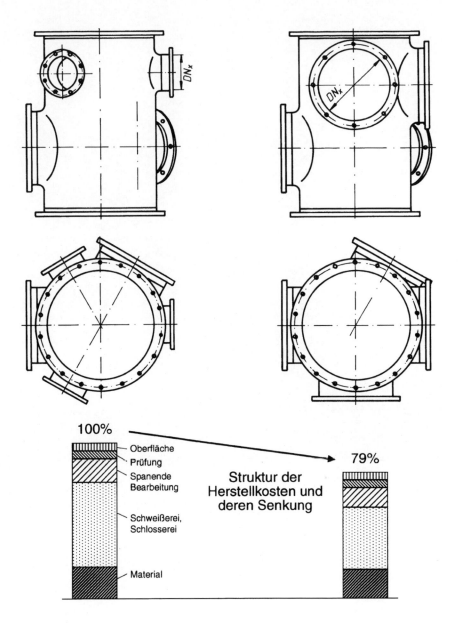

Die Herstellkosten des **Behälters** rechts sind durch Variation von Stutzenzahl und Stutzendurchmesser erheblich niedriger.

Struktur der Herstellkosten und deren Senkung

100%
- Oberfläche
- Prüfung
- Spanende Bearbeitung
- Schweißerei, Schlosserei
- Material

79%

Beim Einsetzen von **Stutzen** ist es kostengünstiger, ihn aufzusetzen (siehe rechts) als durchzustecken. Die Abwicklungslänge der Naht ist beim aufgesetzten Stutzen kleiner. Zudem sinkt das Schweißnahtvolumen durch den geringeren Schweißnahtquerschnitt.

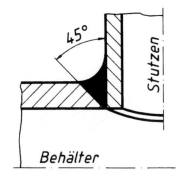

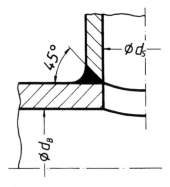

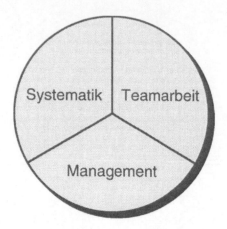

Eine klassische Methode zum Beeinflussen der Herstellkosten ist die **Wertanalyse.** Es ist eine Methode zielgerichteter innerbetrieblicher Zusammenarbeit. Die Arbeits-Systematik dient dazu, die Funktionen eines Produktes für die niedrigsten Kosten zu erstellen, ohne daß die erforderliche Qualität, Zuverlässigkeit und Marktfähigkeit des Produkts darunter leiden. Die Wertanalyse dient sowohl zur Verbesserung und Verbilligung bestehender als auch zur Innovation und Entwicklung neuer Erzeugnisse und Leistungen. Die Erfolgskomponenten der Wertanalyse sind nebenstehend dargestellt. Von herausragender Bedeutung ist die Teamarbeit. Partnerschaftliche, integrative und angstfreie Arbeitsformen sind hierarchischen Führungsformen überlegen.

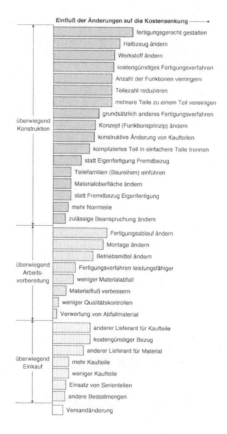

Die nebenstehende Grafik zeigt die wesentlichen Änderungen an Wertanalyse-Objekten (einfache Produkte mit wenigen Baugruppen), die zur Kostensenkung führen. Dabei zeigt sich, daß vor allem fertigungstechnische Änderungen großen Einfluß auf die Kosten haben. Die Änderungen des konstruktiven Prinzips haben dagegen keinen so großen Einfluß. Konstruiert man **werkstoff- und verfahrensgerecht,** so bedeutet dies, daß man in der Regel kostengünstig konstruiert. Die weiteren Kapitel in diesem Buch geben darüber Auskunft.

Recyclinggerechtes Konstruieren

Zu den traditionellen Aufgaben des Konstrukteurs gehören heutzutage auch die Zielsetzungen „recyclingfreundlich" und „entsorgungsfreundlich". Diese Forderungen kommen sowohl vom Gesetzgeber als auch durch das veränderte Markt- und Verbraucherverhalten.

Um diese Forderungen zu erfüllen, muß der Konstrukteur eine auf das Produkt bezogene Recyclingstrategie wählen. Dabei ist es wichtig, daß der Konstrukteur sich nicht, wie bisher üblich, nur in einer linearen Informations- und Produktkette sieht, die von der Aufgabenstellung bis zum fertigen Produkt reicht. Stattdessen ist es erforderlich, das Produkt auch nach seiner Übergabe an den Verbraucher weiter zu verfolgen. Es ist der gesamte Produktkreislauf zu planen und bei der Konstruktion zu berücksichtigen. Wichtig ist, das Recycling mit in die Anforderungsliste aufzunehmen und mit den anderen Produktanforderungen zu gewichten.

Berücksichtigt der Konstrukteur den gesamten Produktkreislauf bereits zu Beginn der Gestaltung, so braucht auch eine recyclinggerechte Konstruktion nicht die Herstellkosten zu erhöhen. Sind kostenerhöhende Zusatzmaßnahmen bei der Werkstoffwahl oder hinsichtlich demontagefreundlicher Fügeverfahren notwendig, so erleichtert dies in der Regel auch die Instandhaltung.

Bei der Beurteilung des gesamten Produktkreislaufs sind drei Entstehungsformen für das Recycling zu berücksichtigen:

— Recycling bei der Produktion
— Recycling während des Produktgebrauchs (Produktrecycling)
— Recycling nach Produktgebrauch (Materialrecycling)

Hauptaugenmerk sollte der Konstrukteur auf das Recycling während und nach dem Produktgebrauch richten. Vorrangiges Ziel ist dabei ein Recycling auf möglichst hohem Wertniveau. So wird man bestrebt sein, ein Produktrecycling so oft zu wieder-

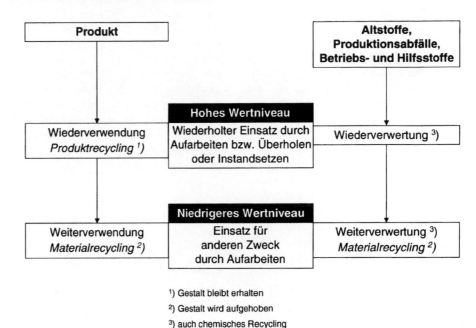

¹) Gestalt bleibt erhalten
²) Gestalt wird aufgehoben
³) auch chemisches Recycling

Abb. 1: Zusammenhänge der Recyclingformen für Produkte einerseits und Altstoffe, Produktionsabfälle, Betriebs- und Hilfsstoffe andererseits.

holen, wie es technisch machbar und wirtschaftlich interessant ist, ehe man auf ein Materialrecycling mit niedrigerem Wertniveau übergeht (siehe Abb. 1).

Es muß jedoch immer von Fall zu Fall entschieden werden, welche Recyclingform aus ökologischen, energetischen und wirtschaftlichen Gründen anzustreben ist. Nicht immer ist ein

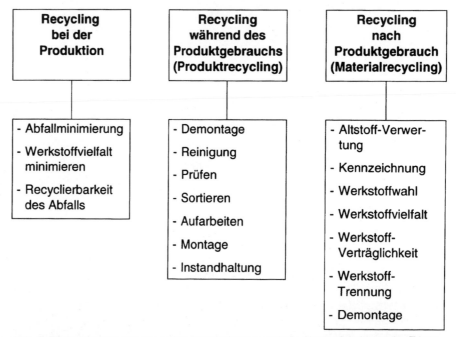

Abb. 2: Allgemeine recyclinggerechte Konstruktionsregeln in Abhängigkeit von der Entstehungsform des Recyclings

Langzeitprodukt oder ein wiederholter Einsatz des Produktes durch Aufarbeiten sinnvoll. Es kann durchaus auch das Materialrecycling durch Verwertung zweckmäßig sein, wenn zwischenzeitlich entwickelte Innovationen mit zum Beispiel besserem ökologischem Verhalten oder höheren Wirkungsgraden so nicht genutzt werden können. Schon zu Beginn der Produktentwicklung sollte die später zweckmäßige Recyclingform zumindest abgeschätzt werden. Dies ist keine so einfache Aufgabe, da die Entwicklungen in der Technik, das Marktverhalten und auch gesellschaftliche Zwänge nur schwer vorherzusagen sind. Ist der Produkt- oder Stoffkreislauf nicht vollständig zu realisieren, so ist die thermische Nutzung durch Verbrennung einer Deponielagerung vorzuziehen, wenn die dadurch entstehende Umweltbelastung vertretbar ist. Allgemein ist zu sagen, daß direkt zu Beginn der Konstruktion die Weichen für ein Produkt mit einer Recyclingfähigkeit auf hohem Wertniveau gestellt werden sollten.

Für den recyclingorientierten Konstruktionsablauf sind vor allem die Arbeitsschritte bedeutsam, bei denen der Konstrukteur Festlegungen trifft, die den Produktionsabfall, die Lebensdauer der Bauteile sowie die Werkstoffkombinationen beeinflussen. Durch eine geeignete Produktgestaltung kann der Konstrukteur die Aufarbeitung unterstützen und vereinfachen. Die allgemeinen recyclinggerechten Konstruktionsregeln zeigt Abb. 2 in Abhängigkeit von der Entstehungsform des Recyclings.

Literatur

Andreasen, M. M.; Kähler, S.; Lund, T.: Montagegerechtes Konstruieren, Springer-Verlag, Berlin, Heidelberg, 1985.

Ehrlenspiel, Klaus; Milberg, Joachim; Schuster, Gerd; Wach, Jörg: Rechnerintegrierte Produktkonstruktion und Montageplanung, CIM Management, Nr. 2, 1993.

Hoechst: Technische Kunststoffe, Berechnen, Gestalten, Anwenden, Outsert-Technik mit Hostaform®, Frankfurt, 1988.

Mooren, Aart L. van der: Instandhaltungsgerechtes Konstruieren und Projektieren, Springer-Verlag, Berlin, Heidelberg, 1991.

Verein Deutscher Ingenieure: VDI-Berichte 556, Automatisierung der Montage in der Feinwerktechnik, VDI-Verlag GmbH, Düsseldorf, 1985.

Verein Deutscher Ingenieure: VDI-Richtlinie 3237 Blatt 1, Fertigungsgerechte Werkstückgestaltung im Hinblick auf automatisches Zubringen, Fertigen und Montieren, VDI-Verlag GmbH, Düsseldorf, 1967.

Verein Deutscher Ingenieure: VDI-Richtlinie 3237 Blatt 2, Fertigungsgerechte Werkstückgestaltung im Hinblick auf automatisches Zubringen, Fertigen und Montieren, VDI-Verlag GmbH, Düsseldorf, 1973.

Verein Deutscher Ingenieure: VDI-Richtlinie 2243 Blatt 1, Konstruieren recyclinggerechter technischer Produkte, VDI-Verlag GmbH, Düsseldorf, 1993.

Wimmer, Dieter: Recyclinggerecht konstruieren mit Kunststoffen, Hoppenstedt Technik Tabellen Verlag, Darmstadt, 1992.

✗ Checkliste zum recyclinggerechten Konstruieren bei der Produktion

— Produktions-Rücklaufmaterial minimieren
— Materialsparend konstruieren
— Werkstoffvielfalt einschränken
— Wiederverwertung ermöglichen
— Weiterverwertung ermöglichen

Das **Produktions-Rücklaufmaterial** soll möglichst gering sein. Zu den Rücklaufmaterialien zählen Angüsse, Steiger, Walzenden, Besäumstreifen, Stanzabfälle, Brennmatten, Schmiedegrate und Späne. Durch die Wahl eines geeigneten Fertigungsverfahrens lassen sich zum Beispiel Angüsse vermeiden bzw. minimieren (siehe Bild rechts).

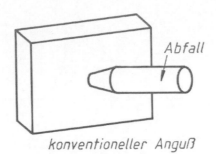

konventioneller Anguß

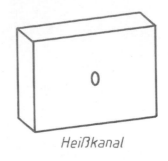

Heißkanal

Bei den trennenden Fertigungsverfahren sollte das **Rücklaufmaterial** so gering wie möglich sein. Beim Scheren und Schneiden ist dies durch optimale **Schnittanordnung** (Schachtelpläne) möglich (siehe Bild rechts). Durch Nachwalzen teilverformter Blechrückläufe lassen sich weitere Kleinteile aus dem ursprünglichen Blech-Rücklaufmaterial ausstanzen.

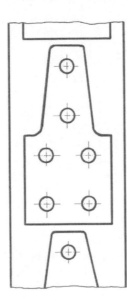
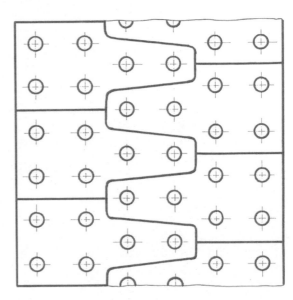

Es sollte materialsparend konstruiert werden. Beim Gießen zum Beispiel sind **Materialanhäufungen** nicht nur zu vermeiden, um Material zu sparen, sondern um Lunker und Spannungsrisse zu verhindern (siehe Bild rechts).

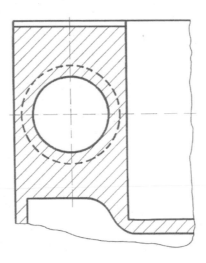
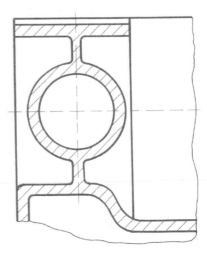

Beim Spanen ist das **Zerspanvolumen** so klein wie möglich zu halten (siehe Bild rechts). Halbzeugprofile oder Verbundkonstruktionen können dabei von Vorteil sein.

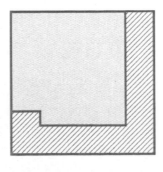
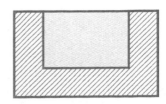

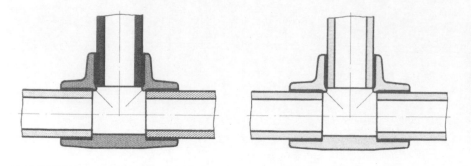

Die **Werkstoffvielfalt** soll gering sein, d. h. es sollen möglichst wenig verschiedene Werkstoffe Einsatz finden. Somit erhöhen sich die Rohstoffproduktion und das Produktionsrücklauf-Recycling.

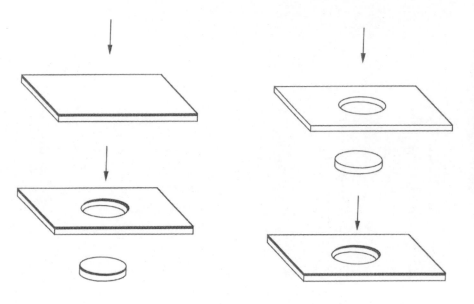

Finden **Verbundwerkstoffe** Anwendung, so ist darauf zu achten, daß sie mit möglichst geringem Aufwand und Wertverlust rezyklierbar sind. Zum Beispiel ist es bei Beschichtungen von Blechen ratsam, erst nach der abfallgebenden Verarbeitung zu beschichten (siehe Bild rechts) oder solche Beschichtungen zu wählen, die beim Wiederverwerten nicht stören.

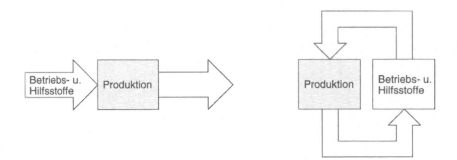

Bei der Rückführung von Produktionsmaterial bereiten die während der Produktion anfallenden **Betriebs- und Hilfsstoffe** (z. B. Kühlschmiermittel, Öle, Galvanikschlämme, Dämpfe usw.) die größten Recyclingprobleme. Daher sind solche Fertigungsverfahren zu bevorzugen, bei denen sich die benötigten Betriebs- und Hilfsstoffe sowie die unter Umständen entstehenden Emissionen problemlos rezyklieren lassen.

Demontage

Der Aufwand für die Demontage ist mit bis zu 40 % Anteil entscheidend für die Kosten in der Austauscherzeugnisfertigung. Die wichtigste Forderung für eine demontagegerechte Konstruktion ist, daß die Bauteile leicht lösbar und gut zugänglich sind. In der nachfolgenden Checkliste sind weitere Kriterien genannt.

✗ Checkliste zum demontagegerechen Konstruieren

— Demontagefreundliche Gestaltung anstreben, d. h.: leicht lösbare und gut zugängliche Gestaltung
— Automatisierbarkeit der Demontage ermöglichen
— Wiederverwendung anstreben
— Weiterverwendung anstreben
— Flüssigkeitsentsorgung ermöglichen
— Reinigung ermöglichen
— Sortenreine Erfassung ermöglichen
— Sammlungsgerecht gestalten
— Deponiegerecht gestalten

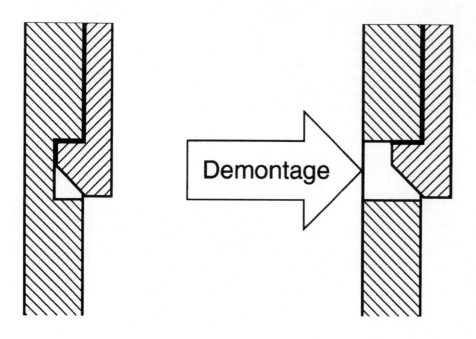

Um eine einfache **Demontage** zu ermöglichen, müssen die Bauteile leicht **lösbar** (siehe Darstellung rechts) und gut **zugänglich** sein. Bei der Demontage sollten die zu verbindenden Bauteile und die Verbindungselemente möglichst unbeschädigt bleiben oder zumindest zum Aufarbeiten geeignet sein. Ist dies nicht möglich, sollten wenigstens die Bauteile unbeschädigt bleiben und die Verbindungselemente durch neue ersetzt werden.

Anzustreben sind einfach lösbare **Form- und Kraftschlußverbindungen,** die nur elastisch beansprucht werden und leicht zu lösen sind. Dazu zählen Schrauben-, Schnapp- und Spannverbindungen sowie leichte Schrumpf- und Preßsitze. Bei form- und kraftschlüssigen Verbindungen mit plastischen Verformungen müssen dagegen Niete und Bördelungen zerstört werden, um die Verbindung zu lösen. Zum Lösen von **Stoffschlußverbindungen** (Schweiß-, Löt- und Klebverbindungen) werden darüber hinaus auch die Bauteile an den Fügestellen beschädigt. Dies macht Nacharbeit erforderlich. Eine Ausnahme sind Klebverbindungen mit Metall- oder Keramikteilen sowie Weichlötverbindungen, die thermisch leicht lösbar sind.

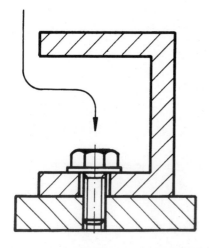
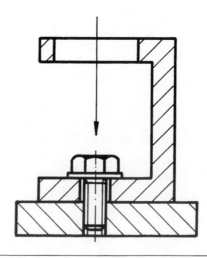

Nicht nur die Verbindungsart hat Einfluß auf den Demontageaufwand, sondern auch die **Baustruktur** des Produkts, wie z. B. Anzahl und Zuordnung der Baugruppen und Fügestellen. Wichtig sind auch die **Lage** und **Gestaltung** der Fügestellen, wie z. B. Zugänglichkeit (siehe Abbildung), Verbindungsvielfalt und Demontagerichtungen.

Eine **sammlungsgerechte Gestaltung** ist vor allem bei größeren Teilen wichtig. Um diese gut
transportieren und lagern zu können, sind sie so zu gestalten, daß
sie sich gut ineinander schachteln
oder stapeln lassen.

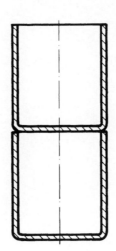
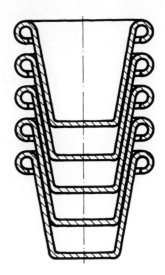

Um eine **sortenreine Erfassung**
zu ermöglichen, ist neben der
Werkstoffkennzeichnung auch eine Trennung nach Werkstoffarten
erforderlich, wozu die Teile leicht
demontierbar sein müssen.

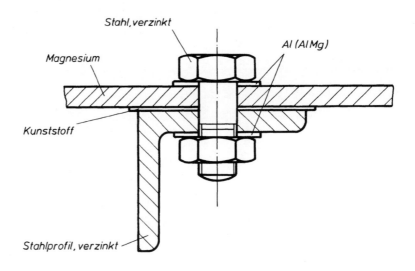

Stahl, verzinkt

Magnesium

Al (AlMg)

Kunststoff

Stahlprofil, verzinkt

Teile zur Wieder- oder Weiterverwertung sollten **einfach zu reinigen** sein (siehe Abbildung
rechts). Zu vermeiden sind
schwer zugängliche Ecken oder
große, enge Vertiefungen, die
man nur mit Hilfsmitteln erreicht.
Zu bevorzugen sind große, glatte,
Flächen ohne scharfe, nach innen
gekehrte Kanten.

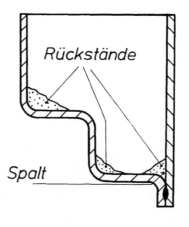
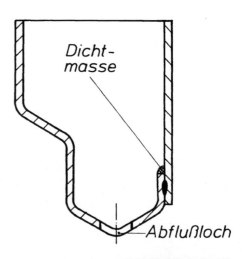

Rückstände

Spalt

Dicht-
masse

Abflußloch

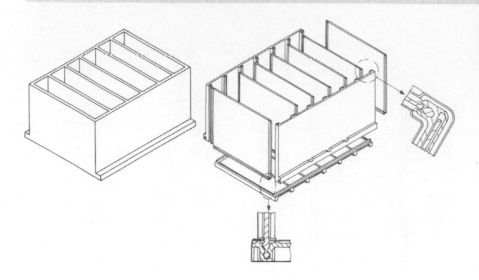

Das rechts dargestellte **Batterie-gehäuse** hat Nut- und Feder-Ver-bindungen, wodurch es nach Ge-brauch zur Wieder- und Weiterver-wendung **zerlegbar** ist.

Reinigen, Prüfen, Sortieren, Aufarbeiten

Reinigen

Die Reinigung ist zwar nicht der entscheidende Kostenfaktor in der Austauscherzeugnisfertigung. Eine schlechte Reinigungsmöglichkeit kann jedoch dazu führen, daß Bauteile nicht wiederverwendbar sind und hohe Materialkosten für Neuteile entstehen.

Daher sind die Bauteile so zu gestalten, daß eine Reinigung einfach durchzuführen ist. Die Verunreinigungen sollten sich rückstandslos und ohne Beschädigung der Bauteile entfernen lassen. Konstruktive Maßnahmen dagegen sind glatte, widerstandsfähige Oberflächen, Vermeiden von engen Sacklöchern, Vermeiden von unzugänglichen und zerklüfteten Innenräumen. Bei Kunststoffteilen ist auf eine reinigungs- und lösungsmittelresistente Werkstoffwahl zu achten. Generell sollten solche Reinigungsverfahren und -medien einge-

setzt werden, die in der Entsorgung unproblematisch sind.

Prüfen und Sortieren

Prüfen und Sortieren stellen keinen so hohen Kostenfaktor in der Austauscherzeugnisfertigung dar, wie die Demontage und Montage. Doch können fehlende Prüfmöglichkeiten zum Aussortieren von Bauteilen „auf Verdacht" und somit zu hohen Kosten durch Ersatzteile führen. Anzustreben sind daher Prüfmöglichkeiten, die den Verschleiß bzw. den Zustand der verschleißgefährdeten Bauteile möglichst leicht und eindeutig erkennen lassen, zum Beispiel durch Verschleißmarken.

Besteht das Produkt aus vielen ähnlichen, jedoch nicht ganz baugleichen Einzelteilen, so führt dies zu hohem Sortieraufwand. Daher sollte die Teilevielfalt eingeschränkt werden.

Elemente, Bauteile und Baugruppen mit gleicher Funktion in Aufbau, Anschlußmaßen und Werkstoffen sind zu standardisieren. Auch die Kennzeichnung von Bauteilen und Werkstoffen ist zum Sortieren wichtig. Kunststoffe sind zum Beispiel nach VDA 260 oder DIN 6120 zu kennzeichnen.

Aufarbeiten

Der Aufwand für die Aufarbeitung verursacht in der Austauscherzeugnisfertigung 10 bis 45 % der Herstellkosten. Dieser doch recht beachtliche Anteil zeigt, daß auch eine aufarbeitungsgerechte Gestaltung wichtig ist. So sind bei der Konstruktion von vornherein entsprechende Aufarbeitungsmöglichkeiten und Materialzugaben sowie Spann-, Meß- und Justierhilfen vorzusehen.

Montage

Der Aufwand für die Montage ist wie bei der Demontage mit bis zu 40 % Anteil entscheidend für die Kosten in der Austauscherzeugnisfertigung. Da auch bei der Neuproduktion der Montageaufwand eine wichtige Rolle spielt, ist die montagegerechte Gestaltung eine Forderung sowohl für die Neuproduktion als auch für die Austauscherzeugnisfertigung.

Der Konstrukteur legt die **Produktstruktur** fest. Das heißt, er gestaltet nicht nur die Elemente, sondern bestimmt auch den Aufbau der Komponenten und die Art, in der sie zusammengesetzt werden. Daraus resultiert ein bestimmter Fertigungsablauf und eine entsprechende Montage. Somit beeinflußt der Konstrukteur mit der Produktstruktur Zahl und Typ der Fertigungs- und Montageprozesse. Durch eine entsprechende Produktgestaltung ist es möglich, eine Montage zu vereinfachen oder sogar zu vermeiden. Möglichkeiten zum Rationalisieren liegen auch in der Wahl eines optimalen Montagesystems. Dabei gilt es, das montagegerechte Konstruieren so zu sehen, daß ein einzelnes Produkt in ein Programm von gutstrukturierten Produkten, Bauelementen und Komponenten eingefügt wird.

Die **Montageart** hat Einfluß auf die **Toleranzanforderungen** und somit auf die Qualität des Produkts. Die automatische Montage erfordert engere Toleranzen als die manuelle Montage (siehe Abb. 1). Ursache dafür ist, daß Werkzeuge, Haltevorrichtungen, Rutschen usw. ebenfall Toleranzen besitzen und folglich keine großen Abweichungen für die zur Montage bestimmten Teile bestehen dürfen. Daher ist es möglich, daß die Toleranzanforderungen aus montagetechnischen Gründen höher liegen, als es zur Funktion des Teils erforderlich wäre (siehe Abb. 2). In der Regel führen die verstärkten Qualitätsanforderungen zu einer allgemeinen Verbesserung der Produktqualität. Zudem ist eine Konstruktion, die auf ei-

ne automatische Montage abgestimmt ist, normalerweise auch leicht manuell zu montieren. Dies gilt jedoch nicht immer umgekehrt.

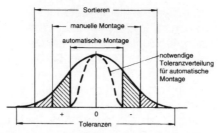

Abb. 1: Toleranzbereiche verschiedener Montagearten

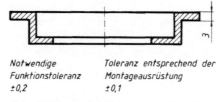

Notwendige Funktionstoleranz ±0,2

Toleranz entsprechend der Montageausrüstung ±0,1

Abb. 2: Toleranzbereiche entsprechend der Funktion und der Montageausrüstung

Zu beachten ist, daß zum montagegerechten Konstruieren immer die spezifischen Belange zu berücksichtigen sind. Denn unter verschiedenen Umständen können für die gleiche Problemstellung sehr unterschiedliche Lösungen sinnvoll sein. Abhängig sind die Lösungen zum Beispiel vom vorhandenen Produktspektrum, verfügbaren Montageanlagen, vorhandenem Know-how, verfügbarer Entwicklungszeit und voraussichtlicher Stückzahl.

Die Montage sollte auf jeden Fall in einer sehr frühen Phase der Produktentwicklung mit eingeplant werden. Durch eine enge Zusammenarbeit von Konstrukteur und Montageplaner ist eine Optimierung des Produkts hinsichtlich einer kostengünstigen Montage möglich.

Die wichtigsten Einflüsse auf das montagegerechte Konstruieren sind in der nachfolgenden Checkliste aufgeführt. Von großer Bedeutung sind vor allem die Strukturierung des Produkts sowie die Wahl des Fügeverfahrens.

✗ Checkliste zum montagegerechten Konstruieren

Montageaufwand
— Mehrere Funktionen zusammenfassen
— Gleiche Bauelemente für verschiedene Funktionen verwenden
— Montagefamilien bilden

Montageorganisation
— Beliebige Montagereihenfolge ermöglichen
— Viele Baugruppen ermöglichen
— Zwangsfolgen vermeiden

Montagedurchführung
— Fügegerecht gestalten
— Verbindungsgerecht gestalten
— Handhabungsgerecht gestalten
— Fügefremde Arbeiten vermeiden

Für die Struktur und damit für die Montage eines Produkts sind zwei Grundprinzipien entscheidend:

— **Einfache Konstruktionen** bevorzugen, so daß durch eine geringe Teilezahl wenige und einfache Montageoperationen erforderlich sind. Das Beispiel eines Steuerschiebers zeigt, wie durch Vereinfachung eines komplexen Produkts die optiomale Lösung aus einfachen Komponenten besteht (siehe Bild rechts). Die optimale Lösung ist jedoch abhängig von der Stückzahl, den technischen Anforderungen, den Herstellkosten, dem erzielbaren Preis der Einzelteile sowie den Montagekosten.

— Anzustreben ist eine **eindeutige Konstruktion,** so daß Fertigung und Montage eindeutig sind, daß Produkt statisch bestimmt ist und daß mögliche Justierungen nicht gegeneinander arbeiten.

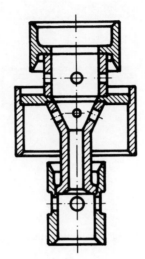 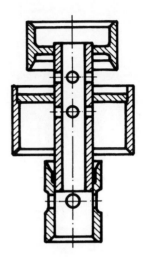

Das Produkt ist zweckmäßig zu **strukturieren.** Eine der vielen Möglichkeiten zur Strukturierung ist die **Integralbauweise.** Ihre Ziele sind:

— wenige Komponenten und Vormontagen
— größere und daher leichter zu handhabende Gegenstände
— volles Ausschöpfen der Fertigungsmöglichkeiten.

Das **Lagergehäuse** links ist gegossen und geschweißt. Das rechte Gehäuse ist dagegen einteilig gegossen, so daß die Montage entfällt. Die Herstellkosten konnten drastisch gesenkt werden.

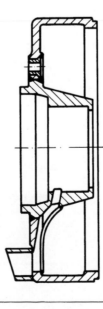 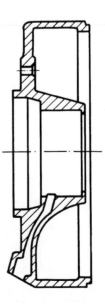

RECYCLING Montage

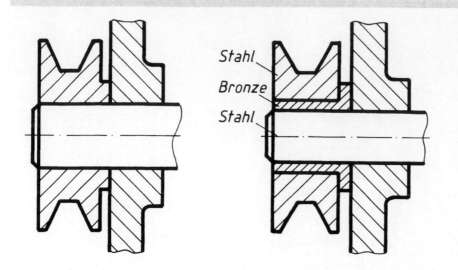

Stahl

Bronze

Stahl

Eine andere Möglichkeit zum **Strukturieren** des Produkts bietet die **Differentialbauweise.** Ihre Ziele sind:
— die unterschiedliche Anpassung an die Bauteilfunktionen
— die Anpassung der Herstellung an die Fertigungsmöglichkeiten des Betriebs
— die Möglichkeit, gekaufte und standardisierte Teile zu verwenden.

Gezielte Bauteildetaillierung

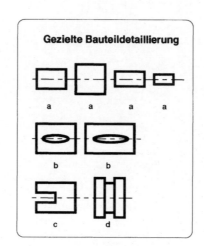

a   a   a   a

b   b

c   d

Nicht strukturierte Bauteilentwicklung

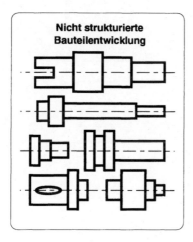

Eine weitere Möglichkeit für die **Strukturierung** von Produkten bietet das **Baukastenprinzip** (siehe Bild rechts).
Dessen Ziele sind:
— Steigerung der Losgröße von Baugruppen
— parallele Fertigung, Montage und Prüfung
— vereinfachen der Montage für das Produkt.

Kombinatorische Bauteilentwicklung

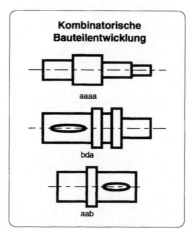

aaaa

bda

aab

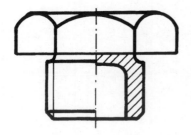

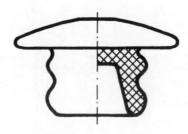

Einfachere Montage eines **Gewindestopfens.** Der bisherige Stopfen aus Metall ist ersetzt durch einen Kunststoffstopfen zum Einpressen (siehe Bild rechts).

Das **Strukturieren** von Produkten kann auch durch eine **Verbundbauweise** erfolgen. Ihre Ziele sind:

— optimale Ausnutzung der verschiedenen Werkstoffeigenschaften
— komplexe Strukturen mittels einfacher Fertigungsverfahren
— eindeutig prozeßbestimmtes Montieren.

Eine Möglichkeit für die Verbundbauweise bietet die Outsert-Technik. Hierbei werden die Einzelteile aus Kunststoff in einem Arbeitsgang auf beide Seiten einer Trägerplatte, die im allgemeinen aus Metall besteht, spritzgegossen (siehe Abbildung).

Bei Anwendung der Verbundbauweise ist an die Möglichkeiten für ein Produkt- bzw. Materialrecycling zu denken.

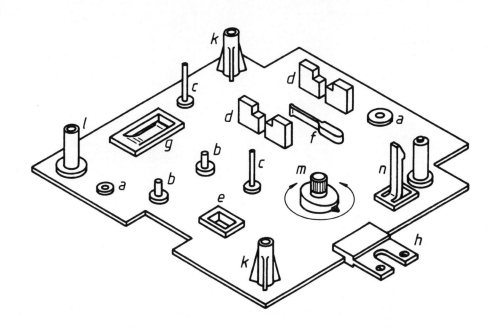

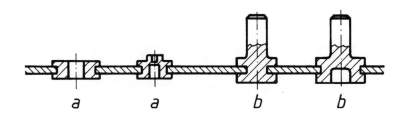

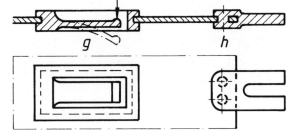

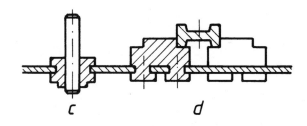

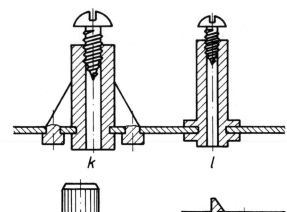

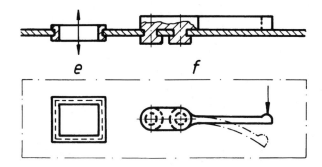

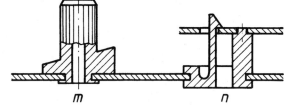

RECYCLING Montage

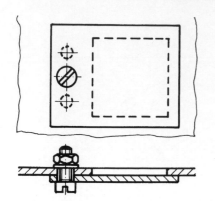 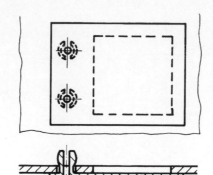

Die **Abdeckung** aus Kunststoff rechts ist montagegünstiger als die mit Schrauben und Muttern montierte Abdeckplatte aus Stahl links.

Öffnungen lassen sich nicht nur durch angeschraubte Platten verschließen. Als **Abdeckung** kann auch eine gestanzte und gebogene Platte dienen, die mit einfachen Werkzeugen zu befestigen ist (siehe Bild rechts).

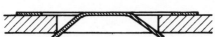

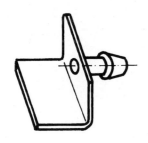

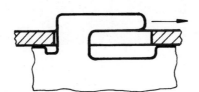

Separate Verbindungselemente sind zu vermeiden. Besser sind integrierte **Verriegelungen** wie die Beispiele rechts zeigen.

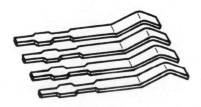 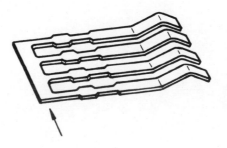

Montageerleichterungen sind durch **Integration** einer Komponente in eine andere möglich. Dies vereinfacht die Handhabung, das Positionieren sowie Einlegen und reduziert die Gesamtzahl der Montagevorgänge. Das Beispiel zeigt **elektrische Anschlüsse,** die als Einheit montiert werden (siehe Bild rechts). Danach wird das Verbindungsstück abgeschnitten.

Ein **Verhaken** und **Verklemmen**
der Teile ist zu vermeiden, wie es
die Beispiele rechts verdeutlichen.

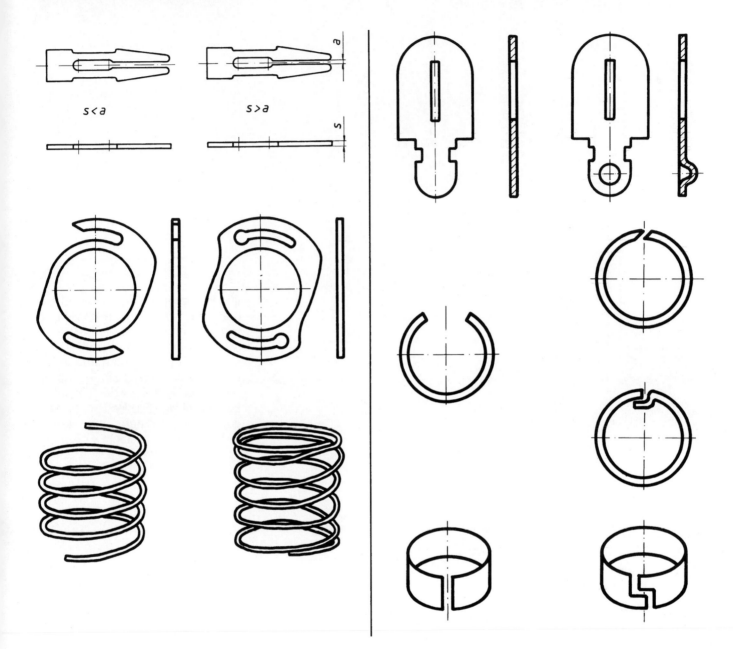

$s < a$

$s > a$

a)

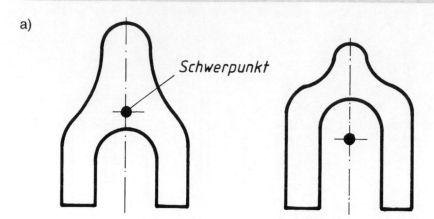

Schwerpunkt

b)

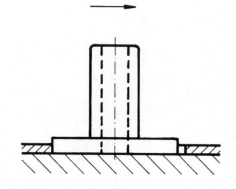

Die Bauteile sind so zu gestalten, daß gute **Transportmöglichkeiten** in Führungsschienen, Rutschen, Kanälen, Rinnen oder in beweglichen Systemen für die Montage bestehen. Ein **Verklemmen** und **Verkeilen** der Teile ist zu vermeiden. Die Beispiele verdeutlichen: a) Kippen vermeiden, b) Umfallen vermeiden, c) Rinnentransport ermöglichen, d) Klemmen vermeiden.

c)

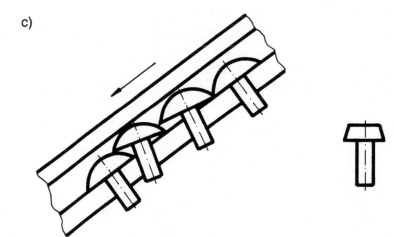

d)

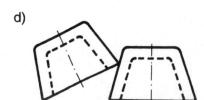

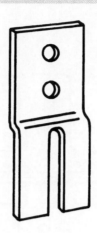 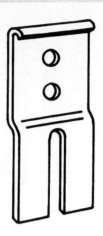

Zur besseren Montage können bestimmte **Orientierungsflächen** an den Bauteilen sinnvoll sein. Das Bauteil rechts ist mit einem Haken versehen, der sowohl eine Orientierung als auch den Transport auf einer Schiene ermöglicht.

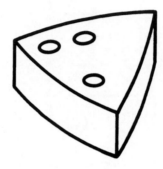 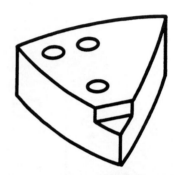

Das Werkstück links ist schwierig zu orientieren. Durch Ergänzen eines Absatzes an der Außenkontur, der aus funktionellen Gründen nicht notwendig wäre, ist eine leichte **Orientierung** möglich.

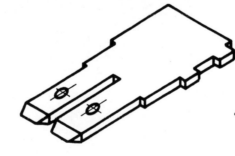 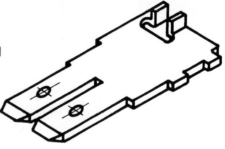

Durch Anbringen eines Ordnungsmerkmals ist eine leichte **Orientierung** möglich (siehe rechts).

 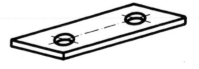

Die automatische **Orientierung** ist bei der asymmetrischen Konstruktion links nur mit größerem Aufwand möglich. Die symmetrische Konstruktion rechts ist die bessere Lösung.

 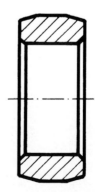

Das Drehteil rechts ermöglicht durch die symmetrische Form mit ausreichender Fase eine einfache automatische **Orientierung.**

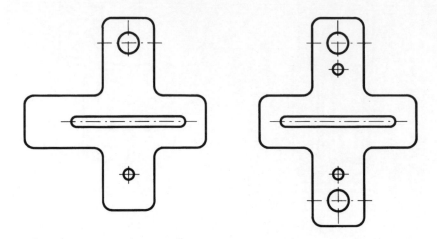

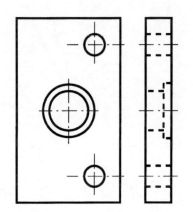

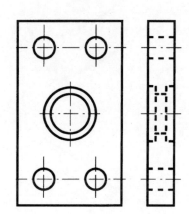

Je größer die **Symmetrie** an einem Werkstück ist, desto weniger **Orientierungsoperationen** sind erforderlich. Dargestellt sind Beispiele, bei denen die Symmetrie die Orientierung erleichtert (siehe Zeichnungen rechts). Läßt sich eine absolute Symmetrie nicht erreichen, dann sollte man die Asymmetrie vergrößern.

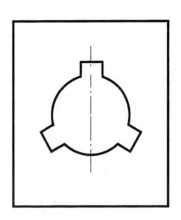

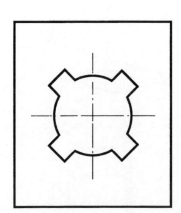

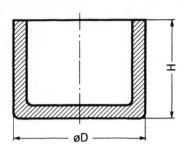

H : D = 1   H : D = 0,75

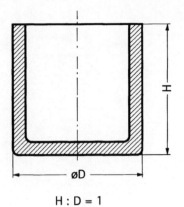 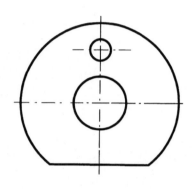

Bei fast symmetrischen Bauteilen sollte das Ziel eine vollkommene **Symmetrie** sein, oder die **Asymmetrie** sollte klar gekennzeichnet sein (siehe Beispiele rechts). Asymmetrische Teile lassen sich durch passive Mechanismen orientieren. So kann durch eine bestimmte Anordnung des Schwerpunkts eine Tendenz zum Drehen oder Kippen entstehen.

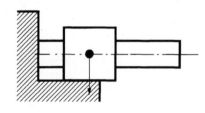 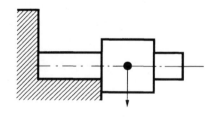

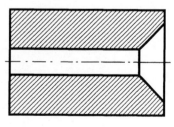 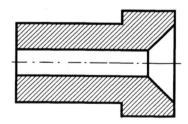

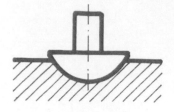
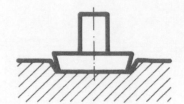

Die halbrunde Kopfform des Nietes links erschwert die automatische **Orientierung**, das Zubringen und Einsetzen in Aufnahmen.

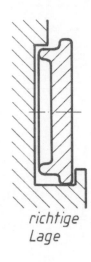
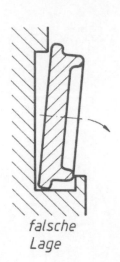

richtige Lage   *falsche Lage*

Bei dem Teil links ist keine eindeutige **Orientierung** für das automatische Zuführen möglich. Das abgesetzte Teil rechts gewährleistet ein lagerichtiges Zubringen.

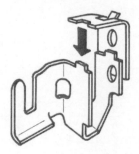
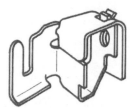
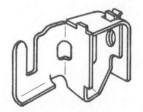

Anzustreben sind zur Montage einfache **Bewegungsabläufe.** Zu bevorzugen sind lineare und nicht zusammengesetzte Bewegungen (siehe Zeichnungen rechts). Unterschiedliche Richtungen und kurvenförmige Fügebewegungen sollte man vermeiden.

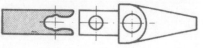
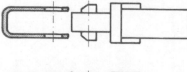
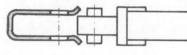

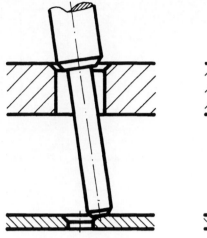 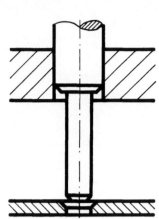

Die **Fügebewegung** muß eindeutig sein (siehe Beispiele rechts). Zu vermeiden ist ein gleichzeitiges Fügen mehrerer Einzelteile. Ansonsten sind Führungsflächen und/oder nötige Elastizität vorzusehen.

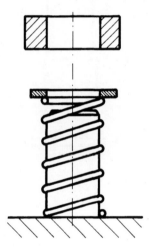 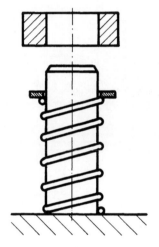

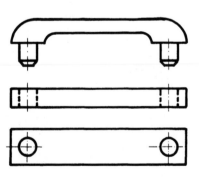 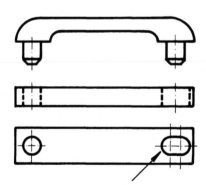

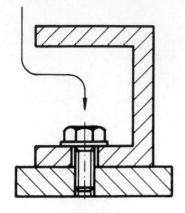

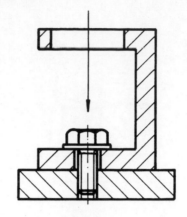

Anzustreben sind einfache, gradlinige **Fügebewegungen** (siehe rechts).

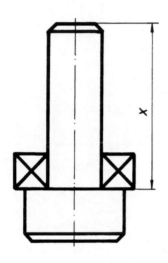

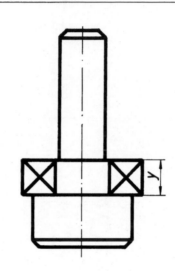

Erleichternd auf die Montage wirken sich größtmögliche **Fügetoleranzen** und kurze **Fügewege** aus.

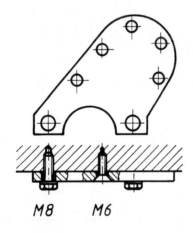

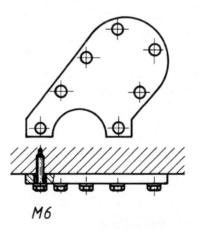

Der **Gehäusedeckel** rechts hat **einheitliche Befestigungsmöglichkeiten** durch gleichartige Schrauben. Senkschrauben sind zu vermeiden, da durch sie eine zusätzliche Bearbeitung erforderlich ist und die Anzugs- und Sicherungsmöglichkeiten schlecht sind.

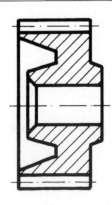

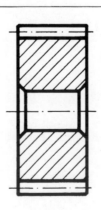

Das **Zahnrad** links ist durch die versetzte Nabe ungünstig für die Bearbeitung und Lagerung. Die Ausführung rechts läßt sich von der Stange abstechen, ermöglicht eine einfache Bearbeitung, ist in Stapelmagazinen verwendbar und läßt sich günstig fügen.

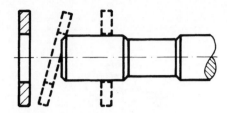
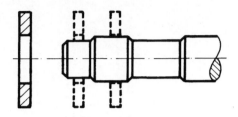

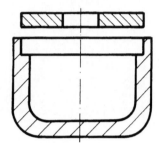
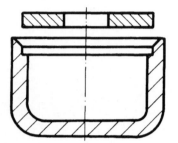

Führungsflächen erleichtern die Montage. Mit Einführhilfen kommen die zu fügenden Teile leichter an ihren Platz (siehe Beispiele rechts). Die Führungsflächen können sowohl an den Greifeinheiten, den Fügeteilen als auch an den Spannvorrichtungen angebracht sein.

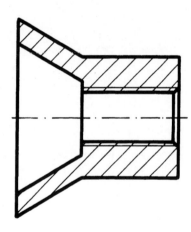
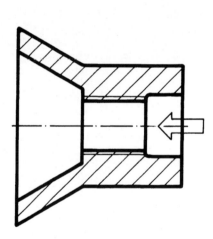

Nuten sollten nach Möglichkeit in die Welle verlegt werden (siehe rechts). Die Nut ist leichter zu bearbeiten und zu messen, es ist ein kleinerer O-Ring erforderlich und die Montage ist einfacher.

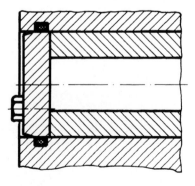
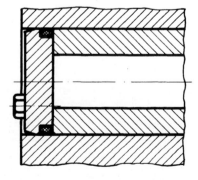

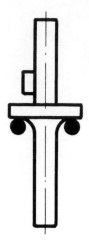
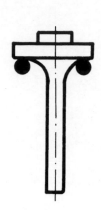

Das Teil links hat einen zu hohen Schwerpunkt und kippt daher in der Führung. Rechts die günstige Ausführung für das automatische **Zuführen.**

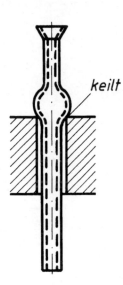

keilt

Der Flanschdurchmesser der Hülse links ist nur minimal größer als der Schaftdurchmesser, wodurch es zu Verklemmungen bei der **Zuführung** kommt. Die Ausführung rechts hat einen ausgeprägten Flanschübergang und ist zu bevorzugen.

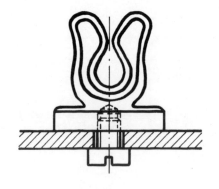
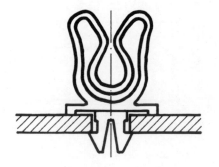

Die **Kabelschelle** rechts erfordert zum Befestigen keine Schraube, sondern braucht nur einzurasten. Die Montagezeit wird dadurch minimiert.

Die **Verschlußscheibe** nach
DIN 470 rechts ist in der Herstellung und Montage wesentlich günstiger als der Verschlußdeckel
links.

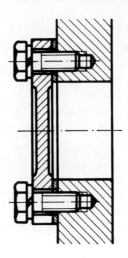

Der **Verschlußstopfen** mit Öl-
standsauge links erfordert bearbeitete Auflageflächen und eine län-
gere Montagezeit als die einfach
einzudrückende Ausführung
rechts.

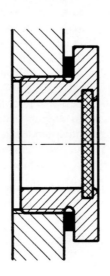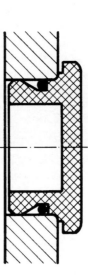

Transportvorrichtungen sollten
so einfach wie möglich sein. Die
Ausführung rechts hat nur zwei
Bohrungen für eine Durchsteck-
stange.

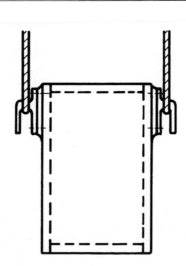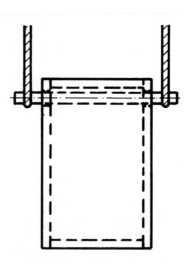

Instandhaltung

Das Produktrecycling (z. B. durch Aufarbeiten) wird auch durch die Instandhaltung unterstützt. Zur Instandhaltung zählen Maßnahmen zum Erhalten des Sollzustands (Wartung), zum Feststellen und Beurteilen des Istzustands (Inspektion) und zum Wiederherstellen des Sollzustands (Instandsetzung). Zwar dienen diese Maßnahmen in erster Linie dem Erzielen der vorgesehenen Lebensdauer, doch ist die Instandsetzung eng mit der Aufarbeitung verwandt und unterstützt somit die Recyclingmöglichkeiten.

Da alle technischen Produkte während ihrer Lebensdauer der Abnutzung unterliegen, kann dies zum Ausfall führen. Besonders wenn der Ausfall unerwartet auftritt, sind Schäden materieller und personeller Art möglich. Durch eine instandhaltungsgerechte Gestaltung lassen sich solche Schäden vermeiden.

Nach DIN 31 051 sind unter der Instandhaltung alle Maßnahmen zum Bewahren und Wiederherstellen des Sollzustands sowie zum Feststellen und Beurteilen des Istzustands von technischen Mitteln eines Systems zu verstehen. Unterschieden werden:

— *Wartungs*-Maßnahmen zum Bewahren des Sollzustands. Sie dienen in erster Linie dazu, den Zustandsrückgang einer Komponente zu verzögern, z. B. durch Schmieren, Nachfüllen, Nachstellen.

— *Instandsetzungs*-Maßnahmen zum Wiederherstellen des Sollzustands. Unterschieden werden bei der Instandsetzung präventive und korrektive Maßnahmen. Die präventive Instandsetzung dient dazu, eine Beschädigung auszubessern, bevor das Objekt ausfällt. Die korrektive Instandsetzung dient zum Beheben des Schadens nach Ausfall des Objekts, das heißt zur Reparatur. Der Unterschied der Instandsetzung zur Wartung ist in der Praxis nicht immer eindeutig zu bestimmen und mehr oder weniger eine Sache der Verabredung.

— *Inspektions*-Maßnahmen zum Feststellen und Beurteilen des Istzustands. Die Inspektion soll einerseits Auskunft geben, ob, inwieweit und wann Wartungsarbeiten erforderlich sind, z. B. aufgrund mangelnder Prozeß- und Hilfsstoffe oder erhöhter Verschmutzung. Andererseits dient die Inspektion zum Beurteilen der präventiven Instandsetzung, damit kein Ausfall durch Verschleiß, Korrosion und andere Fehlmechanismen eintritt. Die Inspektions-Maßnahmen lassen sich nicht nur während einer geplanten Betriebsunterbrechung oder eines unvorhergesehenen Ausfalls vornehmen, sondern vielfach auch während des Betriebs.

Eine Übersicht der Maßnahmen zum instandhaltungsgerechten Gestalten sind in der Checkliste angegeben. Da die technischen und wirtschaftlichen Möglichkeiten zu einer Konstruktionsänderung bei bestehenden Objekten meist nur sehr gering sind, sind bereits zu Beginn der Konstruktionsphase Instandhaltungs-Maßnahmen zu ergreifen.

✗ Checkliste zum instandhaltungsgerechten Konstruieren

Instandhaltungsgerechte Gestaltung
— Konstruktion vereinfachen
— Genormte Komponenten verwenden
— Zugänglichkeit fördern
— Zerlegbarkeit fördern
— Modulare Bauweise anwenden

Instandhaltungsgerechtes Verhalten
— Montage- und Bedienungsfehler einschränken
— Schadensumfang einschränken
— Inspektionsmöglichkeit fördern
— Selbsthilfeprinzip anwenden
— Instandhaltungsanleitung bereitstellen

Die **Konstruktionsverein-fachung** ist eine der wirksamsten Möglichkeiten, die Instandhaltung zu erleichtern. Eine Konstruktion sollte auch aus fertigungstechnischen Gründen so einfach wie möglich gestaltet sein. Die Verringerung der Komponentenzahl ist besonders ausschlaggebend, denn Komponenten, die nicht vorhanden sind, können nicht versagen und erfordern keine Instandsetzung. Anzustreben ist besonders eine verringerte Zahl sich bewegender Teile, um den Verschleiß als wichtige Versagensursache einzuschränken. Die Vereinfachung darf aber auch nicht zu weit getrieben werden, so daß die Zuverlässigkeit darunter leidet, in dem ein und dieselbe Komponente zahlreiche Teilfunktionen übernimmt und somit überlastet wird.

Das Beispiel rechts zeigt die Vereinfachung eines Bewegungswandlers.

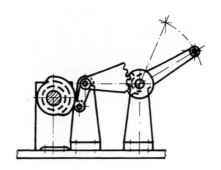
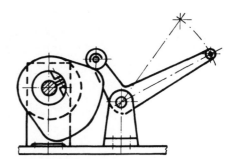

Konstruktionsvereinfachung einer Regelvorrichtung (siehe Bild rechts)

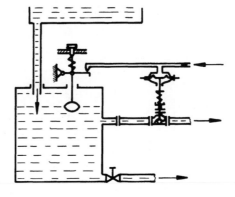
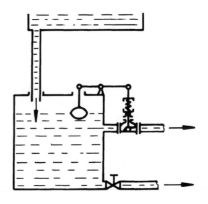

Konstruktionsvereinfachung durch die Wahl eines anderen Arbeitsprinzips. Das Magnetschloß rechts ist wesentlich einfacher als das Schnappschloß links.

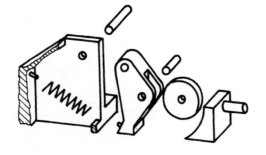
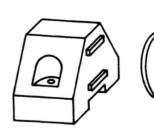

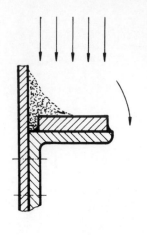
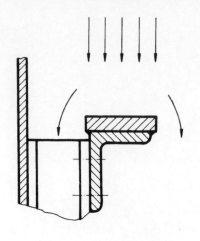

Schmutzgefährdete Bereiche so konstruieren, daß eine **Selbstreinigung** erfolgt. Das Beispiel rechts zeigt die selbstreinigende Laufbahn eines Kettenförderers.

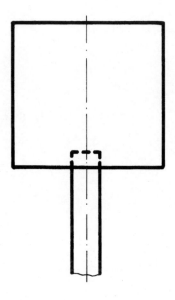
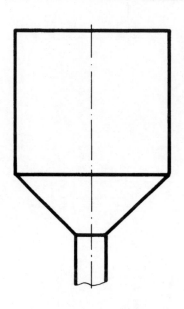

Selbstreinigender Gefäßboden rechts.

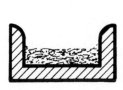
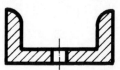
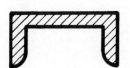

Zur **Selbstreinigung** Profile mit der offenen Seite nach unten anbringen oder mit Bohrungen versehen (siehe rechts).

DIN 444

Der Einsatz von **genormten Komponenten** erleichtert die Instandhaltung. Dies betrifft nicht nur die klassischen Konstruktionselemente wie Lager und Schrauben, sondern auch andere vielbenutzte Kaufteile, wie Kettenräder, Riemenscheiben, Dichtungen bis hin zu Motoren und Getrieben.

Die **Zugänglichkeit** ist für die In-
standhaltbarkeit wichtig. Die Komponenten, für die eine Wartung,
Inspektion und/oder Instandsetzung erforderlich sind, müssen
gut erreichbar sein. Vielfach läßt
sich das durch Anbringen der in-
standhaltungsbedürftigen Komponenten an der Außenseite erzielen. Zu vermeiden ist eine Produktstruktur, bei der erst andere
Komponenten abgebaut werden
müssen, um das gewünschte Bauteil zu erreichen. Solche Arbeiten
können Fehler verursachen, die
vorher nicht vorhanden waren.

In dem Beispiel rechts ist genügend Raum zum Hantieren mit
einem Schlüssel.

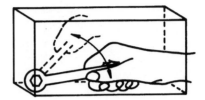

Eine gute **Zugänglichkeit** zum
Hantieren mit einer Fettspritze ist
im Beispiel rechts gegeben.

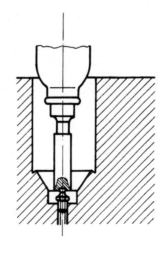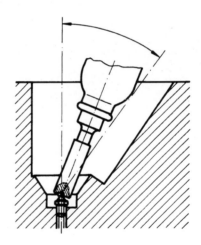

Die **Zerlegbarkeit** dieses Rohr-
krümmers erleichtert die Instandhaltung. Das Verschleißteil ist
leicht auszuwechseln und zusätzlich verschleißkonform verstärkt.

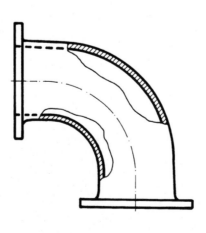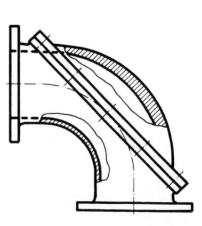

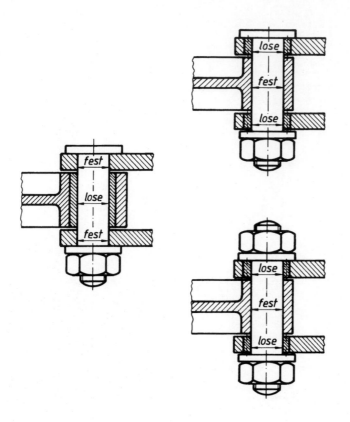

Eine gute **Zerlegbarkeit** des Produkts erleichtert die Instandhaltung. Hierzu tragen vor allem gut lösbare und leicht zu befestigende Verbindungen bei. Zu bevorzugen sind Verbindungen, die sich mehrmals verwenden lassen. Problematisch sind Verbindungen, die zwar lösbar sind, aber nur ein oder wenige Male benutzt werden dürfen, wie z. B. Schrauben, die über ihre Dehngrenze hinaus vorgespannt sind. Sie können unter Umständen bei Wiederverwendung versagen. Zu vermeiden sind schwer- oder nicht lösbare Verbindungen wie Schrumpf-, Kleb-, Schweiß- und Falzverbindungen, wenn nicht andere Forderungen, wie z. B. Abdichtung, entscheidend sind.

Das Beispiel links zeigt eine Verschleißbüchse, die wegen ihrer - inneren Lage nur nach Demontage des Gelenks auswechselbar ist. Rechts dagegen gute Austauschbarkeit der Verschleißbüchsen. Das Gelenk rechts unten ist am günstigsten, da auch der Bolzen nicht mehr entfernt werden muß.

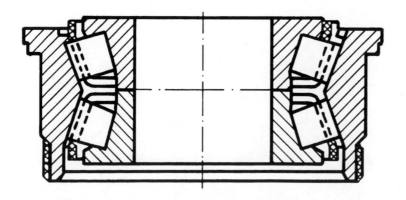

Bei komplex aufgebauten Produkten erleichtert eine **modulare Bauweise** die Instandhaltung. Die Gruppierung zu Austauscheinheiten (Modulen) sollte so erfolgen, daß die notwendigen Beziehungen der Komponenten untereinander möglichst oft innerhalb der Module liegen, so daß zwischen den Modulen nur noch wenige Verbindungen erforderlich sind. Somit ist es möglich, die Instandhaltung auf das Beobachten, Beurteilen und gegebenenfalls Ersetzen von Modulen zu beschränken. Beispiele sind zusammengebaute Wälzlager, eventuell kombiniert mit Abdichtungen, Gehäuse und Flansch sowie Filterdeckel, die mit einem Filterelement kombiniert sind. Das Beispiel zeigt ein Lagermodul.

Um **Montage- und Bedienungs-fehler** auszuschalten, sollte eine Konstruktion so „narrensicher" wie möglich sein. Dazu ist die Zahl der Instandhaltungstätigkeiten einzuschränken und zu vereinfachen. Mögliche Fehler durch die Instandhaltung lassen sich so vermeiden. Besonders Verwechselungsfehler, wie z. B. die Montage einer Komponente innerhalb des Produkts an falscher Stelle, sind durch unterschiedliche Formen und Abmessungen der Anschlußstellen zu verhindern. Ebenso ist das Montieren an richtiger Stelle, aber in falscher Position, zu vermeiden. Die Montage der Platte rechts ist gegen Verwechselungen sicher und läßt sich bei asymmetrischem Verschleiß wenden.

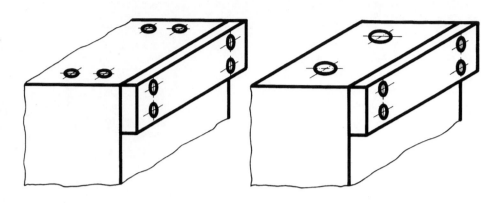

Der **Schadensumfang** ist zu begrenzen, um Folgeschäden zu verhindern. Möglich ist dies durch **Überlastsicherungen,** wie z. B. eine Rutschkupplung oder eine Brechplatte zur Druckbegrenzung (siehe Abbildung rechts). Bei Überlastung fällt das Objekt unter Umständen aus, bleibt aber ansonsten intakt. Eine Schadenbegrenzung ist auch durch Anwenden mehrerer gleichartiger Komponenten möglich, die dieselbe Teilfunktion erfüllen.

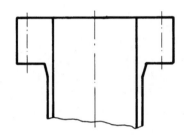
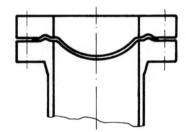

Gegen **Überlastung** gesicherter Backenbrecher rechts.

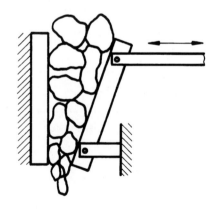
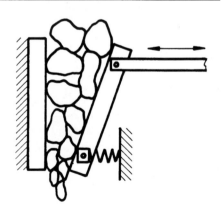

Die Instandhaltung läßt sich auch durch das **Selbsthilfeprinzip** fördern. Selbstnachstellende Mechanismen können die präventative Instandsetzung eliminieren. Das Beispiel zeigt eine selbstnachstellende Scheibenbremse.

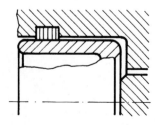
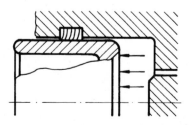

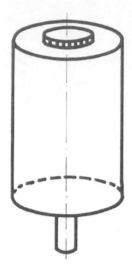 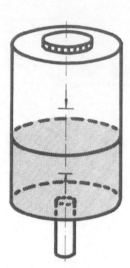

Um die **Inspektionsmöglichkeit** zu fördern, sollte die Konstruktion wie ein „offenes Buch" gestaltet sein, was den Zustand der kritischen Komponenten betrifft. Durch eine gute Inspektionsmöglichkeit kann Ausfällen vorgebeugt werden und lassen sich Schäden beim Versagen schnell lokalisieren. Möglichkeiten dazu bieten transparente Werkstoffe, Schaugläser, Inspektionsöffnungen und ähnliche Vorkehrungen. Die Abbildung rechts zeigt einen durchsichtigen Flüssigkeitsbehälter. Weitere Möglichkeiten zur Inpektion bieten Anschlüsse für Meß- und Prüfgeräte oder gar der Einbau solcher Geräte. Akustische oder optische Alarmsignale warnen, wenn der Zutand einer Komponente von einem bestimmten Wert abweicht.

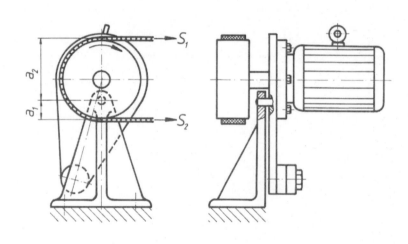

Das **Selbsthilfeprinzip** am Beispiel eines selbstspannenden Riementriebs.

Anweisungen zum Auspacken, Montieren, Installieren, Einstellen und Inbetriebnehmen

Empfehlungen für die Intervalle von Instandsetzungen

Anweisungen für die Arbeitsmethode von Instandsetzungen und der dabei benötigten Hilfsmittel

Anweisungen zur Schadenslokalisierung

Hinweise auf zulässige Zustandsgrenzwerte

Empfehlungen für Art und Anzahl der benötigten Ersatzteile und ihre Beschaffung

Instandhaltungsanleitungen sind unerläßlich, um einen zweckmäßigen Gebrauch des Produkts zu gewährleisten. Darin sollte das Konzept der Instandhaltung zum Ausdruck kommen (siehe Abbildung). Solche Anleitungen können den Konstrukteur von seiner Haftung entbinden, wenn falsche Arbeitsweisen beim Instandhalten zu Schäden führen. Zudem ist es ein Hilfsmittel für den Konstrukteur, eine Kontrolle über Schwachstellen zu haben und diese zu verbessern.

Materialrecycling

Das Recycling nach Produktgebrauch (Materialrecycling) dient dazu, die in unbrauchbar gewordenen Produkten enthaltenen Materialien in gleicher Qualität wiederzuverwerten oder als Werkstoffe mit veränderten Eigenschaften weiterzuverwerten. Dies erfordert eine Aufbereitung der Altstoffe, um den Anforderungen des Verwertungsprozesses zu genügen. Unproblematisch für die Aufbereitung sind Einstoffprodukte, die aber selten vorkommen. In der Regel finden verschiedene Werkstoffe in einem Produkt Verwendung, was die Aufbereitung kompliziert.

Die folgenden Empfehlungen und Anregungen erleichtern das Materialrecycling:

— Der Konstrukteur muß schon bei der Produktentwicklung an das Rückgewinnen der Werkstoffe und an sonstige Entsorgungsmaßnahmen nach Gebrauchsende denken. Der **Recyclingweg** ist von vornherein einzuplanen, d. h., das Recycling ist mit in die **Anforderungsliste** aufzunehmen und mit den weiteren Produktanforderungen zu gewichten.

— Es sollte eine gut sichtbare, nicht entfernbare und maschinenlesbare **Kennzeichnung** erfolgen. Die Kennzeichnung der verwendeten Werkstoffe, der geeigneten Altstoffgruppen und der Baustruktur mit ihren Demontagemöglichkeiten vereinfachen die Aufbereitung

und Verwertung. Geeignet sind dazu z. B. die Richtlinie VDA 260 (für Kfz-Teile, auch allgemein anzuwenden) und die DIN 6120 (für Verpackungen). Möglich sind auch klassifizierende Nummernsysteme.

— Die **Werkstoffwahl** soll sich grundsätzlich auf wieder- und weiterverwertbare Materialien beschränken. Das Recycling ist gegenüber den anderen Entsorgungsmöglichkeiten Verbrennung und Deponielagerung vorzuziehen. Dies bezieht sich besonders auf Kunststoffteile. Bei ihnen ist sowohl Materialrecycling als auch chemisches Recycling möglich.

— Die **Werkstoffvielfalt** innerhalb eines Produkts soll möglichst gering sein. Anzustreben sind **Einstoffprodukte,** da sie am besten zu verwerten sind. Konstruktiv ist dies durch Funktionsintegration, Rippenanordnungen und Eigenverstärkungen bei Kunststoffen möglich. Zu vermeiden sind Fremdverstärkungen durch Fasern, Füllungen und andere Misch- bzw. Hybridbauweisen.

— In den Fällen, wo mehrere Werkstoffe innerhalb eines Produkts erforderlich sind, ist auf die **Werkstoffverträglichkeit** zu achten. Anzustreben sind nur solche untrennbaren Werkstoffkombinationen (auch Lacke und Beschichtungen), die wirtschaftlich und mit

hoher Qualität in einer Altstoffgruppe zu verwerten sind.

— Bei untrennbaren Produkten, deren Werkstoffe nicht verträglich sind, sollte eine **Werkstoff-Trennung** vorgesehen werden. Diese Trennung muß nicht unbedingt zerstörungsfrei erfolgen, sollte aber besser durch lösbare Verbindungselemente möglich sein.

— Das Produkt sollte eine **demontagegünstige Baustruktur** aufweisen, um die für eine Komplettverwertung störenden Teile und Gruppen leicht demontieren zu können. Die Zerlegung in Altstoffgruppen oder das Abtrennen störender Teile muß mit einfachen Werkzeugen und möglichst auch von ungelerntem Personal durchzuführen sein. Einfluß auf die Demontagefreundlichkeit eines Produkts haben die Baustruktur, die Gestaltung der Fügestellen und die Wahl der Verbindungsverfahren bzw. -elemente. Die schon im vorherigen Kapitel gemachten Empfehlungen zur Demontageerleichterung dienen sowohl dem wirtschaftlichen Aufarbeiten als auch dem Materialrecycling.

— Gefährliche Stoffe (z. B. giftige oder explosive Stoffe) sind gut zu kennzeichnen und leicht abtrennbar bzw. entleerbar anzuordnen.

GUSS

Gießgerechtes Gestalten

Für eine optimale Gußkonstruktion sind bestimmte *werkstoff-* und *verfahrenstechnische* Eigenschaften zu berücksichtigen. Um heutzutage dem Wunsch zu entsprechen, in möglichst kurzer Zeit und mit vertretbarem Kostenaufwand insbesondere Neuentwicklungen zur Serienreife zu bringen, ist es erforderlich, daß Konstrukteur und Gießer so früh wie möglich eng zusammenarbeiten und jeder sein Know-how in das in Angriff genommene Projekt einbringt. Denn durch eine gute Zusammenarbeit lassen sich werkstoff- und verfahrensbedingte Möglichkeiten voll ausschöpfen, so daß die Voraussetzungen für eine wirtschaftlich und qualitativ gute Lösung geschaffen werden.

Folgende allgemeine Gestaltungsregeln sollten beim Konstruieren von Gußteilen beachtet werden:

— Materialanhäufung vermeiden.
— Unterschiedliche Wanddicken durch stetige, keilförmige Übergänge angleichen.
— Innenkanten und -ecken ausrunden.
— Knotenpunkte niedriger Verzweigung und mit rechten Winkeln bevorzugen.
— Knotenpunkte hoher Verzweigung auflösen. Bei Fließrichtung vom Anguß her, Wand etwas dicker.
— Möglichst wenig Kerne vorsehen. Hinterschneidungen vermeiden. Kerne leicht entfernbar gestalten.
— Einfache Kerne bevorzugen. Kerne stabil lagern. Ausreichende Kernquerschnitte vorsehen.
— Hinterschneidungen vermeiden. Hohlkörper mit nach innen liegendem Flansch sind gießtechnisch schwer herstellbar.
— Auf ausreichende Aushebeschrägen achten.
— Ungünstige Zugspannungen lassen sich durch Umkonstruktion in günstige Druckbeanspruchung umwandeln.
— „Elastische" Verrippungen vorsehen. Starre Verrippungen behindern die Schwindung, was zu Spannungen und Kaltrissen führt.

— Bearbeitungsflächen absetzen und in eine Ebene legen, um den Bearbeitungsaufwand zu verringern.
— Zum sicheren Bearbeiten Zenter- und Spannansätze vorsehen, die eventuell später entfernt werden.
— Bei Flächen mit zu bohrenden Löchern ist auf einen rechtwinkligen Bohreransatz zu achten.

Zum besseren Verständnis des Einflusses von werkstoff- und verfahrenstechnischen Merkmalen auf die Gestaltung, werden nachfolgend die Vorgänge der Erstarrung und Sättigung kurz beschrieben.

Erstarrung

Beim Gießen des schmelzflüssigen Werkstoffes in den Formhohlraum spielen sich komplexe Vorgänge ab. Wesentlicher Teilschritt dabei ist die Erstarrung, bei der sich wichtige physikalisch/chemische Eigenschaften des Gießwerkstoffes sprunghaft ändern, insbesondere Wärmeinhalt und Dichte. Die Erstarrung erfolgt über den Kristallisationsvorgang, bei dem das Gußgefüge entsteht, das Träger der Werkstoffeigenschaften ist. So besitzen feinkörnige Legierungen im allgemeinen höhere Festigkeiten als grobkörnige Werkstoffe.

Das Gußgefüge läßt sich z. B. verändern durch Impf- und Kornfeinungsbehandlungen während der Kristallisation, Regelung der Wärmeabfuhr aus dem erstarrenden Metall in den Formstoff oder eine anschließende Wärmebehandlung zum Erzielen bestimmter Eigenschaften.

Zwischen der Gestalt wachsender Kristalle bei der Erstarrung (Erstarrungsmorphologie) und den Gießeigenschaften bestehen grundlegende Zusammenhänge. Technische Gußwerkstoffe erstarren rauhwandig, breiartig, mitunter auch schwammartig, was bei der Gestaltung der Gußstücke aber auch bei der Auslegung des Gießsystems zu berücksichtigen ist. Einige wichtige Einflüsse auf die Erstarrung:

— Reine Metalle erstarren glattwandig.
— Mit steigendem Legierungsgehalt wird die Erstarrung über den rauhwandigen zum schwamm- oder breiartigen Typ verschoben.
— Mit zunehmender Abkühlgeschwindigkeit kann eine schwammartige Erstarrung zur rauhwandigen, eine rauhwandige Erstarrung zur glattwandigen verschoben werden (siehe nachfolgende Tabelle). Bei endogener

Erstarrungsmorphologie von Aluminium-Gußwerkstoffen (Kokillen- und Sandguß)

Werkstoff	Erstarrungsmorphologie	
	Kokillenguß	Sandguß
Al 99,99	glattwandig	glattwandig
Al 99,9	glattwandig	rauhwandig
Al 99,8	glattwandig	schwammartig
AlSi 5	schwamm-/breiartig	breiartig
AlSi 9	schwamm-/breiartig	breiartig
AlSi 12	rauhwandig bis endogen-schalenbildend	breiartig bis endogen-schalenbildend
AlSi 12 (veredelt)	glattwandig	glattwandig
AlMg 3	rauhwandig	schwammartig
AlMg 5	rauhwandig bis breiartig	schwamm-/breiartig
AlMg 10	endogen-schalenbildend	breiartig
AlCu 4	rauhwandig	breiartig

Erstarrung führt eine schnellere Abkühlung zur verstärkten Schalenbildung.
— Impf- und Kornfeinungsmaßnahmen haben bevorzugt eine endogene Erstarrung zur Folge, wobei sich oft ein feinkörniger Brei bildet.

Sättigung

Nach beendeter Formfüllung muß die bei der Erstarrung und Abkühlung eintretende Volumenkontraktion ausgeglichen werden. Hierzu dienen Metallreservoire, die am Gußstück vorgesehen sind und als Speiser (auch Steiger, verlorener Kopf, Druckmassel u. ä.) bezeichnet werden. Da Speiser wie das Anschnittsystem einen Metallverlust darstellen und vom Gußstück abgetrennt und wieder eingeschmolzen werden müssen, sollten sie aus wirtschaftlichen Gründen so klein wie möglich sein.

Um ein Gußstück dichtzuspeisen, ist eine gerichtete Erstarrung zum Speiser hin anzustreben. Selbst wenn die Speisung im Inneren des Gußteiles erschwert ist, ist die Erstarrung bewußt so zu lenken, daß sie zum Speiser, dem thermischen Zentrum hin verläuft. Besonders wirkungsvoll ist eine Kühlung der dem Speiser entferntesten Teile, der sogenannten Endzonen. Die gezielte Kühlung verbessert die gerichtete Erstarrung und verändert gleichzeitig den Erstarrungstyp, so daß leichter gespeist werden kann.

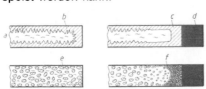

Einfluß von Endkokillen auf die Speisung eines plattenförmigen Gußstücks
a Speiser, b rauhwandig, c glattwandig, d Endkokille, e breiartig, f endogen-schalenbildend

Die Wirkungsweite eines Speisers ist begrenzt und wird durch die Sättigungsweite ausgedrückt. Ist die zu speisende Distanz groß, so sind mehrere Speiser notwendig. Bei zahlreichen Gußkonstruktionen ist es erforderlich, Speiser in verschiedenen Ebenen anzubringen. Neben den auf das Gußstück aufgesetzten

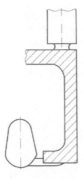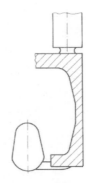

Hydraulische Verbindung von Speisern auf verschiedenen Ebenen (links ungünstig, rechts wegen konstruktiver Endzone günstig)

Speisern, werden oft Luftdruckspeiser an tiefer liegenden Partien des Gußstücks angesetzt. In solchen Fällen ist darauf zu achten, daß die hydraulische Verbindung der Speiser möglichst schnell durch eine dazwischen liegende Endzone unterbrochen wird. Ansonsten speist der höher gelegene Speiser den tieferen

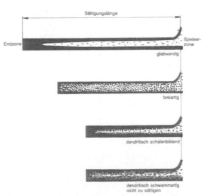

exogen			
Form	schalenbildend	dendritisch	dendritisch schwammartig
Werkstoffe	Al 99.99	Stahlguß Cu Ms 60 Al 99.9 Al Cu 0,5 Al Mg 3	prim. Dendriten Gußeisen Al Mg 10 Al Cu 4 Al Cu 4 Ti Mg
Keilwinkel (Sättigung)	< 3°	8° bis 15°	> 15°
endogen			
Form		breiartig	breiartig schalenbildend
Werkstoffe		GGG 40-80 Al Si 6 Cu 4	Al Si 12 (Na.) Al Si 12 GG 20 (eut.)
Keilwinkel (Sättigung)		< 5°	< 5°

Erstarrungsmorphologien und Sättigungslängen

mit, was zur Unterversorgung (Lunker) der oberen Partien führt. Endzonen lassen sich sowohl *konstruktiv* (Wanddickenverminderung und Keilwinkel) als auch *formtechnisch* (Kokille) schaffen.

Je nach Erstarrungstyp des Gußwerkstoffes sollten die idealisierten Erstarrungsfronten (Isosoliden) nicht parallel, sondern unter einem mehr oder weniger großen Keilwinkel zueinander verlaufen. Der Keilwinkel ist in Richtung auf die Speiserzone hin zu öffnen. Je ungünstiger die Morphologie des Metalls ist, d. h. je größer die Gefahr ist, daß die hydraulische Verbindung zwischen Speiser- und Endzone unterbrochen werden kann, desto größer muß der Keilwinkel sein.

Der Keilwinkel läßt sich bei einem gegebenen Modul mit folgenden Maßnahmen kleinhalten durch:

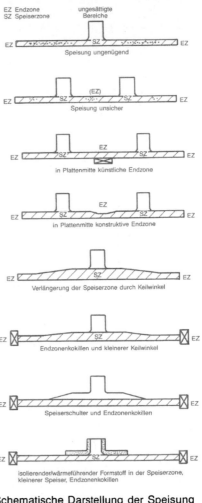

Schematische Darstellung der Speisung einer waagerechten Platte

— hohen Temperaturgradienten der eingegossenen Schmelze zwischen End- und Speiserzone
— kurze Sättigungslänge, d. h. unmittelbare Aufeinanderfolge von End- und Speiserzone
— Einsatz von Formstoffen mit hohem Wärmediffusionsvermögen (Kokillen) an der Endzone und mit isolierenden bzw. wärmeabgebenden Formstoffen im Speiserbereich. Einschränkungen durch das Formverfahren sind hierbei möglich.

Einige speisungstechnische Lösungen gibt das Beispiel der Sättigung einer Platte, die z. B. aus einem dendritsch erstarrenden Metall (z. B. Stahlguß) herzustellen ist:

Plötzliche Wanddickenunterschiede im Gußstück sind zu vermeiden. Diese sogenannten Modulsprünge haben unterschiedlich starke Wärmeflüsse und Erstarrungszeiten auf engem Raum zur Folge, was zu Warmrissen (Spannungslunkern) führen kann. Deshalb sind stetige Modulübergänge durch Ausrundungen und Keilwinkel vorzusehen.

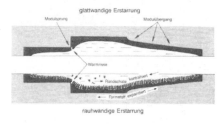

Ursachen und Vermeiden von Warmrissen

Formstoffe mit unterschiedlichem Wärmeleitvermögen, z. B. Anlegen von Kokillen in einer Sandform, bewirken ebenfalls einen Modulsprung, der an der Konstruktion nicht erkennbar ist. Besonders geformte Kokillensteine und Schlichten begrenzen diese schädliche Wirkung. Der Erstarrungsmodul M ist das Volumen-Oberflächenverhältnis eines Gußstückes oder Speisers:
$M = V/O$ [cm]. Um eine ausreichende Dichtspeisung zu sichern, muß der Modul des Speisers größer bemessen sein als der des Gußstückes: $M_{Speiser} > M_{Gußstück}$.

Die Schwindung von Gußstücken beim Abkühlen ist konstruktiv zu be-

rücksichtigen, um Warmrisse und Rißbildung zu vermeiden. So können Formschrägen, Reißrippen oder das Verwenden schnell zerfallener oder nachgebender Formstoffe Warmrisse wirksamer verhindern als metallurgische Eingriffe.

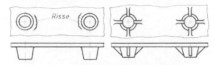

Vermindern der Rißgefahr aufgrund Schwindungsbehinderung mittels Verrippung (Reißrippen)

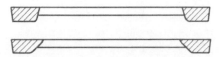

Beseitigen der Schwindungsbehinderung durch Abschrägen des Ballens

Eine Besonderheit weist *grau erstarrendes naheutektisches Gußeisen* auf: Es vergrößert bei der Erstarrung sein Volumen. Dies hat zur Folge, daß speiserarm oder sogar speiserlos gegossen werden kann. Der durch die Volumenvergrößerung entstehende Erstarrungsdruck wird genutzt, um die Dichtheit des Bauteils zusätzlich zu sichern. Die Volumenvergrößerung hängt vom örtlichen Kristallisationsverlauf und der Gußstückgeometrie ab. Höhere Si-Gehalte vermindern die Volumenvergrößerung. Mit steigender Wanddicke (Modul) nimmt auch der Kristallisationsdruck zu, der auf die Formwand ausgeübt werden kann. Daher ist besonders bei dickwandigen Gußstücken eine unnachgiebige stabile Form zu verwenden.

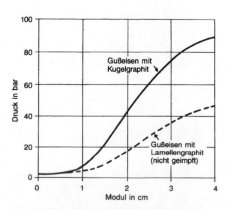

Auf die Formwand während der Ausdehnungsphase einwirkende Drücke abhängig vom Modul (schematisch)

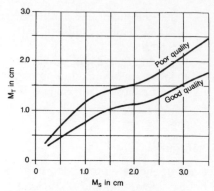

Erforderlicher Speiser- oder Übergangsmodul M_T zum Stättigen des größten Stückmoduls M_S, n. Corlett

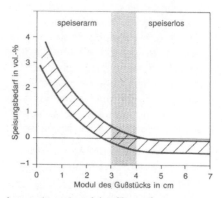

Anwendungsbereiche für speiserarmes und speiserloses Gießen von Gußeisen (schematisch)

Druckgießgerecht konstruieren

Auch für Druckgußteile gelten die allgemeinen Konstruktionsregeln, Werkstoffanhäufungen und krasse Querschnittsänderungen zu vermeiden. Da jedoch nachträgliche Änderungen an den entsprechend genau gearbeiteten, gehärteten Druckgießformen nicht oder nur sehr schwer möglich sind, sollte die Ausführung des Gußstücks *vor* dem Bau der Gießform festliegen und diese zusammen mit dem Druckgießer erarbeitet worden sein. Bei komplizierten, hochbeanspruchten Neuentwicklungen kann es sinnvoll sein, die Versuchs- und Vor-Serien in z. B. Feinguß zu fertigen, bevor eine Großserie in Druckguß in Auftrag geht.

Die *Formteilung* einer Druckgießform soll so einfach wie möglich gestaltet sein.

Der *Anguß* soll möglichst zentral liegen. Anguß- und Anschnittprobleme sind frühzeitig zu überlegen, da man bei Druckguß mit einem Anguß auskommen muß und Änderungen des Gießsystems an der gehärteten Form nur schwer möglich sind.

Wanddicken sind möglichst gleichmäßig zu gestalten. Dickere Wandungen lassen sich oftmals in dünnwandige Rippenkonstruktionen umwandeln. Die nachfolgend genannten Richtwerte sind von der Größe der betreffenden Wandpartie sowie von ihrer Nähe zum Anguß abhängig. In Sonderfällen sind Unterschreitungen möglich, die aber in jedem Fall mit der Druckgießerei abzusprechen sind.

Wanddicken-Richtwerte
für Aluminiumlegierungen
    ab 1 bis 3 mm
für Zinklegierungen
    ab 0,3 bis 2 mm
für Magnesiumlegierungen
    ab 1 bis 3 mm
für Kupferlegierungen
    ab 1,5 bis 4 mm

Aushebeschrägen sind je nach Druckgießwerkstoff, Stückgröße sowie Lage der aufschrumpfenden Flächen mehr oder weniger groß vorzusehen, um die Abgüsse bei der Unnachgiebigkeit der Stahlkerne fehlerlos aus der Form zu bringen. Dabei ist zu bedenken, daß zum Überwinden der Schrumpfkräfte ausreichende Abstützflächen notwendig sind, um eine Verformung und Beschädigung des Gußteils auszuschließen. Verstärkungsrippen oder Auswerferaugen der abstützenden Flächen sind ausreichend zu dimensionieren. Nachfolgende Tabelle enthält Richtwerte für Aushebeschrägen.

Bohrungen und Durchbrüche lassen sich vor- oder fertiggießen, wobei eine geringe Konizität genügt (je nach Metallart), die durch einfaches Nachreiben auf das Nennmaß beseitigt werden kann, sofern sie überhaupt stört. Günstig sind durchgehende Löcher, da sie eine beidseitige Führung der Kerne in der Druckgießform zulassen. Bei Gußstücken mit mehreren quer zueinander laufenden oder gekrümmten Bohrungen kann es sinnvoll sein, geschweißte Stahlrohrsysteme mit einzugießen, was in jedem Fall mit der Druckgießerei abzustimmen ist. Richtwerte (Minimalwerte) für eingegossene Bohrungen enthält nachfolgende Tabelle.

Bohrungsdurchmesser-Richtwerte

Werkstoffgruppe	Aluminium	Zink	Magnesium	Kupfer
Mindest-Durchmesser	2,5 mm	0,8 mm	2,0 mm	4,0 mm
max. Länge durchgehend	5×d	8×d	5×d	3×d
max. Länge für Sackloch	3×d	4×d	3×d	2×d

Kerne und Schieber sind möglichst einfach und in geringer Anzahl zu gestalten. Günstig ist:

— Anordnen und Betätigen eines Kerns in Richtung der Formöffnung, d. h. senkrecht zur Formteilung.
— Wird der Kern in Richtung der Formteilung bewegt, d. h. für seitliche Bohrungen oder Durchbrüche, sollte der Kernzug in der Auswerf-Formhälfte liegen oder mit dieser gekoppelt sein.
— Seitliche Kernzüge lassen sich nur bei ausreichendem Platz für die Kernführung anordnen.

— Kerne lassen sich auch auf einer kreisförmigen Bahn bewegen, z. B. mittels Ritzelantrieb.
— Hohe Genauigkeit von Lochabständen wird erreicht, wenn die Bohrungskerne in derselben Formhälfte oder in einem Schieber untergebracht sind.
— Zu vermeiden sind ineinandergreifende Kerne, da sie störanfällig sind.

Einlegeteile sind gegen Verdrehen und Herausziehen ausreichend zu sichern. Mehr als 4 bis 5 Einlegeteile sollten möglichst nicht umgossen werden, da sonst die Vorteile des Druckgießens (Produktivität) verlorengehen.

Außen- und Innenverzahnungen sind auch druckgießbar. Zinkdruckguß erfüllt selbst höhere Genauigkeitsansprüche oftmals ohne Nacharbeit. Leichtmetall- und Kupfer-Basis-Legierungen erfordern in einem solchen Fall häufig Nacharbeit. Bei größerer Zahnbreite kann auch eine leichte Konizität für Außenverzahnungen erforderlich sein. Richtwerte für die Teilung enthält nachfolgende Tabelle.

Modul-Richtwerte
bei Zinklegierung
    Modul = 0,3 und größer
bei Leichtmetallegierung
    Modul = 0,5 und größer
bei Kupferlegierung
    Modul = 1,5 und größer

Literatur

Engler, S.: Erstarrungsmorphologie. Gießen und gießgerechtes Gestalten von Bauteilen, VDI-Bildungswerk, Düsseldorf 1990.
Motz, J. M.: Vorgänge im Formhohlraum, Sättigung der Gußstücke. Gießen und gießgerechtes Gestalten von Bauteilen, VDI-Bildungswerk, Düsseldorf 1990.
Wenk, L.: Druckguß. Gießen und gießgerechtes Gestalten von Bauteilen, VDI-Bildungswerk, Düsseldorf 1990.

Aushebeschrägen-Richtwerte

Werkstoffgruppe	Außenflächen kl = % der Tiefe t	Mindestneigung für Innenflächen*)			
		bei beweglichem Kern		bei festem Kern	
		k_t	nicht kleiner als . . . mm	k_t	nicht kleiner als . . . mm
Aluminium	0,2 . . . 0,5 %	0,5 %	0,05	1,0 %	0,1
Zink	0,0 . . . 0,2 %	0,2 %	—	0,4 %	0,03
Magnesium	0,0 . . . 0,3 %	0,3 %	0,03	0,6 %	0,05
Kupfer	1,0 . . . 1,5 %	2,0 %	0,1	4,0 %	0,2
Blei und Zinn	0,0 . . . 0,1 %	0,1 %	—	0,2 %	—

*) Bis zu einer Kernbreite von 100 mm je Fläche gültig

✗ Checkliste zum gießgerechten Gestalten

Allgemeines
— Materialanhäufung vermeiden
— Unterschiedliche Wanddicken durch stetige, keilförmige Übergänge angleichen
— Innenkanten und -ecken ausrunden
— Hinterschneidungen vermeiden
— Auf ausreichende Aushebeschrägen achten
— Ungünstige Zugspannungen konstruktiv in günstige Druckbeanspruchung umwandeln
— „Elastische" Verrippungen vorsehen, um die Schwindung nicht zu behindern

Knotenpunkte
— Knotenpunkte niedriger Verzweigung und mit rechten Winkeln bevorzugen
— Knotenpunkte hoher Verzweigung auflösen
— Bei Fließrichtung vom Anguß her, Wand etwas dicker

Kerne
— Möglichst wenig Kerne vorsehen
— Hinterschneidungen vermeiden
— Kerne leicht entfernbar gestalten
— Einfache Kerne bevorzugen
— Kerne stabil lagern
— Ausreichende Kernquerschnitte vorsehen

Bearbeitung
— Bearbeitungsflächen absetzen und in eine Ebene legen, um den Bearbeitungsaufwand zu verringern
— Zum sicheren Bearbeiten Zenter- und Spannansätze vorsehen, die eventuell später entfernt werden
— Bei Flächen mit zu bohrenden Löchern ist auf einen rechtwinkligen Bohreransatz zu achten.

Ungünstige **Wanddicken-verhältnisse** (links) können durch Wanddickenanglei-chung mit Rippenverstär-kung (rechts) behoben werden.

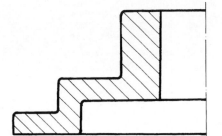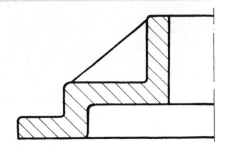

Durch Einziehen der Wand-dicke (rechts) können Ma-terialanhäufungen an einem **Befestigungsauge** vermie-den werden.

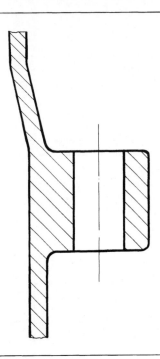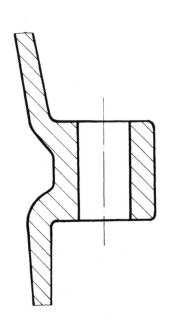

Die Materialanhäufung bei **Wandabzweigungen** kann durch Umkonstruktion (rechts) vermieden wer-den.

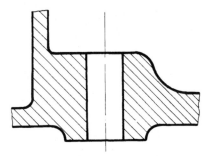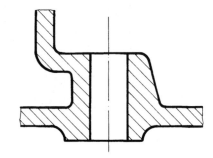

Durch Profilierung der **Rip-pen** können zugbean-spruchte Rippen günstiger gestaltet werden (rechts).

Zugbeanspruchte **Rippen** können durch Wulstverstär-kung am Rippenkopf gün-stiger gestaltet werden (rechts).

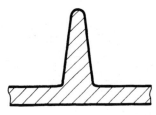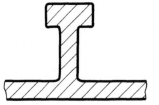

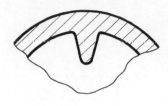

Bei biegebeanspruchten **Hohlprofilen** sollten Verstärkungsrippen in die Zonen geringer Zugbeanspruchung (rechts) gelegt werden.

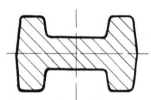
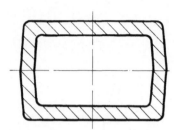

Vollprofile (links) sind materialökonomischer in **Hohlprofile** umzukonstruieren, da dann der Werkstoff in den Zonen der maximalen Beanspruchung liegt.

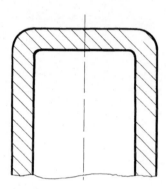
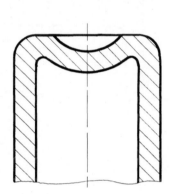

Die spezifischen Eigenschaften der Gußwerkstoffe, zum Beispiel die hohe Druckfestigkeit bei Gußeisen, sollten bei Konstruktionen genutzt werden. Links ein ungünstig gestalteter, auf Zugbeanspruchung ausgelegter **Behälterboden**; rechts der gleiche Behälterboden, der auf Druckbeanspruchung ausgelegt ist.

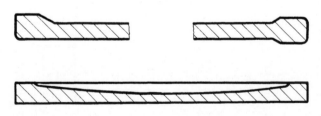

Um gleiche Abkühlungsbedingungen bei Gußteilen zu erreichen, sind **Gußwände** mit Randverdickungen vorzusehen. Größere flächige Teile sollten einen annähernd parabelförmigen Querschnitt besitzen, um gleiche Abkühlung in allen Bereichen zu sichern.

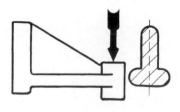
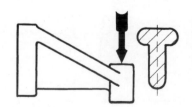

Die ungünstige Zugbeanspruchung in einem **Lagerarm** kann durch Umkonstruktion in eine günstige Druckbeanspruchung (rechts) umgewandelt werden.

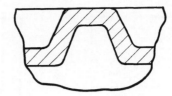
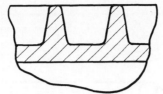

Zur **Versteifung** von Wänden sind anstelle von Rippen (links) bevorzugt sikkenförmige Profile einzusetzen (rechts).

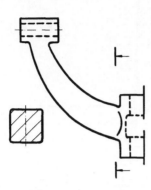
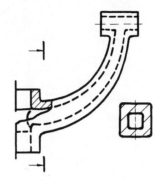

Für Querschnitte, die hohe Festigkeit und Steifigkeit erfordern, sind **Hohlprofile** einzusetzen (rechts).

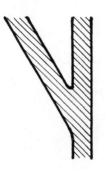
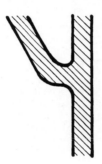

Im spitzen Winkel zulaufende **Wandabzweigungen** (links) ergeben Gefügeauflockerungen und die Gefahr von Rißbildungen. Rechts bessere Konstruktion, dichtes Gefüge.

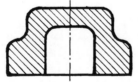
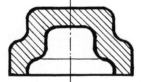

Starke **Materialanhäufungen** (links) sind zu vermeiden. Rechts bessere Werkstoffverteilung.

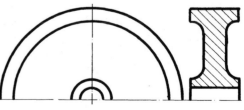

Die **Durchbrüche** (links) ergeben zwar ein leichteres Gußteil, ohne Durchbrüche (rechts) ist jedoch eine Gußputzersparnis bis zu 60 % möglich.

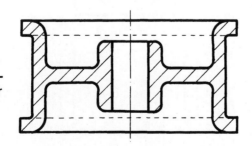
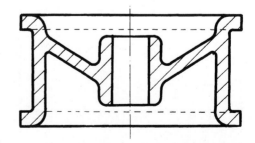

Durch schräg ansteigende Flächen läßt sich das rechte Teil durch leichteren **Materialfluß** wesentlich besser gießen.

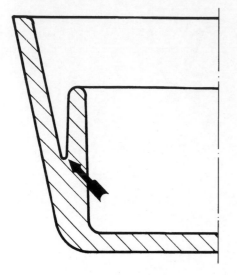

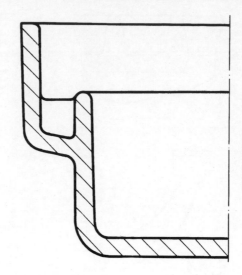

Scharfe Kanten (links) sind schwer realisierbar (Ausbrechen der Form). Rechts eine konstruktiv wesentlich bessere **Wandabzweigung**.

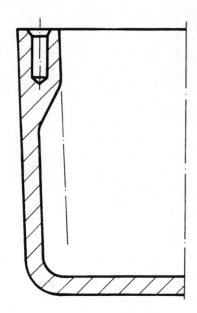

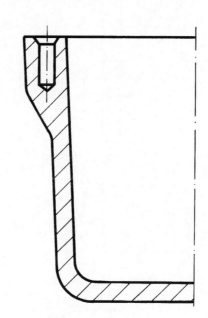

Innenliegende **Augen** ergeben Hinterschneidungen (links). Gießtechnisch günstiger ist das Verlegen der Augen auf die Gehäuseaußenseite (rechts).

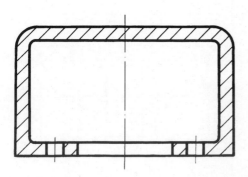

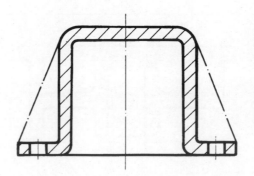

Hohlkörper mit nach innen liegendem **Flansch** (links) sind gießtechnisch schwer herstellbar. Rechts eine konstruktiv bessere Lösung ohne Hinterschneidungen.

Angegossene **Augen** (links)
sind gießtechnisch schwieriger herzustellen als die
konstruktiv bessere Lö-
sung durch eine herausge-
zogene Wand (rechts).

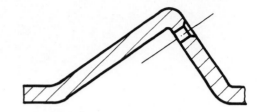

Enge **Konturen** (links) sind
schlecht formbar und ver-
ursachen das Aufheizen
des Formsandes. Rechts
die gießtechnisch bessere
Lösung.

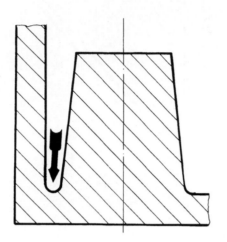
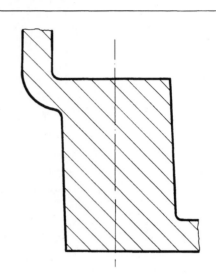

Bei auf Zug oder Druck
beanspruchten **Stiftschrauben, Stehbolzen** o. ä. ist
der Kraftfluß im Gußteil
rechts wesentlich günsti-
ger als links.

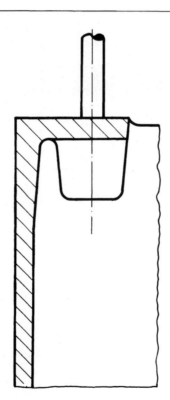
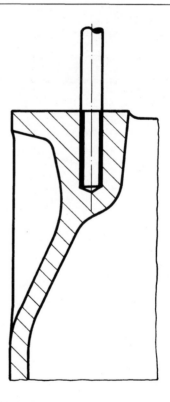

Durch Vermeiden von **Hinterschneidungen** und
durch Zusammenführen
von 2 **Hohlräumen** kommt
das rechte Teil mit nur einem Kern bei gleichzeitig
besserer Kernlagerung
aus.

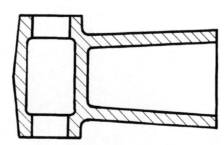
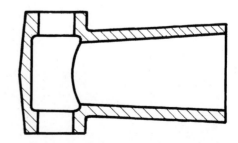

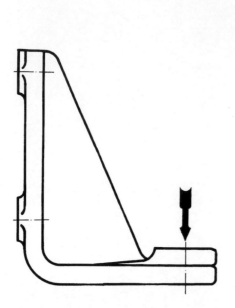

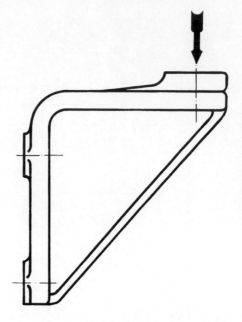

Durch Umkonstruktion eines auf Druck beanspruchten **Lagerbocks** wird die ungünstige Zugbeanspruchung in der Versteifungsrippe (links) in eine günstige Druckbeanspruchung (rechts) umgewandelt.

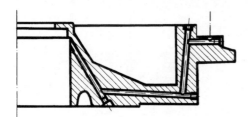

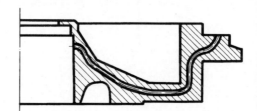

Bei Aluminium- und Magnesiumteilen müssen oft mehrfach abgewinkelte **Schmierkanäle** im Inneren des Teiles geführt werden (links). Nach einem neuartigen Verfahren sind solche kostenaufwendigen Bohrungen nunmehr mit einem durchgehenden Kern in der Form risikolos zu realisieren. Die Kanäle können strömungstechnisch den idealen Verlauf haben, und selbst kleinste Durchmesser lassen sich so herstellen (rechts).

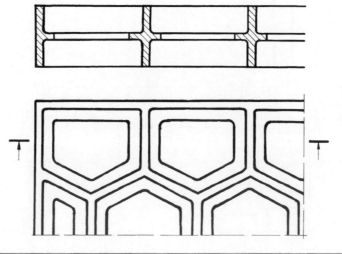

Wabengitter sind konstruktiv und festigkeitssteigernd, wie die Zeichnung zeigt, auszuführen.

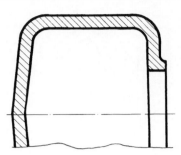

Geknickte Wände und Wölbungen erhöhen die Gestaltfestigkeit von **Hohlkörpern**; sie verbessern außerdem die Dämpfungseigenschaften.

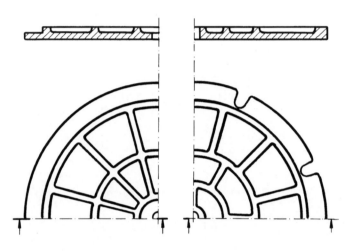

Durch hohe Eigenspannungen und durch unterschiedliches Abkühlen ist das Gießen großer einfacher **Platten** (links) problematisch. Der Plattenrand muß verstärkt werden, und zusätzlich sollten Entspannungsschlitze vorgesehen werden (rechts).

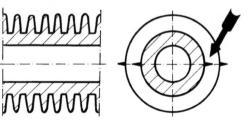 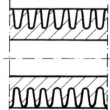 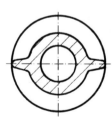

Rippenprofile erfordern einen hohen Putzaufwand durch erschwertes Entgraten (s. Pfeil links). Durch zusätzliche Putzrippen (rechts) wird das Entgraten wesentlich erleichtert.

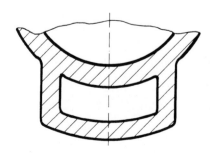 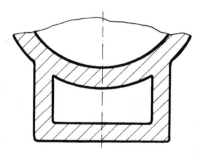

Der beiderseits gewölbte **Hohlraum** erfordert eine aufwendige Kernherstellung (links). Rechts eine wesentlich kostengünstigere Kernherstellung durch eine gerade Wand.

GUSS

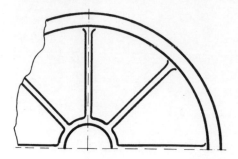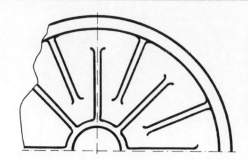

Bei **Großgußstücken** sollte eine starre, rißanfällige Konstruktion (links) vermieden werden. Durch versetzte Rippen ergibt sich eine optimale Konstruktion (rechts).

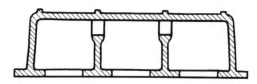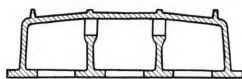

Gießtechnisch ungünstige **Wanne** durch großflächige Formfüllung (links). Durch Abwinkelung stabilisierte Wand mit besserem Materialfluß (rechts).

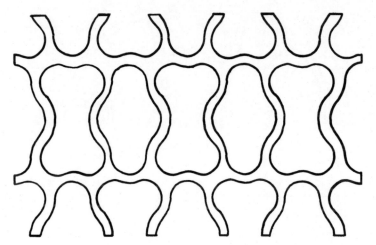

Rostprofile sollten nicht geradlinig ausgeführt, sondern spannungsarm gestaltet werden. Temperaturschwankungen können dadurch ausgeglichen werden.

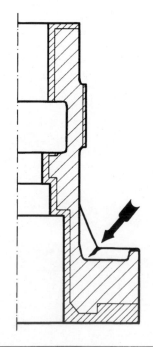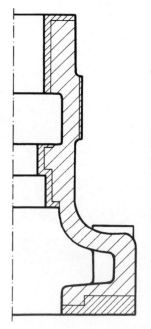

Gehäuse mit rißanfälligem **Flansch** durch sehr starke Materialanhäufung (links). Rechts verbesserte Konstruktion. Die Bearbeitungsflächen sind hier zusätzlich eingezeichnet.

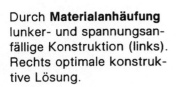

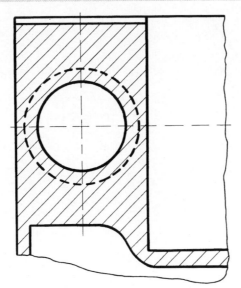

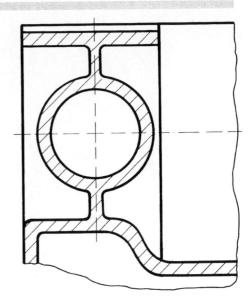

Durch **Materialanhäufung** lunker- und spannungsan- fällige Konstruktion (links). Rechts optimale konstruk- tive Lösung.

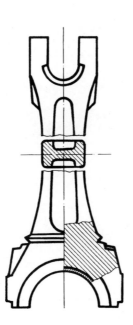

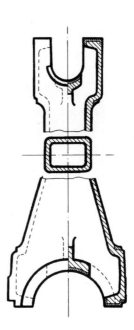

Massive schwere **Pleuel- stange** einer Exzenterpres- se (links). Das gleiche Pleuel als Hohlkonstruktion bei nur der Hälfte des Ge- wichts der linken Ausfüh- rung (rechts).

Bei Flächen mit zu bohren- den Löchern ist auf recht- winkligen Bohreransatz zu achten. Links ungünstig. Mitte und rechts günstige Konstruktionen, wobei die mittlere durch die Material- anhäufung am **Flansch** nicht so günstig ist wie die Ausführung ganz rechts.

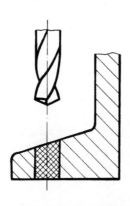

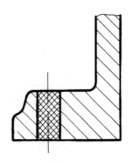

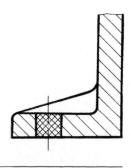

GUSS

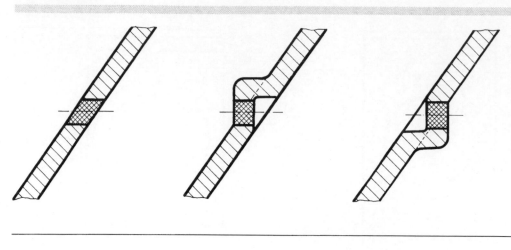

Für das Bohren von Löchern sind etwa rechtwinklige **Bohreransätze** vorzusehen.

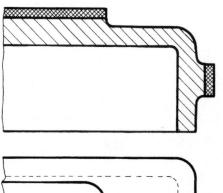
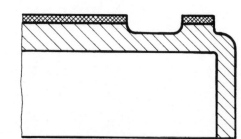

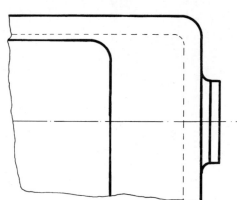
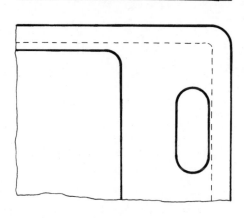

Bearbeitung kann oft gespart werden, wenn **Bearbeitungsflächen** in eine Ebene (rechts) gelegt werden. Links erfordert zeitraubendes Umspannen zum Bearbeiten.

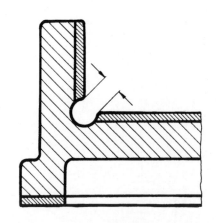
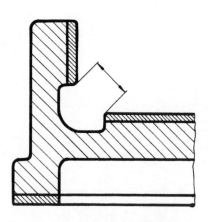

Ausreichend dimensionierte **Auslaufecken,** die auch ausgeformt werden können und den Werkzeugauslauf beim Bearbeiten ermöglichen, sind bei winkligen Flächen (rechts) vorzusehen.

Zur Vermeidung von Spannungen, Warm- und Kaltrissen sind die **Speichen** von Handrädern abzuwinkeln (rechts).

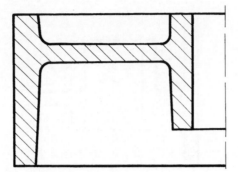
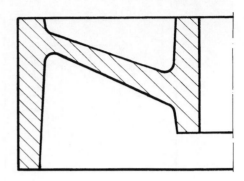

Riemen- und andere Scheiben können spannungsarm gestaltet werden, wenn sie nach der Darstellung rechts ausgeführt werden.

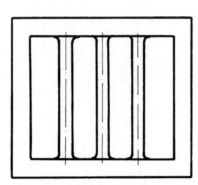
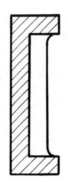
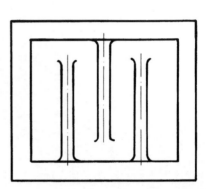

Starre **Verrippungen** behindern die Schwindung, was zu Spannungen und Kaltrissen führt. Rechts eine „elastische" Verrippung.

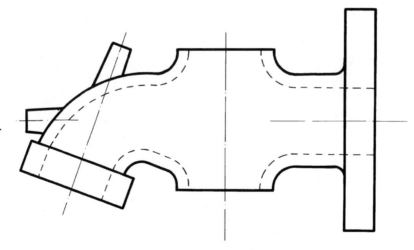

Ventilgehäuse mit angegossenen Aufspannocken zur Erleichterung der Bearbeitung.

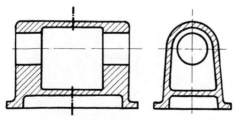
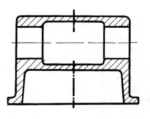
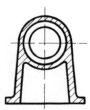

Beim linken **Lagerbock** muß der Kern mittels Kernkasten hergestellt werden. Durch Umkonstruktion kann beim rechten Lagerbock ein preiswerter Drehkern benutzt werden.

GUSS

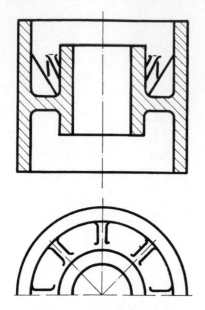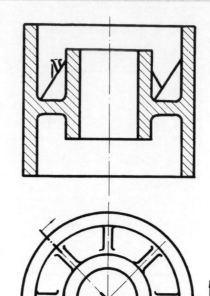

Durch wechselseitige Verrippung in der **Riemenscheibe** (rechts) wird eine mögliche Rißgefahr wie bei der Ausführung links vermieden.

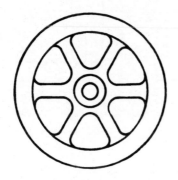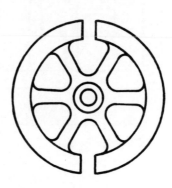

Beseitigen von Spannungen durch Schlitzen des Außenmantels (rechts) eines **Rades**.

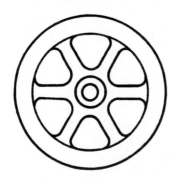

Beseitigen von Spannungen durch Schlitzen der Nabe (rechts) eines **Rades**.

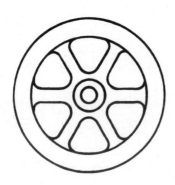

Durch gebogene Arme werden innere Spannungen im **Rad** vermieden (rechts).

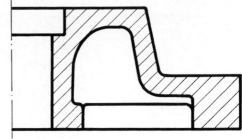
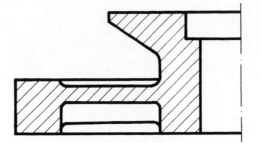

Der **Lagerdeckel** links ist sehr lukeranfällig. Rechts verbesserte, kokillengerechte Konstruktion.

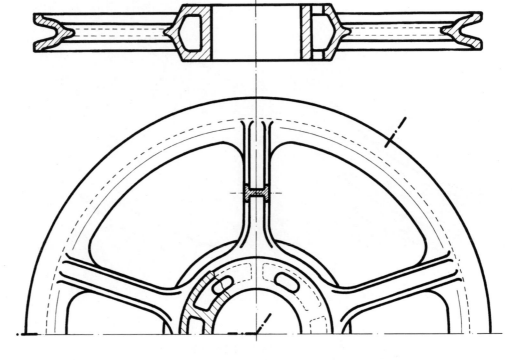

Leichtbauweise einer großen **Seilscheibe** mit hohler Nabe.

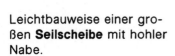

Der **Pumpenkörper** links erfordert kostspielige Kernarbeit. Rechts die kostengünstige Umkonstruktion.

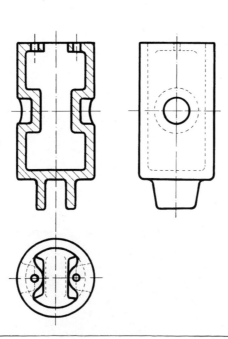
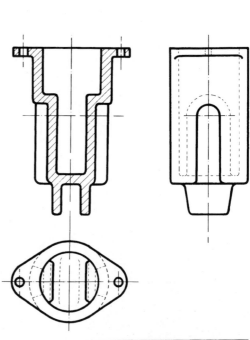

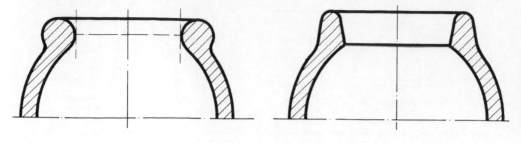

Hinterschneidungen mög-
lichst vermeiden. Rechts
der konstruktiv bessere
Hohlkörper.

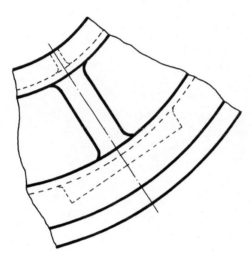
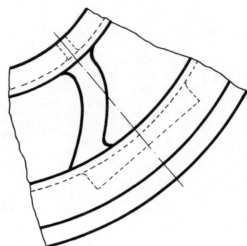

Zur Verminderung von
Spannungen **Verrippungen**
wie rechts dargestellt ausführen.

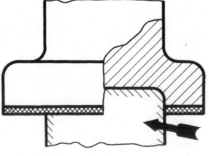
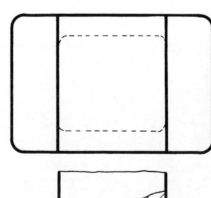
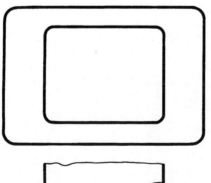
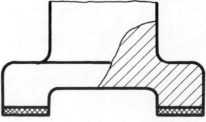

Bei **Aussparungen** Kern
(s. Pfeil) vermeiden durch
Umkonstruktion wie die
Darstellung rechts zeigt.

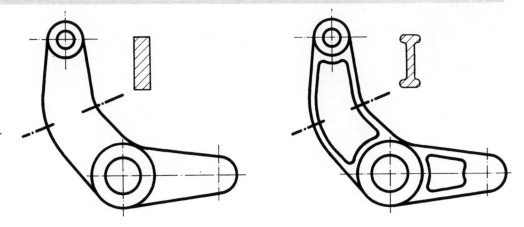

Größere Gestaltfestigkeit bei vermindertem Materialeinsatz (s. rechts) durch gußgerechte Konstruktion des **Hebels.**

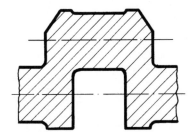
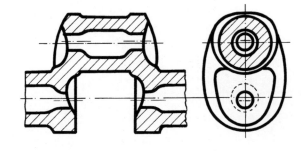

Hohlkörper bringen bei höherer Gestaltfestigkeit wesentliche Gewichtsersparnisse.

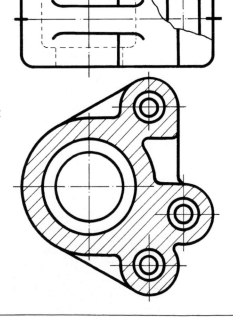

Kostspielige Konstruktion, da 5 **Kerne** erforderlich. Rechts Umkonstruktion mit einem Kern.

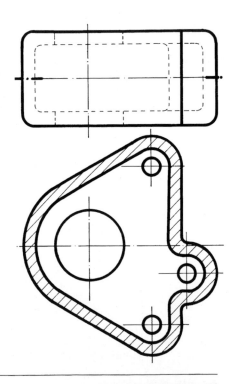

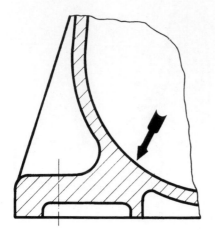
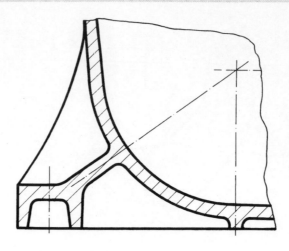

Materialanhäufung (s. Pfeil). Rechts gieß- technisch günstige **Wand- dickenverhältnisse.**

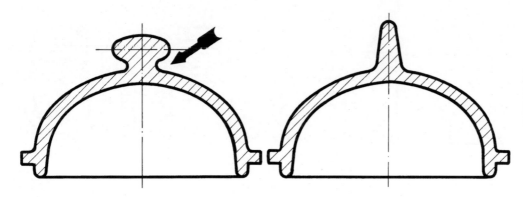

Zusätzlicher **Kern** (s. Pfeil) erforderlich. Rechts ko- stengünstigere Ausfüh- rung.

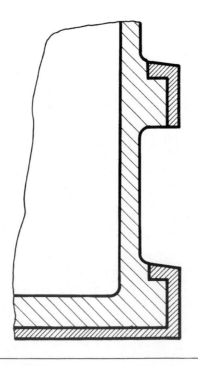
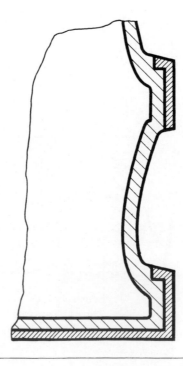

Durch gießgerechte Bau- teilgestaltung (rechts) läßt sich eine hohe **Gestaltfe- stigkeit** bei geringem Bau- teilgewicht erzielen (die außen schraffierten Flä- chen sind Bearbeitungsflä- chen).

Zusätzliche **Innenaugen**
(s. Pfeil) lassen sich oft
vermeiden. Rechts kosten-
günstigere Ausführung.

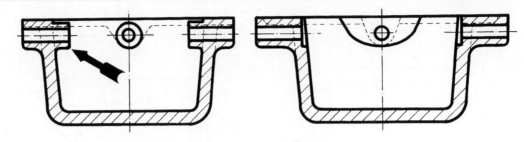

Gekrümmte **Flächen,** die
nicht zur Erhöhung der Gestaltfestigkeit beitragen,
vermeiden. Rechts kosten-
günstigere Konstruktion.

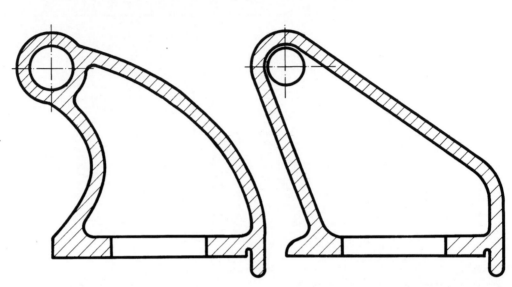

Biegebeanspruchungen
von Bauteilen (s. Pfeil) vermeiden. Rechts Umkon-
struktion mit reiner Druckbeanspruchung.

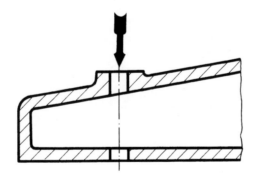
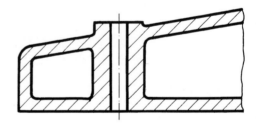

Bei **Biegebeanspruchun-
gen** (s. Pfeil) Querschnitte
mit großem Widerstands-
moment gegen Biegung
vorsehen.

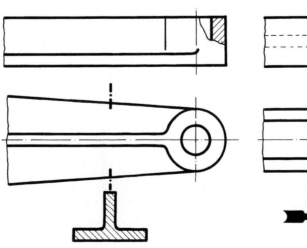
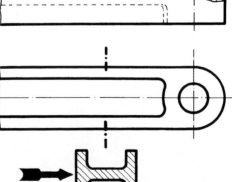

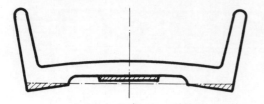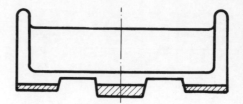

Bearbeitungszugaben bei **großflächigen Bauteilen** ausreichend vorsehen, damit bei eventuellem Bauteilverzug die Bearbeitungszugabe noch ausreicht.

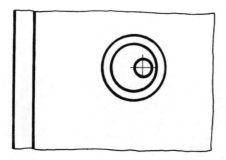
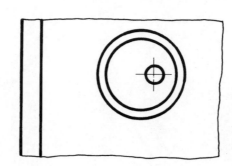

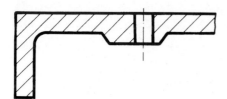
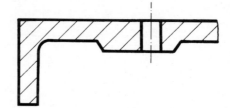

Außendurchmesser von **Gußaugen** für Bohrungen groß genug wählen, damit Fertigungstoleranzen das Teil nicht zu Ausschuß werden lassen.

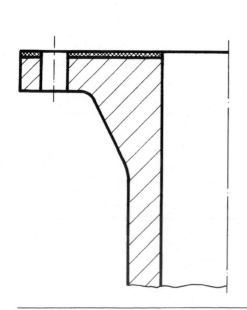
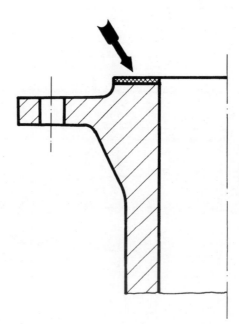
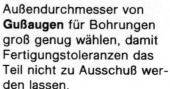

Präzise **zu bearbeitende Flächen** (s. Pfeil) möglichst klein wählen.

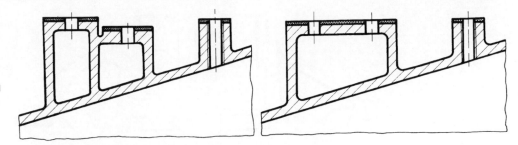

Konstruktionen mit **Bearbeitungsflächen** auf verschiedenem Niveau sind zu vermeiden. Rechts kostengünstigere Ausführung.

Für das sichere Spannen beim Bearbeiten sind entsprechende **Zenter- und Spannansätze** vorzusehen (s. Pfeil). Eventuell müssen diese später entfernt werden.

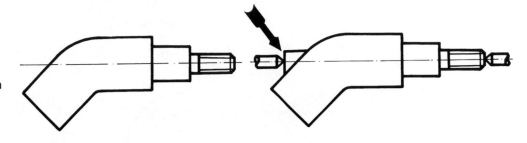

Viele kleine **Bearbeitungsflächen** verringern die Standzeit der Werkzeuge. Besser ist ein Zusammenfassen der Bearbeitungsflächen (rechts).

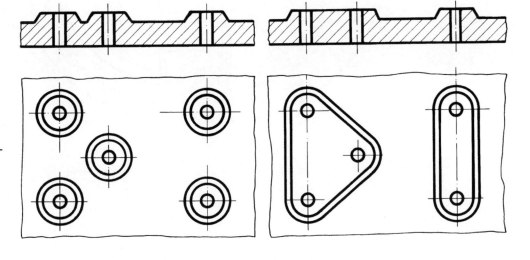

Sehr große **Bearbeitungsflächen** sind abzusetzen, um die Flächen und damit den Bearbeitungsaufwand zu verringern.

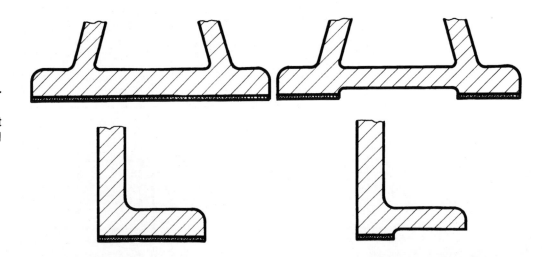

GUSS

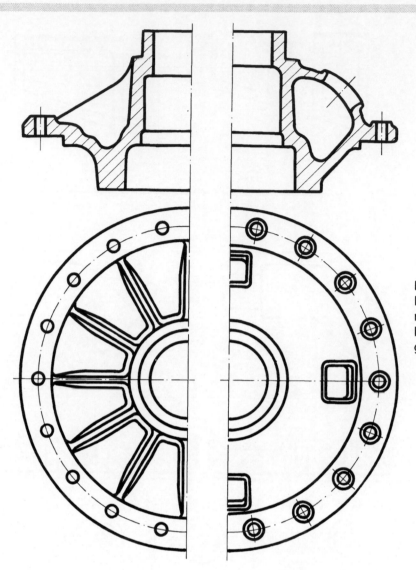

Durch die Gestaltung als **Hohlkörper** (s. Darstellung rechts) wird eine hohe Bauteilsteifigkeit bei geringem Gewicht erzielt.

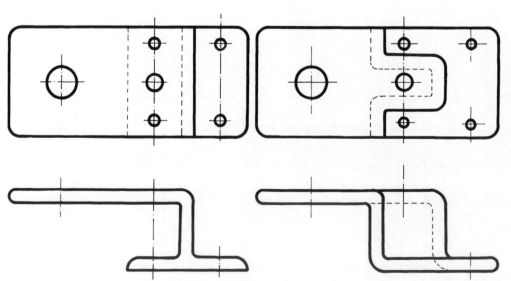

Trotz geringer **Gestaltfestigkeit** ist bei dem Teil links ein Kern erforderlich. Das Bauteil rechts kommt ohne Kern aus und hat eine hohe Gestaltfestigkeit.

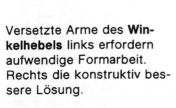

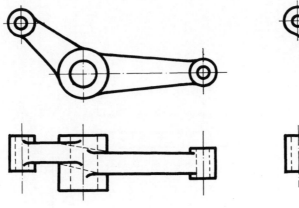

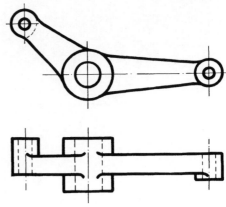

Versetzte Arme des **Winkelhebels** links erfordern aufwendige Formarbeit. Rechts die konstruktiv bessere Lösung.

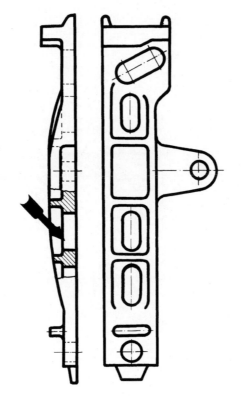

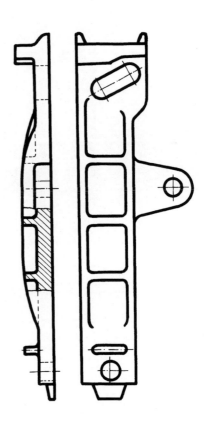

Putzaufwendige **Durchbrüche** (s. Pfeil) vermindern zwar das Bauteilgewicht, erhöhen jedoch den Putzaufwand. Rechts das gleiche Bauteil, bei dem der Schleifaufwand um 35 % gesenkt werden konnte.

Gerade bei komplizierten Bauteilen, jedoch verschiedener Typenausführung, verbilligen die konstruktiv vorgesehenen gleichen **Spannmöglichkeiten** die Zerspanungskosten. Die Spannmöglichkeiten sind hier schwarzflächig dargestellt.

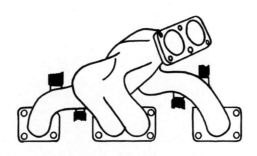

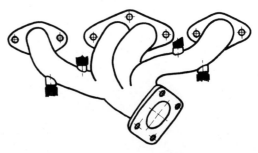

GUSS Stahlguß

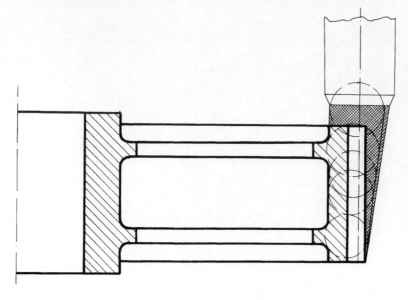

Durch die Anwendung der sogenannten Heuversschen Kontrollkreise muß das erforderliche Übermaß bei der Festlegung der Bearbeitungszugabe für Stahlgußteile ermittelt werden. Die Kreise müssen zum **Speiser** hin stetig einen stets größer werdenden Durchmesser aufweisen.

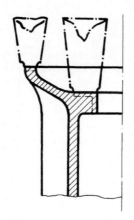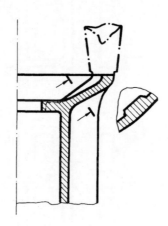

Schwer zugänglicher **Speiser** (links) kann durch Umkonstruktion des Stahlgußteils zu einem besseren Speiseransatz führen.

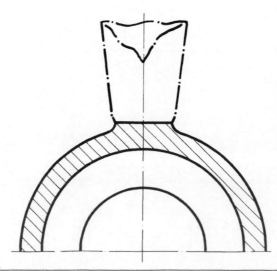

Kostengünstig können Stahlgußstücke gestaltet werden, wenn es möglich ist, verbleibende **Speiserrestflächen** stehen zu lassen.

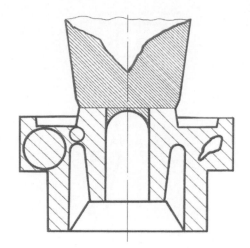 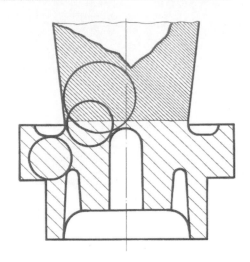

Das Stahlgußteil links ist lunkeranfällig, da die Heuverssche Methode nicht angewandt wurde. Rechts das gleiche Teil; durch Umkonstruktion ist eine **gelenkte Erstarrung** gesichert.

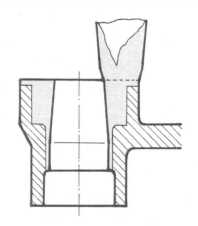 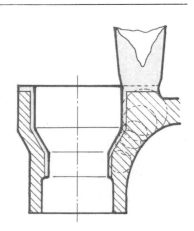

Stahlgußlagerschild mit gießereitechnisch richtiger, gelenkter Erstarrung (links). Verbesserte Konstruktion (rechts) mit wesentlich geringerer Bearbeitungszugabe (Grauflächen) durch Umkonstruktion.

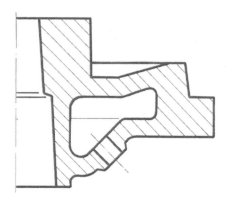 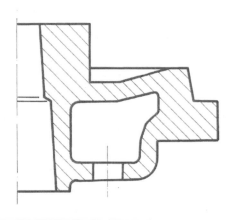

Kühlkammer (links) mit ungenügender Kernlagerung und schlechten Putzmöglichkeiten. Rechts durch bessere Gestaltung und vergrößerte Öffnungen ein besseres Stahlgußteil.

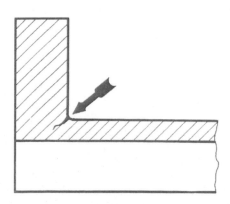 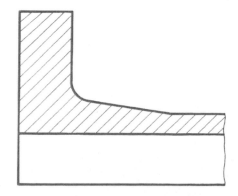

Rißgefahr (links) durch abrupte Querschnittsveränderung. Rechts stahlgußgerechter **Querschnittsübergang.**

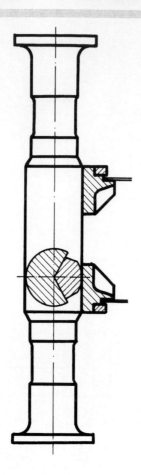
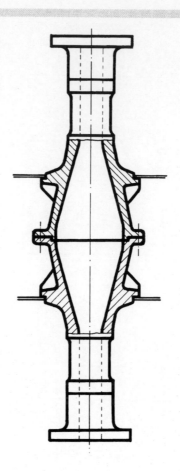

Wellen können oft hohl gegossen werden wie die
Darstellung rechts zeigt.
Bei höherer Gestaltfestigkeit ergibt sich eine Ge-
wichtseinsparung von über
40 %.

Knotenpunkte können nicht immer nach Wunsch des (Fein-) Gießers gestaltet werden, weil dem oft andere Gesichtspunkte entgegenstehen. Die Darstellungen rechts zeigen die häufigsten Knotenpunkte deshalb abgestuft *von oben nach unten jeweils in besser-gießgerecht-optimal*. Bei den ungünstigen besteht beim Abguß durch das Aufheizen in den Ecken Gefahr von Kantenlunkern, die generell vermieden werden müssen. Nur bei Aluminium-Basis-Legierungen sind die Knotenpunkte nach den Darstellungen links möglich. Sie sollten jedoch nur dort angewendet werden, wo es gar nicht anders geht. Bei Fließrichtung vom Anguß her, Wand etwas dicker.

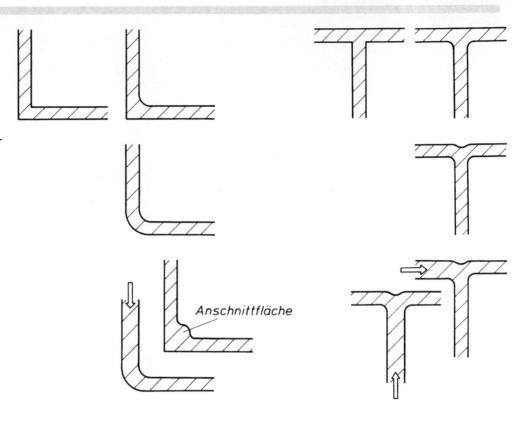

Anschnittfläche

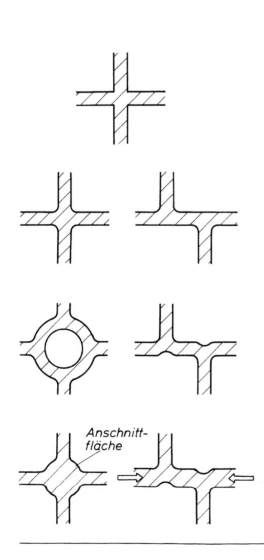

Anschnitt-fläche

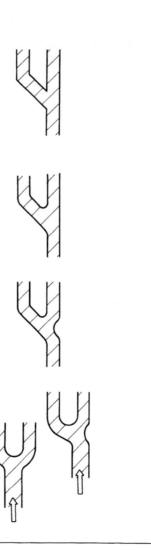

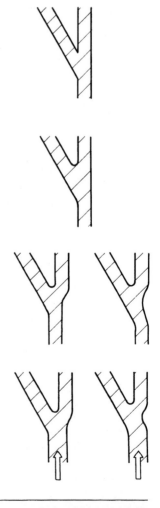

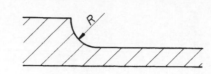

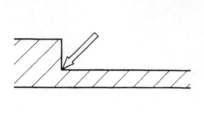

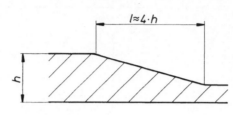

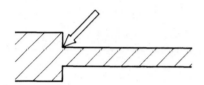

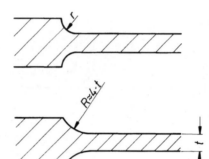

Für **Querschnittsübergänge** gilt das gleiche wie für Knotenpunkte. Um dicht gießen zu können, werden Gußstücke, wenn nur irgend möglich, an der dicksten Stelle „angeschnitten" d. h. mit dem Anguß versehen. Es ist vorteilhaft, dem Gießer das zu ermöglichen. Die Darstellungen rechts sind jeweils abgestuft *von oben nach unten in gießgerecht-optimal.*

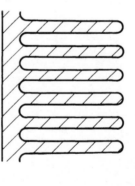

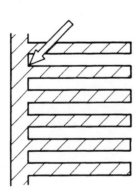

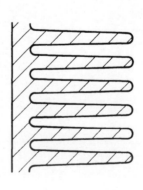

Bei **Kühlrippen** ist die Darstellung links für Aluminium-Basis-Legierungen zwar möglich; gießgerecht (rechts oben) bzw. optimal (rechts unten) gestaltet verbessert jedoch den Wärmefluß beträchtlich.

 = *Aufheizkante, Lunkergefahr*

Löcher, Kanäle, Schlitze, Nuten und ähnliches sollten schon aus Kostengründen so gestaltet werden, daß sie im Spritzwerkzeug mit Kernschiebern darzustellen sind. Die Zeichnungen und Tabellen nennen die Richtwerte dafür im einzelnen. Die Tabellenwerte einzuhalten ist konstruktiv gewiß nicht immer möglich. Dann werden vorgeformte Einlegekerne verwendet, für die jedoch Zusatzwerkzeuge erforderlich sind.

Löcher und Kanäle

∅ bzw. □ o.ä. d [mm]	größte Länge bzw. Tiefe durchgehend l	Sackloch t
≧2 bis 4	≈1×d	≈0,6×d
>4 bis 6	≈2×d	≈1,0×d
>6 bis 10	≈3×d	≈1,6×d
>10	≈4×d	≈2,0×d

Schlitze u. ä.

Breite b [mm]	größte Tiefe offen l	geschlossen t
≧2 bis 4	≈1×b	≈1,0×b
>4 bis 6	≈2×b	≈1,0×b
>6 bis 10	≈3×b	≈1,6×b
>10	≈4×b	≈2,0×b

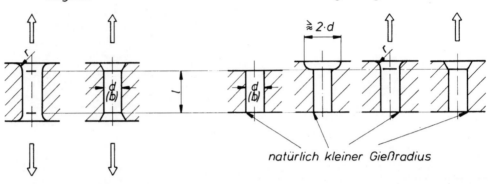

möglich *günstig*

natürlich kleiner Gießradius

⟹ = *Kernschieberzug*

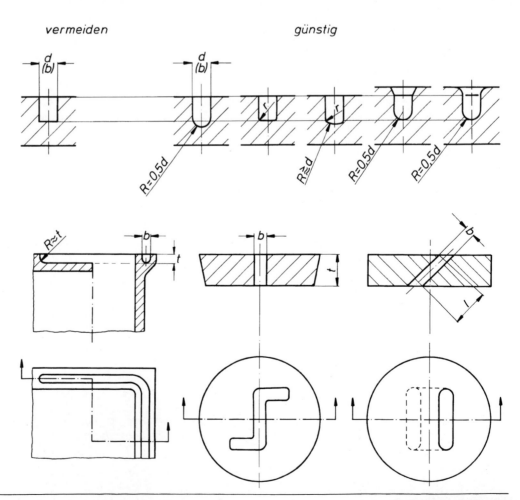

vermeiden *günstig*

GUSS   Feinguß

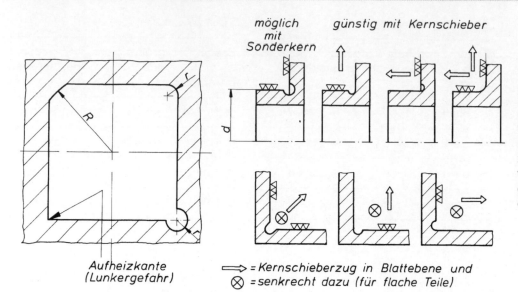

möglich mit Sonderkern

günstig mit Kernschieber

Freistiche erleichtern das spanende Bearbeiten und vermeiden Aufheizkanten. Die Darstellungen rechts zeigen, wie Freistiche ohne vorgeformten Einlegekern günstig angeordnet werden.

Aufheizkante (Lunkergefahr)

⟹ = Kernschieberzug in Blattebene und
⊗ = senkrecht dazu (für flache Teile)

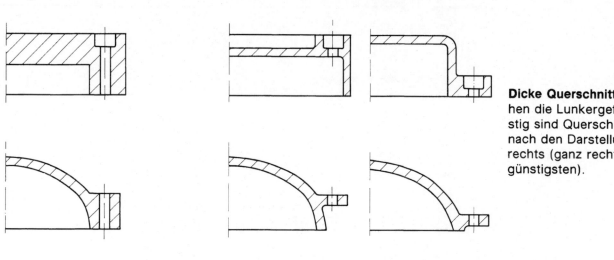

Dicke Querschnitte erhöhen die Lunkergefahr. Günstig sind Querschnitte nach den Darstellungen rechts (ganz rechts am günstigsten).

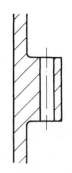 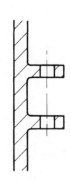  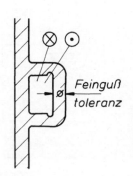

Feingußtoleranz

Lange Bohrungen können günstiger angeordnet werden, um den Aufwand zu vermindern (wie Darstellungen rechts).

⊗ ⊙ = Kernschieberzüge senkrecht zur Blattebene

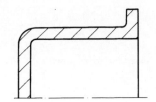

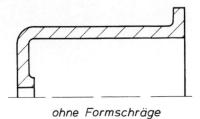

ohne Formschräge

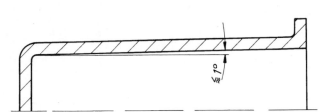

mit Formschräge

Form- und Aushebeschrägen sind bei Feinguß seltene Ausnahmen. Nur lange und hinten bzw. unten geschlossene Innenkonturen erfordern eine geringe Konizität bzw. Schräge von maximal 1° (wie Darstellung rechts).

vorgeformter Einlegekern erforderlich

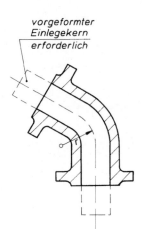

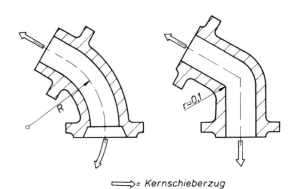

⟹ = *Kernschieberzug*

Gekrümmte Kanäle können oft so günstig gestaltet werden, daß ein Zusatzwerkzeug für einen vorgeformten Einlegekern entfällt. Die Darstellungen rechts zeigen dafür zwei Beispiele.

vorgeformter Einlegekern erforderlich

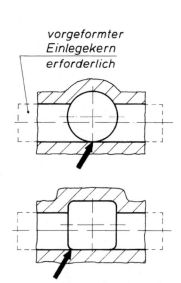

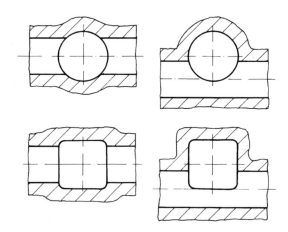

Sich kreuzende Kanäle können im Spritzwerkzeug Messerkanten entstehen lassen, die einen Einlegekern erfordern. Die Darstellungen rechts zeigen, wie sie zu vermeiden sind.

➤ = *Messerkante im Spritzwerkzeug*

GUSS Feinguß

(Wachs-) Modell,
zusammengesetzt

vorgeformter Einlegekern

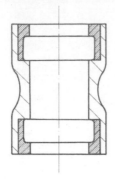

wasserlöslich

keramisch

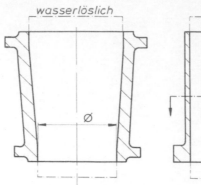
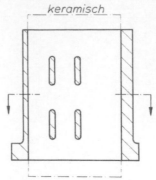

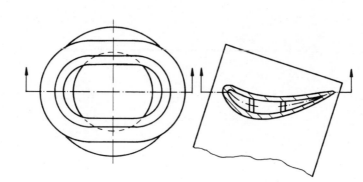

Hinterschnittene Konturen, die mit Kernschiebern oder beweglichen Einlagen im Spritzwerkzeug nicht ausgebildet werden können, werden je nach Art des Hinterschnittes wie folgt hergestellt:

— Durch Zusammenfügen getrennt gespritzter Modellteile. Ein einfaches Beispiel ist links gezeigt. Da die gerastert dargestellten Einsätze gleich sind, genügt dafür ein Teilwerkzeug.

— Durch vorgeformte wasserlösliche Einlegekerne. Sie werden mit dem nicht wasserlöslichen Wachs umspritzt und vor dem Einformen herausgelöst. Wie bei den zusammengesetzten Modellen werden die hinterschnittenen Konturen auch hierbei durch die Tauchmasse geformt (siehe Darstellung Mitte).

— Durch vorgeformte gebrannte keramische Kerne. Diese sind auch für nicht hinterschnittene Konturen erforderlich, die von der Tauchmasse nicht oder nur ungenügend erreicht werden. Sie bleiben bis nach dem Abguß in der Form bzw. im Gußstück und werden erst nach dem Abkühlen entfernt (siehe Darstellung rechts).

---

ungünstig ← | → *günstig*   *ungünstig* ← | → *günstig*

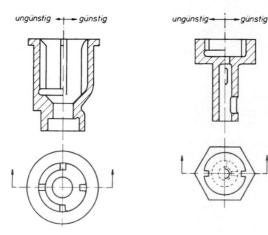

Innenkonturen günstig zu gestalten zeigen die beiden Zeichnungen, bei denen die Leisten bzw. Nocken entformbar vorgesehen sind. Die Darstellung links zeigt die gießtechnisch günstige Kontur bei vermindertem Gewicht; die Darstellung rechts eine lange Bohrung, bei der Durchbrüche den langen Kern abstützen, womit die Kosten für einen Sonderkern vermieden werden.

Große ebene Flächen können zwar gegossen, sollten
aber „gegliedert", also ver-
rippt, ausgespart oder
durchbrochen werden. Da-
mit wird bezweckt, das
Gießen zu erleichtern, das
Gewicht zu vermindern, die
Gestaltfestigkeit zu erhöhen und eventuellen Auf-
wand beim Bearbeiten zu
verringern.

möglich ← → günstig

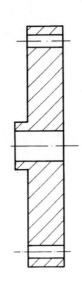
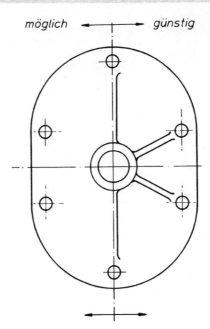
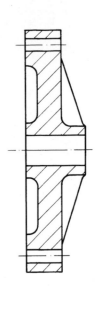

**Geringerer Bearbeitungs-
aufwand** wird erreicht,
wenn die (nach-) zu-bear-
beitenden Flächen ausge-
spart werden. Das zeigen
die drei Darstellungen. Der
Aufwand im Spritzwerk-
zeug entsteht nur einmal.
Er vervielfältigt sich jedoch
als Vorteil mit der Stückzahl der Gußstücke durch
die gesparten Bearbei-
tungszeiten. Die bessere
Gießbarkeit kommt noch
dazu.

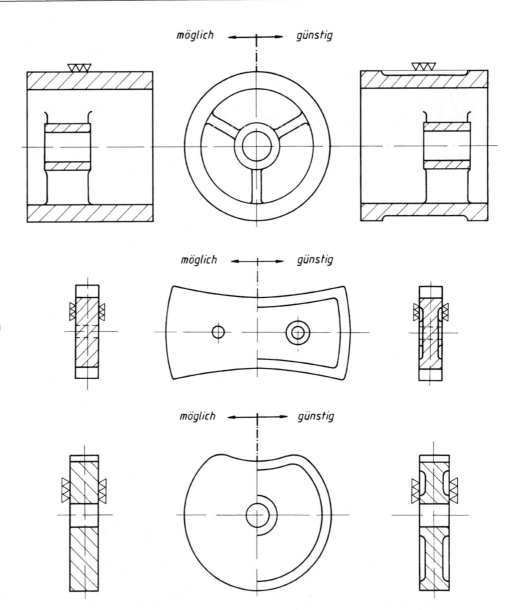

möglich ← → günstig

möglich ← → günstig

möglich ← → günstig

GUSS Feinguß

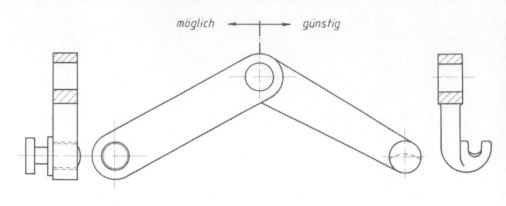

möglich ← → günstig

Das **Zusammenfassen mehrerer Konstruktionselemente** zu einem Teil **aus einem Guß** bietet hohe wirtschaftliche Vorteile. Ein einfaches Beispiel ist dargestellt. So können Montage-Arbeiten samt den dafür erforderlichen Vorrichtungen gespart werden. Schraub-, Schweiß-, Löt- und ähnliche Verbindungen entfallen damit.

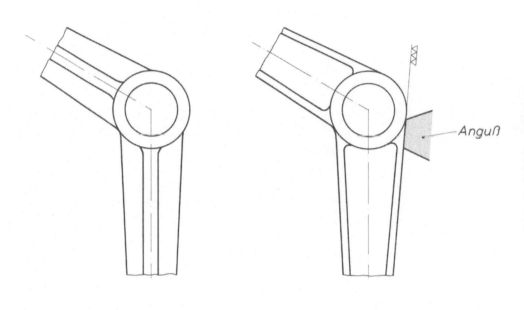

Anguß

Anschnitte, also Angüsse, sind für jedes Gußstück erforderlich. Es ist vorteilhaft, dem Gießer das Anschneiden zu erleichtern, wie die Darstellung rechts zeigt. Anschnittflächen können nicht Bezugspunkt bzw. -ebene (DIN 406) sein.

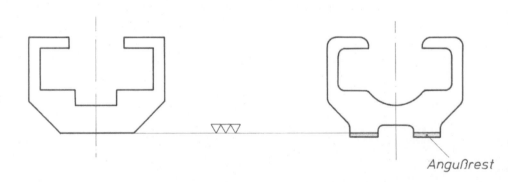

Angußrest

Angußreste stehenzulassen ist dann vorteilhaft, wenn die betreffende Fläche später ohnehin spanend (nach-) bearbeitet wird. Beim Feingießer entfällt dann das Anguß-Entfernen. Das ist jedoch vorher ausdrücklich zu vereinbaren. Die Darstellung rechts zeigt eine günstige Konstruktion.

Scharfe Kanten sind nicht gießbar, weil wegen der Oberflächen-Spannung flüssiger Metalle stets ein kleiner Radius entsteht. In solchen Fällen ist spanendes Bearbeiten (Schleifen) erforderlich, wie die Darstellungen rechts zeigen (ganz rechts am günstigsten).

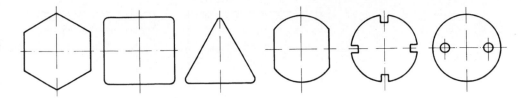

Schlüsselweiten aller Art werden fertig ein- und an- gegossen. Ihre Toleranzen entsprechen denen des Feingusses. Die wesentli- chen sind dargestellt.

Gehäuse allgemein werden vorteilhaft so gestaltet, wie es die bisher genannten Punkte darlegen. Das Ein- gießen von Hinterschnitten kann trotz höheren Auf- wandes erhebliche wirt- schaftliche Vorteile bieten.

Am Beispiel eines Alumi- nium-Gehäuses für die Elektronik-Branche sind die Vorteile aufgezeigt, die Feinguß hier bietet (günsti- ge Ausführung rechts):
— Gewichts-Ersparnis durch geringe Wand- dicken
— Keine Form- und Aushebeschrägen
— An- und Eingießen von Rippen und Wänden
— Mitgegossene (Dicht-) Nuten (auch Karten- führungen)
— Fertig eingegossene Kabeldurchgänge (hier mit ⌀ bezeichnet).

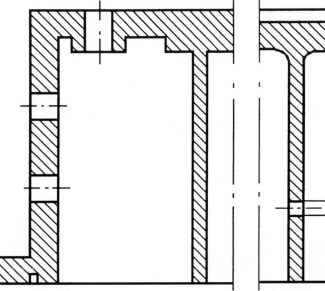
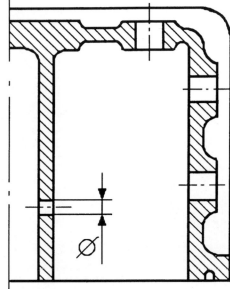

Bei Feinguß entstehen keine scharfen Kanten oder Grate, die an Kabeln schädlichen Masseschluß hervorrufen können. Dazu kommt das Eingießen vielfältiger Hinter- schnitte, die im Spritzwerkzeug mittels beweglicher Einlagen hergestellt werden.

Feinguß-Oberflächengüten sind abhängig von Werk- stoff, Gewicht und Größe der Gußstücke. Die Ober- flächen sind riefenfrei, we- nig kerbempfindlich und entsprechen zwei Oberflä- chenzeichen bzw. den Klassen N7 bis N9 (ISO R 468 bzw. DIN 4769).

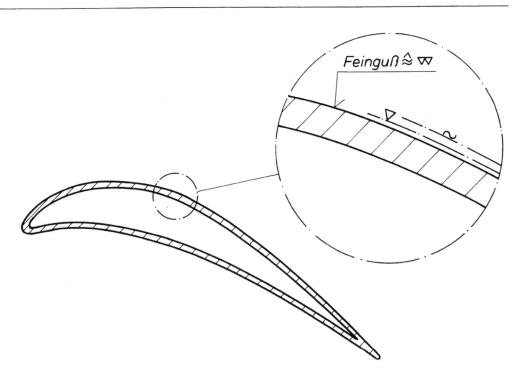

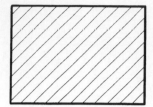 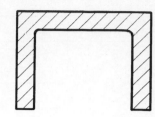

Starke **Materialanhäufungen** (links) sind zu vermeiden. Rechts bessere Lösung.

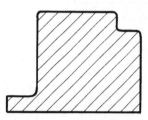 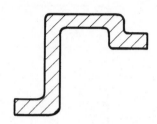

Bei gleicher, funktionell bedingter Außenkontur ist rechts die bessere Lösung durch gleiche **Wanddicken**.

 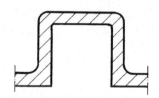

Die Gefahr der Lunkerbildung bei großer **Materialanhäufung** ist links sehr groß. Rechts die druckgußgerechte Ausführung.

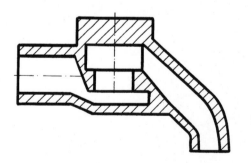 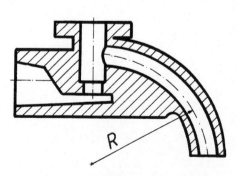

In Druckguß unzweckmäßige Ausführung (links). Umkonstruktion des gleichen **Ventilgehäuses** (rechts) in kostengünstiger Ausführung.

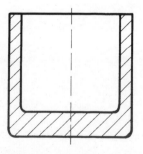 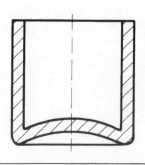

Konstruktiv bedingte dicke **Böden** sind besser in gleicher Wanddicke wie die Wände und aus Festigkeitsgründen gewölbt auszuführen (rechts).

Starke **Materialanhäufungen** (links) sind zu vermeiden. Rechts die konstruktiv bessere verrippte Lösung.

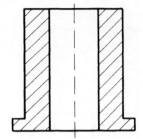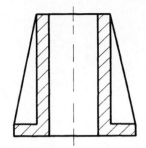

Konische Buchse mit starker Materialanhäufung (links). Rechts gleiche Buchse mit gleicher Außenkontur in druckgußgerechter Ausführung.

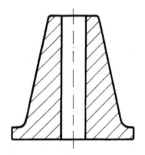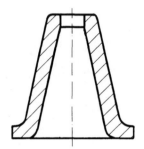

Verrippungen mit gleicher Wanddicke sind unzweckmäßig; besser ist eine Konizität größer als 2° (rechts).

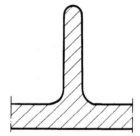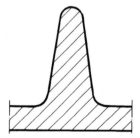

Scharfkantige **Konturen** sind möglichst zu vermeiden. Rechts die zweckmäßige Ausführung.

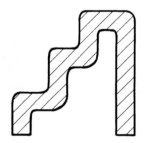

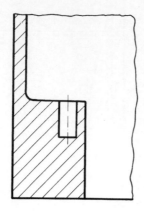 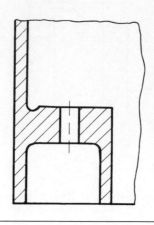

Starke Materialanhäufung (links) kann druckgußtechnisch durch eine Hohlraumgestaltung (rechts) des **Innenflansches** verbessert werden.

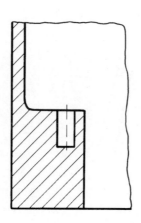 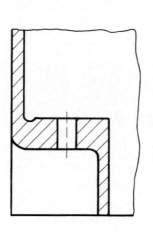

An diesem **Innenflansch** ist die starke Materialanhäufung unzweckmäßig (links). Rechts druckgußtechnisch zweckmäßige Ausführung.

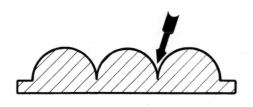 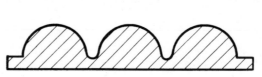

Profilierungen sollten Spitzen (s. Pfeil) vermeiden. Profilierung mit Ausrundung (rechts) ist die zweckmäßige konstruktive Lösung.

 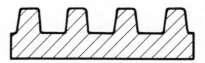

Starke dickwandige Flächen (links) sind besser durch **Profilierungen** (rechts) bei gleicher Festigkeit zu ersetzen.

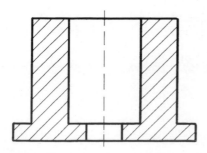 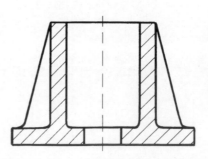

Lagerschild mit starker Materialanhäufung (links). Rechts die konstruktiv bessere Lösung bei gleichen Wanddicken und zusätzlicher Verrippung.

Scharfkantige **Rippen** sollten vermieden werden. Die
Rippenaußenkonturen müs-
sen abgerundet sein
(rechts).

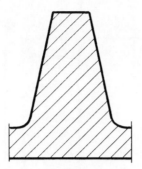
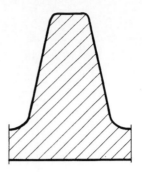

Rippen können auch außen
voll abgerundet sein und
nicht eckig wie links.

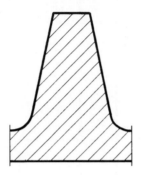
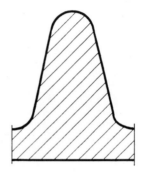

Starke **Materialanhäufungen** (links) sind zu vermeiden. Die überarbeitete
Konstruktion (rechts) be-
sitzt, bei gleichen Außenkonturen, die druckguß-
technisch bessere Lösung.

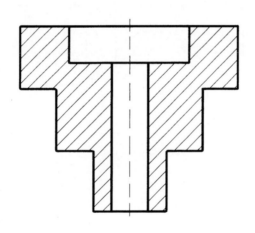
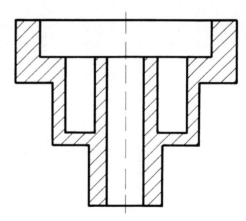

Kastenförmige Gußstücke
sollten in den Ecken ver-
stärkt werden; denn be-
sonders bei höheren Wän-
den neigen die Ecken zum
Einreißen.

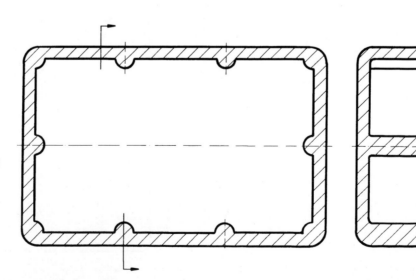

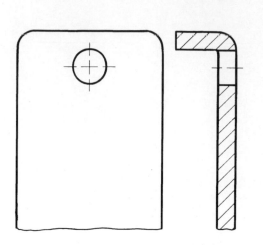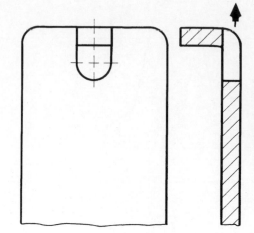

Löcher in Seitenwänden erfordern Kerne. Die Darstellung rechts zeigt die überarbeitete Lochausführung, bei der kein Kern mehr erforderlich ist.

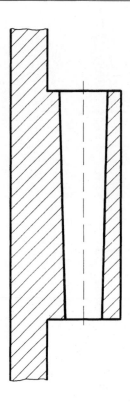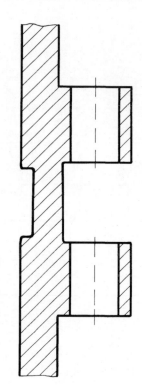

Im Verhältnis zum Durchmesser **lange Bohrungen** lassen sich sinnvoller gestalten nach der Darstellung rechts.

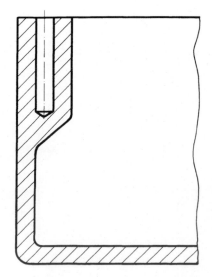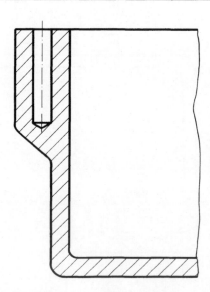

Für Verbindungen nötige **Flanschbohrungen** sind zweckmäßiger nach außen zu verlegen wie die Darstellung rechts zeigt.

Löcher, die nicht weit voneinander entfernt sind, sollten parallel zueinander verlaufen (rechts), da eine
Form mit nur einem Kern-
schieber kostengünstiger
ist.

In runden Körpern vorzusehende **Aussenkungen** sind
nach der Darstellung
rechts auszulegen, um ein
Ausbröckeln der Kante
(s. Pfeil) zu vermeiden.

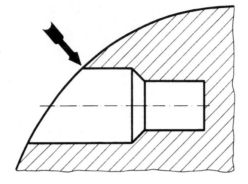 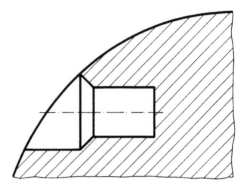

Um Spannungen um den
Kern zu verringern, sind in
der Nähe von **Löchern und
Durchbrüchen** möglichst
Verstärkungen vorzusehen
(s. Pfeil).

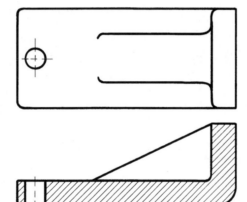 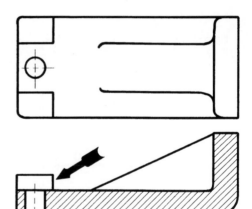

Hinterschneidungen erschweren das Auswerfen
und sollten möglichst vermieden werden. Rechts die
druckgußtechnisch ein-
wandfreie Lösung.

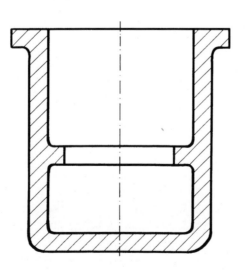 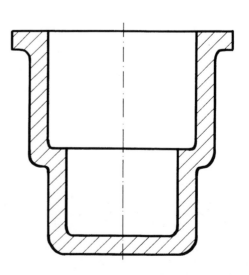

GUSS Druckguß

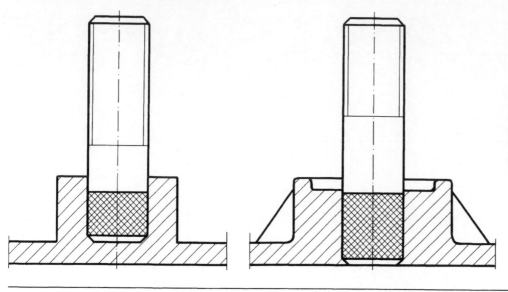

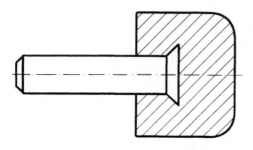
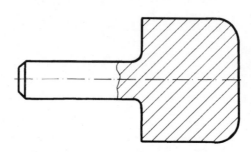

Einlegeteile wie z. B. Schrauben sollten nicht bis zum Anfang der Gewindegänge eingesetzt werden. Eine konstruktiv bessere Lösung ist rechts dargestellt.

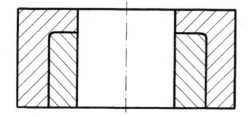
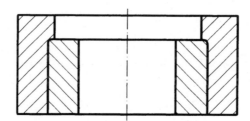

Nicht immer sind **Einlegeteile** die wirtschaftlichste Lösung. Oft kann ein Bolzen gleich mit angegossen werden (rechts).

Manche **Einlegeteile** lassen sich durch Kernteilung in ihrer Lage besser fixieren. Rechts die konstruktiv bessere Lösung.

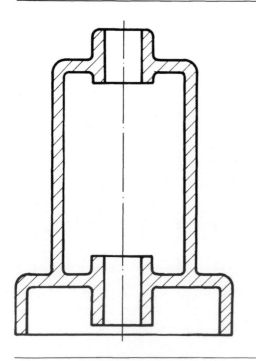
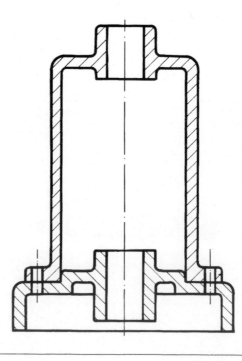

Nicht immer ist es sinnvoll, **viele Funktionen in einem Bauteil** zusammenzufassen. Die Darstellung recht zeigt das Auflösen in zwei Teile, die herstellungsmäßig wesentliche Vorteile ergibt.

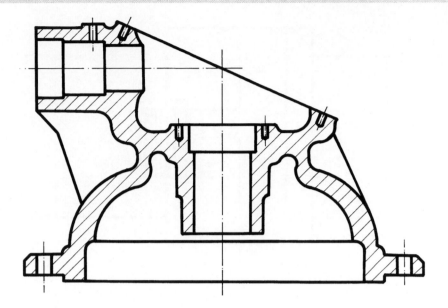

Durch Umgestaltung von
Sandguß auf Druckguß läßt
sich bei diesem **Getriebe-
gehäuse** eine wesentlich
leichtere Ausführung (siehe unten) erreichen.

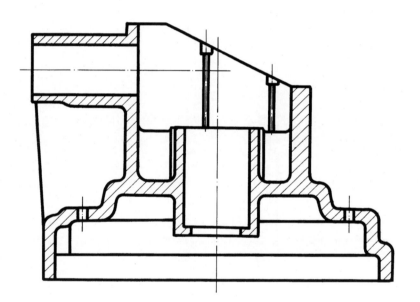

Sicherungsmöglichkeiten
verschiedener **Einlegeteile**
in Druckgußkonstruktio-
nen.

Sechskantsicherung

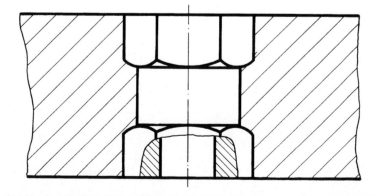

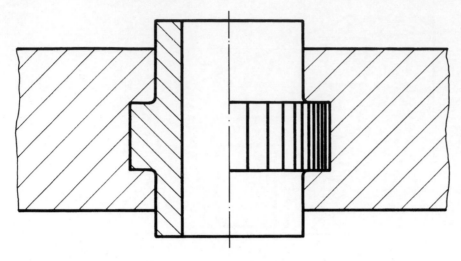

Einlegeteil mit Riffelung

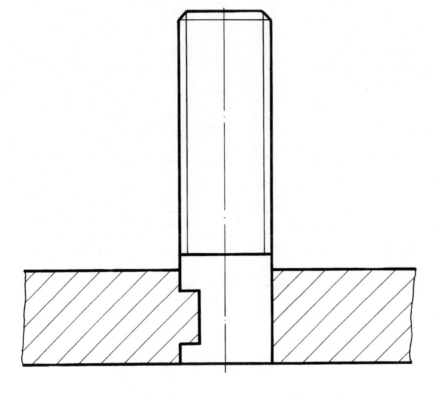

Einlegeteil mit angefräster
Fläche

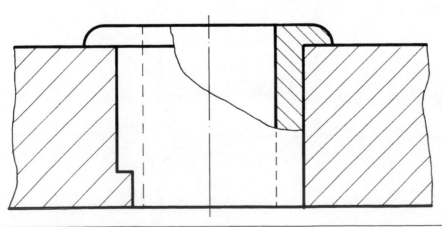

Einlegeteil ebenfalls mit
angefräster Fläche

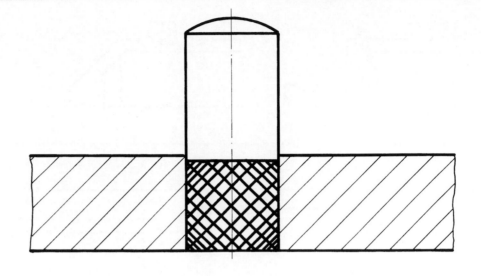

Einlegeteil mit Rändelung

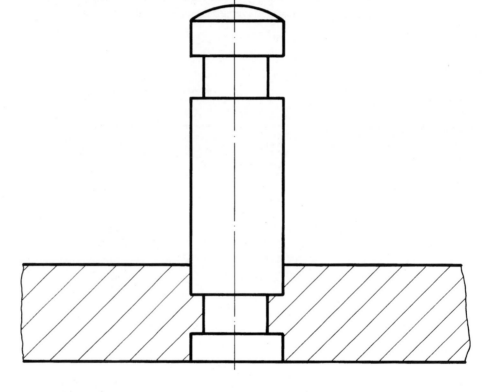

Einlegeteil mit eingesto-
chener Rille (keine Sicherung gegen Verdrehen)

Bei **Einlegeteilen** müssen
zu geringe Wandstärken
(s. Pfeil) vermieden wer-
den, da die Gefahr von
Schrumpfrissen besteht.
Rechts die konstruktiv
bessere Lösung.

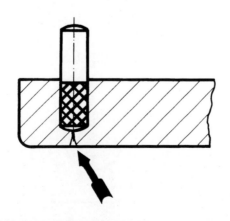
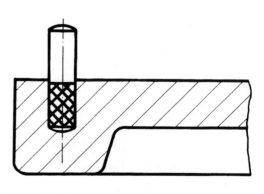

GUSS Druckguß

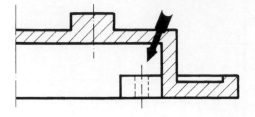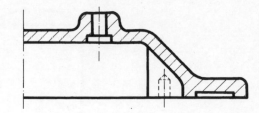

Hinterschneidungen
(s. Pfeil) erfordern kostspielige Formen. Rechts
die konstruktiv bessere Lösung, auch mit besserem
Materialfluß.

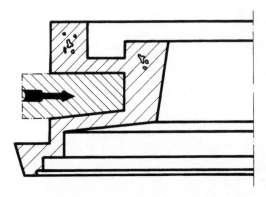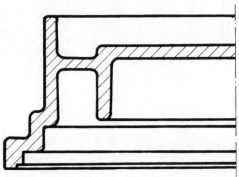

Starke **Wanddickenunter-
schiede und Hinterschnei-
dungen,** die einen Seitenschieber (s. Pfeil) erfordern, erhöhen den Aus-
schuß und bedingen höhe-
re Formkosten. Rechts das
umkonstruierte Teil mit
gleichmäßigen Wanddicken
und ohne Hinterschneidun-
gen.

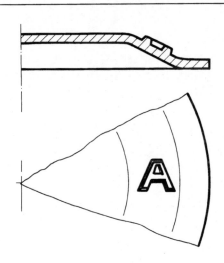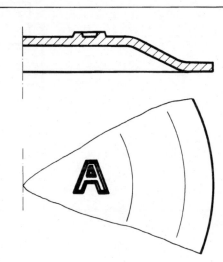

Schriften auf schrägen Flächen vermeiden. Rechts
die konstruktiv richtige
Ausführung.

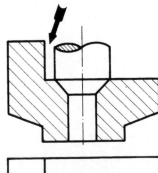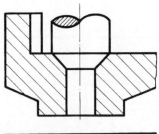

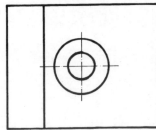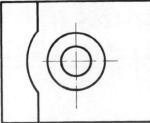

Bei **Bohrungen** Wandab-
stand nicht zu gering wählen (s. Pfeil links). Ein Radius vergrößert den Wand-
abstand bereits ausrei-
chend, so daß der Form-
verschleiß reduziert wird.

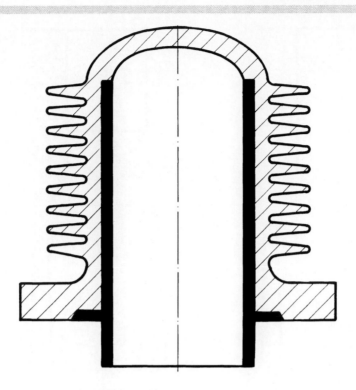

Stahl- und Gußeisenteile
können direkt mit Leicht-
metall verbunden werden
durch den sogenannten
Verbundguß. Die vorhandenen Stahl- bzw. Gußeisen-
teile werden durch Umgie-
ßen mit Druckgußmetall zu
einer Einheit. Es ergibt
sich eine unlösbare Verbindung ohne mechanische
Sicherung. Verbundguß ist
temperaturbeständig bis
etwa 250 °C sowie öl- und
gasdicht. Die Darstellungen
zeigen einige konstruktive
Lösungen.

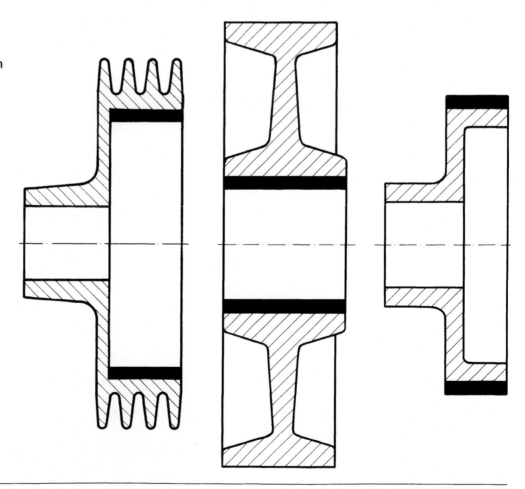

GUSS Vakuumform-Guß

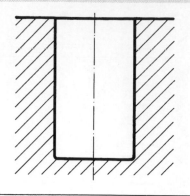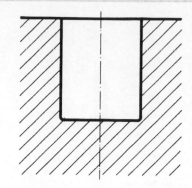

Sacklochbohrungen bzw. Taschen sind nach Möglichkeit mit einem Durchmesser (Kantenlänge) — Tiefenverhältnis nicht über 1:1,25 auszuführen; im Bereich 30—50 mm 1 : 1, unter 30 mm 1 : 0,8 und kleiner.

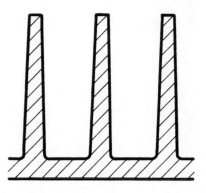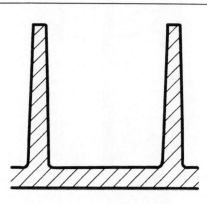

Der lichte Abstand zwischen zwei **Rippen** soll minimal 80 % der Höhe entsprechen. Dies gilt auch für **erhabene Augen**.

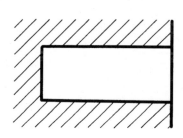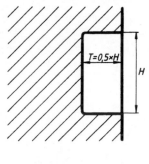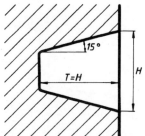

Spanntaschen bis zu einer Tiefe von $0,5\times$ lichte Höhe können mit waagerechten Seiten ausgeführt werden. Bis zu einer maximalen Tiefe von $1\times$ lichte Höhe sollen die waagerechten Flächen 15° schräg vorgesehen werden. Für $H < 50$ mm gilt $T_{max} = 0,5 \times H$. Für $H > 50$ mm gilt $T_{max} = H$

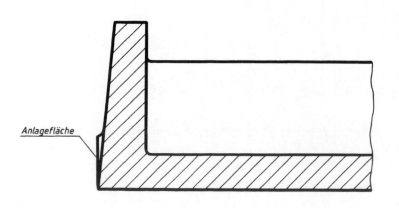

Anlagefläche

Formschräge kann bei V-Process auf ein Minimum reduziert werden. Es ist möglich, an bestimmten Stellen auf die Formschräge ganz zu verzichten, zum Beispiel Anlageflächen in der Vorrichtung. Bei großflächigen Teilen, die ohne Formschräge gegossen werden sollen, ist Rücksprache mit der Gießerei zu empfehlen.

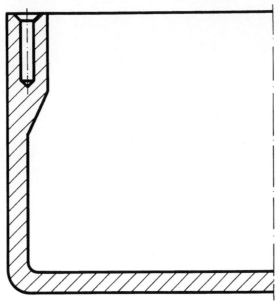

Sind **Befestigungsaugen** an Gußteilen vorzusehen, können diese auf der Innenkontur angebracht werden. (Herstellung über Losteil)

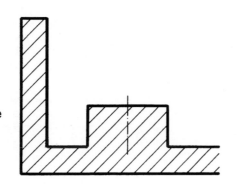

Sind dicht an der Außenkontur von Gußteilen **Augen,** so ist zwischen Auge und Außenwand eine Rippe vorzusehen.

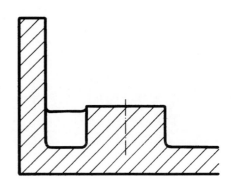

Schmiernuten in Bohrungen lassen sich ohne Kern über entsprechende Losteile herstellen. Gestaltung wie Spanntaschen. Dies gilt oberhalb 70 mm Durchmesser.

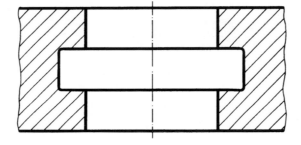

An **runden bzw. kugeligen Teilen** ist auf dem höchsten Punkt nach Möglichkeit eine Fläche zum Aufsetzen der Formbelüftung (Speiser) vorzusehen. Damit ergeben sich auch Putzkostenreduzierungen.

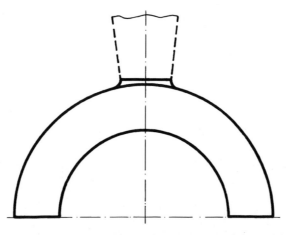

Die meisten Gußbauteile im Maschinenbau müssen eine hohe Steifigkeit und Festigkeit besitzen. Im Werkzeugmaschinenbau hat die Forderung nach hoher Steifigkeit höchstes Gewicht, da die Steifigkeit der Gußbauteile direkt die Leistungsfähigkeit der Maschine beeinflußt.

Im folgenden sind beispielhaft einige der wichtigsten Erkenntnisse und Schlußfolgerungen aus der neuen Konstruktionsrichtlinie (siehe Literaturangabe) als kurze Merksätze aufgeführt:

— Grundsätzlich allseitig geschlossene Bauformen anstreben!
— Horizontale und vertikale Zwischenwände (Rippen) sind bei geschlossenen Bauteilen nur im Krafteinleitungsbereich sinnvoll!
— Besonders effektiv sind Querschotten und diagonale Längswände im Krafteinleitungsbereich!
— Außerhalb des Krafteinleitungsbereiches ist das Material in die Außenwände zu verlagern! Material zur Wanddickenerhöhung oder bei großen dünnen Wänden als aufgesetzte Wandverrippung verwenden!
— Steife Wandverrippungsformen verwenden!
— Rippen konsequent in Knoten zusammenführen und lokale elastische Zonen vermeiden!
— Scharfe Ecken und Kanten grundsätzlich vermeiden! Übergangsschrägen und große Gußradien verwenden!

Aus der Vielzahl der Parameteruntersuchungen soll der Einfluß von Verrippungsformen auf das Verformungs- bzw. Steifigkeitsverhalten von Bauteilen vorgestellt werden. Die Verrippungsform hat bei vielen Bauteilen, insbesondere bei offenen Strukturen, einen wesentlichen Einfluß auf die Steifigkeit. An einem offenen Kastenbauteil wurde der Einfluß verschiedener Bodenverrippungsformen (Bild 1) auf das globales Verformungsverhalten untersucht.

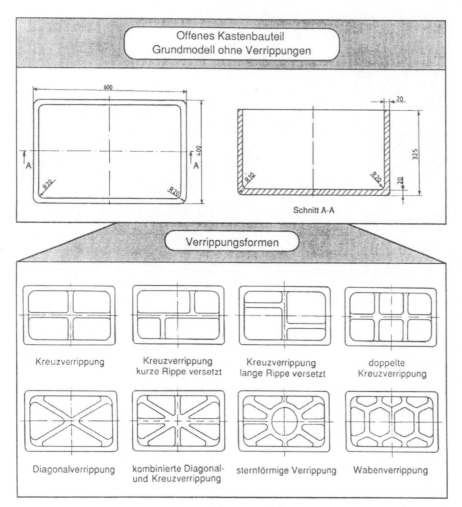

Offenes Kastenbauteil
Grundmodell ohne Verrippungen

Schnitt A-A

Verrippungsformen

Kreuzverrippung

Kreuzverrippung kurze Rippe versetzt

Kreuzverrippung lange Rippe versetzt

doppelte Kreuzverrippung

Diagonalverrippung

kombinierte Diagonal- und Kreuzverrippung

sternförmige Verrippung

Wabenverrippung

Bild 1: Häufig verwendete Verrippungsformen bei Gußbauteilen

In Bild 2 sind die auf die unverrippte Struktur (= 100 %) bezogenen maximalen Bauteilverformungen für drei unterschiedliche Belastungsfälle als Balkendiagramm dargestellt. Die Verformungsauswertung erfolgte an dem durch einen Punkt gekennzeichneten Strukturpunkt. Bei Lastfall 1 bewirkt keine der Verrippungen eine wesentliche Verminderung der Verformung gegenüber dem unverrippten Modell, d. h. für diese Belastung ist die Bodenverrippung nicht sinnvoll. Betrachtet man nur die verrippten Strukturen, so ist festzustellen, daß alle Verrippungsarten, die über diagonal verlaufende Rippenwände verfügen, eine erhebliche Verformungsverminderung bei den Lastfällen 2 und 3 bewirken (über 40 %). Parallel zu den Außenwänden verlaufende Rippen, wie sie bei den Kreuzverrippungen vorhanden sind, haben dagegen fast keinen Einfluß auf das globale Verformungsverhalten. Elastische Verrippungsformen, wie die versetzte Kreuzverrippung, die sternförmige Verrippung und die Wabenverrippung haben zwar gießtechnische Vorteile (Vermeidung von Rißbildung und Materialanhäufung bzw. Lunkerbildung), sind aber nicht so gut geeignet, die globalen Steifigkeiten eines Bauteils zu erhöhen.

Die kleinsten Verformungen werden in allen drei Lastfällen mit der unverrippten, geschlossenen Bauweise erreicht (siehe Bild 2 unten). Bei der Torsionsbelastung (Lastfall 3) gehen die Verformungen des geschlossenen Kastens sogar auf 15 % gegenüber dem offenen Kasten zurück.

Die Bilder 3 und 4 geben praxisgerechte Konstruktionshinweise.

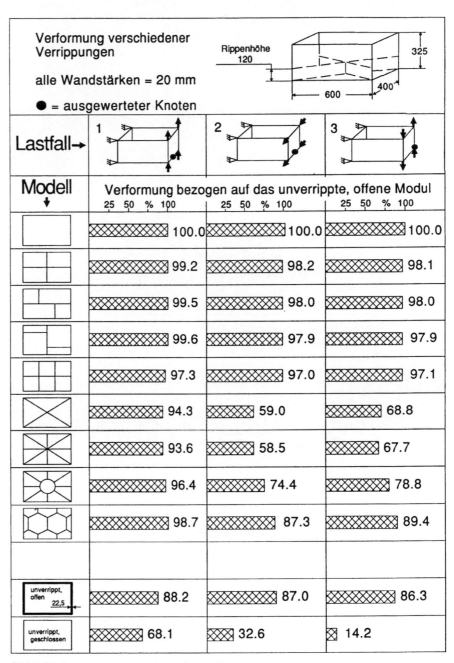

Bild 2: Verformungen eines oben offenen Kastenbauteils mit unterschiedlichen Bodenverrippungsformen

GUSS Werkzeugmaschinenbau

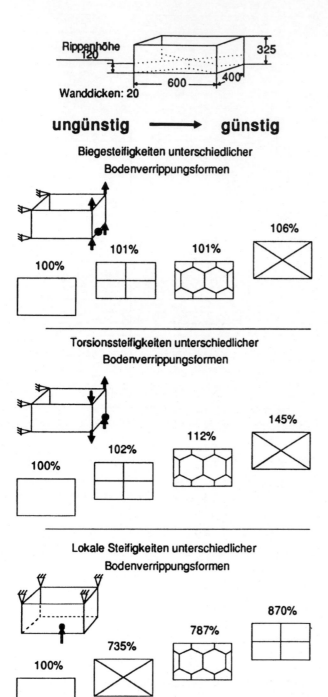

Rippenhöhe 120

Wanddicken: 20

600 × 400 × 325

ungünstig ➞ günstig

Biegesteifigkeiten unterschiedlicher Bodenverrippungsformen

100% 101% 101% 106%

Torsionssteifigkeiten unterschiedlicher Bodenverrippungsformen

100% 102% 112% 145%

Lokale Steifigkeiten unterschiedlicher Bodenverrippungsformen

100% 735% 787% 870%

● ausgewerteter Strukturpunkt

Bild 3: Konstruktionshinweise zum Einfluß unterschiedlicher Bodenverrippungsformen auf die Steifigkeit eines oben offenen Kastenbauteils

Erläuterungen

Elastische Verrippungsformen sind zwar gießtechnisch günstig, da sie das Schwinden während des Abkühlvorganges ausgleichen und somit den Aufbau großer Gußspannungen (innere Spannungen) verhindern, aber sie sind nicht gut geeignet, die globalen Steifigkeiten eines Bauteils zu erhöhen. Die Bilder zeigen die Biege- und Torsionssteifigkeiten eines oben *offenen* Kastens mit unterschiedlichen Bodenverrippungsformen. Bezugsmodell ist der unverrippte Kasten.

Zur Verbesserung der Biegesteifigkeit ist im gezeigten Fall die Verrippung des Kastenbodens ungeeignet. Daher hat auch die Verrippungsform kaum einen Einfluß.

Beim torsionsbeanspruchten Kasten sind die Steifigkeitsverbesserungen erheblich. Die Diagonalverrippung bringt hierbei die größten Steifigkeitsgewinne.

Dient die Verrippung überwiegend zur lokalen Wandversteifung, dann kann die gießtechnisch günstigste Form gewählt werden, da hierbei die Verrippungsform bezüglich Steifigkeitserhöhung unter untergeordneter Bedeutung ist.

Erläuterungen

Hinsichtlich möglichst großer Steifigkeit mit bester Materialausnutzung ist immer eine allseitig geschlossene Bauform anzustreben, auch wenn dies den Guß durch zusätzliche Kernarbeit verteuert.

Die Bilder zeigen die Biege- und Torsionssteifigkeiten eines oben offenen Kastens bzw. Ständers im Vergleich zur allseitig geschlossenen Form.

Der Kasten steht repräsentativ für die Torsion offener Profile. Hierbei bewirkt die geschlossene Bauweise eine Erhöhung der Biege- *und* Torsionssteifigkeit.

Bei Betrachtung der Ständer stellt man fest, daß, obwohl beide Ständer ein geschlossenes Profil haben, der Querschnitt des oben offenen Ständers durch das bei der Torsion angreifende Kräftepaar stark verzerrt wird. Dies wird beim geschlossenen Ständer durch die abschließende Kopfplatte verhindert. Damit wird die Torsionssteifigkeit erheblich verbessert. Auf die Biegesteifigkeit hat die Kopfplatte keinen Einfluß.

ungünstig ——→ günstig

Biegesteifigkeiten

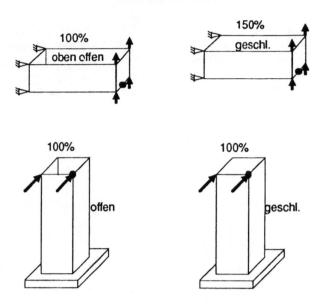

Torsionssteifigkeiten

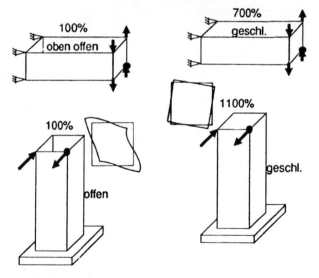

● ausgewerteter Strukturpunkt

Bild 4: Konstruktionshinweise zum Steifigkeitseinfluß offener/geschlossener Bauweise bei einem Kasten und Ständermodell

Literatur

Weck, M.; Vonderhagen, H.: Konstruktionsrichtlinie zur Erhöhung der Gestaltsteifigkeit und -festigkeit von Eisengußbauteilen im Werkzeugmaschinenbau, WZL, RWTH, Aachen, 1990.

Bode, I.: GUSS-Produkte, Jahreshandbuch für Gußanwender, Verlag Hoppenstedt & Co., Darmstadt, 1991.

Sintergerechtes Gestalten

Bei der pulvermetallurgischen Herstellung läßt sich die Werkstoffgestalt gezielt beeinflussen. Zu den Parametern, die variiert werden können, zählen die Pulvermischung, der Preßdruck, die Sinterbedingungen und die Nachbehandlung. Um die Vorteile der pulvermetallurgisch hergestellten Bauteile zu nutzen, sind bei ihrer Konstruktion bestimmte verfahrensspezifische Gegebenheiten zu berücksichtigen.

Maße

Unterschieden werden bei Sinterteilen einstellbare und werkzeugabhängige Maße.
Einstellbare Maße sind immer Maße in Preßrichtung und sind abhängig von höhenverstellbaren Werkzeugteilen. Eine Korrektur dieser Maße läßt sich meist problemlos durchführen.
Werkzeugabhängige Maße sind alle Maße quer zur Preßrichtung. Sie sind gegeben durch Matrizen, Dorne oder Profilmaße, aber auch durch Stirnflächenprofilierung der Stempel. Sollen diese Maße korrigiert werden, so ist dies nur durch Werkzeugänderungen oder gar eine Werkzeugneuanfertigung möglich. Im Gegensatz zu den einstellbaren Maßen, lassen die werkzeugabhängigen Maße wesentlich engere Toleranzen zu.

Toleranzen

Wesentlichen Einfluß auf die Kosten eines Sinterbauteils haben die Toleranzen. Unterschieden wird zwischen „auf Endmaß gepreßten" und „auf Endmaß kalibrierten" Teilen, wobei der Unterschied im wesentlichen in den einhaltbaren Toleranzen und der Oberflächengüte liegt (zusätzliche Bearbeitungsstufen, wie z. B. Härten, Dampfbehandeln usw. können noch folgen). Hierbei ist der Einfluß einer jeden Bearbeitungsstufe zu berücksichtigen. So federt der Preßling nach der Entformung aus dem Werkzeug je nach Dichte und Pulvermischung unterschiedlich stark auf. Das anschließende Sintern hat je nach Werkstoff, Dichte, Sintertemperatur und Atmosphäre ebenfalls eine Maßänderung zur Folge. Diese Einflüsse und ihre Größe müssen dem Werkzeugkonstrukteur bekannt sein und sind bei der Werkzeugbemaßung zu berücksichtigen. Besonders bei maßgepreßten Teilen ist dies wichtig, da eine nachfolgende Korrektur der Maße durch Kalibrieren nicht vorgesehen ist. Für einhaltbare Toleranzen kann man im einzelnen folgende Größen angeben:

einteilige profilierte Werkzeugteile geschieht. Dies hat zur Folge, daß Stirnflächen an Außen- und Innenkonturen immer gratig sind und alle anderen Kanten verrundet.
Das nachfolgende Bild zeigt Vorschläge zum Gestalten von Kanten an Stirnflächen. Für die Kanten von Lagern werden grundsätzlich 45°-Facetten empfohlen oder in Sonderfällen 45°-Formteilfacetten. Bei Formteilen sind aus Kostengründen

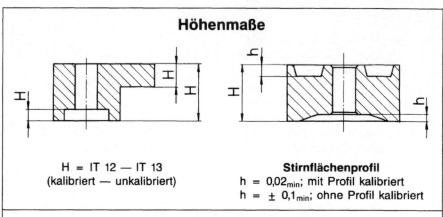

Höhenmaße

H = IT 12 — IT 13
(kalibriert — unkalibriert)

Stirnflächenprofil
$h = 0{,}02_{min}$; mit Profil kalibriert
$h = \pm\,0{,}1_{min}$; ohne Profil kalibriert

Innen- und Außenkonturen

Rotationssymmetrisch

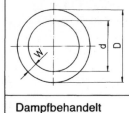

	Unkaliibriert		Kalibriert			
	Sint B-C	Sint D-E	Kalotten	Sint B	Sint C	Sint D-E
	IT9	IT9	IT4	IT5	IT6	IT7
Dampfbehandelt	IT9-10	IT9-10			IT7	IT7-8
Gehärtet		IT9-10				IT8-9

Diese Werte sind **Mindesttoleranzen** bei folgenden Wanddicken:
W ≧ 10 % von D (für große Teile) / W ≧ 20 % von D (für kleine Teile)

Nicht rotationssymmetrisch
Es gelten die Tabellenwerte plus folgende Zuschläge:
Einfache, gut meßbare Formen: **Zuschlag IT6-7**
Schwierige, schlecht meßbare Formen: **Zuschlag IT8**

Toleranzen

Gestalten von Kanten
Alle Kanten eines Sinterteils sind gratig, wenn sie durch 2 unterschiedliche Werkzeugteile erzeugt werden. Verrundet sind sie, wenn dies durch

nur Bohrungen oder Funktionsflächen zu facettieren. Derartig angepreßte Facetten sind keinesfalls gratfrei, sondern der Grat steht nur hinter der Stirnfläche zurück.

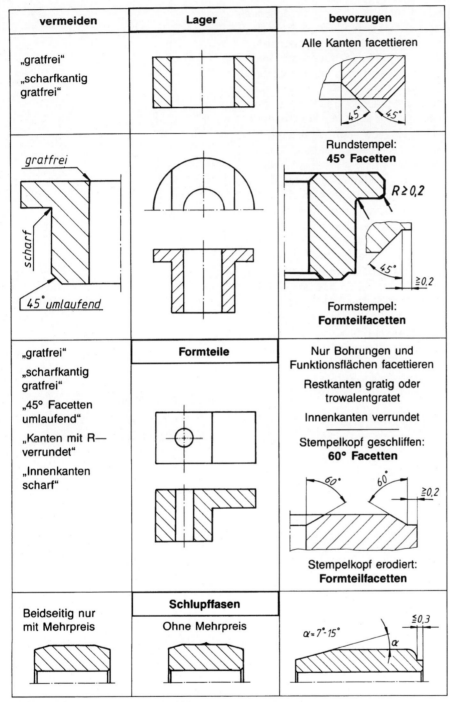

vermeiden	Lager	bevorzugen
„gratfrei" „scharfkantig gratfrei"		Alle Kanten facettieren
gratfrei *scharf* *45° umlaufend*		Rundstempel: **45° Facetten** $R \geq 0,2$ Formstempel: **Formteilfacetten**
„gratfrei" „scharfkantig gratfrei" „45° Facetten umlaufend" „Kanten mit R— verrundet" „Innenkanten scharf"	**Formteile**	Nur Bohrungen und Funktionsflächen facettieren Restkanten gratig oder trowalentgratet Innenkanten verrundet Stempelkopf geschliffen: **60° Facetten** Stempelkopf erodiert: **Formteilfacetten**
Beidseitig nur mit Mehrpreis	**Schlupffasen** Ohne Mehrpreis	$\alpha = 7° - 15°$

Kantenausführungen von Stirnflächen

Konturen senkrecht zur Preßrichtung

In der Sintertechnik ist zwar jede Innen- und Außenkontur möglich, doch sollten die nachfolgenden Hinweise beachtet werden, um Werkzeug und Sinterteil weniger störanfällig zu gestalten und somit die Kosten zu senken.

Außenkonturen sollten nicht spitz auslaufen, um Kerbwirkung und Bruchanfälligkeit der Matrize zu verringern. Außerdem sind Spitzen schlechter zu füllen und weisen dadurch eine geringere Dichte und veränderte Maße auf. Schmale Nuten und dünne Stege haben häufig einen Werkzeugbruch zur Folge und verursachen höhere Werkzeugkosten. Übergänge an Außenkonturen sollten nicht tangential verlaufen, was auch hier aufgrund scharfkantiger Stempel die Bruchgefahr erhöht. Der Flansch eines Hebels z. B. ist möglichst einseitig zu verlagern und eine Mindestflanschdicke je nach Teilgröße von mindestens 1,5 bis 3 mm zu wählen.

Innenkonturen sind nach den gleichen Regeln zu gestalten: Profildurchbrüche sollten abgerundete

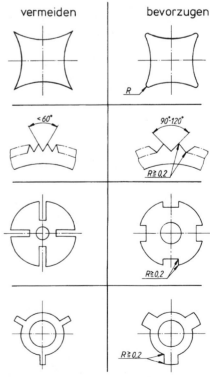

vermeiden	bevorzugen

Außenkonturen

Für bestimmte Einsatzfälle lassen sich Rundungen oder Facetten ankalibrieren (meist als Einführhilfe), die dann gratfrei und formgenau sind. Ohne zusätzlichen Aufwand ist die Forderung scharfkantig und gratfrei nicht zu erfüllen und sollte durch die Angabe „Kanten durch Trowalisieren leicht verrundet" oder durch die Angabe eines definierten Kantenbruchs ersetzt werden. Meist genügt es, die

Sinterteile mittels Gleitschleifen zu entgraten, wobei loser Grat ganz entfernt wird und fester Grat teilweise entfernt und teilweise umgelegt wird. Dies kann z. B. Bohrungen und Nuten an den Öffnungen einige 1/100 mm verengen. An schwer zugänglichen Stellen ist das Gleitschleifen unwirksam und erfordert ein Entgraten durch Strahlen oder Bürsten.

SINTERN

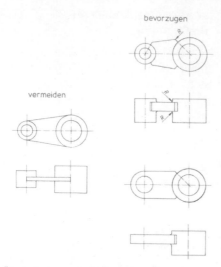

bevorzugen

vermeiden

Übergänge an Außenkonturen

Ecken und eine Mindestwanddicke von 1 bis 1,5 mm haben. Bei komplizierten Innen- oder Außenprofilen sollte die Facette möglichst rund sein und dadurch nicht immer dem Profilverlauf folgen. Soll ein Sinterteil quer zur Mittelbohrung spanend bearbeitet werden, läßt sich durch eine Spannut der beim Spanen entstehende Grat in seiner Wirkung reduzieren. Diese miteingepreßte Nut nimmt den Grat am Bohrungsaustritt auf und führt trotz höherer Werkzeugkosten durch Wegfall der schwierigen Bohrungsentgratung hier zu einem Preisvorteil.

Konturen in Preßrichtung

Die Sinterteilgestaltung in Preßrichtung ist oft nicht einfach, da sie

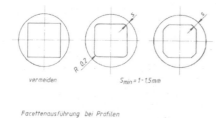

vermeiden $S_{min} = 1 - 1,5 mm$

Facettenausführung bei Profilen

Gratnute in Bohrung

Innenkonturen

u. a. Kenntnisse über die Möglichkeiten der zu verwendenden Pressen und dem sich daraus ergebenden Werkzeugaufbau voraussetzt. Bei komplizierten Höhenprofilen ist ein Sinterspezialist heranzuziehen, um eine kostengünstige Lösung zu finden. Jedoch kann der Konstrukteur entscheidende Vorarbeit leisten, wenn er folgende Zusammenhänge beachtet:

Um eine gleichmäßige Dichte im Sinterteil zu erzielen, ist für jede Teilhöhe die entsprechende Füllhöhe zu schaffen. Daraus folgt, daß bei vielen unterschiedlichen Höhen, entsprechend viele, unabhängig voneinander steuerbare Werkzeugteile vorhanden sein müssen. Diese aufwendigen Werkzeuge und Pressen verteuern die Sinterteile. Im Folgenden sind Hinweise für kostengünstig herzustellende Sinterteile genannt, wobei zum besseren Verständnis auch der notwendige Werkzeugaufbau dargestellt ist.

Zylindrische Sinterteile

Zylinder sind die mit am einfachsten pulvermetallurgisch herzustellenden Teile, solange bestimmte Bedingungen bei Bohrungen und Wanddicken beachtet werden. Zu vermeiden sind Bohrungen, die länger als das Dreifache ihres Durchmessers sind, da sonst Preßdorne abreißen können. Sint-B- und -C-Dichtungen*) ermöglichen zwar auch größere Längen, jedoch besteht die Gefahr einer „bananenförmigen" Ausbildung der Bohrungen.

Dichte Sint B (Lager): $\varnothing$ 1,0 mm
Dichte Sint C und D
(Formteile): $\varnothing$ 1,2 mm
Kleinere Bohrungen sind spanend zu fertigen: bis $\varnothing$ 0,4 mm

(In allen drei Fällen gilt, daß der Mindestdurchmesser bei $H \leqq 3 \times \varnothing$ sein muß.)

Nicht zu unterschreiten sind: Mindestwanddicke 1 bis 1,5 mm

Die Länge des Sinterteils wird durch die maximale Matrizenhöhe und die

*) Die Werkstoffbezeichnungen „Sint . . ." entsprechen den Bezeichnungen in den „Werkstoff-Leistungsblättern", die der FPM Fachverband Pulvermetallurgie in 5800 Hagen herausgibt.

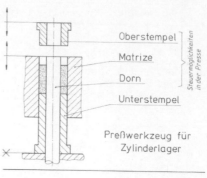

Oberstempel
Matrize
Dorn
Unterstempel
Steuermöglichkeiten in der Presse

Preßwerkzeug für Zylinderlager

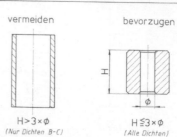

vermeiden   bevorzugen

H > 3 × ϕ H ≦ 3 × ϕ
(Nur Dichten B-C)   (Alle Dichten)

Zylindrische Sinterteile

Dichteverteilung bestimmt. Für eine mittlere Dichte und eine Wanddicke von 1,5 mm beträgt z. B. die maximale Länge 35 mm.

Kugelförmige Sinterteile

Die Endform kugelförmiger Sinterteile wird immer durch Kalibrieren hergestellt. Kalibriert wird im geschlossenen Werkzeug unter Voraussetzung einer sorgfältigen Werkzeugabstimmung. Daher sind vollständig ku-

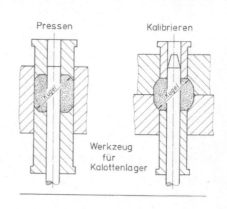

Pressen   Kalibrieren

Werkzeug für Kalottenlager

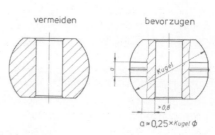

vermeiden   bevorzugen

$a \approx 0,25 \times$ Kugel $\varnothing$

Kugelförmige Sinterteile

gelförmige Körper zu vermeiden und diese stattdessen in der Äquatorzone abzuflachen, um Platz für den beim Kalibrieren entstehende Ringwulst zu schaffen.

Konen, Schrägen

Da messerscharfe, keilförmige Querschnitte (Schrägen) nicht gepreßt werden können, sind Konen, die in Preßrichtung nach innen oder außen verlaufen, in jedem Fall mit einer Abflachung zu versehen (im Bild mit a gekennzeichnet). Es würde der Oberstempel aufsetzen und die Dichte an den Spitzen ansteigen. Günstig ist eine Fläche b von etwa 20 bis 30 % der Höhe H (siehe Abbildung).

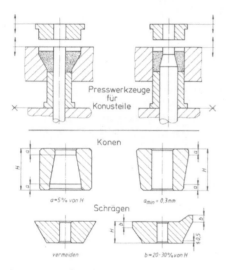

Konen und Schrägen

Bohrungsabsätze

Ist die Bundhöhe b nicht merklich größer als die halbe Höhe H, können Bohrungsabsätze mit einteilig abgesetztem Dorn gefertigt werden. Entspricht die Bundhöhe b fast der Teilhöhe H, so muß mit angehobenem Stempel gefertigt werden. Grund dafür sind die fehlenden Steuermöglichkeiten eines Dornes und der auftretende Dichteabfall wegen einseitiger Verdichtung. Angehobene Stempel verteuern das Werkzeug und setzen meist aufwendige Pressen voraus.

Flansche

Für Flansche gilt ähnliches wie für Bohrungsabsätze. Hier entspricht der abgesetzte Dorn dem Bund in der

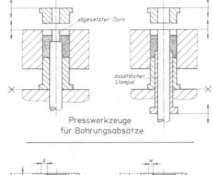

Bohrungsabsätze

Matrize. Dieser einfachere Werkzeugaufbau läßt sich anwenden, wenn die Bundhöhe b nicht wesentlich größer ist als $H/2$ und bestimmte Bundüberhänge S nicht überschritten werden. In Fällen großer Bundhöhe b oder großer Bundreibung, wie z. B. bei Zahnrädern, wird mit angehobenem Stempel gearbeitet, um Verdichtungs- und Entformungsprobleme zu vermeiden.

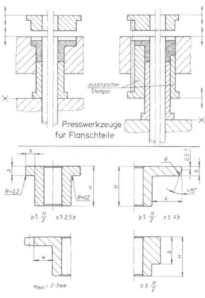

Flansche

Stufenflansche — 3stufig

Bei Stufenflanschen ist zum Erzielen einer gleichmäßigen Dichte jede Teilhöhe mit einem separat gesteuerten Stempel zu fertigen. Dies setzt bei

der mittleren Stufe eine bestimmte Wanddicke W voraus (siehe Abbildung). Partiell starker Dichteabfall, evtl. mit Ausbrüchen, läßt sich durch eine Schräge verhindern. Einzige Alternative, um diese Stufe zu fertigen, ist das Spanen.

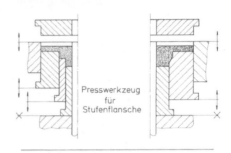

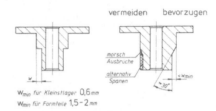

Stufenflansche — 3stufig

Stufenflansche — 4stufig

Im Falle eines 4stufigen Flansches werden Herstellung und Werkzeuggestaltung noch komplexer, da auch noch auf der Oberstempelseite eine Stufe einzubringen ist. Im nachfolgenden Bild muß bei Teil 1 die untere Stufe entweder gespant oder verschrägt werden. Bei Teil 2 müs-

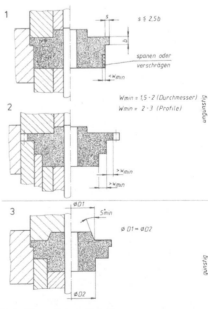

Stufenflansche — 4stufig

sen von unten 4 Stempel wirken, da jede Stufe einen anderen Durchmesser hat, was das Sinterteil verteuert. Teil 3 ist ideal konstruiert, denn der geringe äußere Überhang ermöglicht einen Matrizenbund, 2 Stufen haben fast den gleichen Durchmesser und es entfallen gegenüber Teil 2 somit zwei Unterstempel.

Hinterschneidungen und Querlöcher

Hinterschneidungen in Form umlaufender Nuten sind genauso wie Querlöcher preßtechnisch nicht herzustellen. Für Hinterschnitte ist in Einzelfällen eine preßtechnische Lösung denkbar, wenn die Entformbarkeit des Sinterteils gewährleistet ist, d. h. wenn der Hinterschnitt nur einseitig angepreßt wird. Ansonsten sind solche Details zu spanen.

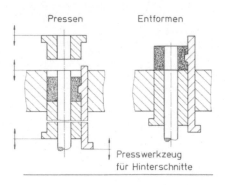

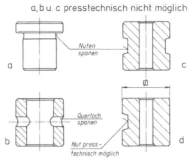

Hinterschneidungen und Querlöcher

Einspritzbuchsen

Sollen Sinterteile mit Kunststoff umspritzt oder metallisch umgossen werden, ist eine gute „Verzahnung" am Werkstoffübergang notwendig, um axiales und radiales Verschieben auszuschließen. Zu empfehlen ist ein umlaufender Bund oder ein Wulst mit ausreichender Wanddicke von 1,5 bis 2 mm, der preßtechnisch herzustellen ist. Radiales Verschieben läßt sich durch zusätzliche Nuten oder Rändel vermeiden.

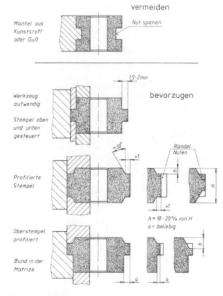

Einspritzteile

Verzahnungen

Grundsätzlich ist die sintertechnische Herstellung aller denkbaren Verzahnungen möglich. Jedoch sind bestimmte Richtlinien zu beachten, die mit dem Sinterteilhersteller abzustimmen sind. Um eine gleichmäßige Matrizenfüllung zu gewährleisten, sollte ein Modul von 0,5 nicht unterschritten werden. Im Folgenden sind

Richtwerte für Verzahnungstoleranzen genannt:

Auf Maß gepreßt (pressen und sintern)
  Qualität 9 . . . 10 mind.
Kalibriert
  Qualität 7 . . . 9 mind.
Nachbehandelt (z. B. gehärtet)
  Verschlechterung um 1 . . . 2
  Qualitätsklassen

Da viele Faktoren die Maßgenauigkeit beeinflussen, ist eine allgemein gültige Aussage zu Verzahnungstoleranzen kaum möglich. Die Qualität kann verschlechtert werden durch:
— Steigende Dichte des Sinterteils
— Schwierigkeiten bei der Werkzeugherstellung bei einem Modul <0,8
— Füllprobleme bei einem Modul <0,6

Müssen die Verzahnungstoleranzen wesentlich unter den angegebenen Richtwerten liegen, so ist dies durch kostenintensive Spezialverfahren zu erreichen. Eine bestimmte Qualitätsklasse beinhaltet bei Verzahnungen eine Reihe unterschiedlicher Toleranzen, die jedoch zum Teil kaum in Beziehung zueinander stehen und je nach Form, Werkstoff und Verfahren mehr oder weniger gut eingehalten werden können. Daher ist es zweckmäßiger statt einer bestimmten Qualitätsklasse eine Einzeltolerierung der wichtigsten Maße anzugeben.

Literatur

May, E.: powder metallurgy international 17 (1985) [5] Seite 249-252 und [6] Seite 307-308.

✗ Checkliste zum sintergerechten Gestalten

— Kegelformen oder kurvenförmige Außenkonturen vermeiden, stattdessen zylindrische Grundformen anstreben
— Dünne spitzwinklig auslaufende Teile vermeiden
— Lange, dünnwandige Teile vermeiden
— Hinterschneidungen vermeiden
— Bohrungen quer zur Preßrichtung sind nicht herstellbar
— Profildurchbrüche mit runden Ecken versehen
— Kugelige Hohlräume vermeiden

Buchsen mit Sackloch lassen sich besser herstellen, wenn der Boden und Flansch an derselben Seite liegen (rechts). Links fertigungstechnisch unzweckmäßige Ausführung.

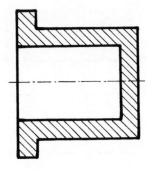 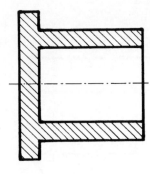

Keilförmige Teile sollen nicht spitzwinkelig (links), sondern stumpfkantig auslaufen (rechts).

Konische **Vertiefungen** (links) sollten möglichst vermieden werden. Preßtechnisch besser herzustellen ist die rechte Darstellung.

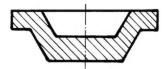 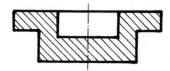

Bohrungen und Freistiche quer zur Preßrichtung lassen sich nicht herstellen. Hier wäre (links) spangebende Nacharbeit erforderlich. Besser ist die Ausführung rechts.

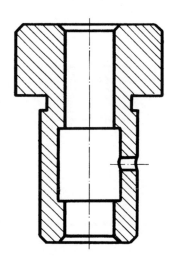 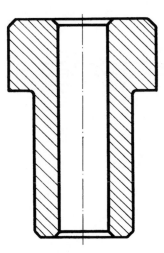

Keilförmige, scharfkantig auslaufende **Querschnitte** sind zu vermeiden. Rechts die konstruktiv bessere Ausführung.

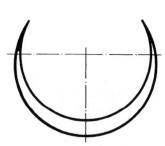 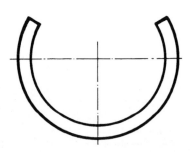

SINTERN

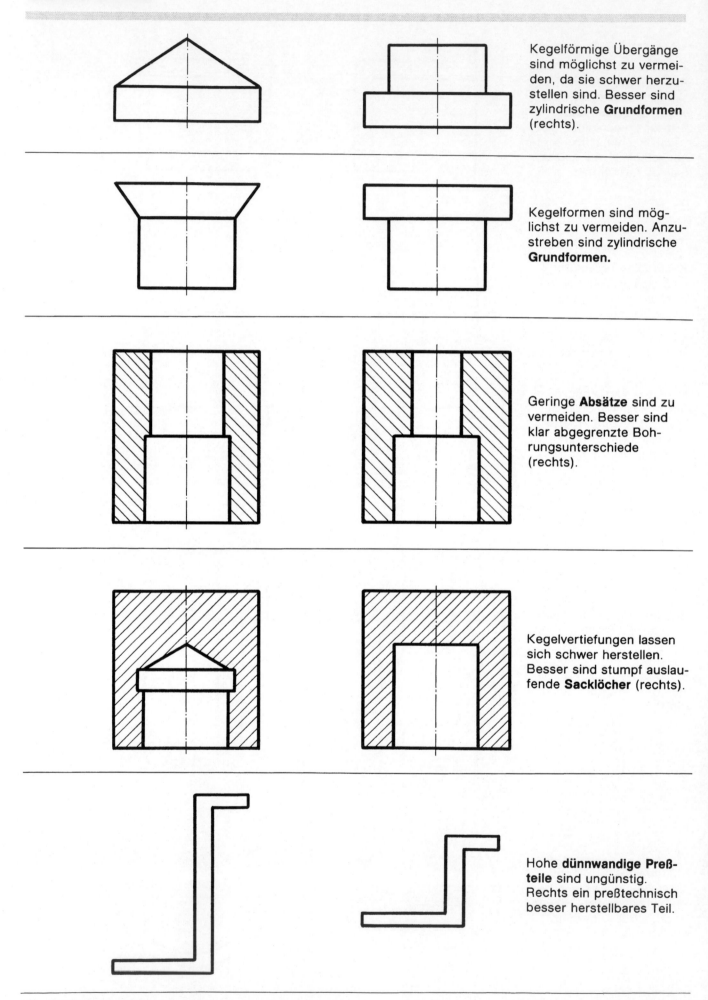

Kegelförmige Übergänge sind möglichst zu vermeiden, da sie schwer herzustellen sind. Besser sind zylindrische **Grundformen** (rechts).

Kegelformen sind möglichst zu vermeiden. Anzustreben sind zylindrische **Grundformen.**

Geringe **Absätze** sind zu vermeiden. Besser sind klar abgegrenzte Bohrungsunterschiede (rechts).

Kegelvertiefungen lassen sich schwer herstellen. Besser sind stumpf auslaufende **Sacklöcher** (rechts).

Hohe **dünnwandige Preßteile** sind ungünstig. Rechts ein preßtechnisch besser herstellbares Teil.

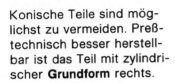

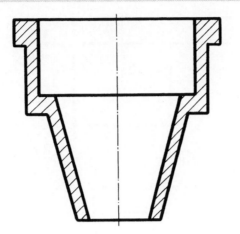
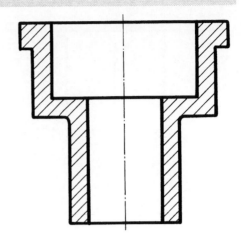

Konische Teile sind möglichst zu vermeiden. Preßtechnisch besser herstellbar ist das Teil mit zylindrischer **Grundform** rechts.

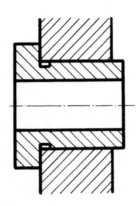
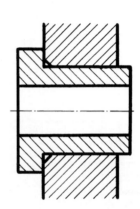

Bei **Buchsen** muß die Facette nicht in der Buchse (links), sondern im Aufnahmeteil liegen (rechts).

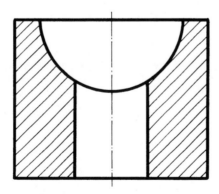
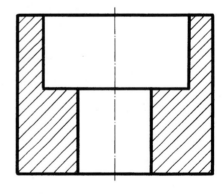

Kugelige **Hohlräume** sind möglichst zu vermeiden. Besser ist eine Ausführung nach der Darstellung rechts.

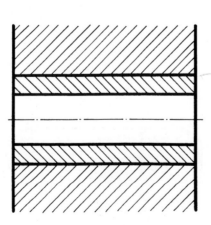
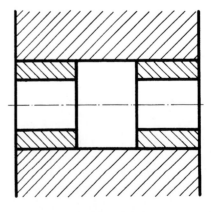

Lagerbuchsen sollten nicht zu lang sein. Bei größerer Länge ist eine Ausführung sinnvoller wie sie die rechte Darstellung zeigt.

SINTERN

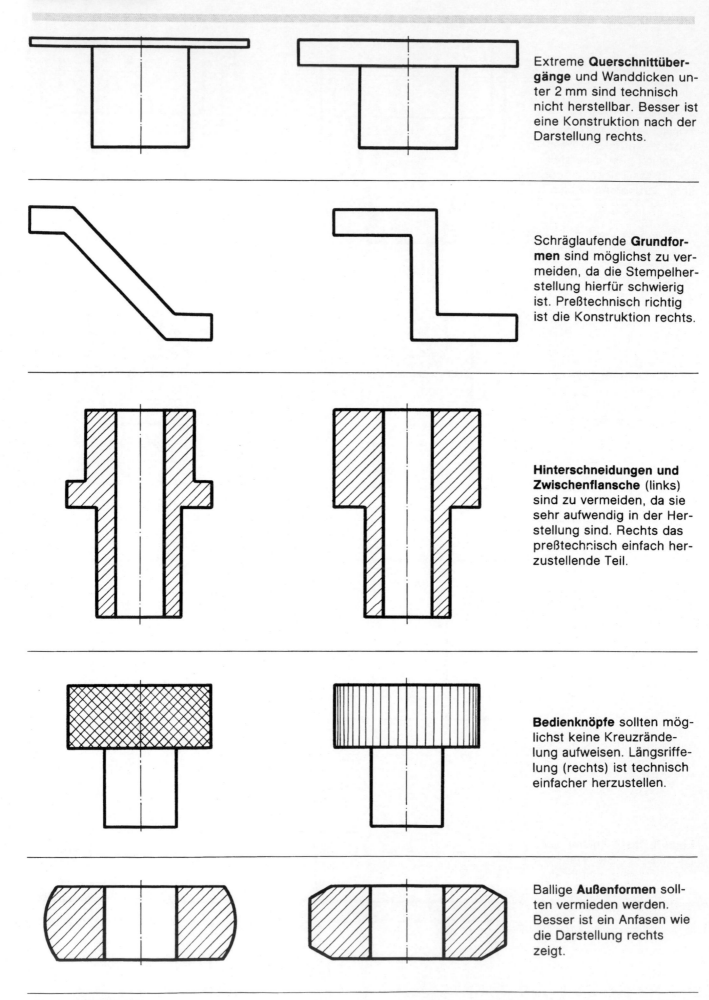

Extreme **Querschnittübergänge** und Wanddicken unter 2 mm sind technisch nicht herstellbar. Besser ist eine Konstruktion nach der Darstellung rechts.

Schräglaufende **Grundformen** sind möglichst zu vermeiden, da die Stempelherstellung hierfür schwierig ist. Preßtechnisch richtig ist die Konstruktion rechts.

Hinterschneidungen und Zwischenflansche (links) sind zu vermeiden, da sie sehr aufwendig in der Herstellung sind. Rechts das preßtechnisch einfach herzustellende Teil.

Bedienknöpfe sollten möglichst keine Kreuzrändelung aufweisen. Längsriffelung (rechts) ist technisch einfacher herzustellen.

Ballige **Außenformen** sollten vermieden werden. Besser ist ein Anfasen wie die Darstellung rechts zeigt.

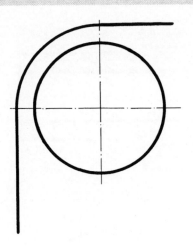
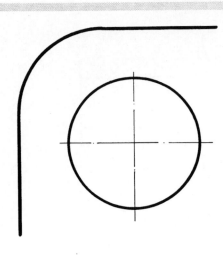

Dünnwandige Stellen
(links) sind zu vermeiden.
Für ausreichende **Materialdicke** (rechts) ist zu sorgen.

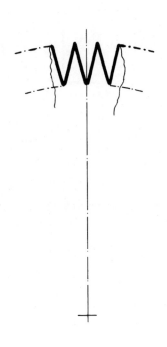
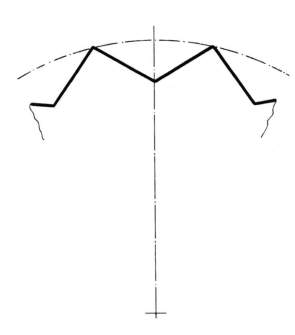

Wenn **Verzahnungen, Riffelungen** u. ä. hergestellt
werden sollen, ist der Modul über 0,5 zu wählen.
Feinverzahnungen (links)
sind zu vermeiden.

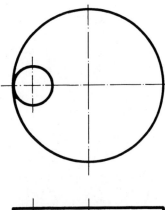
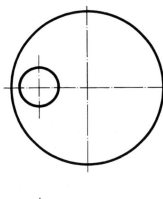

Werkzeugtechnisch
schwieriges Preßteil
(links); besser herstellbar
ist die **Zapfenscheibe**
rechts.

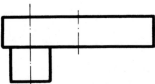

SINTERN

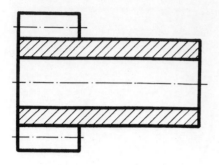 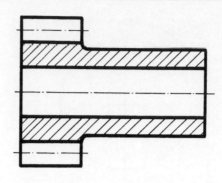

Verzahnungsausläufe sind nicht bis auf den Buchsengrund zu führen (links), sondern mit etwas Luft (rechts).

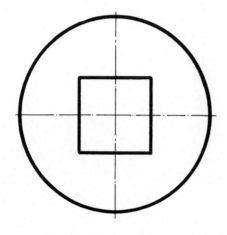 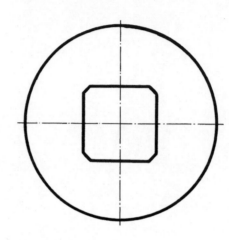

Scharfkantige **Durchbrüche** sind zu vermeiden. Abgeschrägte oder abgerundete Ecken (rechts) sind zu bevorzugen.

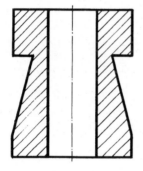 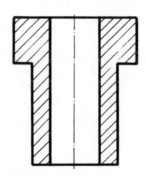

Hinterschneidungen sind zu vermeiden. Anzustreben sind zylindrische glatte **Grundformen** (rechts).

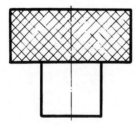 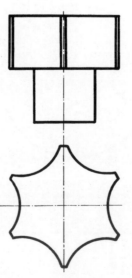

Bei **Drehknöpfen** u. ä. sind einfache Außenkonturen (rechts) anzustreben.

Bodendicke größer als 2 mm vorsehen, wie die Darstellung rechts zeigt.

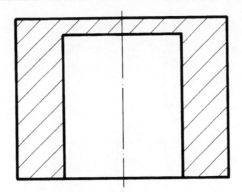
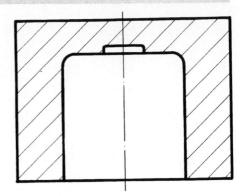

Auch hier **Laschenstärke** über 2 mm vorsehen und ausreichende Ausrundung wie rechts dargestellt.

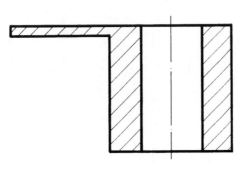
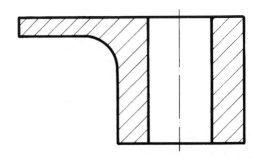

Das Verhältnis von Durchmesser zu Länge bei **Sacklöchern** maximal 1 : 2 wählen wie die Darstellung rechts zeigt.

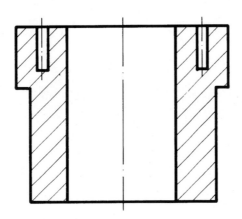
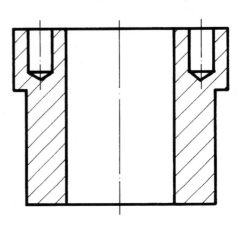

Konische Teile zylindrisch auslaufen lassen, mindestens 1 mm.

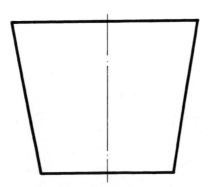
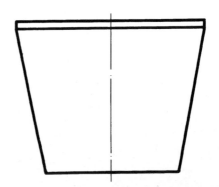

SINTERN

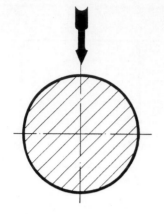

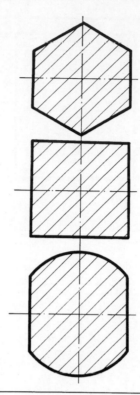

Zylindrische **Grundformen**, deren Längsachsen quer zur Preßrichtung liegen (s. Pfeil), sind nicht herstellbar. Es müssen Querschnitte nach den Darstellungen rechts gewählt werden.

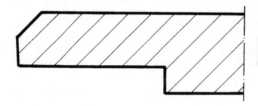
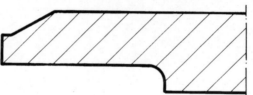

Außenkanten scharfkantig oder mit Fassetten von 30° vorsehen. **Innere Kanten** ausrunden.

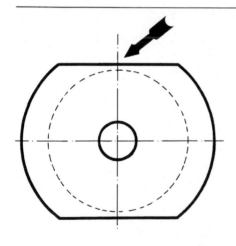
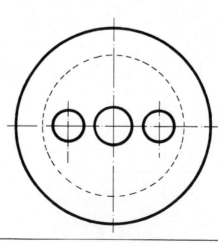

Schlüsselflächen bei zu geringen Wanddicken (s. Pfeil) besser durch Bohrungen wie rechts ersetzen.

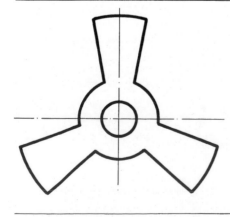
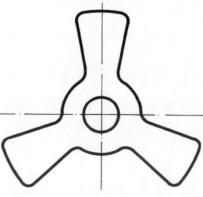

Scharfe Ecken gut ausrunden (wie rechts gezeigt).

Höhe H der Preßkörper soll <2,5 D sein, um Stempelbrüche oder Überpressungen zu vermeiden (wie Darstellungen rechts).

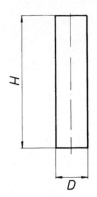
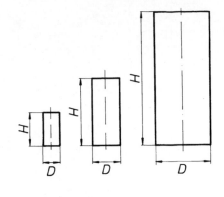

Kreisprofile quer zur Preßrichtung sind zu vermeiden, da sonst zu spitze Preßstempel. Rechts günstige Konstruktion.

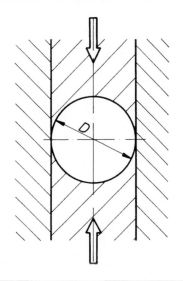
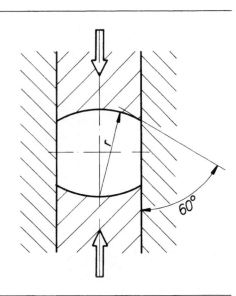

Spitze Winkel und Abrundungen an Sinterteilen sind zu vermeiden, ansonsten Bruchgefahr der Stempel. Rechts günstige Konstruktionen.

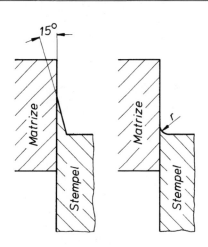
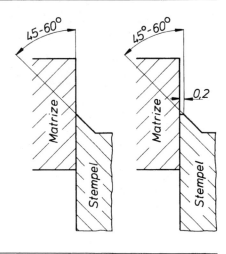

Bohrungen und Stege sind so zu bemessen, daß deren Durchmesser bzw. Breiten nicht kleiner als ein Drittel der Werkstückhöhe betragen (wie Darstellung rechts). s und d >2 mm

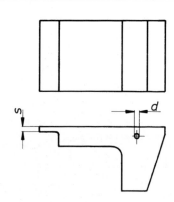
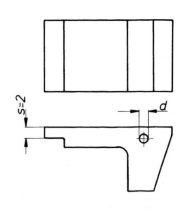

SINTERN

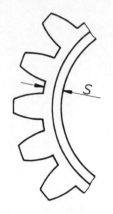 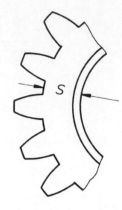

Abstand zwischen Zahngrund und Nabe groß genug wählen, sonst gefährdete Preßstempel. Rechts günstige Konstruktion.

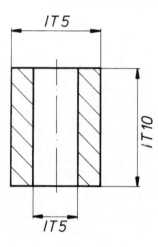 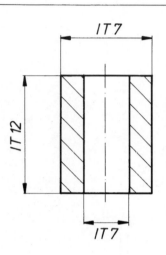

Toleranzen im Durchmesser nicht kleiner als IT 7 und in der Höhe nicht kleiner als IT 12 wählen (wie Darstellung rechts).

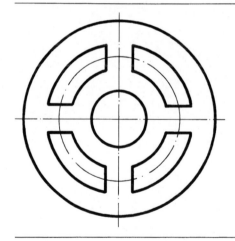 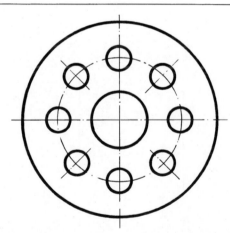

Komplizierte **Durchbrüche** möglichst vermeiden. Besser nach der Darstellung rechts verfahren.

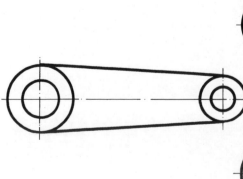 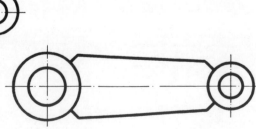

Tangentiale Übergänge sind zu vermeiden, da sonst Preßstempel gefährdet sind. Rechts günstige Konstruktionen.

Galvanoformgerechtes Gestalten

Ein wesentlicher Vorteil der Galvanoformung ist die Möglichkeit, beliebige Raumformen (Makrogeometrie) herstellen zu können. Einschränkungen sind nur bei zu engen Spalten und Vertiefungen gegeben, die infolge unzureichender Streufähigkeit nicht mehr beschichtet werden. Bei Teilen mit Hinterschnitten muß das Modell zum Entformen zerstört werden oder eine genügend große Verformbarkeit aufweisen. Bei galvanisch geformten Teilen wird aus Wirtschaftlichkeitsgründen eine gleichmäßige Schichtdickenverteilung angestrebt. Aufgrund ungleichmäßiger Metallverteilung wird an den Stellen der erhöhten Metallabscheidung unnötig viel Metall abgeschieden, da solange beschichtet werden muß, bis an der dünnsten Stelle die vorgeschriebene Mindestschichtdicke erreicht ist. Somit entstehen erhebliche Rohstoff- und Energieverluste. Die Metallverteilung läßt sich durch verschiedene Maßnahmen verbessern:

— Verändern der Arbeitsbedingungen
— Verbessern der Elektrolytzusammensetzung. Der Elektrolyt muß eine möglichst hohe Streufähigkeit besitzen.
— Ablenken der Stromlinien mit nichtmetallischen Blenden und Schirmen, mit metallischen Hilfsanoden und bipolaren Elektroden
— spanabhebende Zwischenbehandlung
— konstruktive Maßnahmen, wie nachfolgend beschrieben.

Der Konstrukteur sollte sich vor der Entwicklung seines Bauteils mit dem Galvaniseur in Verbindung setzen, um Modellwerkstoff, Modellfertigung und Gestaltung der Modelle zu optimieren. Folgende Grundregeln sollten beim Gestalten der abzuformenden Modelle beachtet werden:

— Scharfe Ecken und Kanten sind zum Vermeiden von Niederschlagsverdickungen mit einem Krümmungsradius von mindestens 0,8 mm zu versehen.
— Auch scharfe Innenkanten und -ecken sind abzurunden, da es sonst zur sogenannten Kantenschwäche kommt. Der Radius sollte größer oder mindestens gleich groß wie die Niederschlagsdicke sein.
— Vertiefungen sind möglichst flach auszubilden, wobei ihre Weite größer als die Tiefe sein sollte.

— Modelle für mehrmaligen Einsatz sind an konvexen Zonen etwas konisch (1 . . . 3° Neigung) auszuführen, damit sich Modell und galvanogeformtes Teil leichter voneinander trennen lassen.
— Je sauberer die Metalloberfläche bearbeitet ist, desto leichter ist das Trennen.
— Modelle für mehrmaligen Einsatz sollten gleichzeitig mit einer mechanischen Vorrichtung zum Trennen (Anwenden von Druck oder Zug auf bestimmte Stellen des galvanogeformten Teils) versehen werden, um das Trennen zu erleichtern.
— Das galvanogeformte Teil läßt sich bereits vor der Trennung vom Modell spanend bearbeiten, was jedoch Einspannvorrichtungen und Bezugspunkte für Maße am Modell erfordert.

Literatur

Spur, G.; Stöferle, Th.: Handbuch der Fertigungsrechnik, Band 1 Urformen, Carl Hauser Verlag, München, Wien, 1981.
Winkler, L.: Galvanoformung — ein modernes Fertigungsverfahren, Metalloberfläche 21 (1967) 8, S. 225—233; 9, S. 261—267; 11, S. 329—333.

✗ Checkliste zum galvanoformgerechten Gestalten

— Scharfe Ecken und Kanten vermeiden, stattdessen Innen- und Außenkanten mit Radien versehen
— Vertiefungen möglichst flach ausbilden, wobei die Weite größer als die Tiefe sein sollte
— Große Vertiefungen entsprechend breit und leicht konisch ausführen

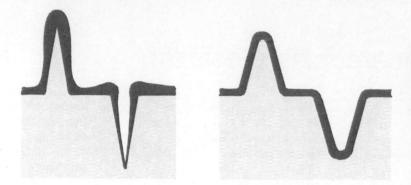

V-förmige Spitzen und Kerben mit nicht abgerundeten Ecken und Spitzen (links) führen zu ungleichmäßiger Schichtdickenverteilung. Abgerundete Ecken und Spitzen und vergrößerte V-Winkel ergeben gleichmäßige Schichten.

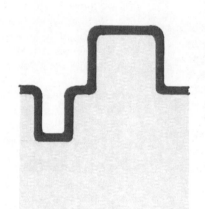

Schmale, tiefe, eckige Nuten und scharfe Kanten bringen die Gefahr des Zuwachsens und ungleichmäßige Schichtdicken (links). Breite, nicht zu tiefe Nuten und abgerundete Ecken ergeben gleichmäßige Schichten (rechts).

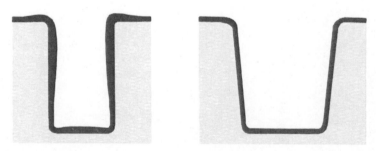

Große Vertiefungen sind entsprechend breit und leicht konisch, wie die Darstellung rechts zeigt, auszuführen.

Schmiedegerechtes Gestalten

Für eine schmiedegerechte Gestaltung sind neben den technischen Richtlinien zur normgerechten Konstruktion auch die Umformbedingungen zu beachten. Welches Schmiedeverfahren unter dem Gesichtspunkt einer kostengünstigen Herstellung des Fertigteils zu wählen ist, wird durch die Bedarfsmenge und die Anpassung der Gestalt des Schmiedeteils an die Endform, d. h. an das einbaufertige Bauteil, bestimmt.

Bei Einzelstücken oder wenigen gleichen Bauteilen, die nur mit unverhältnismäßig hohem Aufwand an Zerspanungsarbeit aus dem Vollen zu fertigen sind, ist das Freiformschmieden wirtschaftlich. Sie werden mit einfachen Werkzeugen hergestellt und sind daher der Endform nur grob angenähert. Größere Stückzahlen werden gesenkgeschmiedet und sind der Fertigform enger angepaßt. Gegenüber dem Freiformschmieden bedingt dies einen höheren Werkzeugaufwand.

Im allgemeinen werden Gesenkschmiedeteile unter Hämmern oder Pressen gefertigt. Der Einsatz von Waagerechtstauchmaschinen, Walzen für Wellen und Ringe sowie von Rundschmiedeautomaten gestattet auch das Schmieden komplizierter Formen. Oftmals werden auch Fertigungsverfahren kombiniert, wie z. B. Gesenkschmieden und Stauchen oder Gesenkschmieden und Warmfließpressen. Nach dem Warmumformen läßt sich durch Biegen, Verdrehen, Bördeln, Lochen oder Prägen (warm oder auch kalt) die Form dem Fertigprodukt anpassen. Durch Warmumformen und anschließendes Kaltfließpressen oder durch Halbwarmschmieden (um ca. 750 °C) sind Schmiedeteile mit verbesserter Oberflächenqualität und engeren Toleranzen herstellbar. Das Präzisionsschmieden ermöglicht die Herstellung von Bauteilen mit einbaufertigen Funktionsflächen. Läßt sich eine Werkstückgeometrie nicht nach den üblichen Schmiedeverfahren und de-

ren Kombinationen herstellen, so läßt sich oftmals mit der Kombination von Gesenkschmieden und Schweißen eine technisch ausgereifte Lösung finden.

Beim Gestalten von Gesenkschmiedeteilen sind für eine wirtschaftliche Lösung mehrere voneinander abhängige Einflußgrößen zu berücksichtigen. Die fließgerechte Gestaltung, Massenverteilung und Art des Umformens haben großen Einfluß auf Kosten (Umformkräfte, Gesenkstandzeit, Leistung, Ausschuß) und Gewicht (Werkstoffeinsatz) der Schmiedestücke. Für das Gestalten sind Kenntnisse der Werkstoffkunde, der Umformtechnik, der Umformwerkzeuge sowie der mechanischen Weiterbearbeitung Voraussetzung. Um ein optimales Bauteil zu erreichen, ist das Mitwirken eines Schmiedefachmanns am Konstruktionsprozeß deshalb sehr wichtig, vor allem wenn es sich um Großserien handelt. Im Folgenden sind einige wichtige Gestaltungsregeln für Gesenkschmiedeteile genannt.

Gesenkteilung

Mit der Gesenkteilung oder Gratnaht wird die Verteilung des Schmiedestücks auf das Ober- und Untergesenk festgelegt. Sie stellt sich am Gesenkschmiedeteil als umlaufende Trennlinie dar. Die Gesenkteilung hat großen Einfluß auf das Ausfüllen der Gravur. Anzustreben ist eine möglichst ebene Gesenkteilung, da solche Gesenke einfach zu fertigen sind. Bei unsymmetrischen Schmiedestücken kann eine profilierte Teilung Führungsaufgaben übernehmen und sich günstig auf den Schmiedeversatz auswirken.

Nachfolgendes einfaches Beispiel eines Winkelhebels verdeutlicht den Einfluß der Gesenkteilung auf den Schmiedevorgang. Der Winkelhebel oben links besitzt eine ebene Gesenkteilung, wobei durch die unterschiedlichen Querschnitte die Gesenke zu Versatz neigen. Bei der Ausführung links unten ist die Ge-

senkteilung dem Materialfluß mit einem Widerlager angepaßt, um Seitenschub zu vermeiden. Umformtechnisch optimal ist die rechte Ausführung, da durch die Schräglage des Schmiedestücks die waagerechte Komponente der Umformkraft aufgehoben wird und breitende Umformung die Gravur gut ausfüllt.

Ebene Gesenkteilung

Gebrochene Gesenkteilung mit Widerlager

Umformtechnisch optimale Gesenkteilung

Lage der Gesenkteilung

Die Wahl der Gesenkteilung ist mitbestimmend für:

— das Schmiedeverfahren und somit für Art und Größe der Maschine
— die Anzahl, Größe, Form und Kosten der Werkzeuge
— die Seitenschrägen am Schmiedeteil
— in manchen Fällen für die Größe von Kantenrundungen und Hohlkehlen
— die Masse des Schmiedeteils.

Beim Verlauf der Gesenkteilung werden folgende Grundformen unterschieden:

— eben
— symmetrisch gekröpft
— unsymmetrisch gekröpft.

Anzustreben ist eine Teilungsfläche, die möglichst eben und waagerecht, d. h. quer zur Umformrichtung, liegt. Oftmals läßt sich durch geringfügige Änderungen der Form eine ursprünglich gekröpfte Gesenkteilung in eine ebene Gesenkteilung umwandeln (siehe nachfolgende Abbildung). Gesenke mit ebener Gesenkteilung sind einfacher und somit kostengünstiger zu fertigen als gekröpfte.

In bestimmten Fällen kann es vorteilhaft sein, mit einer gekröpften Ge-

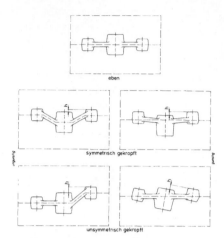

Verlauf von Gesenkteilungen

senkteilung zu schmieden und nach dem Abgraten einzelne Formelemente in der Schmiedewärme zu biegen, zu verdrehen und/oder zu kalibrieren, wie im Beispiel eines Pkw-Achsschenkels. Im Bild links oben ist die ebene Gesenkteilung in diesem Fall ungünstig, da die Massenverteilung schwierig ist, die unterschiedlichen Querschnitte durch Querschub während des Schmiedens zu Versatz führen und erhöhte Bearbeitungszugaben erforderlich sind. Die Ausführung links unten macht eine gekröpfte Gesenkteilung erforderlich. Im Bild rechts ist die endgültige Ausführung des Schmiedeteils, nachdem der Hebel gebogen wurde. Sie bietet wesentliche Einsparungen bei der Umformung und Bearbeitung.

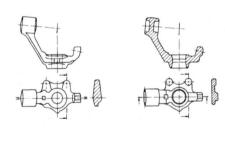

Lage der Gesenkteilung bei einem Pkw-Achsschenkel

Ist durch die Funktion des Schmiedeteils ein gekröpfter Gratverlauf erforderlich, dann ist eine symmetrisch gekröpfte Teilungsfläche anzustreben, um waagerechte Schubkräfte beim Schmieden und damit die Neigung zum Versatz gering zu halten.

Bei unsymmetrisch gekröpften Teilen läßt sich dieses Ziel in manchen Fällen dadurch erreichen, daß zwei gleiche Teile in entgegengesetzter Lage gleichzeitig geschmiedet werden.

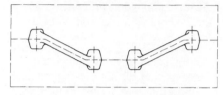

Verringerte Versatzneigung durch Doppelschmieden

Der Neigungswinkel bei Kröpfungen ist insbesondere bei größerer Tiefe groß genug zu wählen. Ansonsten besteht bei zu kleinem Winkel zwischen Gratnaht und Umformrichtung die Gefahr, daß der Grat nicht sauber geschnitten, sondern abgequetscht wird.

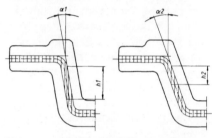

Neigungswinkel bei Kröpfungen, links ungünstig, rechts günstig

Um die Versatzneigung bei unsymmetrisch gekröpften Schmiedeteilen gering zu halten, ist es auch möglich, die Form so in das Gesenk einzuarbeiten, daß sich beim Schmieden die gegenläufigen waagerechten Kräfte aufheben.

Verringerte Versatzneigung durch gebrochene Gesenkteilung

Für bestimmte Formen von Schmiedestücken, wie z. B. bei U-förmigen oder ringförmigen Teilen, ist es oftmals empfehlenswert, die Lage der Teilungsfläche innen und außen in der Höhe gegeneinander zu versetzen. Außerdem hat diese Lage der Gesenkteilung einen beanspru-

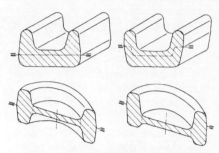

Lage der Gesenkteilung bei U-förmigen und ringförmigen Schmiedeteilen, rechts günstige Ausführungen

chungsgerechten Faserverlauf und geringeren Werkstoffeinsatz zur Folge.

Versatz und Fluchtabweichung

Beim Festlegen der Gesenkteilung ist der Versatz am Schmiedeteil zu berücksichtigen. Da der zulässige Versatz nach DIN 7526 nicht in die zulässigen Maßabweichungen einbezogen ist, sondern unabhängig gilt, muß er zusätzlich berücksichtigt werden, was insbesondere für spanend zu bearbeitende Flächen gilt.

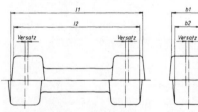

Versatz bei Schmiedeteilen

Bei tiefen Hohlräumen sind Abweichungen zwischen der Achse der Innenkontur und der Mittellinie der Außenkontur zugelassen. Die zulässige Fluchtabweichung nach DIN 7526 muß dem Versatz hinzugerechnet werden.

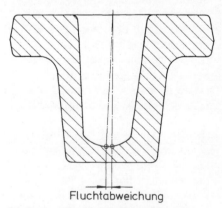

Fluchtabweichung bei Schmiedeteilen

Für fließgepreßte Hohlteile sind die zulässigen Abweichungen für Versatz und Flucht nicht genormt und daher mit dem Hersteller zu vereinbaren.

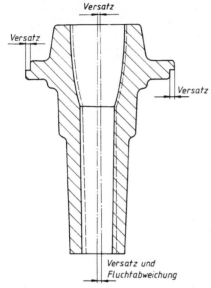

Versatz und Fluchtabweichung bei fließgepreßten Hohlteilen

Seitenschrägen

Die in Umformrichtung liegenden Flächen an Gesenkschmiedeteilen müssen geneigt sein, um sie aus der Gravur heben zu können. Diese erforderliche Seitenschräge ist je nach Umformverfahren an Innen- und Außenflächen unterschiedlich groß. Richtwerte hierzu sind in DIN 7523 Teil 2 enthalten. Wenn entsprechende Auswerfervorrichtungen vorgesehen sind, kann unter Umständen auf Seitenschrägen verzichtet werden.

Mit der Wahl der Gesenkteilung bzw. Lage der Hauptachsen des Schmiedeteils bestimmt der Konstrukteur, an welchen Flächen Seitenschrägen vorzusehen sind. Seitenschrägen sollten an Flächen liegen, wo sie am Fertigteil nicht stören oder die ohnehin bearbeitet werden müssen. Hierbei ist zu beachten, daß die Art der Gesenkteilung Einfluß auf den Werkzeug- und Fertigungsaufwand hat.

Gewalzte Ringe sowie Warm- und Kaltfließpreßteile erfordern keine Seitenschrägen. Lediglich an Querschnittsübergängen entstehen durch die Fließpreßschultern geneigte Flächen, die sich in weiteren Arbeitsgängen rechtwinklig pressen lassen.

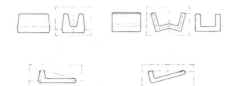

Vermeiden von Seitenschrägen durch geeignete Wahl der Gesenkteilung bzw. Lage der Schmiedeteil-Hauptachsen, rechts günstige Ausführungen

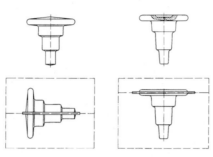

Verringerte Werkzeugkosten durch günstige Gesenkteilung, links ungünstiger zylindrischer Schaft (Fräsen des Gesenkes), rechts günstig mit Gesenkschrägen (Gesenkherstellung durch Drehen)

Kantenrundungen

Halbmesser von Kantenrundungen sind groß genug zu wählen und den übrigen Abmessungen des Schmiedeteils anzupassen, siehe DIN 7523 Teil 2. Kleine Kantenrundungen erfordern einen hohen Druck, um die Gravur auszufüllen und erhöhen die Kerbspannungen und somit die Spannungsrißgefahr.

Es sind auch Teile mit kleineren Kantenrundungen als in DIN 7523 Teil 2 schmiedbar. Jedoch sind meist mehr Zwischenumformungen nötig, um die Werkzeugbeanspruchung in Grenzen zu halten und dem Auftreten von Fehlern vorzubeugen. Es ist abzuwägen, ob der damit verbundene höhere Aufwand hinsichtlich der funktionellen Anforderungen an das Fertigteil gerechtfertigt ist oder ob nicht eine weitere Bearbeitung sinnvoller ist. Im allgemeinen rechtfertigen erst große Bedarfsmengen diesen höheren Aufwand.

Hohlkehlen

Radien an Hohlkehlen sind groß genug zu wählen, um Schmiedefehler, sogenannte Stiche, zu vermeiden. Die den Hohlkehlen am Schmiedeteil entsprechenden Kanten der

Gravuren unterliegen hohem Reib-Verschleiß, der mit kleinerem Radius zunimmt. Muß der Radius aus konstruktiven Gründen klein sein, so lassen sich Schmiedefehler nur durch höheren Aufwand, wie z. B. zusätzliche Verformung, vermeiden. DIN 7523 Teil 2 enthält Richtwerte für Rundungshalbmesser von Hohlkehlen.

Radien an Hohlkehlen groß genug wählen, um Schmiedefehler zu vermeiden

Bodendicken

Beim Gesenkschmieden sind mit zunehmendem Verhältnis von Bodenbreite zu Bodendicke größere Druckspannungen erforderlich, siehe DIN 7523 Teil 2. Schmiedetechnisch günstig sind Wanddickenübergänge mit ausreichend großem Rundungshalbmesser zu den angrenzenden Formelementen sowie Böden, deren Dicke von der Mitte nach außen zunimmt. Die Bodendicke kann stetig unter einem Winkel von etwa 3° bis 5° oder parabelförmig zunehmen.

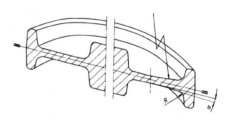

Gestalten von Böden, rechts die schmiedetechnisch günstige Lösung

Rippen und Wände

Für Rippen und Wände ist eine gedrungene Querschnittsform günstiger als ein schlanker Querschnitt. Bei einer gedrungenen Querschnittsform muß der Werkstoff weniger steigen, der Verschleiß an der Werkzeugoberfläche sowie die erforderliche Umformkraft sind geringer. Große Hohlkehlen am Fuß und Kantenrundungen am Kopf von Rippen und Wänden ermöglichen einen günstigen Werkstofffluß.

SCHMIEDEN

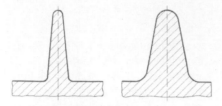

Gestalten von Rippen, rechts die schmiedetechnisch günstige Lösung

Querschnittsübergänge

Beim Gestalten von Querschnittsübergängen sind Rundungshalbmesser groß genug zu wählen, ohne jedoch die Funktionseigenschaften des Schmiedeteils zu beeinträchtigen. Diese Übergänge sollten in der Konstruktion als Freimaß vorgesehen werden und gut nachprüfbar sein. An wärmezubehandelnden Teilen sind ganz allgemein Übergänge von großen auf kleine Querschnitte zu vermeiden.

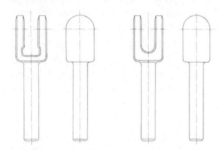

Gestalten von Querschnittsübergängen, links höherer Werkzeug- und Verfahrensaufwand (unter Umständen jedoch keine spanende Bearbeitung erforderlich), rechts geringerer Werkzeug- und Verfahrensaufwand

Maßprägeflächen

Maßprägefläche dienen zum Erzielen kleinerer Toleranzen und einer verbesserten Oberflächenbeschaffen-

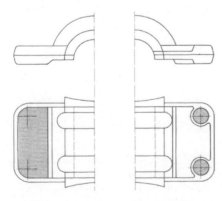

Gestalten von Maßprägeflächen, rechts die schmiedetechnisch günstige Ausführung

heit. Sie sind möglichst den angrenzenden Formelementen gegenüber erhaben zu gestalten. Die Maßprägeflächen sollten klein sein, um die erforderlichen Preßkräfte in Grenzen zu halten.

Schmiedeteilzeichnung

DIN 7523 Teil 1 enthält Regeln zum Anfertigen von Schmiedeteilzeichnungen.

Literatur

Adlof, W.: Schmiedeteile — Gestaltung, Anwendung, Beispiele, Informationsstelle Schmiedestück-Verwendung, 5800 Hagen.

Garz, E.: Schmiedegerechte Konstruktion, ein Weg zum Leichtbau, VDI-Berichte 420, Schmiedeteile konstruieren für die Zukunft, VDI-Verlag, Düsseldorf 1981.

✗ Checkliste zum schmiedegerechten Gestalten

Gesenkschmieden
— Möglichst ebene Gesenkteilung anstreben; Kröpfungen in der Gesenkteilung vermeiden
— Materialflußgerecht gestalten, insbesondere bei hohen und engen Gravuren
— Radien von Hohlkehlen und Kantenrundungen groß genug wählen (siehe DIN 7523 T2)
— Zu bevorzugen sind gedrungene Rippen und Wände, da hierbei der Werkstoff weniger steigen muß
— Aushebeschrägen berücksichtigen; Unter Umständen kann aufgrund von Auswerfervorrichtungen darauf verzichtet werden
— Versatz am Schmiedeteil berücksichtigen
— Dünne Böden vermeiden; Günstig sind Böden, deren Dicke von der Mitte nach außen zunimmt (3° bis 5°)
— Maßprägeflächen sollten möglichst klein und gegenüber den angrenzenden Formelementen erhaben sein

Fließpressen
— Sprunghafte Querschnittsübergänge vermeiden; Anzustreben sind allmähliche Querschnittsübergänge
— Unsymmetrische Bauteile möglichst vermeiden; Zu bevorzugen sind achs- oder rotationssymmetrische Teile
— Konizität vermeiden
— Hinterschneidungen vermeiden; Falls erforderlich, Hinterschneidungen spanend herstellen
— Durchmesserabstufungen der Innen- und Außenkonturen möglichst einseitig erweiternd vorsehen
— Im Verhältnis zum Durchmesser sehr lange Bohrungen sowie geringe Abstände vom Rand vermeiden
— Querbohrungen sind preßtechnisch nicht herstellbar und sind spanend herzustellen

---

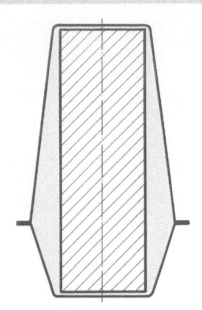
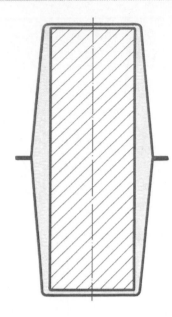

Gesenkteilfuge, wenn irgend möglich, in halbe Höhe des Schmiedestückes legen. Dadurch geringerer Zerspanungsaufwand, Versatz leichter erkennbar und bei symmetrischen Teilen zwei gleiche Gesenkhälften.

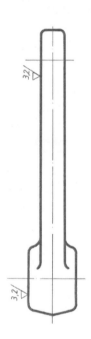
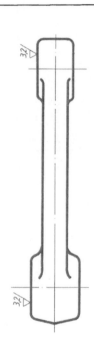

Zu bearbeitende Flächen sind gegenüber rohbleibenden Flächen hervorzuheben (rechts). Links eine unzweckmäßige Ausführung.

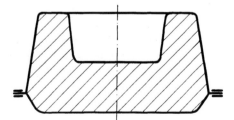

Die **Gesenkteilung** muß besonders bei **hohen und engen Gravuren** fließgerecht (rechts) gestaltet werden. Links ungünstige Werkzeugteilung.

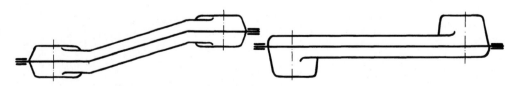

Kröpfungen in der Gesenkteilung möglichst vermeiden. Besser ist eine waagerechte Gesenkteilung, da hier keine Schubkräfte im Gesenk auftreten.

SCHMIEDEN

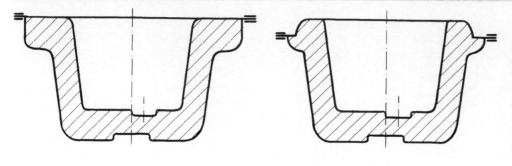

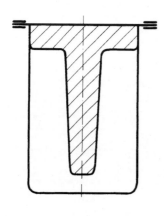

An **Stirnflächen** sollte möglichst keine Gesenkteilung vorgenommen werden (links). Bei solchen Teilen wird das Abgraten erschwert und ein eventueller Werkzeugversatz ist schwer erkennbar. Rechts schmiedetechnisch einwandfreie Gesenkteilung.

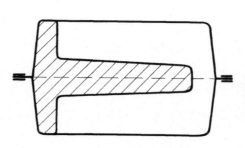

Im Verhältnis zur Materialstärke **sehr tiefe Gravuren** vermeiden (schlechter Werkstofffluß). Besser ist ein Konstruktionsteil gleicher Funktion, jedoch um 90° gekippt nach der Darstellung rechts. Hier günstiger Materialfluß.

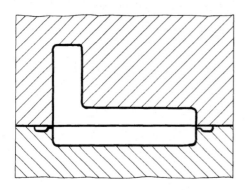

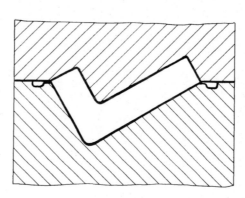

Bei **abgewinkelten Schmiedeteilen** die Werkzeuggravuren so legen, daß Seitenschrägen entstehen (rechts); dadurch wesentlich günstigerer Materialfluß.

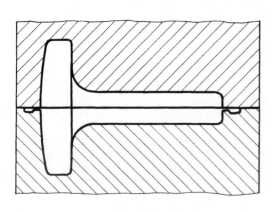

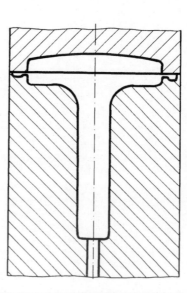

Aufwendige, durch Fräsen und Schleifen herzustellende **Werkzeuggravur** (links), Rechts durch Drehen einfach herzustellendes Schmiedewerkzeug.

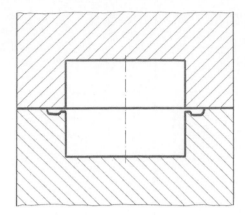
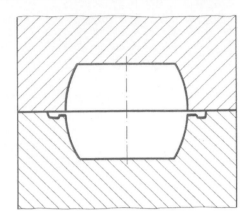

Möglichst keine **eckigen, kantigen Bauteilformen**, sondern fließgerechte Schmiedestücke (rechts) konstruieren.

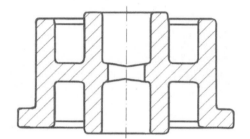
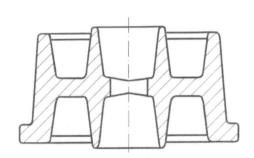

Aushebeschrägen müssen in jedem Bauteil bereits in der Konstruktion berücksichtigt werden (rechts).

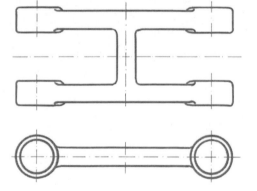
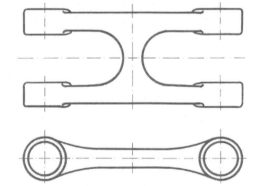

Materialflußgerechte Formen sind bei Schmiedeteilen zu bevorzugen (rechts) mit fließenden **Querschnittübergängen**.

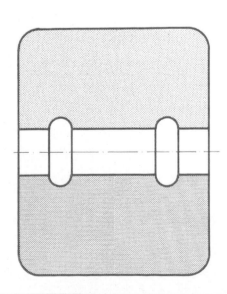
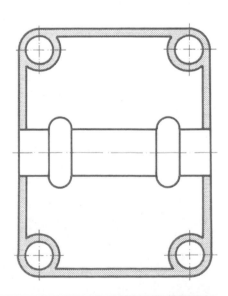

Maßprägeflächen möglichst klein halten, da dadurch nur geringe Prägekräfte erforderlich sind.

SCHMIEDEN

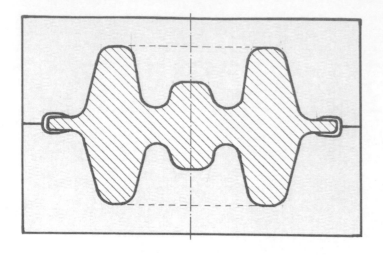

Bei **Gesenkschmiedestük-ken** sind ausreichende **Eck- und Hohlkehlenradien** und genügend **innere und äußere Konizität** entscheidend für gesenkfüllenden Werkstofffluß.

Bei zu kleinen Radien von **Hohlkehlen** (links) entstehen Schmiedefehler, die sich durch ausreichende Radien (rechts) vermeiden lassen.

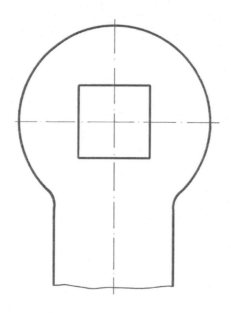 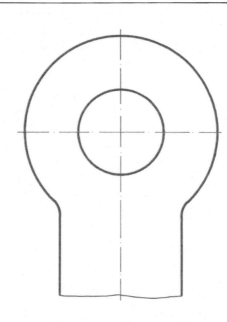

Bei **Freiformschmiedestük-ken** sollten scharfkantige **Löcher** wegen der Rißgefahr vermieden werden. In der Darstellung rechts die schmiedetechnisch bessere Lösung.

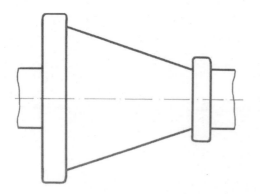 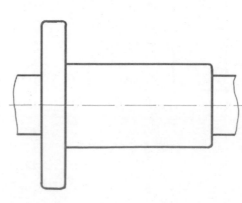

Bei **Freiformschmiedestük-ken** sind zylindrische Körper (rechts) zu bevorzugen. Kegel lassen sich schwerer herstellen.

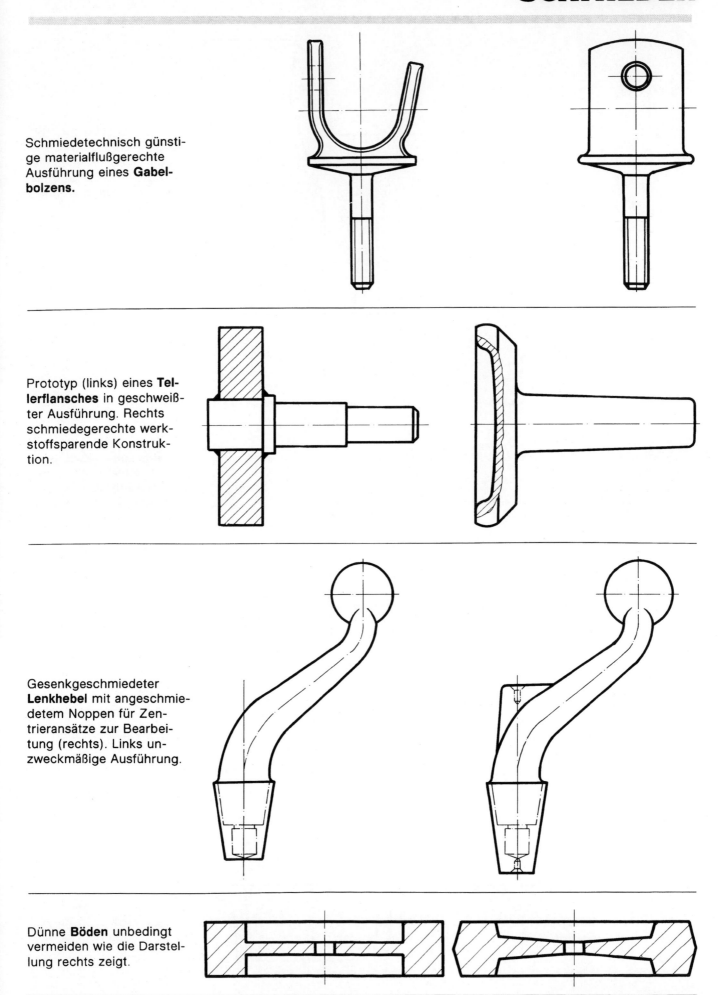

Schmiedetechnisch günstige materialflußgerechte Ausführung eines **Gabelbolzens.**

Prototyp (links) eines **Tellerflansches** in geschweißter Ausführung. Rechts schmiedegerechte werkstoffsparende Konstruktion.

Gesenkgeschmiedeter **Lenkhebel** mit angeschmiedetem Noppen für Zentrieransätze zur Bearbeitung (rechts). Links unzweckmäßige Ausführung.

Dünne **Böden** unbedingt vermeiden wie die Darstellung rechts zeigt.

SCHMIEDEN

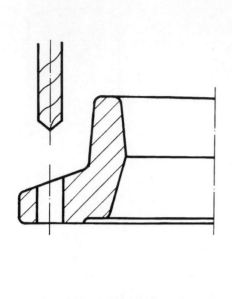

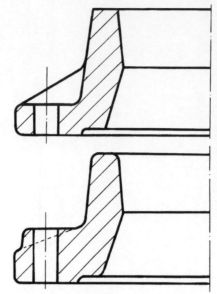

Ungünstige **Flanschausbildung** (links). Rechts optimale Konstruktion, da die Ansatzflächen für die **Flanschbohrungen** rechtwinkelig zum Bohrer verlaufen.

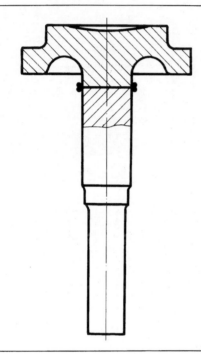

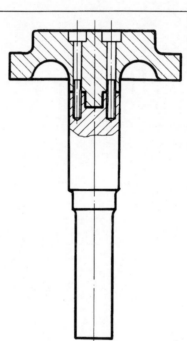

Achsflansch: links in geschmiedeter, zweiteiliger, geschweißter Ausführung; rechts in geschmiedeter, geschraubter Ausführung. Bei der rechten Ausführung besteht keine Gefahr des Wärmeverzugs.

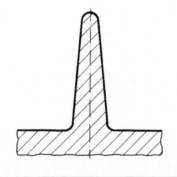

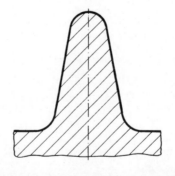

Wenn **Rippen** erforderlich, nicht zu dünn und schlank vorsehen (links). Zu bevorzugen sind gedrungene Rippen und **Wände** (rechts).

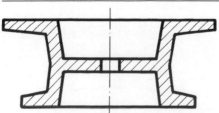

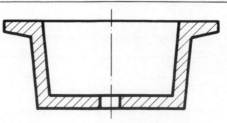

Hinterschneidungen vermeiden. Besser ist die Ausführung nach der Darstellung rechts.

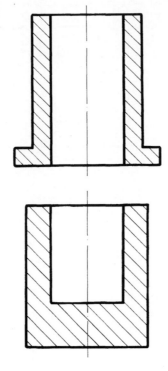
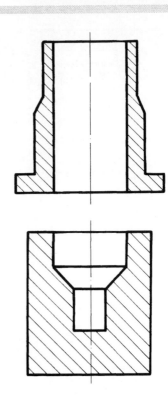

Sprunghafte **Querschnittsübergänge** (links) vermeiden. Anzustreben sind allmähliche Querschnitts-
übergänge (rechts).

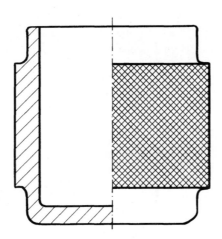
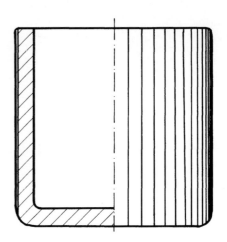

**Kreuzriffelungen und Ab-
sätze** für diese Riffelungen
sollten vermieden werden.
Konstruktiv vorzusehen
sind Längsriffelungen.

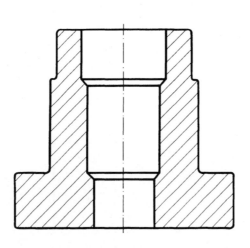
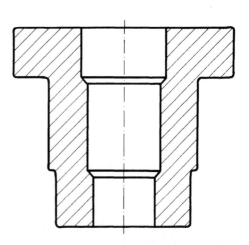

Durchmesserabstufungen
der Innen- und Außenkon-
turen möglichst nach oben
erweiternd vorsehen wie
auf der rechten Darstel-
lung.

SCHMIEDEN Fließpreßteile

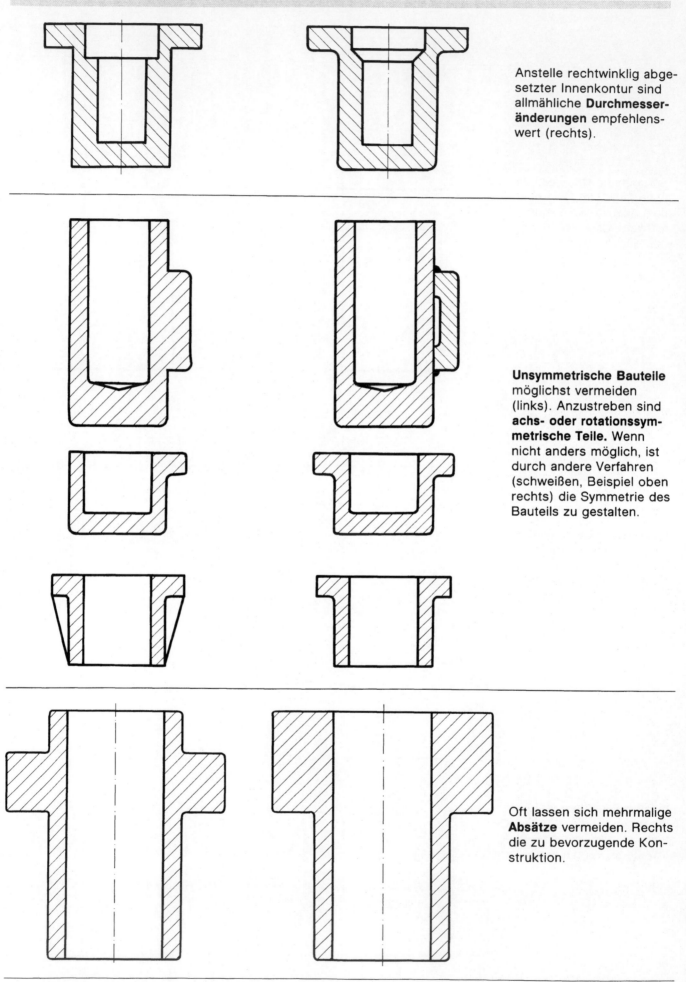

Anstelle rechtwinklig abgesetzter Innenkontur sind allmähliche **Durchmesseränderungen** empfehlenswert (rechts).

Unsymmetrische Bauteile möglichst vermeiden (links). Anzustreben sind **achs- oder rotationssymmetrische Teile.** Wenn nicht anders möglich, ist durch andere Verfahren (schweißen, Beispiel oben rechts) die Symmetrie des Bauteils zu gestalten.

Oft lassen sich mehrmalige **Absätze** vermeiden. Rechts die zu bevorzugende Konstruktion.

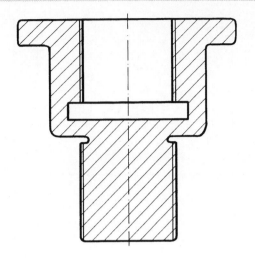
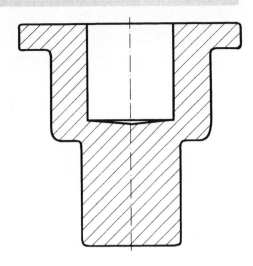

Das linke Teil kann als Fließpreßteil nicht hergestellt werden. Fließpreßtechnisch richtig ist die Konstruktion rechts, die, falls **Innen- und Außengewinde** erforderlich, nachträglich bearbeitet werden muß.

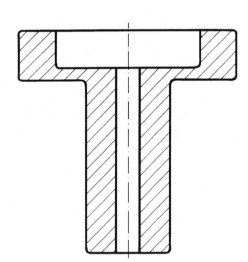
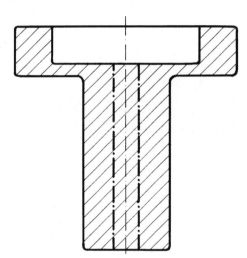

Im Verhältnis zum Durchmesser **sehr lange Bohrungen** sind im Fließpreßverfahren kaum herstellbar. Herstellbar ist das nach der Darstellung rechts gezeigte Teil, in dem dann später spangebend die Bohrung hergestellt werden muß.

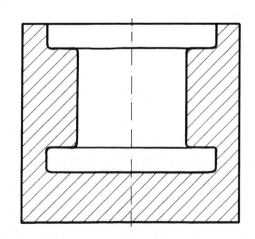
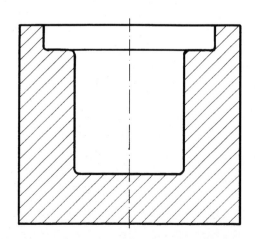

Hinterschneidungen (links) vermeiden. Rechts fließpreßtechnisch richtige Konstruktion. Die Eindrehung (Hinterschneidung) kann erforderlichenfalls spangebend hergestellt werden.

SCHMIEDEN Fließpreßteile

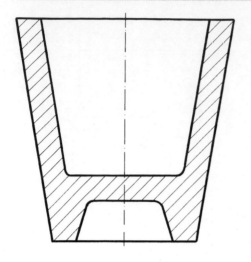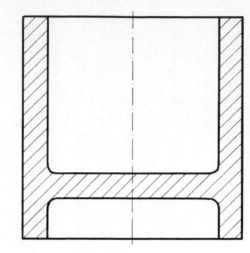

Konizität beim Fließpressen vermeiden. Rechts die richtige Ausführung.

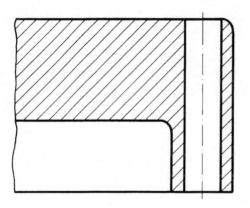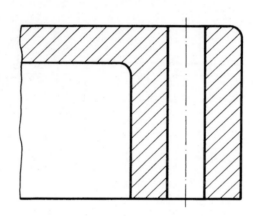

Zu geringe **Lochabstände** vom Rand vermeiden. Anzustreben sind Konstruktionen nach der rechten Darstellung.

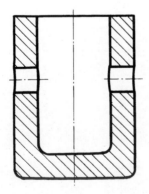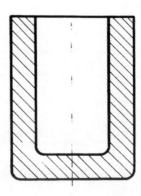

Querbohrungen (links) sind preßtechnisch nicht herstellbar. Wenn solche Bohrungen erforderlich sind, müssen sie spanend hergestellt werden.

Gestalten mit Blech

Das Ausgangsmaterial „Blech" ist dadurch gekennzeichnet, daß die Dicke im Verhältnis zu den beiden anderen Abmessungen sehr gering ist. Bei der Konstruktion hat dies zur Folge, daß Blechteile meistens schon durch eine Ansicht vollständig darstellbar sind. Hauptvorteil der geringen Dicke ist die leichte Verformbarkeit durch Biegen oder Tiefziehen des Bleches, wodurch die Gestaltungsmöglichkeiten sehr vielfältig sind. Aufgrund der geringen Materialdicke haben Konstruktionsteile aus Blech ein relativ geringes Gewicht. Bleche mit sowohl hoher Oberflächenqualität als auch geringer Dickentoleranz vereinfachen die Bearbeitung. Die gute Schneidbarkeit und Schweißbarkeit von Blechteilen ermöglicht auch die Fertigung sehr großer und komplizierter Werkstücke. Für die Automatisierung ist es von besonderem Vorteil, wenn das Blech in relativ wenigen Standard-Dicken und Abmessungen vorliegt, um die Lagerhaltung, das automatische Be- und Entladen sowie das Aufspannen der Werkstücke in der Maschine zu vereinfachen.

Die Gestaltung von Blechteilen muß fertigungsgerecht geschehen, wobei zu beachten ist, daß die Forderungen für Teile der Massenfertigung und für Teile der Kleinserienfertigung verschieden sind, ja sogar entgegengesetzt sein können. Jedes Arbeitsverfahren bewirkt am Blechteil auch ungewollte Veränderungen, die besonders häufig beim Biegen und Rollen vorkommen.

Verfahrensbedingte Abweichungen beim Biegen

Außenhalbmesser

Bei fast allen Biegungen im elastischen Bereich kann die Abweichung des Außenhalbmessers r_a von dem Maß des Innenhalbmessers r_i plus der Blechdicke s vernachlässigt werden. Ist aber das Biegeverhältnis so klein, daß die Biegung den elasti-

schen Bereich verläßt, so wird infolge der Dehnung am Umfang der Außenhalbmesser größer und die Blechdicke schnürt ein. Daher sollte bei Biegeteilen vermieden werden, den Außenhalbmesser r_a auf der Werkstückzeichnung zu vermaßen; wenn erforderlich, ist er besonders zu kennzeichnen und entsprechend groß zu tolerieren.

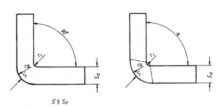

Veränderungen gegenüber der geometrischen Form bei V-förmigen Biegungen, links geometrische Form, rechts die praktisch entstandene Form

Biegekanten

Bei scharfkantigen Biegungen bilden sich an den Biegeteilen Ausbuchtungen, wie in den nachfolgenden Abbildungen gezeigt. Diese Kantenverformungen sind abhängig von der Breite des zu biegenden Bleches. Bei sehr breiten Blechen sind diese bei weitem nicht so groß wie bei schmalen Blechen. Meistens sind solche Veränderungen ohne Einfluß auf die Verwendbarkeit des Werkstückes.

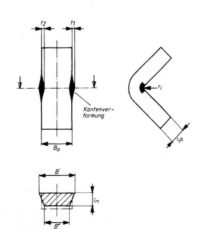

Kantenverformung beim Biegen. Hinweis auf Zeichnung: Die bei gegebenem Eckradius r_i entstehende Kantenverformung ist zulässig.

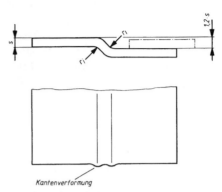

Kantenverformung

Kantenverformung bei flachen Stufen. Aufgrund der Rückfederung sollte die Tiefe der Stufe im Werkzeug 1,2 × Blechdicke betragen.

Schenkelhöhen

Sehr niedrige Schenkelhöhen lassen sich oft bei Biegeteilen nicht herstellen. Bedingung für eine einwandfreie Biegung ist, daß die Schenkelhöhe ein Mehrfaches der Blechdicke beträgt, d. h., wenn $h \geqq 4\,s$ ist. Sind aus funktionstechnischen Gründen niedrigere Schenkelhöhen erforderlich, muß mit einer vollen Matrize gearbeitet werden, wobei Unebenheiten der Ränder nicht zu verhindern sind. Sind diese unerwünscht, müssen die Schenkel höher ausgeführt und nachträglich mechanisch bearbeitet werden.

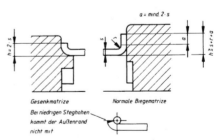

Biegen niedriger Schenkelhöhen, links Werkzeug-Anordnung bei niedrigsten Schenkelhöhen ($h = $ mind. $2\,s$) unebener Rand, rechts Werkzeug-Anordnung bei üblichen Schenkelhöhen ($h \geqq 4\,s$).

Auffederung

Der elastische Bereich innerhalb des Biegevorganges ist die Ursache für die Auffederung. Das Einhalten eines bestimmten Winkels hängt im wesentlichen vom Biegeverhältnis

BLECH

$m_B = r_i / s$ und dem verwendeten Werkstoff ab. Einfluß haben auch die Oberfläche des Werkstoffes, die Walzfaserrichtung, der Einlaufradius an der Biegekante des Werkzeuges und dessen Oberfläche. Diese Ursachen sind jedoch schwer erfaßbar. Nachfolgend sind Anhaltswerte für erreichbare Toleranzen von Auffederungen genannt.

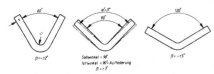

Erreichbare Toleranzen innerhalb der Auffederungen bei V-förmigen Biegungen.

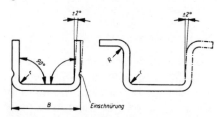

Erreichbare Toleranzen innerhalb der Auffederungen bei U-förmigen Biegungen. Die seitlichen Flansche folgen ebenfalls der Auffederung.

Verfahrensbedingte Abweichungen beim Rollen

Beim Rollen entsteht durch das Stauchen eine Verengung des inneren Durchmessers d_i (siehe nachfolgende Abbildung). Da eine geometrisch genaue Kreisform beim Rollen praktisch kaum herstellbar ist, müssen die Abweichungen durch die Toleranzangaben aufgefangen werden. Der Innendurchmesser d_i darf nicht zu klein gewählt werden und sollte stets größer als $2s$ sein.

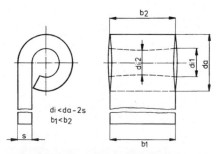

Beim Rollen entstehende Abweichungen. Zu beachten sind besonders die Verengung des Durchmessers d_i und die Verbreiterung b_2. Der Innendurchmesser am Rand des Scharnierauges d_{i1} ist gößer als der in der Mitte d_{i2}.

Verfahrensbedingte Abweichungen beim Formstanzen

Flache Wölbungen, die nur formgestanzt werden, fallen in der Regel infolge der elastischen Verformung ein. Da das Istmaß h_1 kleiner wird als das Sollmaß h, ist es demzufolge stärker durchzuwölben. Der Radius R und die Höhe h sollten ausreichend toleriert werden.

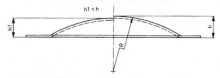

Einfallen flacher Wölbungen beim Formstanzen.

Lochungen, die einen bestimmten, genau tolerierten Abstand von der Biegekarte bzw. Umformzone haben müssen, sollten nach dem formgebenden Arbeitsgang ausgeführt werden, um maßliche Ungenauigkeit zu vermeiden.

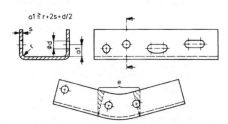

Verzerren von Löchern, die vor dem Umformen hergestellt sind und zu nahe an der Biegekante oder in der Umformzone e liegen.

Allseitig gebogene quadratische oder rechteckige Kästen sollten freigeschnittene Ecken am Boden erhalten, damit ein sauberes, freies Biegen erfolgen kann.

Kastenförmiges Biegeteil mit freigeschnittenen Ecken am Boden.

Seitliche Ränder bei runden oder beliebig geformten Blechteilen dürfen nicht zu hoch sein, da man beim Stanzen ohne Blechhalter arbeitet (Vorstufe des Ziehens). Die Höhe

des Randes richtet sich nach dem Durchmesser *und* nach der Blechdicke. Je größer der Durchmesser bei z. B. einem runden Deckel ist, desto niedriger muß der Rand im Verhältnis zum Durchmesser sein, um ihn ohne Blechhaltung faltenfrei hochzustellen. Ein dickwandiger Werkstoff neigt nicht so leicht zur Faltenbildung wie dünner. Übergänge am Boden sowie alle anderen sollten möglichst mit einem Halbmesser $r = 2s$ ausgeführt werden. Es ist darauf zu achten, daß beim Durchziehen von Blechen bzw. Hochstellen von Flanschen der Werkstoff nicht so weit beansprucht wird, daß er einreißt.

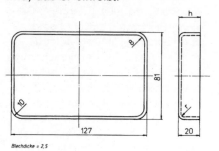

Kastenförmiges Biegeteil mit vier runden Ecken, ohne Blechhaltung hergestellt, $s = 2,5$ mm.

Falzverbindung

Beim Falzen muß mindestens ein Teil durch Umbiegen das zweite fest umschließen, d h., daß bei minde-

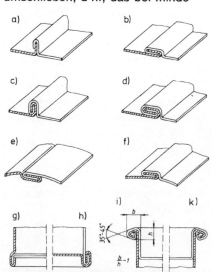

Falzarten zum Verbinden von Blechteilen. a) stehender Falz; b) liegender Falz; c) stehender Doppelfalz; d) liegender Doppelfalz; e) Innenfalz; f) Außenfalz; g) einfacher Bodenfalz; h) doppelter Bodenfalz; i) Trapezfalz; k) Spitzfalz

stens einem Teil die Körperkante durch Bördeln oder Tiefziehen hochgestellt sein muß. Je nach Vorbereitungsverfahren und Bauteilgröße werden Abmessungstoleranzen von 0,1 bis 1 mm erreicht. Das hat entscheidenden Einfluß auf die Geometrie des zweiten Fügeteils, das vor dem Falzen einzulegen oder zusammenzuhaken ist. Es ist darauf zu achten, daß keine Relativverschiebungen in der Fügestelle auftreten, die um so größer sind, je leichter sich die Teile einhaken lassen. Flansche und Stege sollen nicht zu klein gewählt werden. Nachfolgende Abbildung gibt Werte an, die man bei Falzverbindungen von Blechen unter 1 mm Dicke nicht unterschreiten sollte. Dickere Bleche sollten nicht gefalzt werden. Zwischen der Innenkante Außenteil und Außenkante Innenteil muß eine Blechdicke zugegeben werden, da sich der Falz an der Stoppkante umlegt und dadurch die Außenkante kleiner wird.

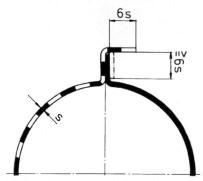

Mindestabmessungen beim Falzen

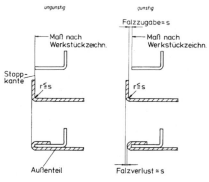

Falzzugabe und Falzverlust

Ziehteile

Die wirtschaftliche Fertigung von Ziehteilen setzt neben der genauen Kenntnis von ziehtechnischen Arbeitsverfahren und der zum Ziehen geeigneten Werkstoffe, zweckmäßige Werkzeugkonstruktionen und die Wahl der richtigen Pressen voraus.

Die möglichen Formen von Ziehteilen sind ungeheuer zahlreich, daß man Musterformen nicht vorschlagen kann, wenn man nicht Gefahr laufen will, Einheitsziehteile zu schaffen.

Wichtige, oft wiederkehrende Gestaltungsmerkmale sind:

— Die Ziehtiefe und somit das Ziehverhältnis sollten so abgestimmt werden, daß der einstufige Tiefzug bevorzugt zur Anwendung kommt, wobei die Blechdicke zu berücksichtigen ist.
— Abrundungen am Hohlteil sind groß genug zu wählen, um unnötige Werkstoffbeanspruchungen zu vermeiden.
— Bei Rechteckhohlteilen sollten völlig gerade Seitenwände (Zargen) vermieden werden. Von Vorteil ist eine leichte Bombierung (Wölbung).
— Flache Ziehteile neigen aufgrund geringer Steifigkeit zum Flattern. Die gewünschte Beulsteifigkeit ist entweder durch Einprägen flacher Spiegel oder durch Anbringen von Ziehschultern im Werkzeug erreichbar.
— Ungleiche Ziehtiefen und ungleiche Umformbeanspruchungen sind zu vermeiden.
— Örtliche Erhöhungen, scharfe Abstufungen und unregelmäßige Übergänge sind zu vermeiden.
— Die Zweckmäßigkeit und Größenordnung von Radien muß von der Gesamtform des Ziehteiles her beurteilt werden, denn zu große Radien können mitunter ebenso ungünstig sein wie zu kleine Radien.

Schweißen, Löten, Kleben von Blechen

Wichtige Faktoren, die zur Wahl eines Fertigungsverfahrens herangezogen werden müssen, sind:
— Werkstoff
— Bauteilabmessungen
— Einzel-, Serien-, Massenfertigung
— Anforderungen an das Bauteil (auch Qualität)
— Montagebedingungen
— Wirtschaftlichkeit.

In der nachfolgenden Tabelle sind Merkmale der drei Fügeverfahren Schweißen, Löten und Kleben gegenübergestellt, die als Auswahlkriterien betrachtet werden können.

BLECH

Hauptmerkmale	Einzelmerkmale	Schweißen	Weich- und Hartlöten	Kleben
Funktion	Belastungsvielfalt	sehr gut	eingeschränkt	
	Zentrierfähigkeit	nicht vorhanden		
	Dämpfung	Zusatzdämpfung konstruktiv erreichbar	keine Zusatzdämpfung	vorhanden
	Steifigkeit	gut		
	Zusatzfunktionen	kaum (Dichten eingeschränkt)	Dichten, elektr. und thermisch Leiten	Dichten, elektr. Isolieren
Gestaltung, Auslegung	Gestaltungsvielfalt	sehr gut (Form), befriedigend (Werkstoff)	eingeschränkt (Form), gut (Werkstoff)	
	Werkstoffausnutzung	gut (durch Gestaltungsanpassung)	gut (geringe Kerbwirkung, verschiedene Fügeteilwerkstoffe)	
	Tragfähigkeit, statisch	sehr gut	gut	
	Tragfähigkeit, dynamisch	eingeschränkt	gut	
	Raumbedarf	gering (da Nahtform an Gestaltungsmerkmale anpaßbar)	groß (da große Fügeflächen erforderlich)	
Sicherheit, Ergonomie	Betriebssicherheit	sehr gut	gut	
	Formgebung (Design)	gut bis eingeschränkt	gut	
Fertigung, Montage, Kontrolle	Schwierigkeitsgrad	niedrig	hoch	
	Automatisierungsgrad	gut	eingeschränkt	
	Lösbarkeit	nicht möglich	bedingt möglich	
	Qualitätssicherung	gut	problematisch	
	Herstelltoleranzen	durch Verzug bedingt	verzugsfrei	verzugsfrei bei richtiger Ausführung
	Rückstände	z. T. Schlacke Oxide	z. T. Flußmittel	keine
	Fügeflächenvorbereitung	Freiheit von Rost, Zunder, Farbe und Verunreinigungen		Haftgrundvorbereitung erforderlich
	Zugänglichkeit	verfahrensabhängig	bei eingelegtem Lot problemlos	bei eingelegter Klebfolie problemlos
Gebrauch	Überlastbarkeit	problematisch	nicht möglich	
	Wiederverwendbarkeit	kaum		problematisch
	Temperaturverhalten	sehr gut	begrenzte Warmfestigkeit	
	Korrosionsverhalten	beherrschbar	Kontaktkorrosion	Alterung
Instandhaltung	Inspektion, Wartung	einfach	aufwendig	
	Instandsetzung	gut	möglich	kaum
	Recycling	gut	eingeschränkt	
Kosten	Herstellungskosten	niedrig	hoch	
	Gebrauchskosten	keine		

Merkmale von Bauteilverbindungen

Geschweißte Konstruktionen	Gelötete Konstruktionen	Geklebte Konstruktionen
Werkstoffe	*Werkstoffe*	*Werkstoffe*
Ist die Wahl für einen bestimmten Werkstoff getroffen, so ist eine Schweißkonstruktion nur möglich, wenn er sich zum Schweißen eignet. Im umgekehrten Fall, wenn alle sonstigen Faktoren für die Schweißkonstruktion sprechen, ist sorgfältig auf die Werkstoffauswahl hinsichtlich der Schweißneigung zu achten.	Werkstoffprobleme gibt es beim Löten kaum, da Diffusion keine notwendige Voraussetzung für das Löten ist. Daher kann die gegenseitige Löslichkeit von Lot und Metall gering sein, d. h. spröde Zwischenschichten sind auch beim Fügen artverschiedener Metalle weitgehend vermeidbar. Werkstoffe, die sich nicht oder nur schwer Schweißen lassen, wie z. B. Keramik, Metall-Keramik-Kombinationen oder Graphit, sind lötbar.	Vorzugsweise werden Leichtmetalle und Kunststoffe geklebt, aber auch Schwermetalle und artverschiedene Metallpartner lassen sich kleben.
Bauteilabmessungen	*Bauteilabmessungen*	*Bauteilabmessungen*
Die Abmessungen von Bauteilen spielen vor allem in den Grenzbereichen eine Rolle. So ist es schwierig, Bauteile mit sehr unterschiedlichen Querschnitten miteinander zu verbinden, soweit nicht Verfahren wie das Elektronen- und Laserstrahlschweißen zum Einsatz kommen. Bei sehr geringen Wanddicken (< 1 mm) tritt das Schweißen gegenüber dem Löten und Kleben zurück, soweit nicht geeignete Verfahren wie Elektronenstrahl-, Laserstrahl-, Mikroplasma-, Ultraschall- oder Sonderschweißverfahren eingesetzt werden. Leichtbaukonstruktionen sind in der Regel geschweißt, da man biegesteife Sonderprofile (Strangpreß-, Abkantprofile) einsetzen und kostengünstig zur Gesamtkonstruktion fügen kann.	Für das Löten sind vorzugsweise kleine Querschnitte geeignet, da die Kräfte durch Scherbeanspruchung über die Fügefläche aufgenommen werden und deshalb ein voller Anschluß eines größeren Querschnitts beim gegenüber dem Fugenlöten stets zu bevorzugenden Spaltlöten nicht sinnvoll ist. Vor allem kleine Bauteile (z. B. elektronische Bauelemente) eignen sich zum Löten, da, anders als beim Schweißen, der gesamte Fügebereich auf Arbeitstemperatur zu bringen ist. Dies ist bei größeren Bauteilen schwierig. Außerdem ist gerade bei kleinen Teilen der Lötprozeß trotz des Einsatzes von Flußmittel gut zu mechanisieren und zu automatisieren.	Wie beim Löten gilt auch hier, daß sich die Anwendung in der Regel auf kleine Querschnitte beschränkt, mit Ausnahme druckbeanspruchter Verbindungen. Auch beim Kleben werden die Beanspruchungen durch in der Fügefläche wirkende Schubkräfte aufgenommen, was größere Querschnitte zur Kraftübertragung ausschließt. Zum Erzielen hoher Festigkeiten der Verbindungen sind Warmkleber erforderlich, die ein Aushärten in Autoklaven verlangen, deren Größe jedoch auch die Bauteilgröße begrenzt.
Einzel-, Serien-, Massenfertigung	*Einzel-, Serien-, Massenfertigung*	*Einzel-, Serien-, Massenfertigung*
Auch die Menge der zu erzeugenden Produkte hat Einfluß auf die Wahl des Fertigungsverfahrens und damit auf die Konstruktion. Eine Serien- und vor allem eine Massenfertigung setzt eine weitgehende Mechanisierung oder Automatisierung voraus.	Es gibt Lötverfahren wie das Tauch-, Anschwemm- oder Schwallöten, die besonders für die Massenfertigung geeignet sind, weil sich dabei zahlreiche Lötstellen in einem Arbeitsgang herstellen lassen.	Metalle und Kunststoffe lassen sich, soweit Kaltkleber verwendet wird, in Einzel-, Serien- und Massenfertigung kleben. Bei Einsatz von Warmklebern steigt der Einrichtungsaufwand erheblich an (Vorrichtungen, Autoklaven), so daß hierfür eine Einzelfertigung selten in Betracht kommt.

BLECH

Geschweißte Konstruktionen	Gelötete Konstruktionen	Geklebte Konstruktionen

Anforderungen an das Bauteil

Die Dichtheit von Druckbehältern und Treibstofftanks kann eine wesentliche Forderung sein. Beanspruchungen bei hohen oder niedrigen Temperaturen wie im Kesselbau sind bei geeigneter Werkstoffauswahl ohne Schwierigkeiten mit Schweißkonstruktionen zu realisieren. Hohe Anforderungen an die Qualität bei niedriger Ausschußquote sind mit einer entsprechenden Qualitätssicherung zu erfüllen.

Anforderungen an das Bauteil

Es ist insbesondere die Forderung nach einer durch die Lötstelle nicht beeinflußten elektrischen Leitfähigkeit zu erfüllen. Bedenken sind im Falle von Korrosionsbeanspruchung am Platze, da sich aufgrund unterschiedlicher Werkstoffe im Bereich der Fügestelle ein Kontaktelement bildet, das Korrosionsangriff begünstigt. Gegebenenfalls muß die Verbindung beschichtet werden. Bei erhöhter Betriebstemperatur kommt das Weichlöten nicht in Frage, wogegen das Hartlöten mit Loten auf Kupfer- und Silberbasis den Einsatz der Verbindungen bis etwa 400 °C und mit Hochtemperaturlöten sogar bis etwa 1100 °C erlaubt. Anforderungen an die Qualität der Verbindungen sind nur wie beim Schweißen mittels einer entsprechenden Qualitätssicherung zu erfüllen. Das Vertrauen in die Zuverlässigkeit von Lötungen ist groß, wie dies hunderttausende von Lötstellen in elektronischen Geräten beweisen.

Anforderungen an das Bauteil

Das Kleben eignet sich besonders zum Herstellen formsteifer Leichtbaukonstruktionen (Sandwichbauweise, Schichtbauweise), wovon im Flugzeugbau und teilweise auch im Fahrzeugbau Gebrauch gemacht wird. Klebverbindungen sind ungeeignet, wenn sie Schälbeanspruchungen senkrecht zur Fügeebene aufnehmen sollen. Wie beim Löten ist im Falle von Korrosionsbeanspruchung eine Beschichtung zu erwägen. Es gibt Kleber für tiefe Betriebstemperaturen. Mit steigender Temperatur sinkt die Verbindungssteifigkeit rasch ab (Kriechen). Vernetzte, weniger wärmeempfindliche Kleber erlauben Betriebstemperaturen bis etwa 300 °C. Anforderungen an die Qualität von Klebverbindungen werden erfüllt, wenn der gesamte Fügeprozeß einschließlich der Oberflächenvorbehandlung sorgfältig überwacht wird.

Montagebedingungen

Sind große Aggregate zu montieren, so empfiehlt sich das Schweißen unter Anwendung der Sektionsbauweise. Es lassen sich beliebige Untergruppen schaffen, und es kann nach Schweißplänen gefügt werden. Schweißpläne sind erforderlich, um Verzug bzw. Eigenspannungen klein zu halten und geforderte Toleranzen zu gewährleisten.

Montagebedingungen

Montagebedingungen sind für die Wahl des Einsatzes von Lötverfahren ohne Bedeutung.

Montagebedingungen

Montagebedingungen sind für die Wahl des Einsatzes von Klebverfahren ohne Bedeutung.

Wirtschaftlichkeit

Kurze Lieferzeiten sprechen für das Schweißen, da weder Modelle noch Formen (Gießen) und auch keine schweren Umformmaschinen (Schmieden) erforderlich sind. Änderungen an Schweißkonstruktionen bei Folgeaufträgen sind leicht zu berücksichtigen, man besitzt also den Vorteil der Flexibilität.

Wirtschaftlichkeit

Das Löten läßt sich gut automatisieren und somit hervorragend zur Massenfertigung einsetzen. Mit Ausnahme des Hochtemperaturlötens ist die Erwärmung relativ gering und außerdem gleichmäßig, so daß kaum Verzug auftritt. Kosten für die Nachbearbeitung entfallen, von der Flußmittelbeseitigung abgesehen, und es sind enge Toleranzen einhaltbar.

Wirtschaftlichkeit

Häufig ist die Wirtschaftlichkeit bei der Auswahl des Fügeverfahrens nicht das wichtigste Kriterium, wie z. B. im Flugzeugbau, wo hohe Anforderungen an die Qualität gestellt werden. Sind die Anforderungen niedriger, läßt sich das Verfahren wirtschaftlich in der Serien- oder Massenfertigung anwenden, wie z. B. im Automobilbau, wo das Kleben zwar umfangreich eingesetzt wird, aber nicht für tragende Konstruktionsteile.

Schweißgerechtes Gestalten

Der Konstrukteur, der Art und Höhe der zu erwartenden Beanspruchungen im Bauteil kennt, sollte zusammen mit dem Schweißingenieur beurteilen, wie der für eine schweißtechnisch richtige Gestaltung erforderliche Aufwand in einem vernünftigen Verhältnis zum gewünschten Ergebnis steht. Das Ziel ist eine zweckbedingte Güte.

Beanspruchungsgerechtes Gestalten von Schweißverbindungen

Beanspruchungsgerecht zu konstruieren bedeutet, die Ergebnisse der Festigkeitsberechnung, die Krafteinleitung und das Werkstoffverhalten zu beachten. Zu berücksichtigen sind demnach:

— Beanspruchung (Zug, Druck, Biegung, Abscherung, Torsion)
— Belastungsart (statisch, dynamisch)
— Nahtform (Stumpf-, Kehl-, Sondernaht)
— Nahtanordnung
— Nahtqualität
— Bauteilgestaltung
— Werkstoff.

Je nach Belastungsart und Beanspruchung bestimmen entweder Nahtfestigkeit oder Schweißnahtübergang die Tragfähigkeit der Schweißverbindung. Anschlüsse sind so zu konstruieren, daß sie so berechnet werden können, das eine gleichmäßige Steifigkeit in der Anschlußebene voraussetzt. Ungleichmäßige Steifigkeit führt zu unterschiedlichen Verformungen und somit zu überlaste-

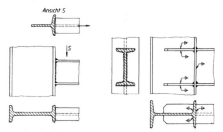

Biegefester Träieranschluß. Links ohne Flanschaussteifung, der zu einer ungleichmäßigen Nahtbeanspruchung mit einem Maximum im Stegbereich führt. Rechts mit Flanschversteifung, um Flanschbiegung zu verhindern und die Naht gleichmäßig zu beanspruchen.

ten Schweißnähten in den weniger verformbaren Anschlußbereichen. Nachfolgendes Beispiel eines biegefesten Träaeranschlusses zeigt, wie sich durch anordnen zusätzlicher Aussteifungsrippen die Flanschverformung verhindern und ein gleichmäßiges Tragen der Anschlußnähte erreichen läßt.

Prüfgerechtes Gestalten von Schweißverbindungen

Zum Einhalten einer geforderten Schweißnahtgüte wird die Qualität vielfach sowohl während als auch nach der Fertigung überprüft. Auf den Einsatz von Vormaterialien mit entsprechender Qualität ist zu achten. In der Regel wird dieser Qualitätsnachweis durch Bescheinigungen über Werkstoffprüfungen bei entsprechender Bestellung vom Lieferanten nach DIN 50 049 mitgeliefert. Die notwendigen Anforderungen sind vom Konstrukteur und Schweißingenieur und/oder der Qualitätsprüfstelle festzulegen und in den Zeichnungen anzugeben. Die einzuhaltende Nahtgüte ist abhängig von der Beanspruchung und wird in Normen, Richtlinien, Bestell- oder Abnahmespezifikationen vorgegeben, wobei die Fehlernachweisgrenzen in Abstimmung mit der geforderten Nahtqualität zu beachten sind. Eindeutige Festlegungen der geforderten Nahtgüte sind bereits vor der Fertigung zu vereinbaren und in den Zeichnungen anzugeben. Das Einhalten der geforderten Schweißnahtgüte muß am ausgeführten Bauteil zerstörungsfrei nachprüfbar sein. Hierzu gibt es zahlreiche Prüfverfahren, deren Auswahl von der Qualitätsstelle oder gemeinsam mit ihr bereits bei der Konstruktion festzulegen ist, um erfolgreiche Prüfmöglichkeiten sicherzustellen. Nachfolgendes Beispiel eines Laschenanschlusses an einer Traverse zeigt, wie durch Veränderung des Anschlusses (HV-Nähte) oder umgestalten der Lasteinleitungselemente die Tragsicherheit erhöht wird (siehe unten) und dies sinnvoller ist, als ein zerstörungsfreies Prüfen der Kehlnähte (siehe oben), da die Nahtspannung hier nur 40 N/mm² beträgt und die Traverse nur für wenige Einsätze bei Reparaturarbeiten benötigt wird.

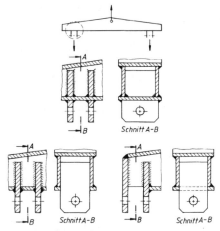

Anschluß von Traglaschen an eine Krantraverse. Oben mit Doppelkehlnahtanschluß, der zerstörungsfrei geprüft werden sollte. Unten konstruktive Änderungen, die die Tragsicherheit erhöhen.

Fertigungsgerechtes Gestalten von Schweißverbindungen

Der Konstrukteur beeinflußt mit der Werkstückgestaltung die Fertigungskosten, -zeit und -qualität. Zudem bestimmt er die Fertigungsverfahren, den Werkstoff und die Qualitätskontrolle. Werkstückform, Anordnung und Form der Schweißnaht stehen in einem sehr engen Zusammenhang mit dem anzuwendenden Schweißverfahren bzw. einer nachträglichen Bearbeitung. Wo Handschweißen noch möglich ist, läßt sich vollmechanisiertes Schweißen unter Umständen nicht mehr durchführen. Anzustreben sind gute Zugänglichkeit der Schweißstelle, sicheres Herstellen der Schweißnähte und gute Prüfmöglichkeiten der Schweißverbindungen. Für Schweißnähte gilt allgemein, daß spitze Winkel und enge Spalte möglichst zu vermeiden sind.

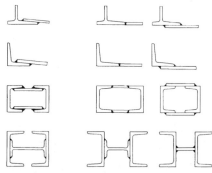

Erschwerte Zugänglichkeit durch ungünstige Nahtanordnung (linke Seite) sowie konstruktive Änderungen zur besseren Herstellbarkeit.

BLECH

Verzugs- und verwerfungsarme Gestaltung

Beim Schweißen führen örtlich begrenzte Wärmezufuhr, verbunden mit behinderter Ausdehnung und Schrumpfung, zu örtlich plastischen Verformungen. Die Folge sind Bauteilverkürzungen, Verzug oder Verwerfungen sowie Schweißeigenspannungen in den geschweißten Teilen je nach Bauteilsteifigkeit, Nahtanordnung und Schweißnahtquerschnitt. Zusätzlichen Einfluß haben Werkstoff, Wärmeausdehnungskoeffizient, Wärmeleitwert und Elastizitätsmodul.

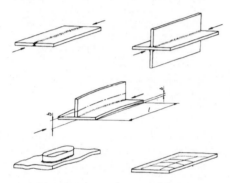

Auswirkungen der Längsschrumpfung. Oben: Mittig angeordnete Schweißnähte in doppelt symmetrischen Querschnitten führen zu Verkürzungen, Schrumpfmaß 0,1 bis 0,3 mm/min. Mitte: Außermittig oder an unsymmetrischen Querschnitten angeordnete Schweißnähte führen zu Krümmungen. Unten: Schweißnähte an dünnwandigen, großflächigen Teilen führen zu Verwerfungen und Beulen.

Es sind konstruktionsmäßig alle Möglichkeiten zu beachten, um aufwendige Richtarbeiten, die teilweise gar nicht durchführbar sein können, zu vermeiden und um optischen, wirtschaftlichen und Festigkeitsforderungen zu genügen. Längsschrumpfungen sind allgemein gering und lassen sich bei geraden Teilen durch Längenzugabe ausgleichen. Längsschrumpfungen bei Rundnähten an zylindrischen Behältern führen zwangsläufig zum Einknicken (Herzknick). Nachfolgendes Beispiel zeigt die Auswirkung der Schrumpfung auf den Verzug beim Schweißen eines Flanschrings an einen Stutzen. Das komplette Vorbereiten des Flanschrings einschließlich der Bohrungen ist vor dem Schweißen nicht möglich. Trotz erschwerter Fertigung muß hier nachträglich bearbeitet und die Bohrungen eingebracht werden.

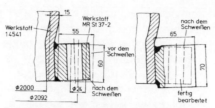

Schweißen eines Flanschringes an einen Stutzen. Links starker Verzug eines vor dem Schweißen fertig bearbeiteten Flanschringes. Rechts nachträgliches Bearbeiten und Fertigen der Bohrungen.

Dem Verzug in Form von Längskrümmung kann durch symmetrisches Anordnen der Nähte und minimale Nahtquerschnitte wirkungsvoll begegnet werden. Doppelt symmetrische Querschnitte lassen sich durch gleichzeitiges Schweißen von zwei um 180° versetzt angeordnete Nähte verzugsarm schweißen, soweit konstruktiv dafür die Voraussetzungen geschaffen wurden. Dünnwandige Konstruktionen sind möglichst durch Abkanten, Sicken oder Bördeln zu versteifen, um Verwerfungen zu verringern. Weitere Maßnahmen gegen Verzug sind geringe Energiezufuhr, verringerte Nahtquerschnitte bei Kehlnähten, unterbrochene Schweißnähte, sofern dies aus Festigkeits- und Korrosionsschutzgründen zulässig ist, Anwendung von Dreiblech- bzw. Langlochnähten, Schmelzschweißpunktverbindungen, Punkt- und Buckelschweißungen.

Beeinflussen des Verzugs durch symmetrische Querschnitte und/oder Schweißnahtanordnung. Die Profile links mit Schweißanschluß führen zu Krümmungen in zwei Richtungen durch außermittigen Anschluß, einfachsymmetrische Anschlüsse in der Mitte führen zu Verzug in einer Richtung, Schweißnähte in neutraler Achse rechts sind bei gleichzeitigem Schweißen verzugsarm.

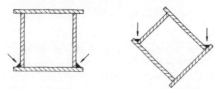

Verringern des Verzugs durch gleichzeitiges Schweißen doppeltsymmetrisch angeordneter Nähte (rechts).

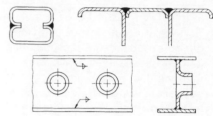

Verringern des Verzugs durch Sicken, Abkanten und Bördeln.

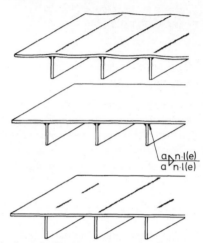

Verringern des Verzugs durch unterbrochene Kehlnähte (Mitte) oder Anwendung von Dreiblech- oder Langlochnähten (unten).

Ersatz von Doppelkehlnähten durch Schmelzpunkt- (Mitte) oder Widerstandspunktschweißen (rechts).

Bei einseitig aufgeschweißten Stegen sind Knickstellen nicht vermeidbar, deren Größe vom Quotienten Blechdicke/Nahtdicke und den Einspannbedingungen abhängt. Nachfolgende Tabelle enthält Richtwerte für freischrumpfende Bleche.

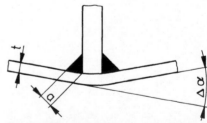

Winkelverzug (Winkelschrumpfung) bei einseitig aufgeschweißtem Steg eines frei schrumpfenden Bleches.

Meßgröße:

t mm	a mm	$\Delta\alpha$ °
4	5	2,5
6	5	3
8	5	5
10	5	3
16	5	1,5

Werkstoffgerechte Gestaltung

Durch Ausnutzen werkstoff- bzw. fertigungstechnischer Gegebenheiten sind schweiß- und fertigungsgerechte Konstruktionen erzielbar. Nachfolgendes Beispiel zeigt die Beeinflussung der Konstruktion durch die Wahl unterschiedlicher Werkstoffe. Bei der Aluminium-Konstruktion ist durch konsequentes Ausnutzen des Strangpressens ein ideales Profil mit wenigen Anschlußschweißnähten verwirklicht. Bei der Stahl-Konstruktion bietet das Verbundschweißen von Schmiede- bzw. Gußteilen und Walzstahlerzeugnissen vergleichbare Möglichkeiten.

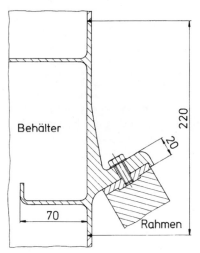

Aluminium-Konstruktion

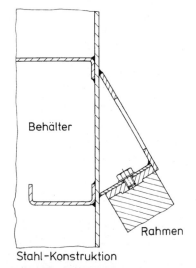

Stahl-Konstruktion

Beeinflussung der Konstruktion einer Aufhängung eines Vorratsbehälters bei Verwendung von Stahl (unten) bzw. Aluminium (oben)

Korrosionsschutzgerechte Gestaltung

Unter korrosionsschutzgerechtem Gestalten sind alle Maßnahmen zu verstehen, die Reaktionen des metallischen Konstruktionswerkstoffes mit seiner Umgebung verhindern. Für die Korrosionsreaktion sind maßgebend: die chemische Zusammensetzung des Werkstoffs, der Gefügezustand, der Oberflächenzustand, die mechanische und unter Umständen thermische Beanspruchung, die Art und Einwirkmöglichkeit des Korrosionsmediums. Allgemein gilt für die Konstruktion, daß tote Ecken, Winkel, enge Spalte, schlecht belüftete Stellen (Kondensatniederschlagstellen) und Hohlräume, Ablagerungsmöglichkeiten für Staub, Schmutz, Korrosionsprodukte und Flüssigkeiten zu vermeiden sind. Das Kapitel *Korrosionsschutz* enthält zahlreiche Beispiele nicht nur schweißtechnischer Art.

Lötgerechtes Gestalten

Zunächst sind die Betriebsbeanspruchungen wie Belastungsart, -größe und -richtung, Einflüsse umgebender Medien und Betriebstemperaturen zu klären. Hiernach wird ein Grundwerkstoff gewählt sowie eine eventuell durchzuführende Wärmebehandlung festgelegt, wobei die thermischen Eigenschaften, wie Ausdehnungsverhalten und ein möglicher Festigkeitsabfall des Grundwerkstoffs infolge der Löttemperatur, besonders zu beachten sind. Anschließend erfolgt die Auswahl des Lotes, der Lotform, des Lötverfahrens sowie der Hilfsstoffe (Flußmittel, Stopmittel, Bindemittel und Gase) entsprechend der jeweiligen Fügeaufgabe.

Die erforderliche Oberbeschaffenheit am Lötstoß hängt vom Grundwerkstoff, Lot, Lötverfahren und Einsatzbereich ab. Der Mittenrauhwert des Lötstoßes sollte $R_a < 12,5\ \mu m$ betragen. Bei vorherrschender Rillenrichtung (z. B. durch mechanisches Bearbeiten) soll besonders bei $R_a > 6,3\ \mu m$ so gelötet werden, daß der Rillenverlauf mit der Fließrichtung des Lotes übereinstimmt.

Werkstoffe, die intensiv mit der Atmosphäre reagieren sowie Bauteile,

die im Vakuum gelötet werden, sind vorher zumindest im Lötbereich zu beizen oder mechanisch zu Bearbeiten und bis zum Löten vor erneuter Verunreinigung zu schützen. Sind die Prozeßbedingungen (z. B. Vakuum) nicht ausreichend, um Oxidation zu vermeiden bzw. Oxide zu entfernen (dies kann z. B. bei titan-, tantal- oder aluminiumhaltigen Werkstoffen oder überstabilisierten Chrom-Nickel-Stählen auftreten), werden die zu lötenden Oberflächen galvanisch durch Bedampfen oder durch Plattieren beschichtet, wozu spezielle Vorbehandlungen und unter Umständen Zwischenschichten erforderlich sind.

Je nach Arbeitstemperatur unterscheidet man die Lötverfahren:

Lötverfahren (Liquidustemperatur) Typische Lote

Weichlöten ($\leq$ 450 °C)
  Zink-, Blei- und Zinnlote
Hartlöten (> 450 °C)
  Silber-, Kupfer- und Aluminiumbasislote
Hochtemperaturlöten (> 900 °C)
  Nickelbasis- und Edelmetallote
  Bei flußmittelfreier Verarbeitung
  auch Kupferbasislote.

Gestalten von Weichlötverbindungen

Zum Weichlöten kommt nur der Überlappstoß in Frage, nicht der Stumpfstoß. Weichgelötet werden un- und niedriglegierte Stähle sowie NE-Metalle (Cu, Cu-Basis-Legierungen). Aus Korrosionsschutzgründen sind hochlegierte Stähle nicht weichzulöten. Aluminium wird kaum weichgelötet, da es wegen seiner sehr beständigen Oxidschicht eine gute Vorbehandlung erfordert. Wegen der geringen Festigkeit der Weichlote, sind die Lötstellen so zu gestalten, daß

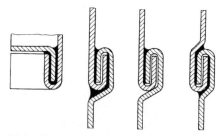

Weichlöten von Falznähten zum Abdichten.

die Verbindungen keine mechanischen Belastungen aufnehmen müssen. Unter langzeitiger Belastung sinkt die Festigkeit, ebenso bei erhöhten Temperaturen. Oftmals hat das Weichlöten nur den Zweck, die Verbindung gegen Flüssigkeiten oder Gase abzudichten, wobei Falznähte die mechanische Belastung aufnehmen.

Gestalten von Hartlötverbindungen

Auch beim Hartlöten ist der Überlappstoß die zweckmäßigste Verbindungsform. Es sind aber auch Stumpf-, T- und Schrägstöße möglich. Hartgelötet werden un-, niedrig- und hochlegierte Stähle, Kupfer, Aluminium und deren Legierungen. Voraussetzung für eine gute Hartlötverbindung sind:

— Die Größe des *Lötspaltes*, die 0,05 bis 0,2 mm und beim Handlöten bis 0,5 mm beträgt. Bei verschiedenen Werkstoffen sind deren unterschiedliche Ausdehnungskoeffizienten zu beachten. Wird flußmittelfrei gelötet, sind Spalte bis 0,001 mm ausführbar. Der Lötspalt darf den Lotfluß nicht behindern und ist daher parallel oder von der Lötzugabestelle in Lötflußrichtung verengend auszubilden.

Einfluß von Spaltform und Lotzugabe (L) auf die Spaltfüllung. Links: erweiternder Spalt, der den Lotfluß behindert. Mitte: paralleler Spalt, der den Lotfluß erleichtert. Rechts: verengender Spalt, der anzustreben ist.

— Die *Zuführung des Lotes* erfolgt entweder von Hand oder vornehmlich bei der Massenfertigung auf Lötvorrichtungen bzw. Lötmaschinen in Form von eingelegten oder deponierten Loten.
— Die *Flußrichtung* des Lotes soll vom weiteren zum engeren Spalt bzw. von der kälteren zur wärmeren Umgebung verlaufen.
— Die *Lötfläche* soll glatt sein oder in Lotflußrichtung verlaufende Riefen aufweisen, nicht quer da-

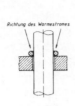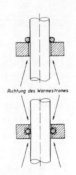

Berücksichtigung von Lotdepot und Richtung des Wärmestromes. Links: ungünstig, da das Lot wärmer wird, als das Werkstück. Rechts: indirekte Erwärmung des Lotes ist günstig.

zu. Ungeeignet sind Preßsitze. Falls erforderlich, ist ein profiliertes Teil (gerillt, Polygonprofil) vorzusehen.
— Beim *Löten mit Flußmittel* sind Fließrichtung und Abflußmöglichkeit zu berücksichtigen, um Flußmitteleinschlüsse zu vermeiden.

Vermeiden von Flußmitteleinschlüssen. Links: ungünstig, da von außen angesetztes Lot ohne Abflußöffnung zu Flußmitteleinschlüssen führt. Mitte: günstig, da eine Abflußöffnung vorhanden ist. Rechts: Einlegelot ist günstig, da das Flußmittel durch das Lot aus dem Spalt verdrängt wird.

— Der *Füllgrad*, das Verhältnis des vom Lot benetzten Querschnitts zur gesamten Lotfläche, soll möglichst groß sein. Um den Füllgrad zu vergrößern, sind Flußmitteleinschlüsse zu vermeiden, unterschiedliche Fließgeschwindigkeiten des Lots an Hohlkehlen und im Spaltinneren zu beachten ($v_{Hohlkehle} \approx 4 \ldots 5 \cdot v_{Flächenspalt}$) sowie eingelegte Lote zu verwenden.

Gestalten von Hochtemperaturlötverbindungen

Erfolgt das Hochtemperaturlöten flußmittellos im Vakuum, sind die Teile metallisch blank und besitzen gute mechanische Festigkeitseigenschaften. Die Festigkeit von Lötverbindungen aus niedrig- bis hochlegierten Stählen erreicht die Festigkeit

der Grundwerkstoffe. Hochtemperaturgelötet werden un-, niedrig- und hochlegierte Stähle sowie hochwarmfeste Werkstoffe, Nichteisenmetalle wie Kupfer und Kupfer-Basis-Legierungen sowie Edelmetalle. Es besteht die Möglichkeit des mehrstufigen Lötens mit Loten unterschiedlicher Arbeitstemperaturen. Es sind Lötspaltbreiten ≦ 0,05 mm einzuhalten.

Klebgerechtes Konstruieren

Für das Kleben dünner Fügeteile ist der bei Beanspruchung entstehende Spannungsverlauf von großer Bedeutung, während beim Kleben von massiven Teilen die Kenntnis der maximalen Schub- und Zugfestigkeit der Klebstoffe genügt, die die Belastbarkeit der Klebung bestimmen.

Der Konstrukteur kann zwischen einer Vielzahl allgemein anwendbarer Klebstoffe und solchen wählen, die für spezielle Anforderungen bestimmt sind. Bei der Wahl der Klebstoffe sind die an die Konstruktion gestellten Anforderungen, Fragen der Alterungs-, Temperatur- und Medienbeständigkeit zu berücksichtigen. Die rasante Entwicklung auf dem Gebiet der Kunststoffe hat auch bei den Klebstoffen z. B. die thermische Anwendungsgrenze durch warmfeste Kunststoff-Basis-Verbindungen gesteigert.

Durch Kleben lassen sich artverschiedene Werkstoffe verbinden, da das Gefüge der Bauteile unbeeinflußt bleibt. Die Verarbeitungstemperatur ist niedrig, wodurch auch dünnwandige Teile verzugsfrei sind. Für das Kleben allgemein zu berücksichtigende Gesichtspunkte sind:

— Der Werkstoff der zu klebenden Teile
— Die Oberflächenbeschaffenheit des Werkstoffes (z. B. eloxiert, lackiert o. ä.)
— Die möglichen Vorbehandlungen
— Die konstruktive Gestaltung der zu verbindenden Teile
— Die Art und Dauer der mechanischen Beanspruchung der Klebeverbindung
— Die Einwirkung von Medien auf die Klebeverbindung

— Sonstige Aufgaben, wie z. B. isolierende bzw. leitende Eigenschaften des Kunststofffilms, Dichtungsfunktion usw.).

Für die Klebeverbindung ist die Gestaltung der Randabschlüsse und die Krafteinleitung besonders wichtig. Das Vergrößern der Klebefläche sollte stets im Mittelpunkt von Gestaltungsüberlegungen stehen. Folgende konstruktiven Empfehlungen sind zu beachten:

Klebeverbindung

— Es ist eine Formgebung zu finden, die sicherstellt, daß die Klebeverbindung im Betrieb nur durch Scherung und/oder Druck beansprucht wird.
— Es sind flächenhafte Verbindungen mit genügenden Überlappungen, d. h. ausreichend große Klebeflächen, anzustreben.
— Je nach Art des Klebstoffs und der Anwendung sollte zum Erzielen optimaler Festigkeit eine bestimmte Oberflächenrauhigkeit eingehalten werden.
— Die gesamte Klebeverbindung ist möglichst steif, d. h. biege-, dehn- und stauchfest zu gestalten, um im Betrieb reine Scherbeanspruchung zu erzielen.
— Der Schälgefahr, wie sie beim einfachen Überlappen von Blechen besteht, ist durch zusätzliche Verbindungstechniken an den Überlappungsenden vorzubeugen.

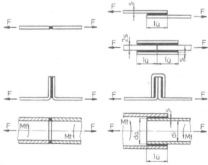

Gestaltung von Klebverbindungen. Linke Ausführung ungünstig, rechte günstig.

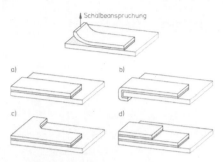

Verschiedene Schälsicherungen:
a) Niet
b) Ende umgefaltet
c) vergrößerte Fläche
d) erhöhte Steifigkeit

Klebschicht

— Möglichst nur eine ebene Klebschicht vorsehen, um die Gefahr ungleicher Spannungsverteilung, ungleicher Anpreßkräfte bei der Montage oder innere Spannungen beim Aushärten und damit verbundene ungenügende Berechenbarkeit zu vermeiden.
— Die Klebschicht mit gleichmäßiger, für den Klebstoff optimaler Dicke auftragen und große Klebstoffschichtdicken wegen erhöhter Kerbempfindlichkeit vermeiden.
— Zum Überbrücken größerer Klebspalte, die der Klebstoff aufgrund seiner Viskosität nicht füllen kann, sind Füllstoffe einzusetzen, die das Auslaufen verhindern, z. B. pulverige oder faserige Zusätze.

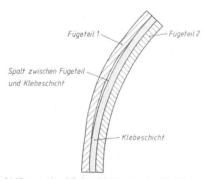

Ablösen der Klebschicht durch Rückformung des Fügeteils.

Fügeteile

— Fügeteile so auslegen, daß sie keine Spannungskonzentrationen auf bestimmte Stellen der Klebverbindung übertragen. Insbesondere sind schroffe Querschnittsänderungen der Fügeteile im Klebebereich zu vermeiden.
— Es ist zu beachten, daß große und vor allem gekrümmte Fügeflächen bei Blechen oft nur durch speziellen Druck zum gleichmäßigen Anliegen gebracht werden können. Das elastische Rückformbestreben der Fügeteile kann zu einer Vorspannung in der Verbindung führen, die sich ungünstig mit der Betriebsspannung überlagern kann. Dem ist durch sorgfältige Gestaltung der Fügeteile und Sicherheitszuschläge zu begegnen.

Literatur

Beitz, W.; Küttner, K.-H.: Dubbel, Taschenbuch für den Maschinenbau, Springer-Verlag, Berlin, Heidelberg, 1987.
Bitzel, H.: Beispielhafte Blechkonstruktionen im Maschinenbau, VDI-Berichte Nr. 698, Seite 323—335, VDI-Verlag, Düsseldorf, 1988.
Habenicht, G.: Kleben — Grundlagen, Technologie, Anwendungen, Springer-Verlag, Berlin, Heidelberg, 1990.
Hilbert, Heinrich L.: Stanzereitechnik, Band II, Umformende Werkzeuge, Carl Hanser Verlag, München, 1970.
Ruge, J.: Handbuch der Schweißtechnik, Band III, Konstruktive Gestaltung der Bauteile, Springer-Verlag, Berlin, Heidelberg, 1985.
Schindel-Bidinelli, E.H.; Gutherz, W.: Konstruktives Kleben, VCH Verlagsgesellschaft mbH, Weinheim, Basel, 1988.
Spur, G.; Stöferle, Th.: Handbuch der Fertigungstechnik, Band 5, Fügen — Handhaben — Montieren, Carl Hanser Verlag, München, Wien, 1986.

✗ Checkliste zum Gestalten mit Blech

Biegen, Falzen, Bördeln
— Falzstege breit genug wählen
— Einfache Biegearbeit bevorzugen
— Scharfkantige Biegungen vermeiden
— Innendurchmesser gerollter Bleche groß genug wählen
— Biegekante möglichst rechtwinklig zum Blechteil vorsehen
— Sicken möglichst am Rand auslaufen lassen; Scharfkantige Sicken und Sickenenden vermeiden
— Sich kreuzende Sicken wegen Spannungsspitzen vermeiden
— Löcher und Aussparungen nicht zu dicht an die Biegekante legen

Schneiden, Stanzen
— Statt abgerundeter Ecken besser abgeschrägte Ecken vorsehen
— Einfache, rechteckige, zusammensetzbare Stempel bevorzugen
— Enge Lochabstände vermeiden
— Filigrane Formen vermeiden, da sie sehr dünne Stempelausführungen erfordern
— Stanzteile so gestalten, daß eine nahezu Abfallose Herstellung möglich ist
— Möglichst gleichartige Ausstanzungen vornehmen

Tiefziehen
— Kegelförmige Ziehteile sollten möglichst geringe Konizität aufweisen
— Eingeschnürte Ziehteile vermeiden; Anzustreben sind nach außen bauchige Formteile
— Vertiefungen an Ziehteilen sind mit möglichst geringer Tiefe vorzusehen, um Rißgefahr zu vermeiden
— Großflächige Flansche vermeiden, da oftmals mehrere Züge notwendig sind
— Ziehteile mit ausreichenden Eckrundungen sind einfacher herzustellen als mit rundem, kugeligem Boden
— Ziehteile mit Hinterschneidungen sind nicht herstellbar; Sie sind zweiteilig auszuführen oder zu schweißen/löten/kleben
— Möglichst einfache Grundformen für Blechzuschnitte wählen, um die Werkzeugkosten gering zu halten

Schweißen
— Schweißnahtanhäufungen vermeiden
— Schweißnahtanzahl durch konstruktive Maßnahmen gering halten
— Starke Blechdickenunterschiede vermeiden, stattdessen allmählichen Übergang vorsehen
— Auf gute Zugänglichkeit achten

Löten
— Lötanhäufung vermeiden
— Stumpflötungen vermeiden, stattdessen Überlappungen vorsehen

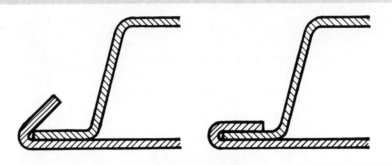

Falzstege müssen breit genug vorgesehen werden. Blechstärke bis 1 mm. Sauber gefalzte Teile werden in 2 Arbeitsgängen hergestellt: Vorfalzen unter 45° (links) und anschließendes Fertigfalzen (rechts).

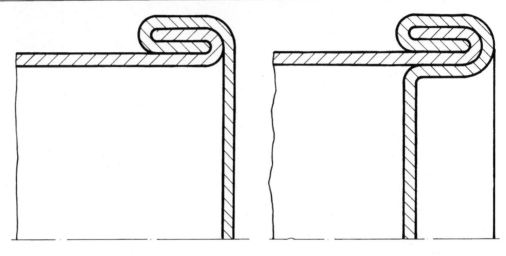

An einen Falz, der einen **Zylindermantel mit einem Boden dichtend verbinden** soll, werden hohe Anforderungen gestellt. Ebene Böden sind schwieriger herzustellen. Konstruktiv besser ist ein abgesetzter Boden nach der Darstellung rechts.

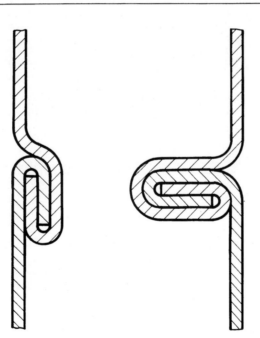

Verschiedene **Falzausführungsformen,** die neben dem Teileverbinden auch eine dichtende Funktion übernehmen. Der einfache Falz (links) dichtet an 3 Flächen. Der mittlere, liegende Doppelfalz dichtet an 4 Flächen. Der rechts dargestellte stehende Doppelfalz ist eine Ausführungsart auch für verhältnismäßig hohe Drücke.

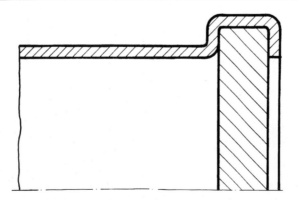

Eingebördelte Glasscheibe (Schauglas) an einem Blechteil.

BLECH biegen · falzen · bördeln

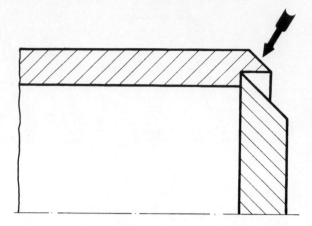

Einbördeln eines Glasteils (Schauglas) in ein dickeres abgesetztes Rohr.

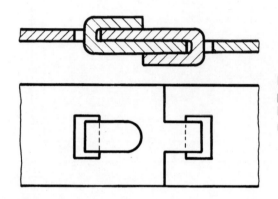

Durch **umgebogenen Lappen** hergestellte Blechverbindung zur Übertragung mittlerer Kräfte.

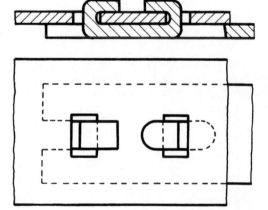

Durch nach 2 Seiten **umgebogene Lappen** hergestellte Blechverbindung zur Übertragung größerer Kräfte.

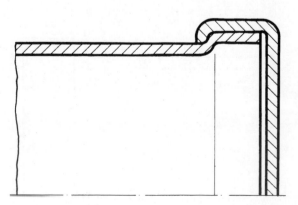

Rohrabschluß durch **aufgebördelten Deckel.**

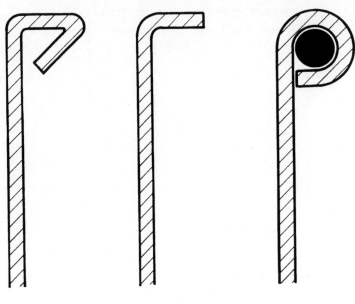

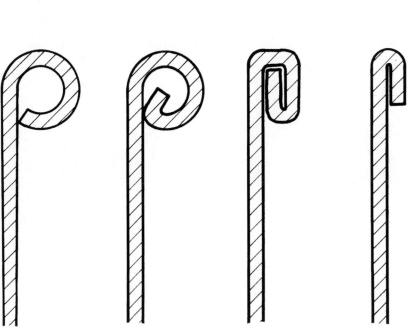

Mögliche **Versteifungfor-
men von Blechrändern.**

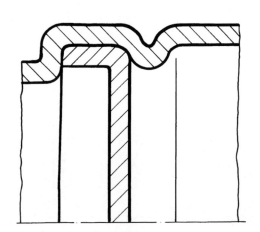

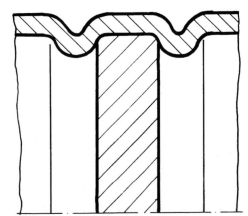

Links **eingesetzter Blech-
boden** in ein Blechteil.
Rechts **eingesetztes Mas-
sivteil** in ein Blechteil.

BLECH biegen · falzen · bördeln

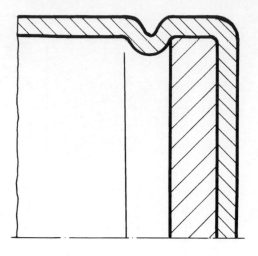

Verstärkte Seitenwand an einem Blechteil.

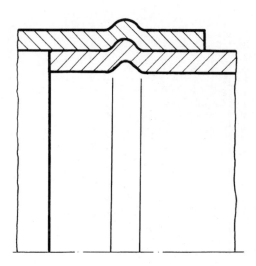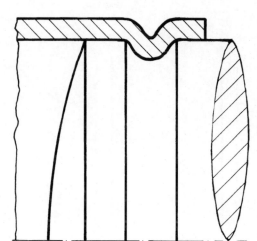

Verbindung von 2 Rohren **durch Sicken** (links). Verbindung eines Blechteils mit einem massiven Drehteil (rechts) durch Sicken.

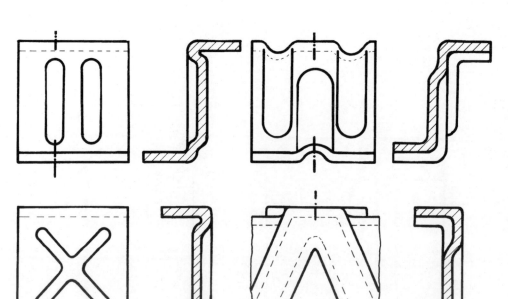

Z-förmige (oben) und U-förmige (unten) Blechteile nicht mit **Sicken** in einer Ebene **verstärken.** Wegen der Knickgefahr räumliche Sicken bevorzugen (rechts). Dadurch bei geringem Bauteilgewicht hohe Bauteilsteifigkeit.

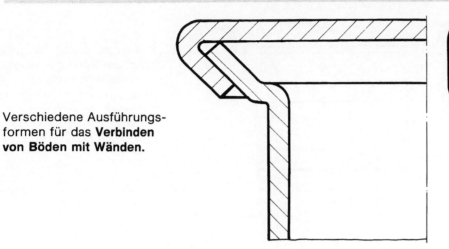
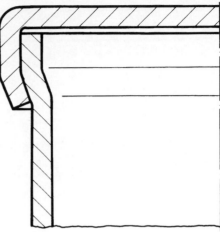

Verschiedene Ausführungsformen für das **Verbinden von Böden mit Wänden.**

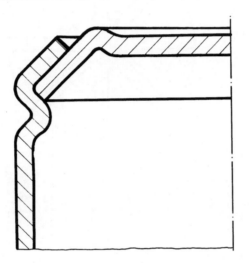
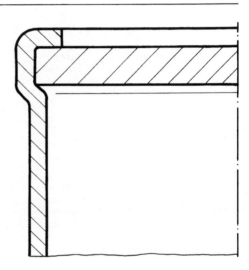

Weitere **Verbindungsmöglichkeiten von Böden mit Wänden.**

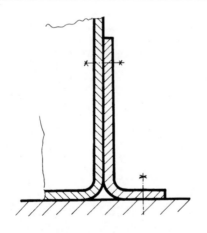
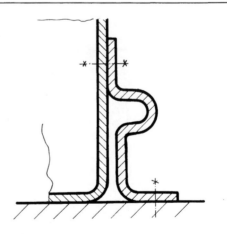

Bauteilbefestigung mittels Blechlasche. Links ungünstige Ausführung (Rißgefahr); rechts durch an der Lasche angebrachte Sicke konstruktiv richtige Ausführung.

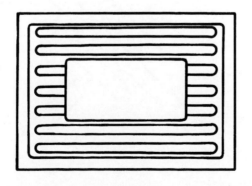
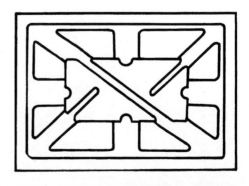

Dynamisch beanspruchte Blechteile mit unregelmäßigen aufgelösten **Sicken** (rechts) versehen. Links Dauerbruchgefahr an den Sickenrändern.

BLECH biegen · falzen · bördeln

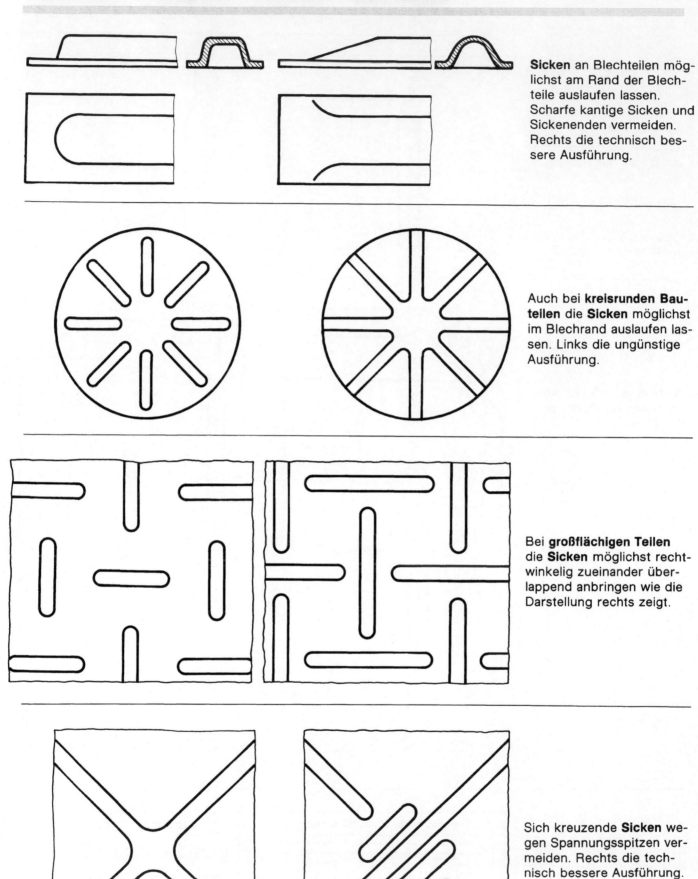

Sicken an Blechteilen möglichst am Rand der Blechteile auslaufen lassen. Scharfe kantige Sicken und Sickenenden vermeiden. Rechts die technisch bessere Ausführung.

Auch bei **kreisrunden Bauteilen** die **Sicken** möglichst im Blechrand auslaufen lassen. Links die ungünstige Ausführung.

Bei **großflächigen Teilen** die **Sicken** möglichst rechtwinkelig zueinander überlappend anbringen wie die Darstellung rechts zeigt.

Sich kreuzende **Sicken** wegen Spannungsspitzen vermeiden. Rechts die technisch bessere Ausführung.

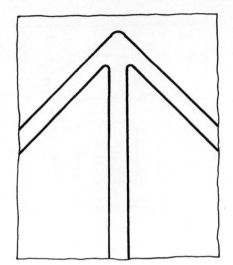
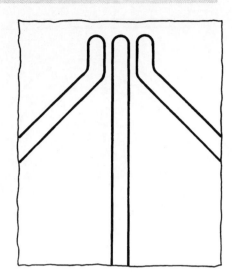

Zusammenlaufende **Sicken** (links) wegen der Gefahr von Spannungsspitzen vermeiden. Rechts die technisch einwandfreie Ausführung.

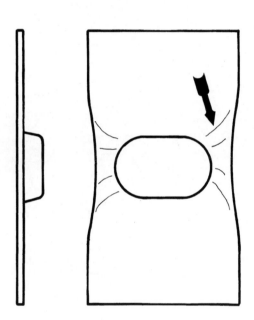

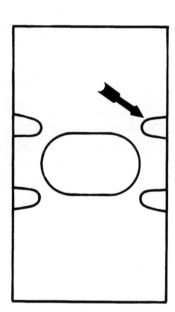

Faltenbildung an den Blechrändern (Pfeil links) läßt sich durch zusätzliche **Randsicken** (Pfeil rechts) vermeiden.

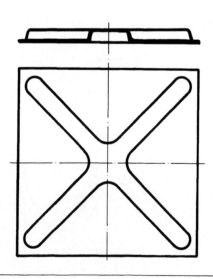

Erhöhte Bauteilsteifigkeit (rechts) und das Vermeiden von sternförmig zusammenlaufenden **Sicken** geben der rechten Ausführung den Vorzug.

BLECH biegen • falzen • bördeln

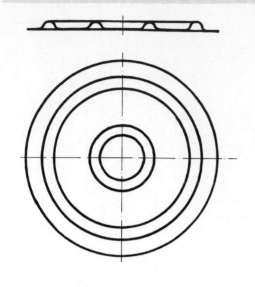

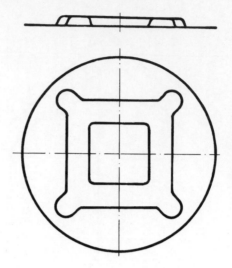

Größere Bauteilsteifigkeit
an einem **runden Blechteil**
durch quadratische **Sickenanordnung** (rechts).

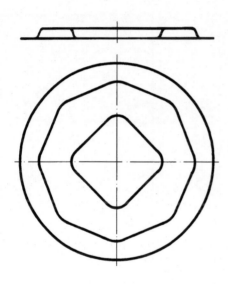

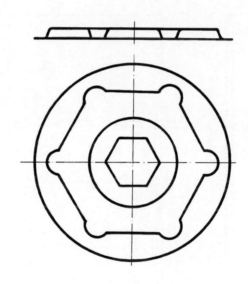

Weiter erhöhte Bauteilsteifigkeit durch im Sechseck
auslaufende **Sickenanordnung** (rechts).

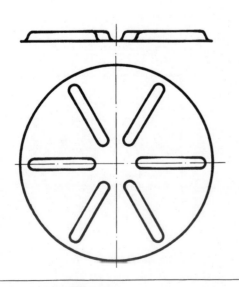

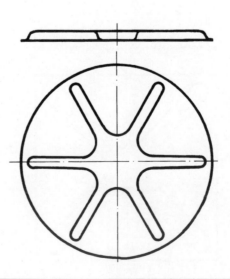

Mittig durchgebördelter
Boden mit sternförmig an-
geordneten Sicken gibt höhere Biegefestigkeit als die
linke **Sickenanordnung.**

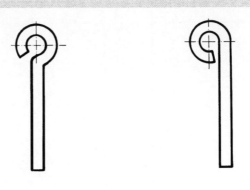

Der **Innendurchmesser gerollter Bleche** sollte größer
als 1,5× der Blechdicke
sein. Die rechte Ausfüh-
rung ist wegen der einfa-
cheren Biegearbeit zu be-
vorzugen.

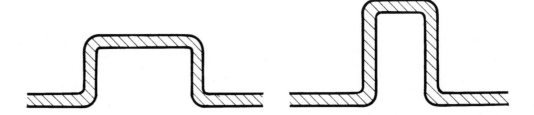

Verschiedenartige **Sicken
zur Versteifung** von Feinblechen.

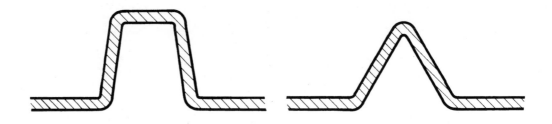

Verschiedene **Sickenfor-
men zur Erhöhung der
Bauteilsteifigkeit** von Feinblechen.

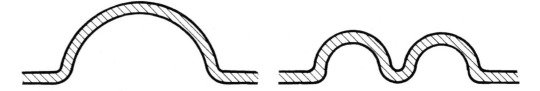

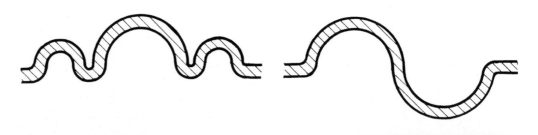

BLECH biegen · falzen · bördeln

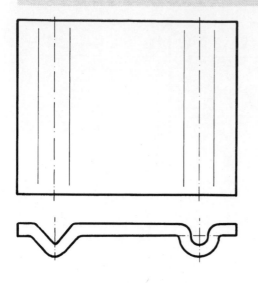
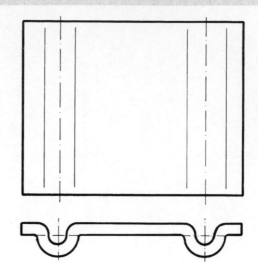

Möglichst gleiche **Sickenform** an einem Bauteil verwenden. Links kostspieligere Ausführung.

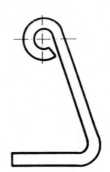

Blechteile gleicher Funktion, jedoch rechts mit erheblich weniger **Biegearbeit** herzustellendes Teil.

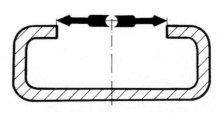
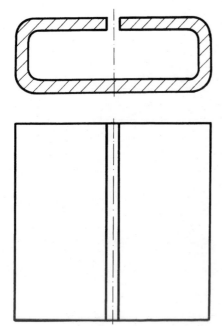
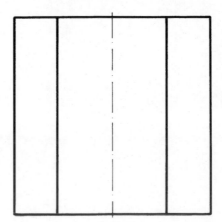

Bei **Hohlkörpern und hinterschnittenen Biegungen** die bleibende Öffnung (s. Pfeil rechts) möglichst groß wählen. Links kostspieligere Ausführung.

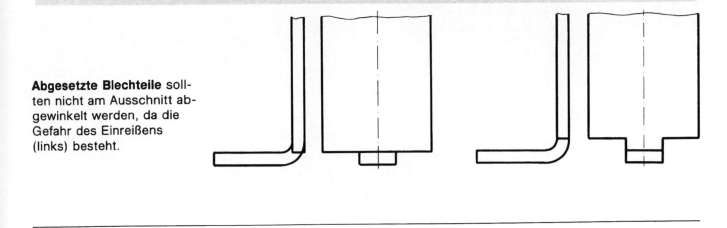

Abgesetzte Blechteile sollten nicht am Ausschnitt abgewinkelt werden, da die Gefahr des Einreißens (links) besteht.

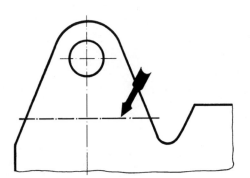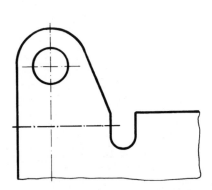

Biegekante (Pfeil) möglichst rechtwinklig zum Blechteil vorsehen. Rechts die konstruktiv bessere Lösung.

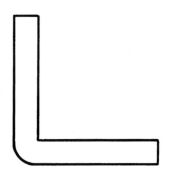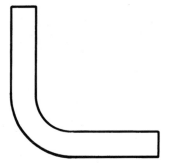

Scharfkantige Biegungen vermeiden. Rechts die technisch bessere Ausführung.

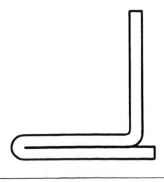

Bei **180°-Biegungen** konstruktiv die rechte Ausführung wählen, da die linke zu Festigkeitseinbußen führt.

BLECH biegen · falzen · bördeln

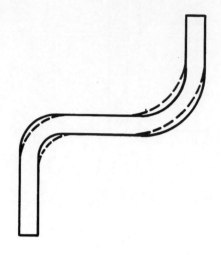

Bei **mehrfach zu biegen-
den Blechteilen** genügend
Toleranzen berücksichti-
gen.

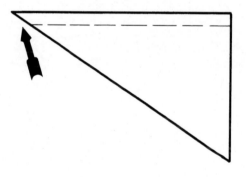
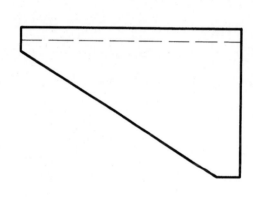

**Spitz auslaufende Blech-
biegeteile** (s. Pfeil) vermeiden. Die technisch bessere
Ausführung zeigt die rechte Darstellung.

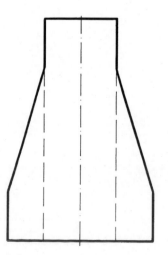
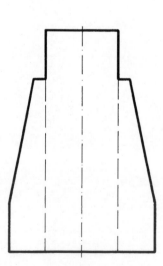

An Blechbiegeteilen schräge **Ausläufe** (links) vermeiden. Besser ist ein ausge-
klinkter Auslauf wie die
Darstellung rechts zeigt.

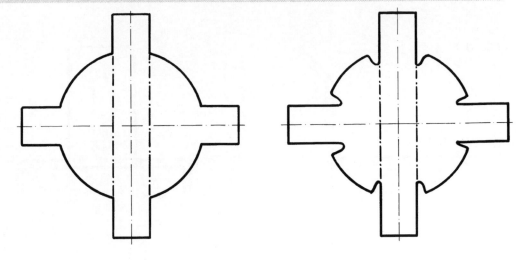

An hochbeanspruchten Blechbiegeteilen sind **Ausklinkungen** entsprechend abzurunden mit einem Radius, der größer ist als die doppelte Blechdicke.

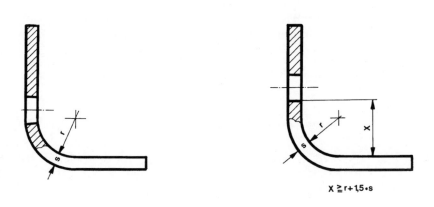

Bei **Löchern und Aussparungen** in der Nähe von Biegekanten dürfen diese nicht zu nahe an die Biegung gelegt werden, da sich sonst die Durchbrüche verziehen (links). Das max x bis zum Lochrand muß nach der Formel rechts errechnet werden.

$$X \geq r + 1{,}5 \cdot s$$

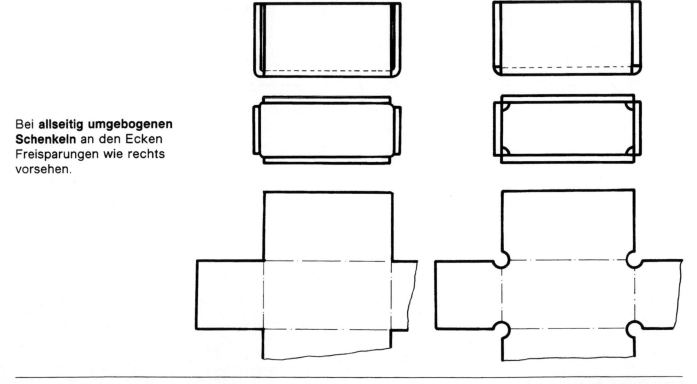

Bei **allseitig umgebogenen Schenkeln** an den Ecken Freisparungen wie rechts vorsehen.

BLECH biegen · falzen · bördeln

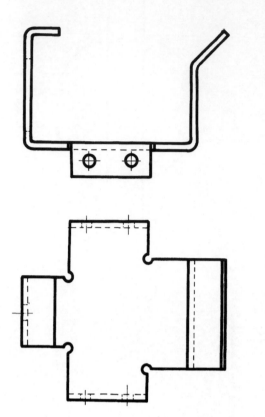

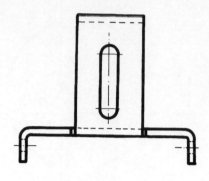

Bei **komplizierten Biegeteilen** besser mehrteilig planen und dann fügen wie unten.

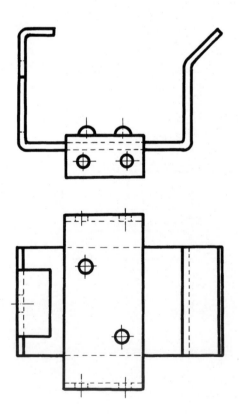

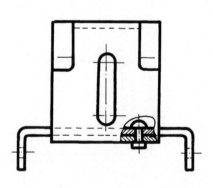

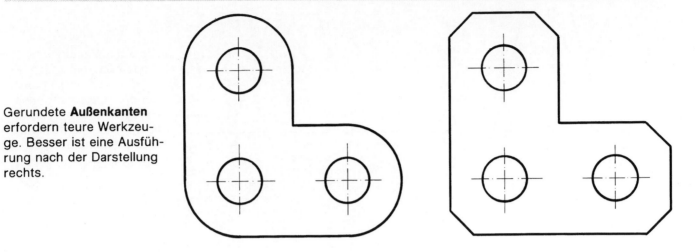

Gerundete **Außenkanten** erfordern teure Werkzeuge. Besser ist eine Ausführung nach der Darstellung rechts.

Bei zu engen **Lochabständen** besteht die Gefahr des Einreißens an den zu schmalen Stegen (s. Pfeil).

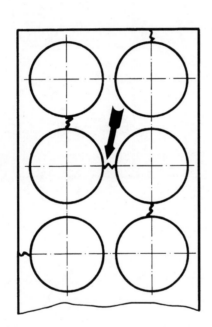
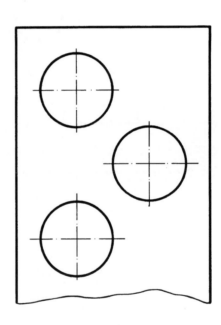

Bei nicht abgeschrägten **Ecken** besteht die Gefahr der Werkstückdeformation (s. Pfeil). Rechts die technisch bessere Lösung.

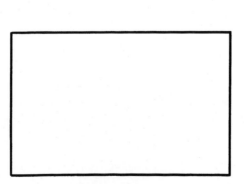
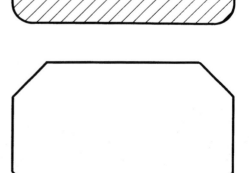

BLECH schneiden • stanzen

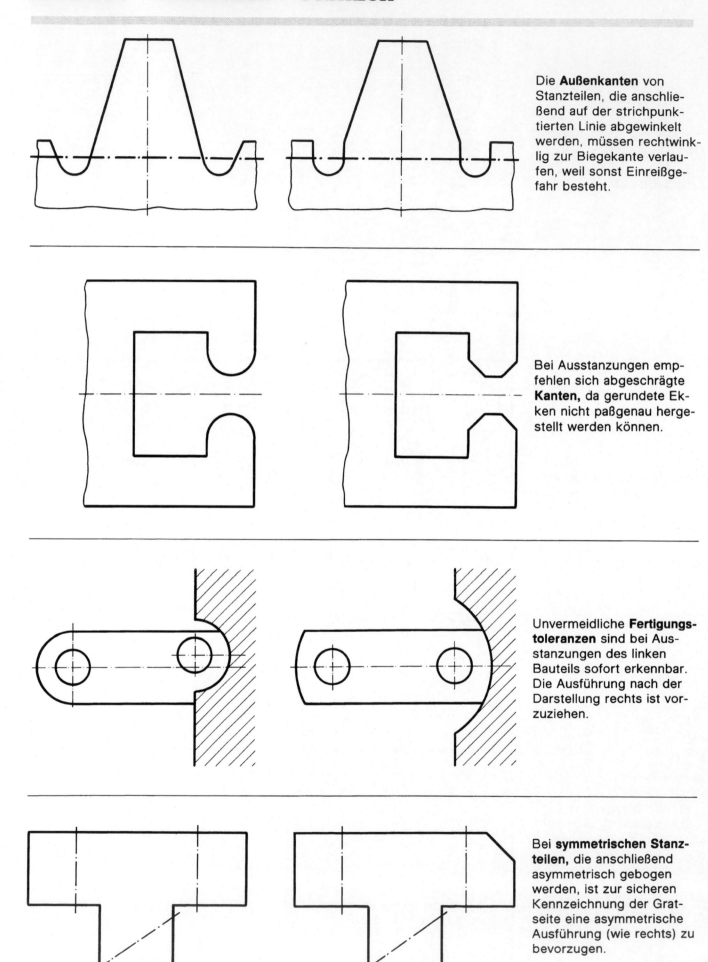

Die **Außenkanten** von Stanzteilen, die anschließend auf der strichpunktierten Linie abgewinkelt werden, müssen rechtwinklig zur Biegekante verlaufen, weil sonst Einreißgefahr besteht.

Bei Ausstanzungen empfehlen sich abgeschrägte **Kanten,** da gerundete Ecken nicht paßgenau hergestellt werden können.

Unvermeidliche **Fertigungstoleranzen** sind bei Ausstanzungen des linken Bauteils sofort erkennbar. Die Ausführung nach der Darstellung rechts ist vorzuziehen.

Bei **symmetrischen Stanzteilen,** die anschließend asymmetrisch gebogen werden, ist zur sicheren Kennzeichnung der Gratseite eine asymmetrische Ausführung (wie rechts) zu bevorzugen.

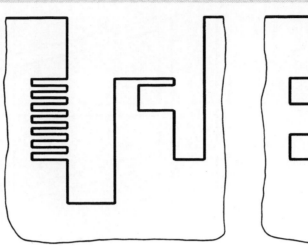
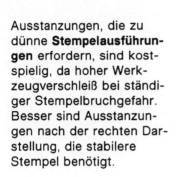
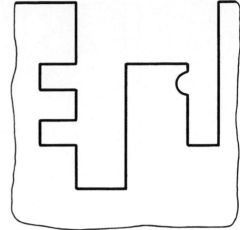

Ausstanzungen, die zu dünne **Stempelausführungen** erfordern, sind kostspielig, da hoher Werkzeugverschleiß bei ständiger Stempelbruchgefahr. Besser sind Ausstanzungen nach der rechten Darstellung, die stabilere Stempel benötigt.

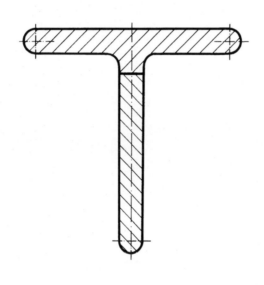

Ausstanzungen mit kostspieligen Abrundungen erfordern teure **Stempelausführungen.** Preisgünstiger sind Ausstanzungen, die einfache rechteckige, zusammensetzbare Stempel erfordern (rechts).

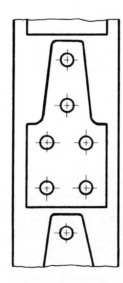
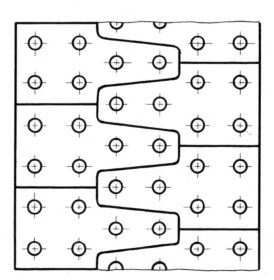

Stanzteile möglichst so gestalten, daß eine nahezu **abfallose Herstellung** möglich ist (rechts).

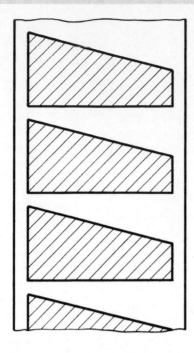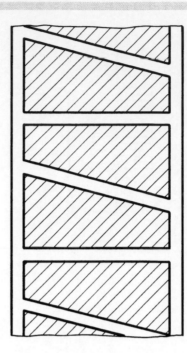

Bauteile so gestalten, daß durch Gegenüberanordnung **geringstmöglicher Abfall** entsteht (rechts).

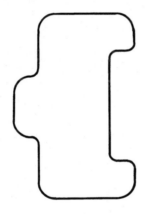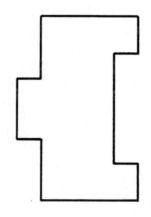

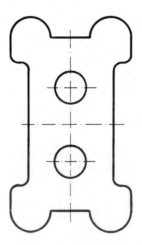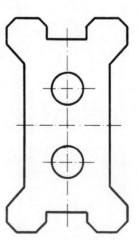

Bei Stanzteilen einfache geradlinige **Konturen** bevorzugen. Ecken möglichst nicht abrunden, sondern abschrägen (rechts).

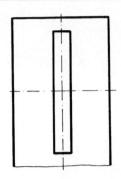
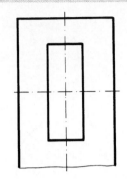

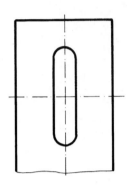
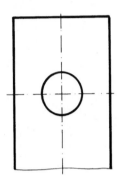

Für **Lochungen** günstige Querschnitte wählen, da sonst Stempelbruchgefahr (oben links). Ferner einfache Grundformen bevorzugen (Mitte rechts und unten rechts); dadurch günstige Werkzeugkosten.

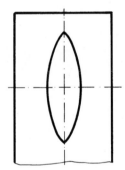
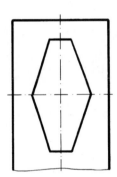

Großflächige Schnitteile mit Durchbrüchen versehen. Der Abfall kann für kleinere Stanzteile genutzt werden.

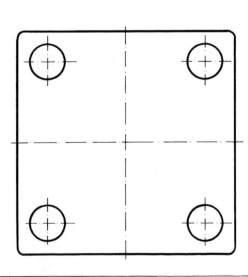
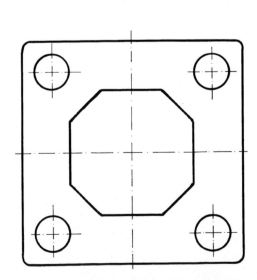

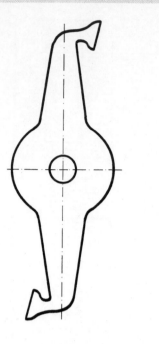
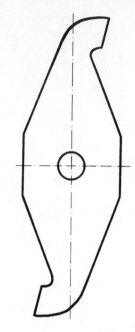

Komplizierte **Schnittformen** (links) vermeiden. Einfache Grundformen (rechts) bevorzugen.

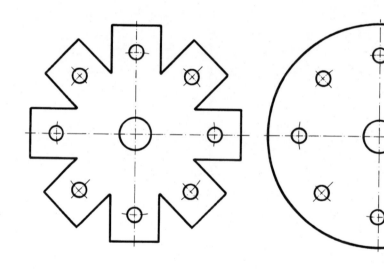

Das **Konturenausstanzen** lohnt sich nur bei Massenfertigung (links), sonst einfache Stempelformen (rechts) bevorzugen.

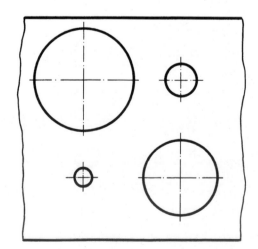
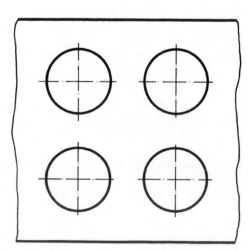

Verschiedenartige Ausstanzungen möglichst vermeiden. Sinnvoll sind Ausstanzungen gleicher Größe und gleicher Kontur, da einfache Werkzeugherstellung (rechts).

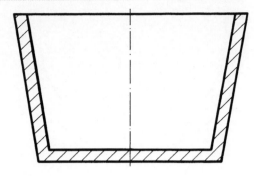

Kegelförmige Ziehteile sollten möglichst geringe Konizität aufweisen (rechts).

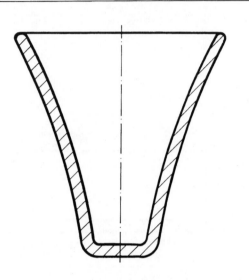

Eingeschnürte Ziehteile neigen stark zur Faltenbildung. Anzustreben sind nach außen bauchige Formteile (rechts).

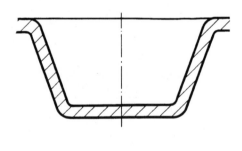

Vertiefungen an Ziehteilen sind mit möglichst geringer Tiefe vorzusehen, da hierbei keine Rißgefahr.

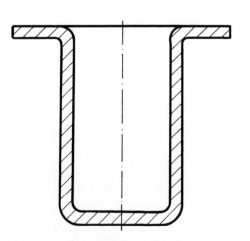

Größerflächige Flansche sind möglichst zu vermeiden, da hier das Teil oft nur in mehreren Zügen hergestellt werden kann. Rechts das kostengünstiger herzustellende Teil.

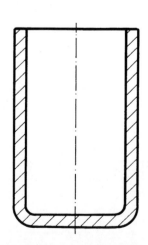

BLECH tiefziehen

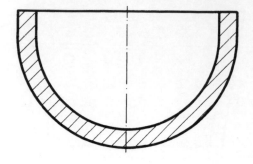
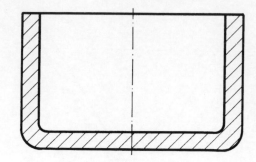

Ziehteile mit ausreichenden **Eckrundungen** sind einfacher herzustellen als mit rundem, kugeligem **Boden.**

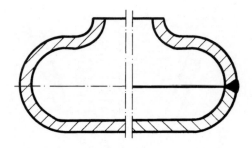
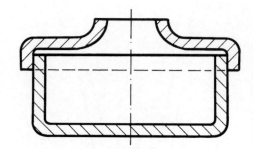

Ziehteile mit **Hinterschneidungen** sind technisch nicht herstellbar (linke Darstellung, linker Schnitt). Eine solche Konstruktion ist entweder zweiteilig auszuführen und durch Schweißen oder Löten zu verbinden (linke Darstellung, rechter Schnitt), oder wesentlich besser, ziehgerechter zu konstruieren wie die Darstellung rechts zeigt.

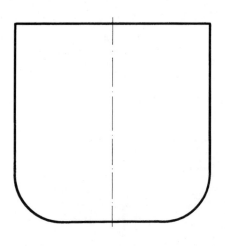
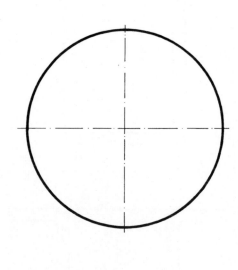

Ziehteile sind möglichst so zu konstruieren, daß mit einfachen **Grundformen** für die Blechzuschnitte auszukommen ist. Die Werkzeugkosten für einen kreisrunden Zuschnitt betragen nur halb soviel wie beispielsweise für ein Teil nach der linken Darstellung.

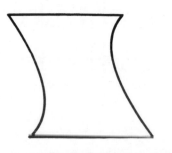

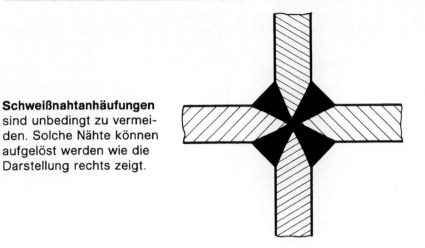 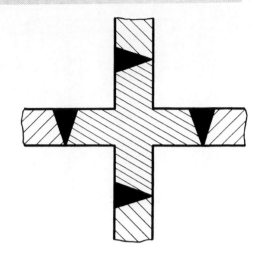

Schweißnahtanhäufungen sind unbedingt zu vermeiden. Solche Nähte können aufgelöst werden wie die Darstellung rechts zeigt.

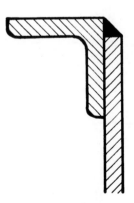 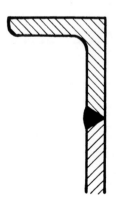

Im **spitzen Winkel zulaufende Blechteile** müssen von der gut zugänglichen Seite verschweißt werden (rechts).

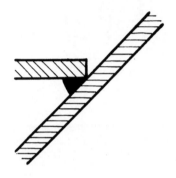 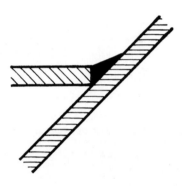

Kraftumlenkung in den Schweißnähten ist ungünstig (links). Deshalb **Profilstähle** stumpf verschweißen (rechts).

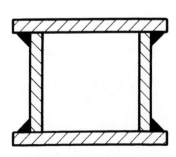 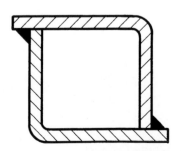

Die **Anzahl der Schweißnähte** kann um die Hälfte reduziert werden, wenn abgekantete Blechteile (rechts) Verwendung finden.

BLECH schweißen

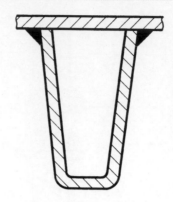

Reduzierung der **Schweiß-nahtanzahl** um die Hälfte durch Verwendung eines U-förmigen Profils (rechts).

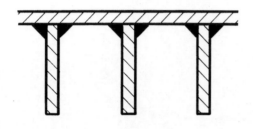
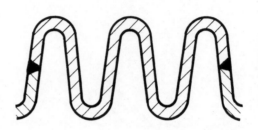

Ersatz von Schweißnähten an Verstärkungsrippen durch Änderung der Konstruktion mit formgebogenen Profilen (rechts).

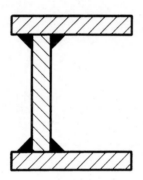
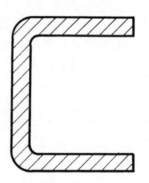

Vollkommenes **Vermeiden von 4 Schweißnähten** durch ein abgekantetes U-Profil (rechts).

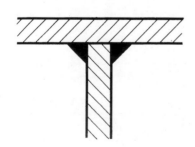
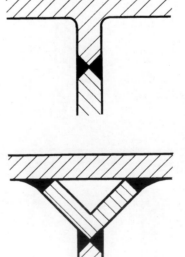

Für die **Lage von Schweiß-nähten** möglichst die neutrale Faser (rechts) bevorzugen.

Rohrverbindungen möglichst durch Einschweißen von Fittings gestalten (rechts).

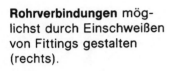
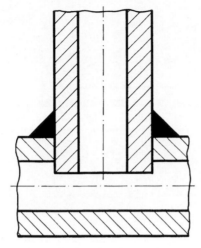
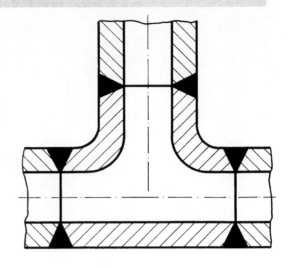

Rohranschlüsse an Behältern durch Aushalsen oder formgerechte Zwischenstücke vorsehen (rechts).

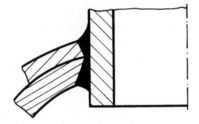
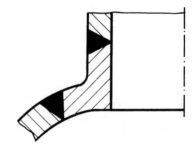

Böden möglichst nicht stumpf anschweißen, sondern wie die Darstellung rechts zeigt.

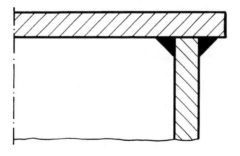
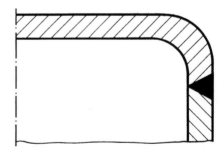

Anschlußstutzen möglichst aushalsen wie die rechte Darstellung zeigt.

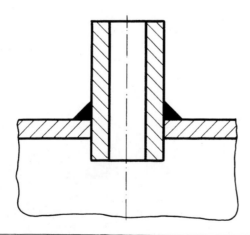
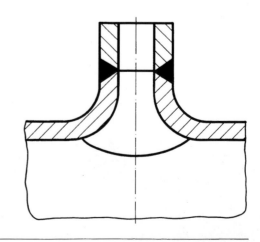

BLECH schweißen

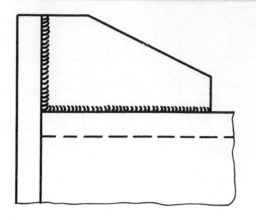 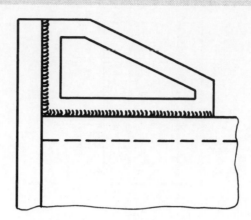

Zur Vermeidung von Spannungsspitzen **Rippen** möglichst ausklinken (rechts).

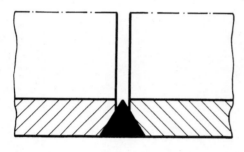 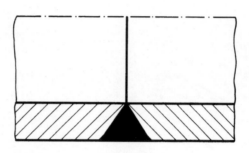

Zur Vermeidung zusätzlicher **Kerbstellen** Stumpfnähte wie rechts gezeigt vorsehen.

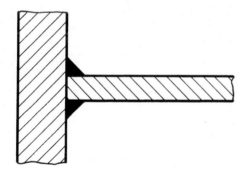 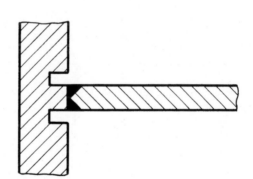

Teile mit **sehr starken Dickenunterschieden** wie rechts gezeigt konstruieren.

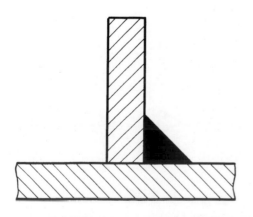 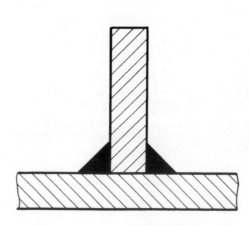

Zur Vermeidung von zusätzlichen Kerbstellen **T-förmige Konstruktionen** beiderseits verschweißen. Besser ist jedoch eine Konstruktion nach der Darstellung Seite 180 unten (rechts).

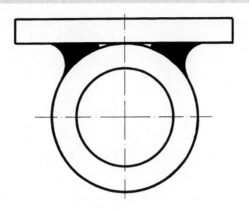 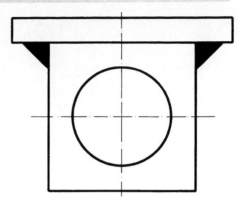

Lager und andere Rundteile sollten mit kräftigen Außenkonturen an Blechteile geschweißt werden wie die Darstellung rechts zeigt.

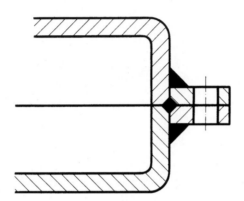 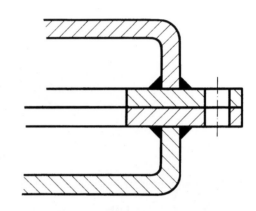

Lage von Schweißnähten: Es ist ungünstig, die Schweißnähte in die Ebenen der zu bearbeitenden Flächen zu legen. Besser ist eine Ausführung nach der Darstellung rechts.

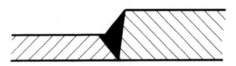 

Starke **Blechdickenunterschiede** sind zu vermeiden. Anzustreben sind Konstruktionen wie die Darstellung rechts zeigt.

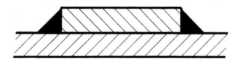 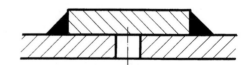

Beim **Verstärken von Blechen** durch aufzuschweißende Bleche sind entweder Entlüftungsbohrungen oder unterbrochene Schweißnähte vorzusehen wie die Darstellung rechts zeigt.

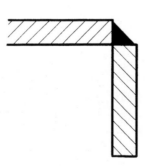 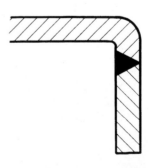

Die **Kraftumlenkung** in den Schweißnähten (links) ist ungünstig. Besser ist es, abgekantete Bleche (rechts) vorzusehen.

BLECH schweißen

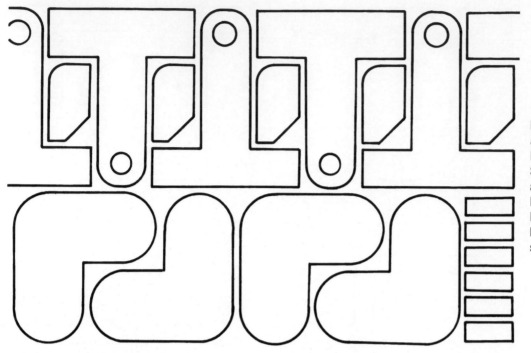

Beim Konstruieren von **auszubrennenden Blechen,** besonders bei größeren Stückzahlen, ist darauf zu achten, daß die Teile so konstruiert werden, daß beim Brennschneiden ein **Minimum an Abfall** entsteht.

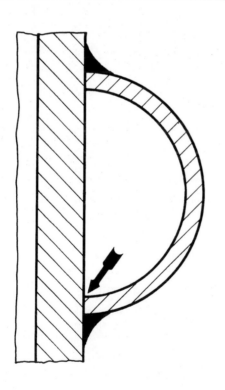
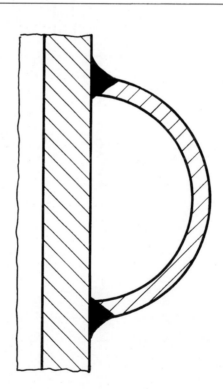

An Teilen, die zusammengeschweißt werden, ist stets auf die Möglichkeit der **Korrosion im Spalt** (s. Pfeil links) zu achten. Anzustreben ist eine Konstruktion wie die Darstellung rechts zeigt.

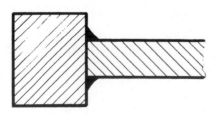

Unterschiedlich dicke Platten haben Ungleichmäßigkeit im Kräfteverlauf zur Folge. Bei nur statischer Beanspruchung genügt die Konstruktion nach der Darstellung links. Bei dynamischer Beanspruchung ist die Konstruktion wie rechts auszuführen.

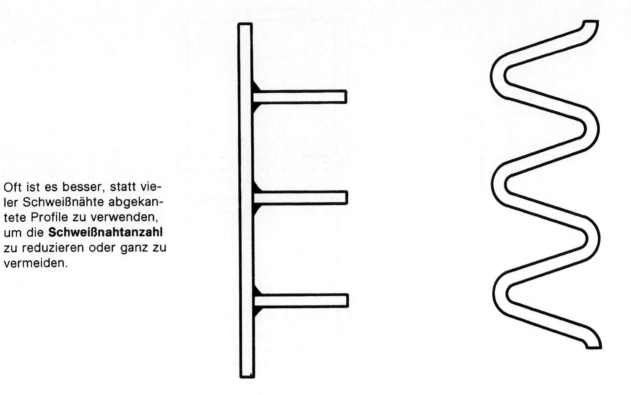

Oft ist es besser, statt vieler Schweißnähte abgekan-
tete Profile zu verwenden,
um die **Schweißnahtanzahl**
zu reduzieren oder ganz zu
vermeiden.

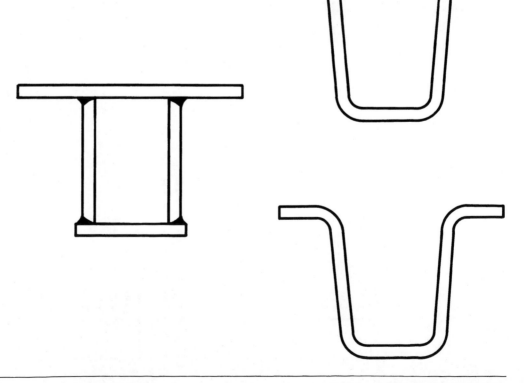

Auch bei diesen Beispielen
ist die **Schweißnahtanzahl**
bei den rechten Darstellungen wesentlich reduziert
worden.

BLECH schweißen

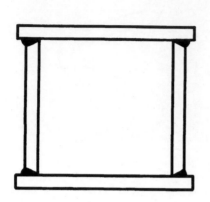

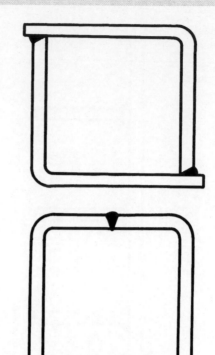

Durch abgekantete Profile ist auch hier die **Anzahl der Schweißnähte** reduziert.

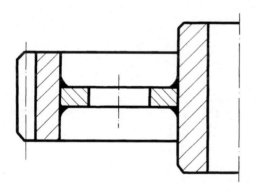

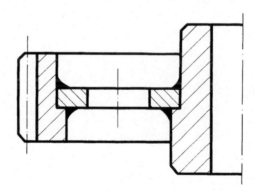

Eindeutiges Fixieren der Schweißteile (s. Abbildung rechts) erleichtert die Schweißarbeit.

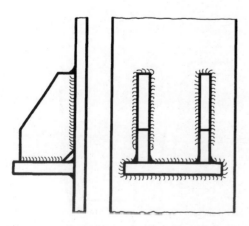

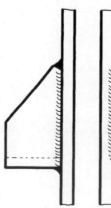

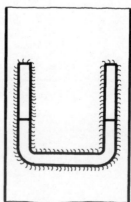

Anzustreben sind geringe **Schweißnahtanzahlen** durch abgekantete Profile (rechts).

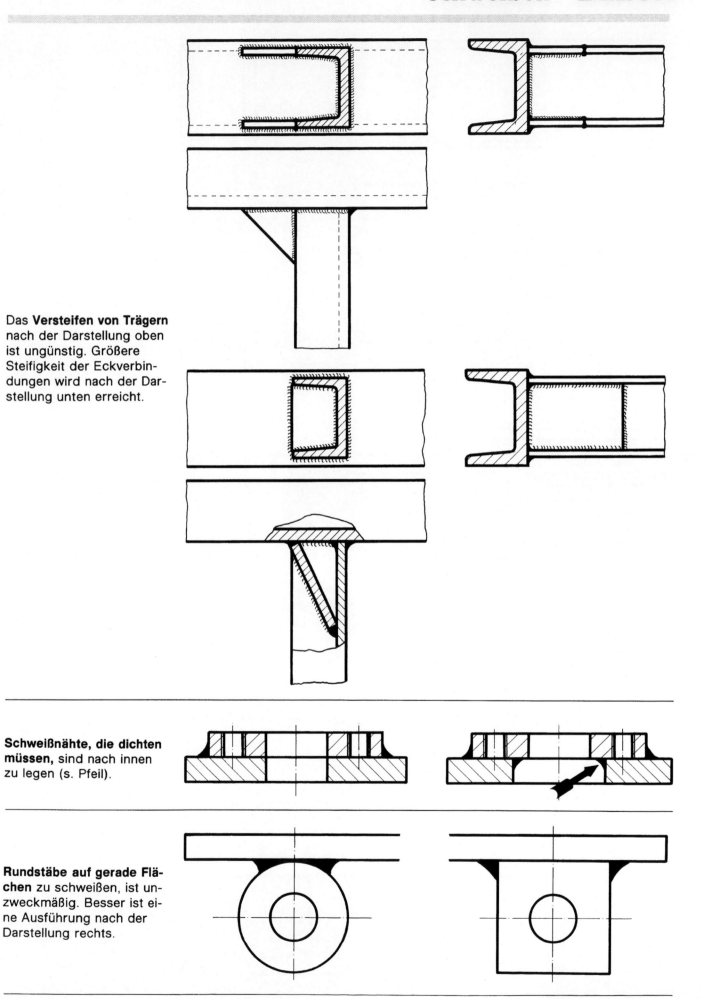

Das **Versteifen von Trägern**
nach der Darstellung oben
ist ungünstig. Größere
Steifigkeit der Eckverbindungen wird nach der Dar-
stellung unten erreicht.

**Schweißnähte, die dichten
müssen,** sind nach innen
zu legen (s. Pfeil).

**Rundstäbe auf gerade Flä-
chen** zu schweißen, ist unzweckmäßig. Besser ist eine Ausführung nach der
Darstellung rechts.

BLECH schweißen

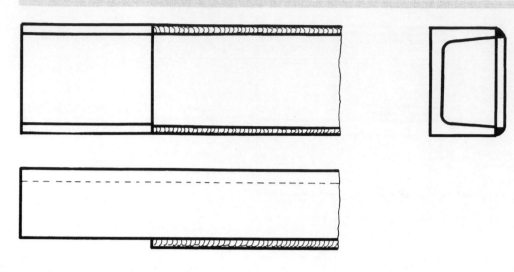

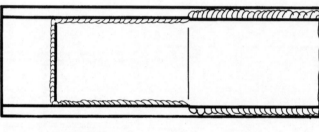

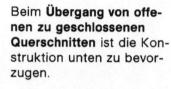

Beim **Übergang von offenen zu geschlossenen Querschnitten** ist die Konstruktion unten zu bevorzugen.

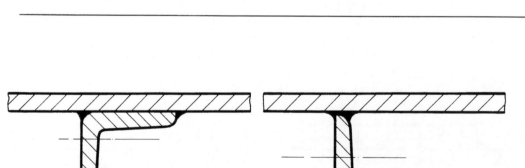

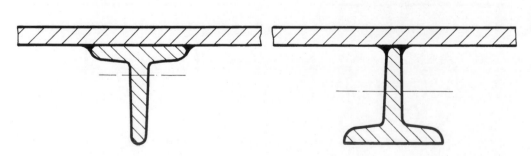

Versteifungen zur Erhöhung der Bauteilsteifigkeit so vorsehen wie die Darstellungen rechts zeigen.

Ungenügende Festigkeit durch **Lötanhäufung** am Außendurchmesser (links). Lötgerechte Konstruktion durch gleichmäßige Lötstärke (rechts).

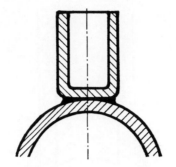
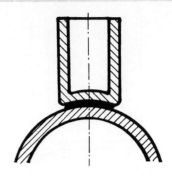

Die fachgerechte **Lötverbindung eines Ringes mit einem Bolzen** sollte durch einen bei der Konstruktion vorzusehenden Absatz sichergestellt werden. Links eine weniger zweckmäßige Ausführung.

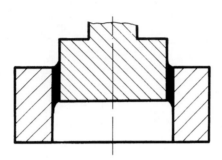
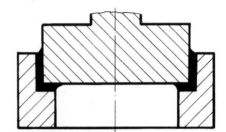
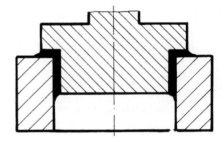

Bei **stärker beanspruchten Konstruktionen** sind Lötverbindungen (wie rechts dargestellt) zu entlasten.

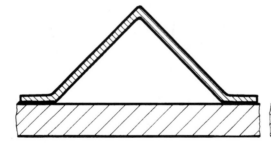
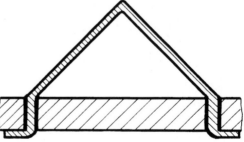

Nicht stark beanspruchbare Lötverbindung links. Rechts entlastete, **stark beanspruchbare Lötverbindung.**

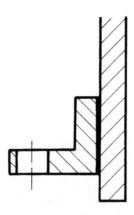
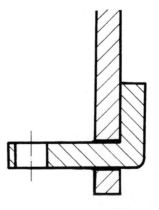

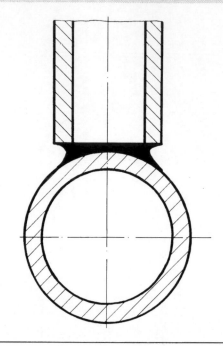
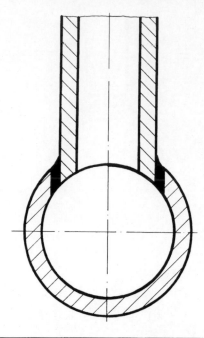

Links starke **Lötanhäufung,** deshalb unzweckmäßige Lötverbindung. Rechts durch Einklinken des einen Rohrs in das andere weitgehend entlastete Lötverbindung (rechts).

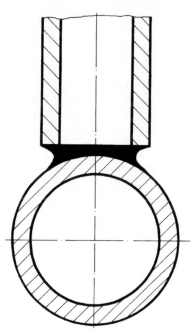
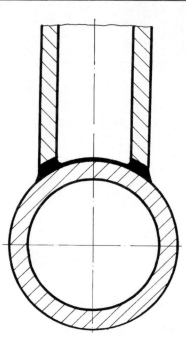

Nicht zweckmäßige Lötkonstruktion (links) durch **Lötanhäufung.** Rechts durch angepaßtes Rohr zweckmäßigere Konstruktion.

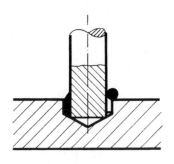
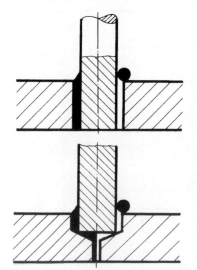

Beim **Einlöten eines Bolzens** in ein Teil, ist für Entlüftung zu sorgen entweder durch eine kleine Bohrung (wie unten rechts) oder indem die Bohrung durchgängig (wie oben rechts) ausgeführt wird.

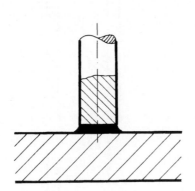

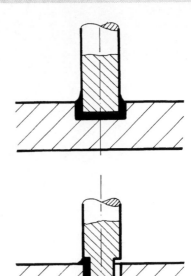

Beim **Verbinden eines Bolzens mit einer Platte** ist eine Stumpflötung (links) zu vermeiden. Anzustreben ist das eingesetzte Löten mit Entlüftungsbohrung wie die Darstellung unten rechts zeigt.

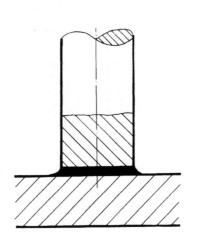

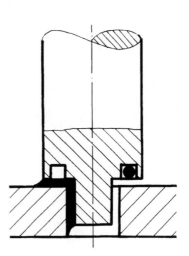

Bolzen sollten an Platten beanspruchungsentlastet durch Bohrungen verlötet werden. Rechts eine auch für Serienteile lötgerechte Konstruktion.

Lötgerechte Konstruktion von **Fittings mit Rohren.**

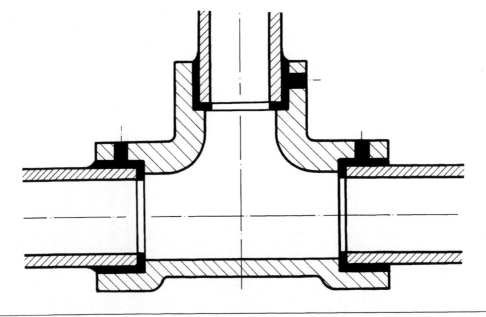

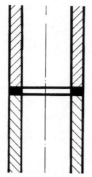

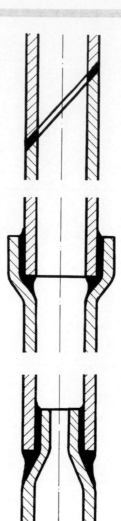

Rohrverbindungen sollten möglichst nicht stumpf (wie links) ausgeführt werden, sondern wie die 3 rechten Darstellungen zeigen, wobei die Muffenverbindungen zu bevorzugen sind. Die Verbindung unten rechts weist allerdings eine erhebliche Querschnittseinbuße auf.

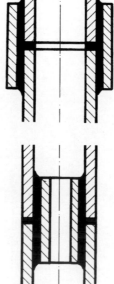

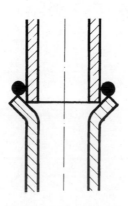

Lötverbindungen an Rohren nach der Darstellung links sind zu vermeiden. Zu bevorzugen sind Lötverbindungen mit zusätzlichen Muffen nach den Darstellungen rechts.

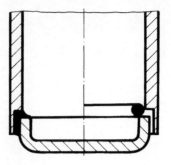

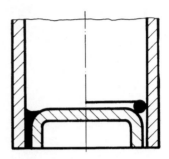

Blechböden in Behälter
sind nach den Darstellun-
gen rechts einzulöten. Ausführungen nach der Zeich-
nung links sind zu vermeiden.

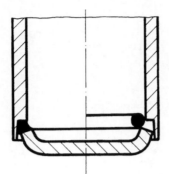

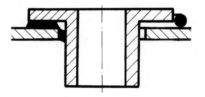

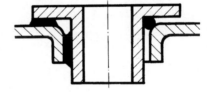

Stark belastete Flansche
sind nach der Darstellung
rechts zu konstruieren.
Das ausgebördelte Mantel-
blech gewährleistet optimalen Lötfluß.

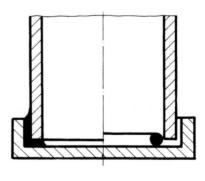

Stumpflötungen von **Böden**
(links) sind zu vermeiden.
Die rechte Darstellung
zeigt 2 mögliche Ausfüh-
rungsformen lötgerechter
Bodenkonstruktionen.

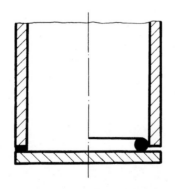

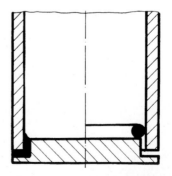

BLECH löten

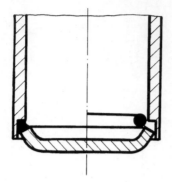

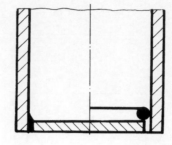

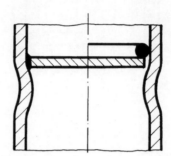

Böden und Zwischenböden
sind nach den Darstellungen rechts zu konstruieren. Links eine weniger empfehlenswerte Ausführung.

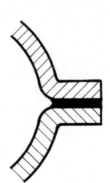

Mantellötungen sind nicht stumpf (wie links), sondern stets überlappt wie die 3 Darstellungen rechts zeigen auszuführen.

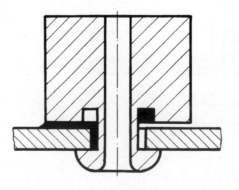

Bei **stark beanspruchten Flanschen, Buchsen u. ä.** empfiehlt sich das Vernieten und Verlöten, um die Bohrung abzudichten.

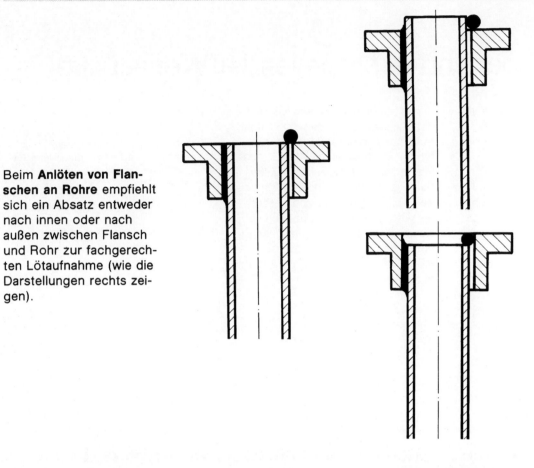

Beim **Anlöten von Flanschen an Rohre** empfiehlt sich ein Absatz entweder nach innen oder nach außen zwischen Flansch und Rohr zur fachgerechten Lötaufnahme (wie die Darstellungen rechts zeigen).

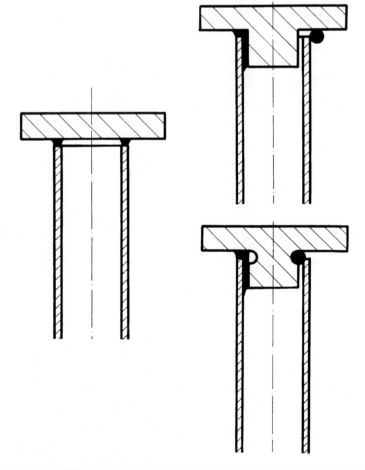

Blindflansche sind nicht stumpf (wie links) anzulöten, sondern entsprechend den Darstellungen rechts.

Gestalten spanend herzustellender Werkstücke

Für spanend herzustellende Werkstoffe sollten die in der nachfolgenden Checkliste genannten Gestaltungshinweise beachtet werden.

Bei der spanenden Bearbeitung von Kunststoffen sind die gegenüber der Metallverarbeitung z. T. erheblich abweichenden Einflußgrößen zu beachten. So erschwert die wesentlich geringere Wärmeleitung die Wärmeabfuhr und kann bei hohen Zerspanungsleistungen zu einem Erweichen des Kunststoffs und damit zu einem Verschmieren der Bearbeitungsfläche führen. Dann ist es von Vorteil, das Werkstück mit Druckluft zu kühlen. Flüssige Kühlmittel sind im allgemeinen nicht erforderlich. Von besonderer Wichtigkeit beim Bearbeiten von Kunststoffen ist stets ein rasches Entfernen der Späne, um mit diesen möglichst viel Wärme vom Werkstück abzuführen.

Literatur

Fritz, A. H.: Schulze G.: Fertigungstechnik, VDI-Verlag, Düsseldorf, 1985.
Hoechst AG: Technische Kunststoffe, Berechnen – Gestalten – Anwenden, C.3.1 Bearbeiten von Hostaform®, 1989.
Tschätsch, H.: Handbuch spanende Formgebung, Hoppenstedt TTV, Darmstadt 1987.
Krist, Th.: Metallindustrie – Zerspanungstechnik, Hoppenstedt TTV, Darmstadt, 1989

✗ Checkliste zum Gestalten spanend herzustellender Werkstücke

Spannmöglichkeiten vorsehen
— Große und feste Spannfläche vorsehen, um die Fläche beim Spannen nicht zu zerdrücken
— Bei schwierig zu spannenden Teilen besondere Auflageknaggen und Aussparungen zum Spannen vorsehen
— Teile so gestalten, daß sie in einer Aufspannung fertig bearbeitet werden können. Dies ist preiswerter und genauer
— Die Spannfläche bei fliegend zu bearbeitenden Teilen möglichst nahe an die Bearbeitungsfläche legen
— Gleichartige Teile so gestalten, daß durch Zusammenspannen eine gemeinsame Bearbeitung der Teile möglich ist, z. B. Zahnräder

Bearbeitungserleichterungen
— Bei den zu bearbeitenden Flächen auf gute Zugänglichkeit für das Werkzeug achten
— Werkzeugauslauf vorsehen, z. B. für Fräser, Schleifscheibe, Verzahnungswerkzeug; auch bei kegelförmigen Flächen

— Die Bearbeitungsflächen sind möglichst parallel oder senkrecht zur Aufspannfläche zu legen
— Beim Räumen von Bohrungen möglichst symmetrische Formen verwenden, damit die Räumnadel nicht verläuft
— Zum Bohren muß genügend Platz für das Bohrfutter sein

Kostengünstig gestalten
— Das Zerspanvolumen so klein wie möglich halten
— Möglichst geometrisch einfache Grundkörper wählen und Kegel- oder Kugelflächen vermeiden
— Möglichst genormte Werkzeuge einsetzen
— Drehen und Bohren vor Fräsen und Hobeln ausführen
— Möglichst wenig fein bearbeiten und Oberflächen, die keine Funktionsflächen sind, rauh lassen. Das heißt, Oberflächengüten und Toleranzen nur auf das unbedingt Notwendige beschränken
— Die Bearbeitungsflächen möglichst auf einer Höhe vorsehen

— Die Bearbeitungsflächen möglichst senkrecht zueinander anordnen und nicht schiefwinklig
— An einem Teil möglichst gleiche Lochdurchmesser, gleiche Radien und gleiche Gewinde vorsehen
— Kompliziert gestaltete Teile sind oft preiswerter zu bearbeiten, wenn sie geteilt konstruiert, getrennt bearbeitet und wieder montiert werden
— Sacklöcher sind möglichst zu vermeiden
— Ausrundungen (konvexe Formen) möglichst nicht an ebene oder zylindrische Flächen tangierend anschließen, sondern im stumpfen Winkel. Der tangierende Übergang ist schwer herstellbar
— Kerb- und Spannstifte sind günstiger als Zylinder- oder Kegelstifte mit geriebenen Löchern
— Um enge Toleranzen zu vermeiden, elastische oder nachstellbare Teile verwenden
— Schrumpfsitze sind preiswerter als formschlüssige Wellen/Nabenverbindungen

Bei zu drehenden Teilen ist auf ausreichende **Spannflächen** im Dreibackenfutter zu achten. Links unsicheres Aufspannen und dadurch nur geringes Zerspanungsvolumen pro Zeiteinheit möglich. Rechts konstruktiv richtige Ausführung.

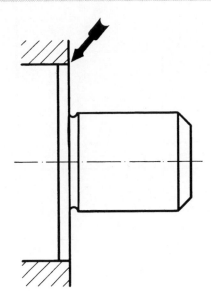
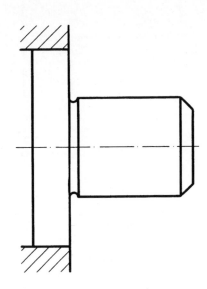

Besonders bei größeren Serien ist es vorteilhaft, in Richtung zur Spannfläche steigende **Außendurchmesser** vorzusehen und ebenfalls von rechts nach links abfallende **Bohrungen.** Beide konstruktiven Maßnahmen gestatten bei Drehautomaten gleichzeitiges Herstellen der Innen- und Außenkonturen.

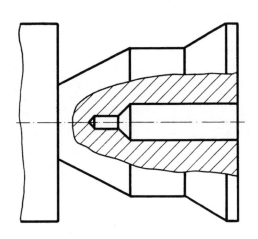
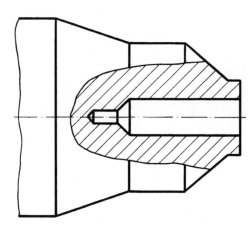

Aus wirtschaftlichen Gründen sind **Außenkanten** möglichst anzufasen und **Innenkanten** mit Radien zu versehen. Links ein technisch aufwendig herzustellendes Teil.

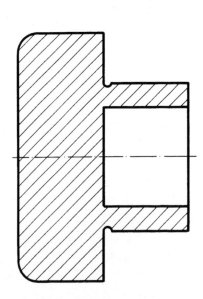
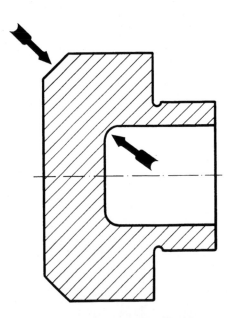

SPANEN drehen

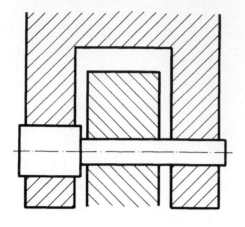

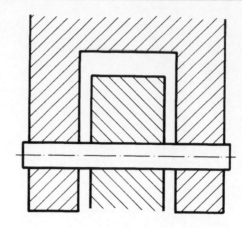

Abgesetzte Bolzen, Wellen und Achsen lassen sich oft vermeiden und ergeben durch gleiche Durchmesser niedrigere Herstellkosten (rechts).

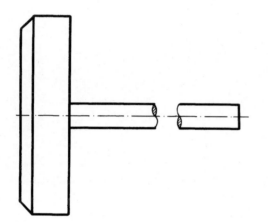

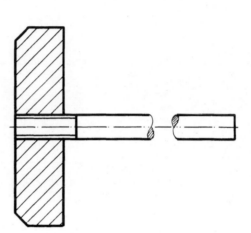

Stark abgesetzte Drehteile mit großem Zerspanungsvolumen (links) sind wirtschaftlicher mehrteilig auszuführen (rechts).

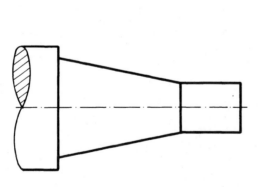

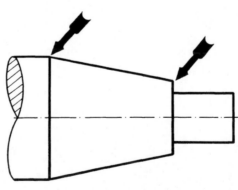

Konusteile sind so vorzusehen, daß der Werkzeugauslauf (s. Pfeile rechts) nicht behindert wird. Links technisch schwieriger herzustellendes Teil, das wesentlich mehr Zeitaufwand erfordert.

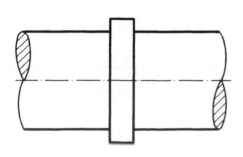

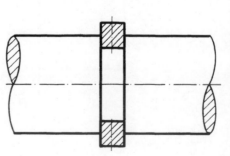

Ein **Bund an Wellen** erfordert viel Zerspanungsaufwand. Wesentlich wirtschaftlicher ist ein Einstich in die Welle und das Einsetzen eines entsprechenden zweiteiligen, zu verschraubenden Sicherungsringes (rechts).

Funktionslose, **stark abgesetzte, planflächige Wellen** (links) sollten — auch aus Festigkeitsgründen — vermieden werden. Besser ist ein Konus wie rechts vorgesehen. Gleichzeitig wird das Zerspanvolumen (s. strichpunktierte Linie links) wesentlich verringert.

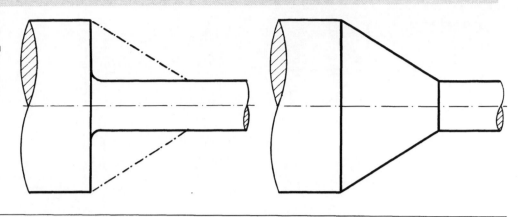

Teile, die hinterdreht werden müssen (links), sind wirtschaftlicher zweiteilig herzustellen, da das Zerspanungsvolumen wesentlich geringer ist.

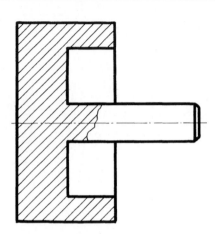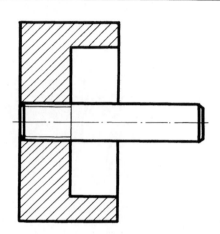

Drehteile mit großem Außen- und Innendurchmesser (links) erfordern erheblichen Zerspanungsaufwand. Besser ist eine Teilekonstruktion, bei der das Drehteil aus einem Rohr hergestellt werden kann (rechts).

Drehteile sind möglichst so zu gestalten, daß sie steigende **Stufenabsätze** nach einer Richtung und nach einer Seite (rechts) aufweisen. Die linke Konstruktion erfordert mehr Zerspanungsaufwand.

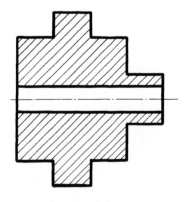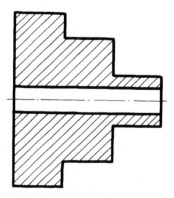

SPANEN Entlastungskerben an Drehteilen

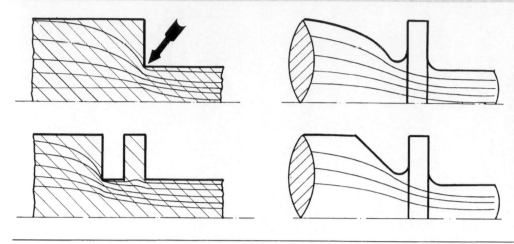

An **hochbeanspruchten Drehteilen** für kraftflußgerechte Entlastungskerben sorgen (rechts). Scharfkantige Absätze bergen die Gefahr schädlicher Kerbwirkung (links).

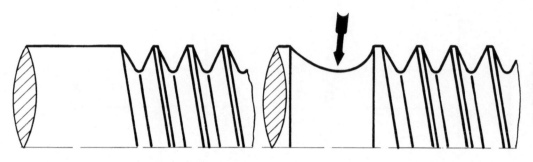

Kerbwirkung an **Gewindeausläufen** kann vermieden werden durch allmählich auslaufende Übergänge (s. Pfeil rechts).

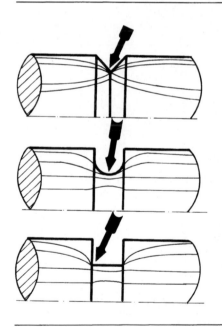

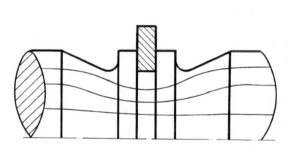

An **hochbelasteten Wellen und Achsen** sind Einstiche für Sicherungsringe u. ä. besonders schädlichen Kerbwirkungen ausgesetzt. Hier ist für kraftflußgerechte Bauteilgestaltung (rechts) zu sorgen.

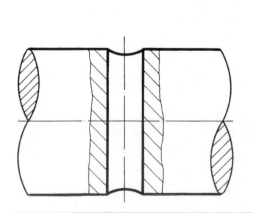

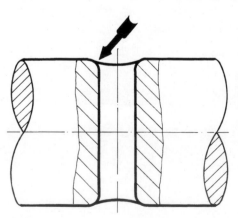

Querbohrungen an **hochbelasteten Achsen und Wellen** sind möglichst groß abzurunden (s Pfeil rechts).

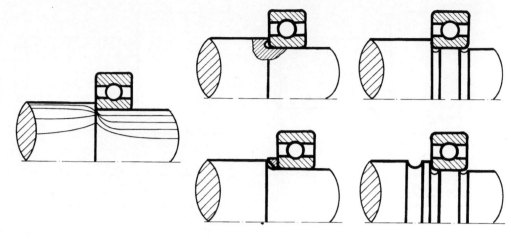

Die Kerbwirkung bei der **Anbringung von Wälzlagern an abgesetzten Wellen und Achsen** ist zu reduzieren durch Bauteilgestaltung entsprechend den in der Darstellung rechts gezeigten 4 Möglichkeiten.

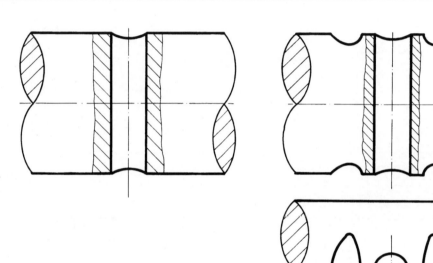

Die Kerbwirkung an **Querbohrungen bei hochbelasteten Achsen und Wellen** kann, außer dem Durchmesserausrunden der Bohrungsaustritte, auch durch Entlastungsausrundungen neben den Bohrungsaustritten verringert werden (s. Pfeile).

Bei **hochbeanspruchten Drehteilen** führen scharfkantige **Absätze** zu großer Kerbwirkung. Das rechte Konstruktionsteil zeigt eine kraftflußgerechte Form.

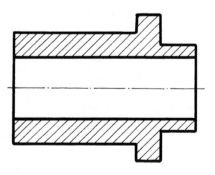 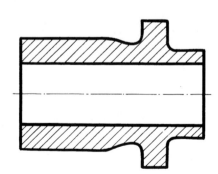

SPANEN Gewindeteile

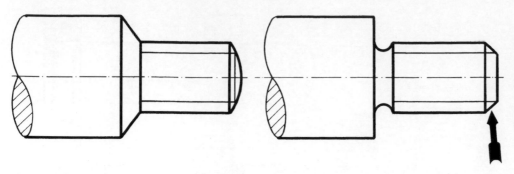

Bei Drehteilen mit Gewinde ist für ausreichenden **Gewindeauslauf** zu sorgen. Außerdem ist das angefaste Drehteil (s. Pfeil) wirtschaftlich günstiger herzustellen als eine Kugelkuppe (links).

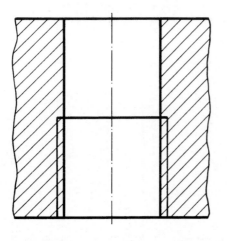
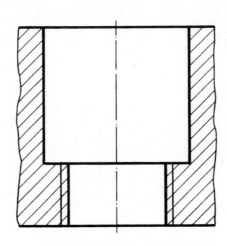

Bei Konstruktionsteilen, in die kein Durchgangsgewinde geschnitten wird, weil anschließend eine **Paßbohrung** vorgesehen werden muß, ist diese Bohrung deutlich abgesetzt vom Kerndurchmesser, also im **Durchmesser** größer, auszuführen wie die Darstellung rechts zeigt.

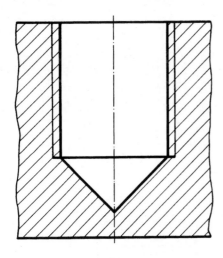
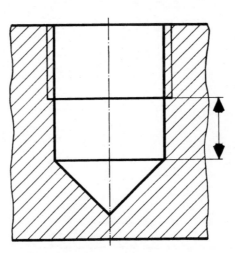

Bei **Sacklöchern mit Gewinde** ist das Gewinde nicht bis zum Bohrungsgrund herzustellen. Hier muß also ein ausreichender Gewindeauslauf vorgesehen werden (rechts).

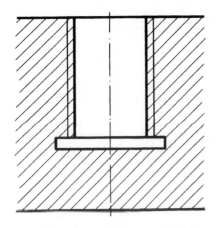
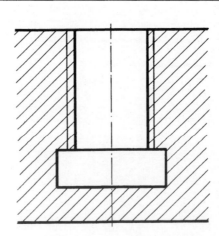

Bei **nicht durchgehendem Gewinde** ist ausreichender Gewindeauslauf vorzusehen (rechts).

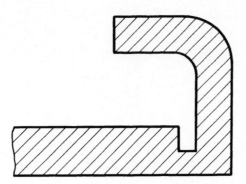
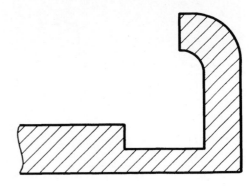

Rechts eine Konstruktion, die mit großen Fräser-durchmessern sehr wirt-schaftlich hergestellt wer-den kann. Links unzweck-mäßige Konstruktion, weil schlecht **zugängliche** Aus-führung.

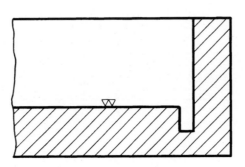
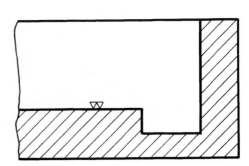

Genügender **Fräserauslauf** sichert wirtschaftliche Be-arbeitung (rechts).

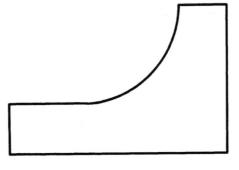
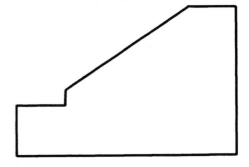

An Konstruktionsteilen möglichst **gerade, ebene Flächen,** die kostengünstig herzustellen sind, vorsehen (rechts).

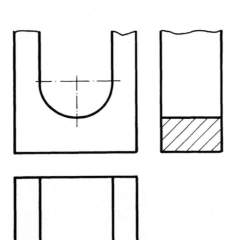
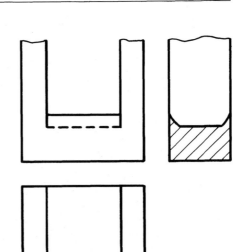

Das Herstellen von **Run-dungen** erfordert den Ein-satz kostenaufwendiger Formfräser. Rechts wirt-schaftliche Konstruktion.

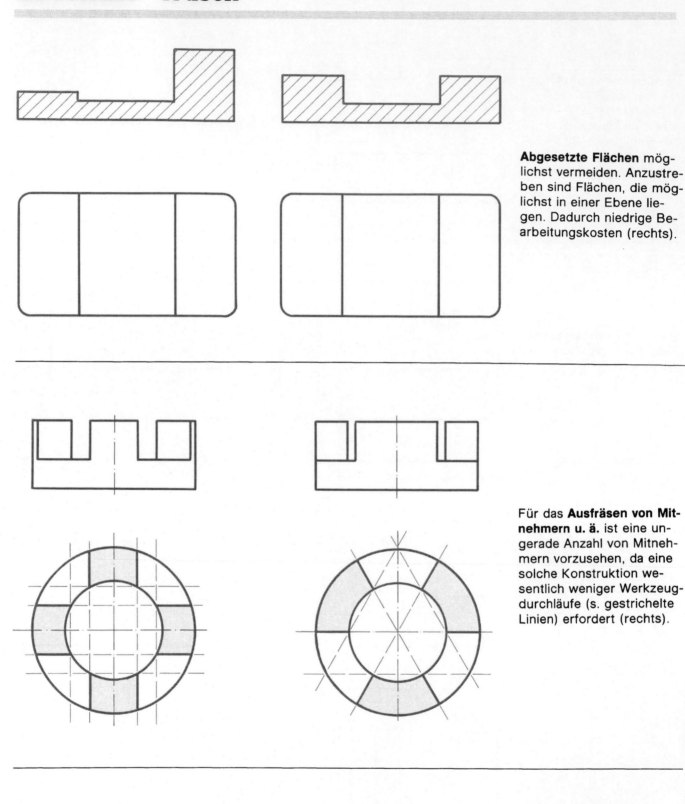

Abgesetzte Flächen möglichst vermeiden. Anzustreben sind Flächen, die möglichst in einer Ebene liegen. Dadurch niedrige Bearbeitungskosten (rechts).

Für das **Ausfräsen von Mitnehmern u. ä.** ist eine ungerade Anzahl von Mitnehmern vorzusehen, da eine solche Konstruktion wesentlich weniger Werkzeugdurchläufe (s. gestrichelte Linien) erfordert (rechts).

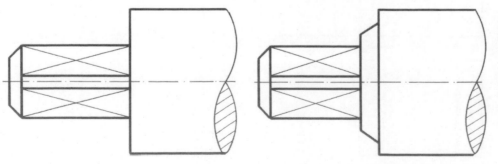

Flächige Anfräsungen an Wellen- und Achsenenden sollten einen vor dem Fräsen fertigzudrehenden Absatz aufweisen, da der Fräserauslauf dann wesentlich sauberer ist.

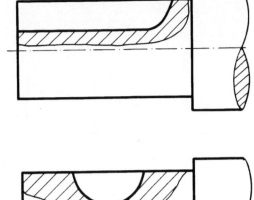

Nuten in Konstruktionsteilen sind möglichst so vorzusehen, daß ohne Fingerfräser (links), sondern mit kostengünstigeren Scheibenfräsern (Beispiele rechts) gefertigt werden kann.

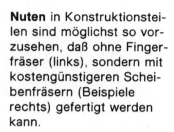

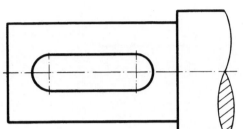

Für **Ausfräsungen** sind möglichst einfache Formen (Kreisformen) wie rechts dargestellt zu bevorzugen.

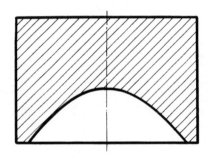

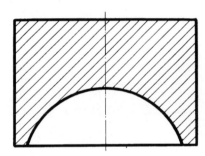

Für **Stirnfräsarbeiten an rotationssymmetrischen Teilen** ist ein entsprechend vorgedrehter Ansatz vorzusehen (s. Pfeil rechts), der das Fräsen wesentlich erleichtert.

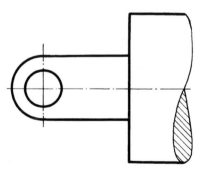

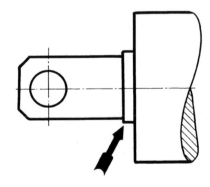

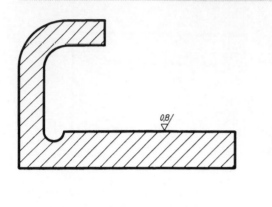
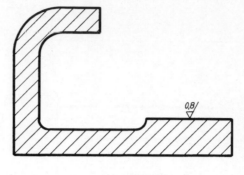
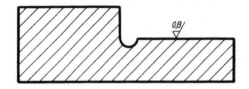
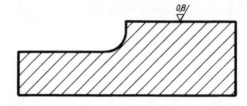

Die zu schleifenden Flächen sollten möglichst gut **zugänglich und erhaben** gestaltet werden, damit wirtschaftliche Topfschleifkörper zum Einsatz kommen können.

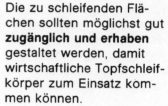

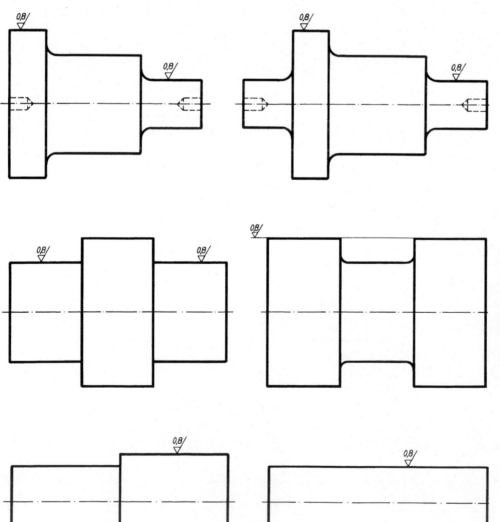
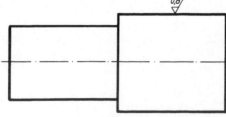
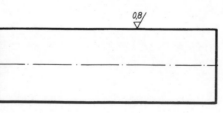

Teile sind möglichst so zu gestalten, daß in einem Durchlauf (rechts Mitte) geschliffen werden kann. Der Bund (links Mitte) verhindert ein durchgehendes Schleifen. **Abgesetzte Wellen und Achsen** erfordern viel Bearbeitungsaufwand. Gezogenes Halbzeug, das dann durchgehend geschliffen wird, ist eine wirtschaftlichere Lösung (unten rechts).

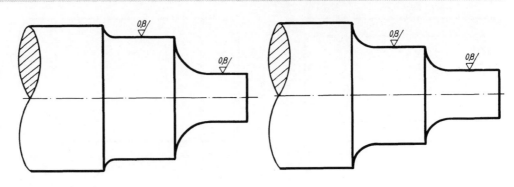

Sind **Radien an Wellen und Achsen** erforderlich, sind diese gleich groß zu gestalten, um ein wirtschaftliches Schleifen (rechts) zu ermöglichen.

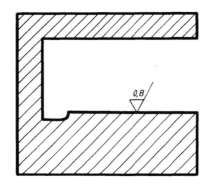

Nach Möglichkeit sind **Radien bei Wellen- und Achsenabsätzen** zu vermeiden. Anzustreben sind Einstiche zum freien Auslauf des Schleifkörpers (rechts).

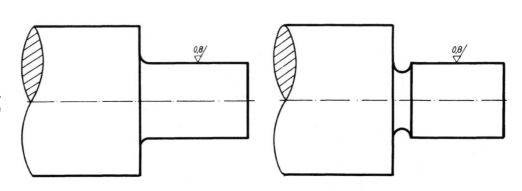

Die Körper von **schwer zugänglich zu schleifenden Flächen** sind mehrteilig (wie die Darstellung rechts zeigt) zu gestalten, da besonders bei Serienfertigung der Schleifaufwand in einteiliger Ausführung erheblich ist.

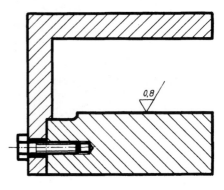

Für das Schleifen von **Stirnflächen** ist es zweckmäßig, vorher in der Stirnfläche mittig eine Aussenkung vorzusehen wie die Darstellung rechts zeigt.

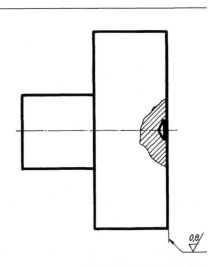

SPANEN hobeln · stoßen

Flächen an Konstruktionsteilen, die gehobelt werden müssen, sind so zu gestalten, daß möglichst wenig **Leerlauf des Hobelstahls** entsteht. Rechts die wirtschaftliche Lösung.

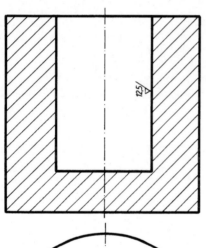
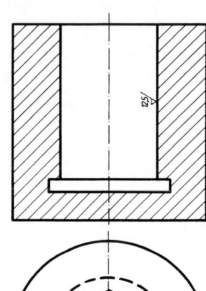

Beim Hobeln und Stoßen ist für ausreichenden **Werkzeugauslauf** in der Konstruktion Sorge zu tragen. Rechts die konstruktiv richtige Ausführung.

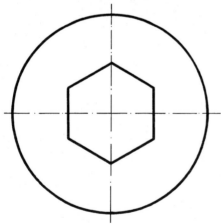
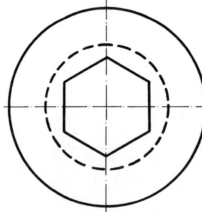

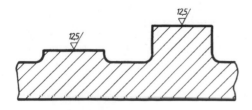
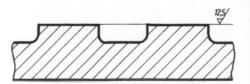

Bei Konstruktionen sind **Hobel- bzw. Stoßebenen** möglichst in eine Ebene zu legen. Rechts die wirtschaftlich bessere Konstruktion.

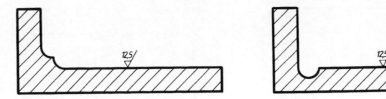

Für genügend **Werkzeug-auslauf** ist beim Hobeln und Stoßen bereits in der Konstruktion Sorge zu tragen. Rechts technisch einwandfreie Ausführungen.

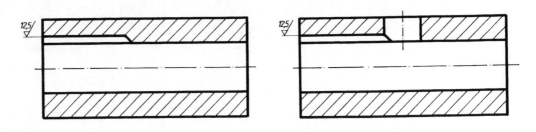

Für ausreichenden **Werkzeugauslauf** kann oft durch abgesetzte Flächen gesorgt werden (rechts).

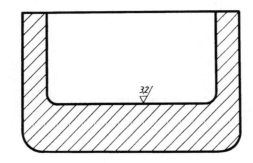 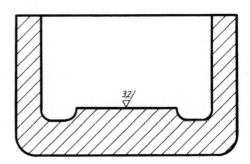

Das Hobeln von **nicht rechtwinklig zueinander stehenden Flächen** erfordert viel Aufwand für das Maschineneinrichten. Rechts die wirtschaftlichere Lösung.

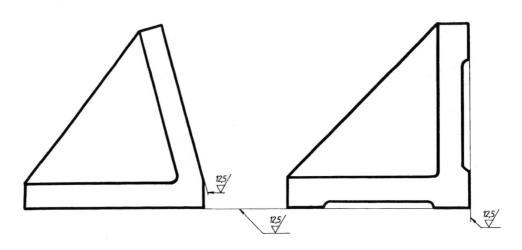

SPANEN   bohren · senken · reiben

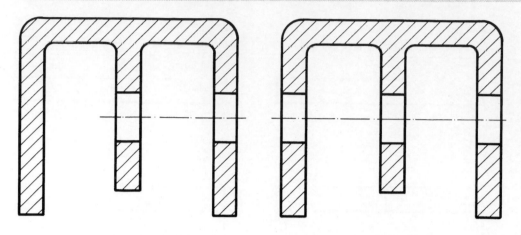

Auch konstruktiv nicht nötige, **durchgehende Bohrungen** sind oft technisch besser herstellbar, wenn sie durchgehend (rechts) gestaltet werden.

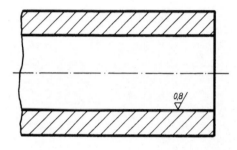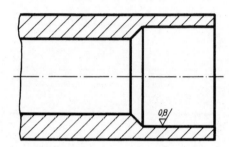

Präzisionsbohrungen sind nur dort vorzusehen, wo sie konstruktiv unbedingt erforderlich sind. Durch abgesetzte Bohrungsdurchmesser (rechts) ist diese Forderung leicht erfüllbar.

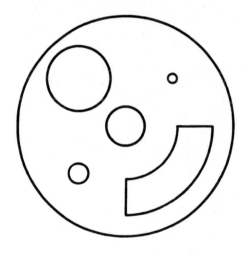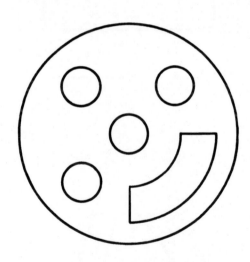

Bohrungen in Konstruktionsteilen sind möglichst mit einem Durchmesser am wirtschaftlichsten auszuführen (rechts).

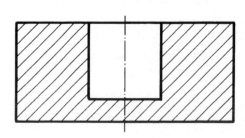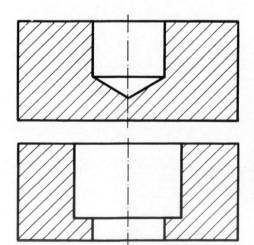

Sackbohrungen mit planflächigem Bohrungsende sind zu vermeiden. Rechts oben die wirtschaftlichere Konstruktion mit Sacklochende entsprechend der Bohrerspitze. Ist eine planflächige Auflage erforderlich, kann oft auch mit einem kleineren Durchmesser durchgebohrt werden.

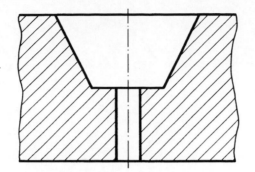
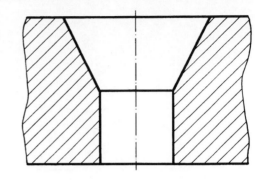

Bei **Aussenkungen** ist die Konstruktion nach der Darstellung rechts wirtschaftlicher, da das Senkwerkzeug hier genügend Auslauf hat.

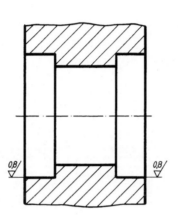
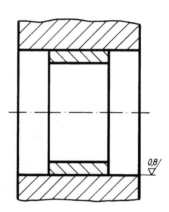
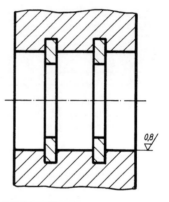

Bei aufzureibenden Bohrungen ist auf genügend **Auslauf des Reibewerkzeugs** zu achten. Die Konstruktionen nach den Darstellungen rechts können durchgehend aufgerieben werden. Erforderliche **Innenabsätze** sind durch Buchsen bzw. Sicherungsringe vorzusehen (rechts).

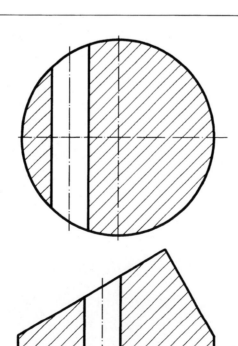
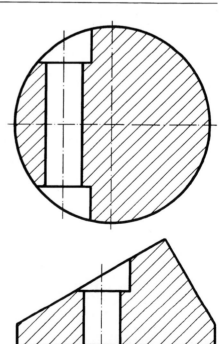

Bohrungsansätze sind stets rechtwinklig zur Werkstückoberfläche vorzusehen (rechts).

SPANEN räumen

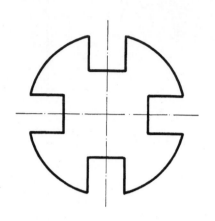

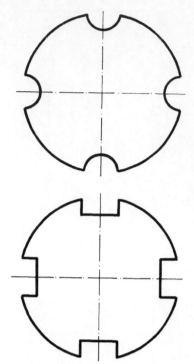

Zu räumende **Nuten** sind im Querschnitt wegen des erforderlichen zu zerspanenden Volumens auf ein Minimum zu beschränken. Rechts 2 konstruktiv gute Lösungen.

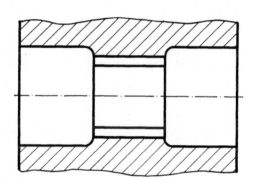
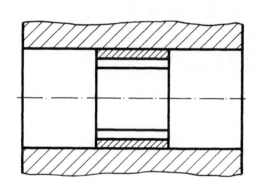

Das Räumen von **abgesetzten Bohrungen** erfordert viel Zeitaufwand. Wirtschaftlicher ist es, eine geräumte Buchse in die Bohrung einzusetzen.

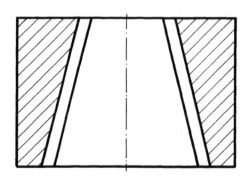
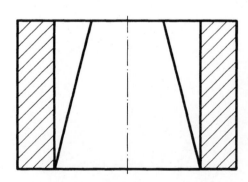

Das Räumen von **Nuten in Kegelflächen** ist ungünstig. Besser ist es, Nuten nach der Darstellung rechts vorzusehen.

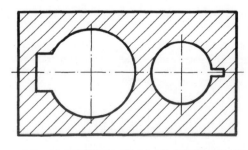
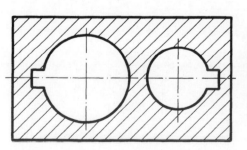

Das Räumen von **Nuten mit unterschiedlichen Querschnitten** ist unwirtschaftlich. Rechts die technisch einwandfreie Ausführung.

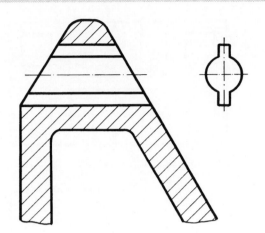
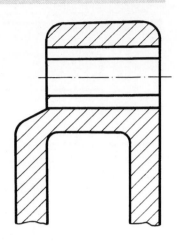

Die **Außenflächen bei zu räumenden Nuten** sind rechtwinklig zur Bohrung vorzusehen wie bei der Darstellung rechts.

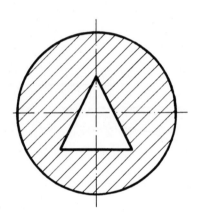
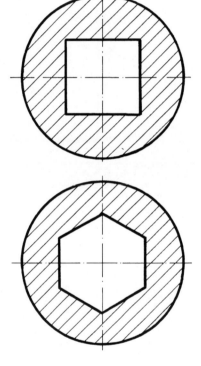

Vieleckformen (rechts) sind Dreieckformen vorzuziehen.

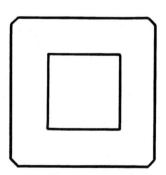
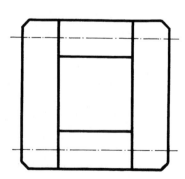

Aufwendige Räumarbeiten lassen sich oft vermeiden, indem ein Bauteil in mehrere Teile aufgegliedert wird. Die rechte Konstruktion hat, obwohl 4teilig, nur 2 gleiche Teile.

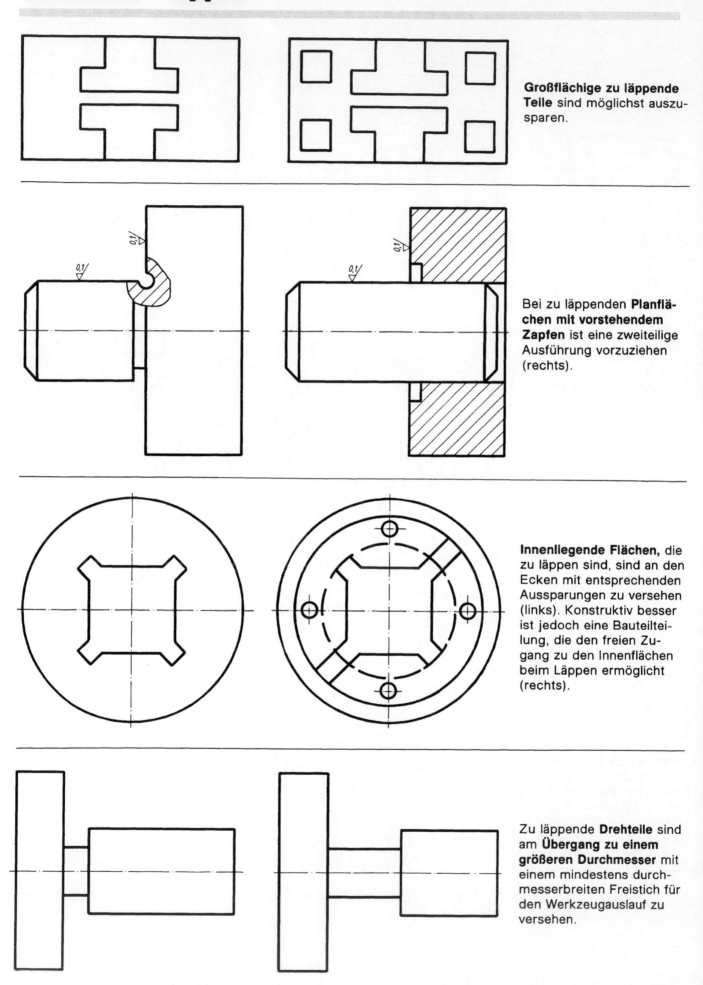

Großflächige zu läppende Teile sind möglichst auszusparen.

Bei zu läppenden **Planflächen mit vorstehendem Zapfen** ist eine zweiteilige Ausführung vorzuziehen (rechts).

Innenliegende Flächen, die zu läppen sind, sind an den Ecken mit entsprechenden Aussparungen zu versehen (links). Konstruktiv besser ist jedoch eine Bauteilteilung, die den freien Zugang zu den Innenflächen beim Läppen ermöglicht (rechts).

Zu läppende **Drehteile** sind am **Übergang zu einem größeren Durchmesser** mit einem mindestens durchmesserbreiten Freistich für den Werkzeugauslauf zu versehen.

Bohrungen, die zu läppen sind, sind möglichst durchgehend auszuführen (rechts). Links ungünstige Lösung, da kein Werkzeugauslauf.

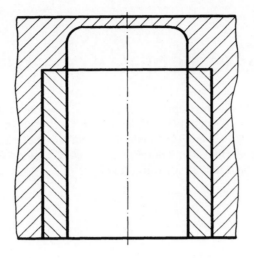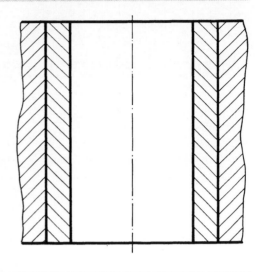

Zu läppende Flächen an **Drehteilen** sollten möglichst keine **Absätze** aufweisen. Erforderliche Absätze lassen sich durch Sprengringe und aufzuschrumpfende Ringe herstellen.

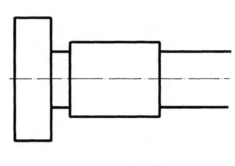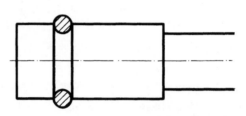

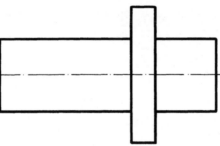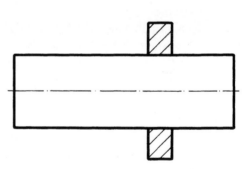

Schlecht **zugängliche** Läppflächen erfordern erheblichen Aufwand. Durch eine Teilung des Konstruktionsteils (rechts) sind die zu läppenden Flächen gut zugänglich.

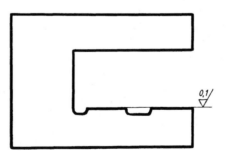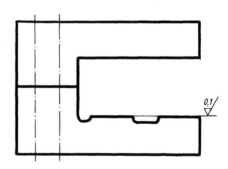

Wärmebehandlungsgerechtes Konstruieren

Abmessung und Form der Bauteile sind neben dem Umwandlungsverhalten des Werkstoffs maßgebend für die beim Härten entstehenden Spannungen und die dadurch verursachten Maß- und Formänderungen. Durch geeignete Gestaltung lassen sich Maß- und Formänderungen günstig beeinflussen, die Rißneigung vermindern und oft auch die Lebensdauer der Bauteile verbessern. Um dieses Ziel zu erreichen, sind die in der nachfolgenden Checkliste enthaltenen Grundregeln zu beachten.

✗ Checkliste zum wärmebehandlungsgerechten Konstruieren

— Günstige Massenverteilung anstreben und Materialanhäufung vermeiden, z. B. durch Anbringen von Zusatzbohrungen oder Aussparungen. Sacklöcher sollten jedoch möglichst vermieden werden.

— Schroffe Querschnittsübergänge durch ausreichend große Radien oder durch stetige keilförmige Übergänge vermeiden.

— Formsymmetrische Bauteile anstreben.

— Möglichkeiten zum Anbringen von Vorrichtungen zum einwandfreien Handhaben der Bauteile beim Wärmebehandeln vorsehen, z. B. Bohrungen zum Aufhängen, Gewindebohrungen zum Anschrauben von Aufhängeösen u. ä.

— Bei örtlich begrenzter Wärmebehandlung den Übergang von gehärtetem zu nicht gehärtetem Bereich möglichst in weniger beanspruchte Bauteilbereiche legen.

Es ist nicht immer möglich diese Regeln zu befolgen, da dem Konstrukteur gewisse Grenzen in der Formgestaltung gesetzt sind. In diesem Fall können die geforderten Toleranzen nur in beschränktem Umfang eingehalten werden. Schwierig zu beherrschen sind Maßänderungen, die durch die Werkstückgeometrie verursacht werden. Besonders gefährdet sind unsymmetrische und filigrane Werkstücke. Für derartige Werkstücke sind Sondermaßnahmen erforderlich, um enge Toleranzen einhalten zu können. Geeignete Maßnahmen sind:

— Wahl eines vergüteten Werkstoffs mit hoher Streckgrenze.
— Reduzierung der Haltedauer beim Wärmebehandeln. Dies bedeutet eine Verringerung der Härtetiefe.
— Prüfen, ob alle Bauteilflächen gehärtet werden müssen.

— Werkstücke, bei denen unvermeidbarer formbedingter Verzug zu erwarten ist, lassen sich definiert vorspannen.
— Sollen geometrisch kritische Teile mit engen Toleranzen gehärtet werden, möglichst ohne Nacharbeit, so sind meist Vorserien notwendig, um die maßlichen Veränderungen erfassen und bei der Fertigung berücksichtigen zu können.

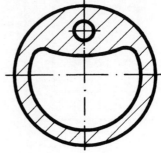
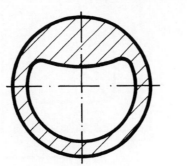

Verbessern der **Massenvertei-lung** durch eine Zusatzbohrung, links ungünstige, rechts günstige Ausführungen.

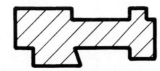
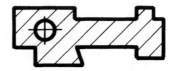

Verbessern der **Massenvertei-lung** durch Formsymmetrie, links ungünstige, rechts günstige Ausführung.

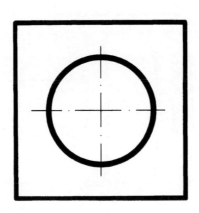
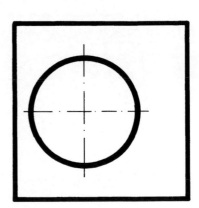

Schroffe **Querschnittsübergän-ge** durch ausreichend große Radien oder durch stetige keilförmige Übergänge vermeiden. Links ungünstige, rechts günstige Ausführungen.

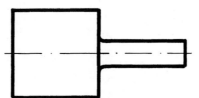

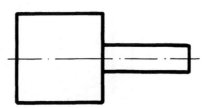
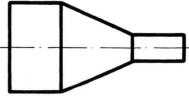

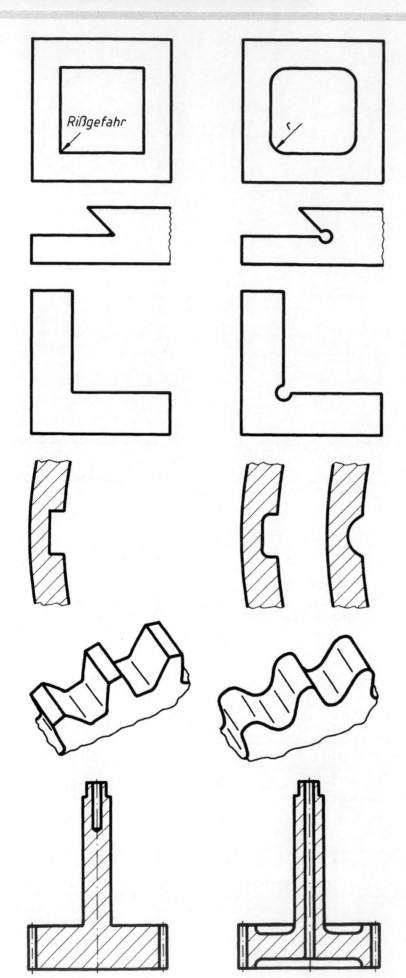

Durch abgerundete **Ecken** die Kerbwirkung vermindern. Links ungünstige, rechts günstige Ausführungen.

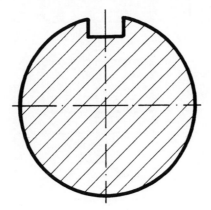

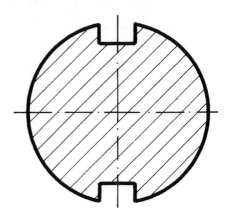

Möglichst **formsymmetrische Bauteile** anstreben. Links ungünstige, rechts günstige Ausführungen.

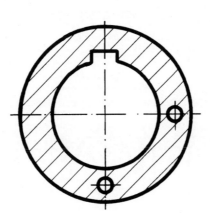

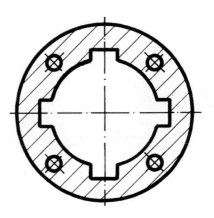

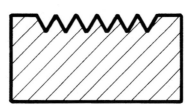

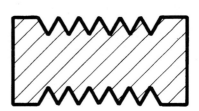

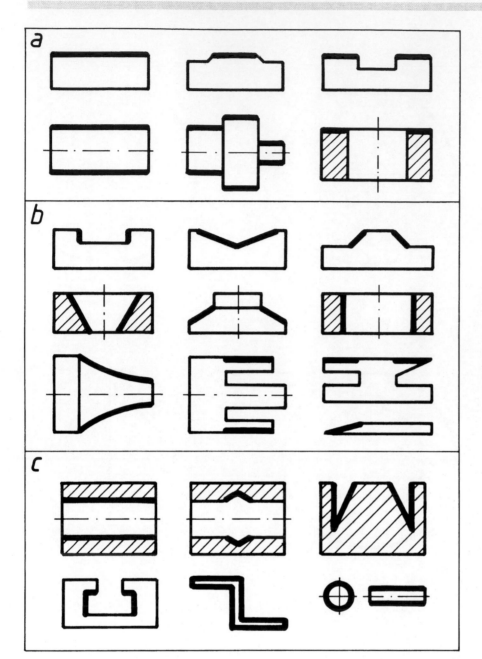

Für das **Elektronenstrahlhärten** sind alle Flächen geeignet, die dem Elektronenstrahl direkt zugänglich sind oder bis zu einem Winkel von 50° zwischen Flächennormale und Stahl geneigt sind. So sind auch Bohrungen mit einem Tiefe-Durchmesser-Verhältnis von 1:1 mit Schrägeinstrahlung problemlos härtbar. Nebenstehend sind Beispiele dargestellt, die

a) ohne Einschränkungen härtbar
b) härtbar
c) bedingt härtbar sind.

Gestalten von Mischbaukonstruktionen

Unter Mischbaukonstruktionen sollen solche Konstruktionen verstanden werden, an deren Herstellung unterschiedliche Fertigungsverfahren beteiligt sind wie Gießen, Schweißen, Löten, Kleben, Schrauben und Nieten. Durch Mischbaukonstruktionen lassen sich komplizierte oder sehr große Werkstücke in einfache Bauteile auflösen, Massenkonzentrationen bei Gußstücken (Lunkergefahr) vermeiden und Kerne leichter entfernen, Eigenspannungen und Verzug verringern, Montagezeiten verkürzen, die Prüfmöglichkeiten an sonst unzugänglichen Stellen verbessern und die Gestaltungsmöglichkeiten erweitern.

Schweiß-Mischbaukonstruktion

Bei der Schweiß-Mischbaukonstruktion kommen folgende Verbindungsmöglichkeiten in Betracht: Guß/Guß, Guß/Schmiedeteil, Schmiedeteil/Schmiedeteil, Schmiedeteil/Blech, Blech/Blech, Guß/Blech (oder Profil). Das Schweißen von Gußteilen miteinander beschränkt sich vorzugsweise auf hierfür geeignete Stahlgußgüten und Nichteisenmetalle. Bei Verbindungen zwischen Guß- und Schmiedeteil ist auch die Schweißeignung des geschmiedeten Fügeteils zu beachten. Für Schmiedeteile bieten sich Schweißkonstruktionen mit Guß- oder Blechteilen an, wenn einerseits aufgrund der guten Festigkeitseigenschaften oder aus Wirtschaftlichkeitsgründen ein Schmiedeteil erwünscht ist, die rein schmiedetechnische Lösung aber von der Form her ausscheidet. Ein weiterer Grund kann das Auflösen komplizierter Schmiedeteile in einfache Elemente oder die aus Wirtschaftlichkeitsgründen geforderte höhere Stückzahl durch Einführung des Baukastenprinzips sein.

Schweiß-Kleb-Mischbaukonstruktion

Bei dieser Mischbaukonstruktion hat die Kombination von Punktschweißen und Kleben dünner Bleche besonderes Interesse gefunden, weil dadurch Festigkeit, Steifigkeit und Dämpfung dynamisch beanspruchter Bauteile sowie die Schlagfestigkeit und örtliche Stabilität gegenüber nur geschweißten bzw. geklebten Ausführungen erhöht werden.

Löt-Kleb-Mischbaukonstruktion

Die Kombination von Löten und Kleben läßt sich z. B. zum Herstellen von Sandwichelementen mit Wabenkern einsetzen, indem der aus hochfesten Werkstoffen (Stahl, Titan) bestehende Wabenkern gelötet und mit dem Hautblech verklebt wird.

Schweiß-Schraub-Mischbaukonstruktion

Die Kombination von Schweißen und Schrauben beschränkt sich auf Ausnahmefälle, da sie nicht die Verbindungsfestigkeit reiner Schweiß- oder Schraubkonstruktionen erhöht. Denn die eingeleiteten Kräfte werden durch Nachgeben der Schraubverbindung zunächst nur von der Schweißverbindung und nach deren Überlastung und ggf. Bruch nur von der Schraubverbindung aufgenommen. Ausnahmefälle siehe DIN 18 800 und DIN 15 018. Letztere besagt, daß beim Anschluß einer Schnittgröße zusammengesetzter Bauteile gemeinsam durch Schweißnähte, Niete und Schrauben die Schnittgröße anteilig auf die einzelnen Querschnittsteile eindeutig verteilbar sein muß und in jedem Querschnittsteil nur durch eine Verbindungsart übertragen wird.

Kleb-Mischbauweise

Vorzugsweise werden Leichtmetalle und Kunststoffe geklebt, aber auch Schwermetalle und artverschiedene Metallpartner lassen sich auf diese Art fügen. Geklebte Konstruktionen aus Kunststoff und Metall gestatten es, die vorteilhaften Eigenschaften von Kunststoffen (geringes Gewicht, hohe Korrosionsbeständigkeit und gute Schwingungsdämpfung) mit denen der Metalle (hohe Festigkeit, Steifigkeit und Wärmeformbeständigkeit) anforderungsgerecht zu verknüpfen. So wird wie in der nachfolgenden Abbildung eines PVC-Stahl-Trägers die große Biegefestigkeit der durch Kunststoff auf Abstand gehaltenen U-Stahl-Profile mit dem geringen Gewicht, der guten Wärmeisolation des PVC und seiner einfachen Herstellung verknüpft, wobei im Träger ohne zusätzliche Fertigungsgänge Fugen für weitere Schnappverbindungen integriert werden.

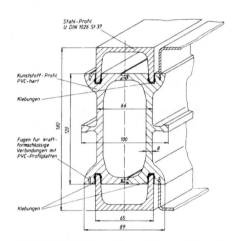

Geklebtes Mischprofil aus Kunststoff und Stahl

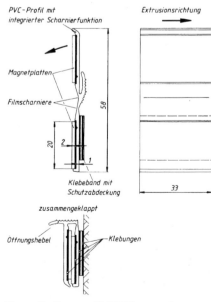

Magnethalter aus PVC-Träger und Magnetplatten

Es sind aber auch magnetische Eigenschaften eines Dauermagneten auf einfache Art mit denjenigen einer Filmscharnier-Klappvorrichtung (ein extrudiertes PVC-Profil) zu einem multifunktionalen, kostengünstigen Clip-Halter zu verbinden.

Bei der Konstruktion von Metall-Kunststoff-Kombinationen ist der Kunststoffpartner besonders geeignet, kompliziert gestaltete Fügezonen zu integrieren und dabei noch aufgrund seiner Elastizität einen wirkungsvollen Kraftschluß zu übernehmen. Durch Anbringen seitlicher Einschnitte läßt sich eine formschluß-unterstützte Klebung erreichen. Fugen als Fügezonen vereinfachen den Kleberauftrag sehr, besonders wenn Kantenlippen o. ä. das Fügevolumen begrenzen.

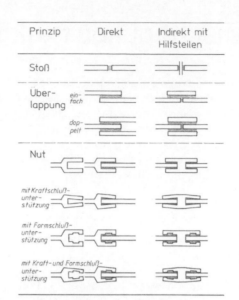

Beispiele für das Gestalten des Fügebereichs bei Kantenverbindungen von Kunststoff-Metall

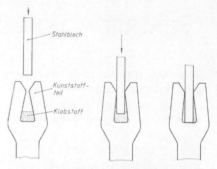

Nut mit Kraftschlußunterstützung. Die Fuge dient als Klebstoffdepot, der Klebstoff wird beim Einschieben des Partners verteilt, und es wird Druck in Folge Federwirkung der Fugenschenkel ausgeübt. Die Führung der federnden Nutschenkel erleichtert gleichzeitig das Zusammenfügen der Teile beim Kleben.

Weitere Hinweise zu diesem Thema enthalten die Kapitel Kleben von *Blech* und Kleben von *Kunststoff*.

Literatur

Dorn, L.; Moniatis, G.: Untersuchungen zum Zeitstandverhalten von Kunststoff-Metall-Klebverbindungen, Konstruktion 41 (1989), S. 245—249.

Käufer, H.: Konstruktive Gestaltung von Klebungen zur Fertigungs- und Festigkeitsoptimierung, Konstruktion 36 (1984) H. 10, S. 371—377.

Ruge, J.: Handbuch der Schweißtechnik, Band III, Konstruktive Gestaltung der Bauteile, Springer-Verlag, Berlin, Heidelberg, 1985.

✗ Checkliste zum Gestalten von Mischbaukonstruktionen

— Bei Einsatz verschiedener Werkstoffe auf mögliche Kontaktkorrosion achten

— Fügezonen kraftflußgerecht gestalten

— Große Krafteinleitungsflächen vorsehen

— Unterschiedliche Wärmeausdehnung verschiedener Werkstoffe berücksichtigen

— Steifigkeiten abstimmen

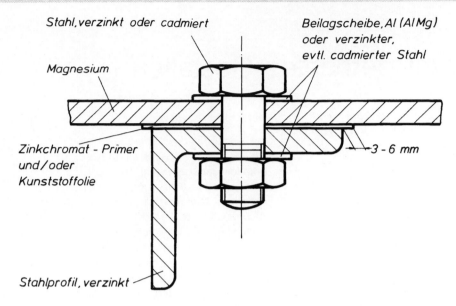

Stahl, verzinkt oder cadmiert

Magnesium

Beilagscheibe, Al (Al Mg) oder verzinkter, evtl. cadmierter Stahl

Zinkchromat - Primer und / oder Kunststoffolie

3 - 6 mm

Stahlprofil, verzinkt

Bei dem **Zusammenbau verschiedener Werkstoffe** wird oft der Kontaktkorrosion bereits im Konstruktionsstadium keine Beachtung geschenkt. Das Beispiel zeigt eine konstruktiv richtig ausgelegte Mischbauweise mit einem Magnesiumteil, das durch eine Stahlschraube mit einem Stahlprofil verbunden ist.

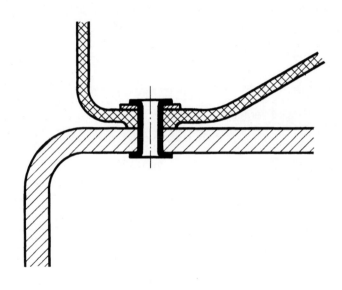

Bei **Verbindungen zwischen Metall- und Kunststoffteilen** sind auf der Kunststoffseite stets großflächige Scheiben unter das Verbindungselement zu legen.

Keramikgerechtes Gestalten

Die Eigenschaft technischer Keramik, einerseits sehr druckfest zu sein, andererseits unter Zugbeanspruchung zu versagen, macht es notwendig, bestimmte Konstruktionsregeln einzuhalten. Orientiert man sich an den Konstruktionsprinzipien der Pulvermetallurgie, so ist dies eine sehr gute Näherung. Folgende Grundregeln sind beim Konstruieren mit keramischen Werkstoffen zu beachten:

— Keramikteile so gestalten, daß sie vorzugsweise auf Druck beansprucht werden, um Risse durch Zugbeanspruchung zu vermeiden.
— Keine großen Wanddickenunterschiede innerhalb eines Bauteils vorsehen, damit Ungleichmäßigkeiten beim Beginn des Aufheizens und Sinterns sowie Abkühlens und somit Risse als mögliche Folge im Extremfall vermieden werden.
— An Absätzen und in Hohlkehlen sind möglichst Rundungen mit großen Radien vorzusehen, um, wie bei metallischen Werkstoffen nicht anders, Spannungsspitzen zu vermeiden.
— Scharfe Kanten sind abzurunden oder anzufasen, da Kanten bei der Hartbearbeitung zu Ausbrüchen führen können.

Die Herstellung keramischer Bauteile hat großen Einfluß auf deren Gestaltung. Zur Anwendung kommen mechanisches Pressen, isostatisches Pressen, Heißpressen, Spritzgießen, Extrudieren, Schlickergießen (unter Verwendung dünnflüssig machender Dispersionsmittel) sowie das spanende Bearbeiten vor und nach dem Sintern (Grün- bzw. Hartbearbeitung).

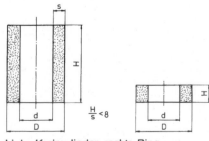

Links Kreiszylinder, rechts Ring

Mechanisches Pressen

Die Abbildung links unten zeigt als einfachsten Preßkörper einen Kreiszylinder, der bei verringerter Preßlingshöhe schließlich zu einem Ring wird. Der Ring ist aufgrund gleichmäßigerer Verdichtung maßhaltiger als der Kreiszylinder. Nach dem axialen Preßverfahren sind Zylinder bis zu einem Höhe/Dicke-Verhältnis von $H/s = 8$ herstellbar. Bei größeren Verhältnissen ist das isostatische Pressen zu wählen. Nuten sind ohne scharfe Kanten und dünne Stege zu konstruieren, um die Lebensdauer der Hartmetallwerkzeuge zu verlängern.

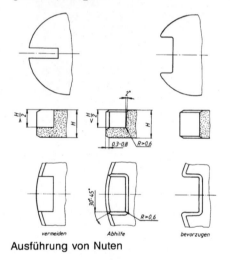

Ausführung von Nuten

Hartmetallwerkzeuge werden aus Festigkeitsgründen nicht scharfkantig ausgeführt, wie nachfolgende Abbildung zeigt.

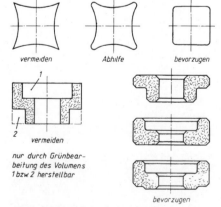

nur durch Grünbearbeitung des Volumens 1 bzw. 2 herstellbar

Oben Gestalt des Preßwerkzeugs, unten schlechte und günstige Gestaltung hinsichtlich des Preßwerkzeugs

Nachfolgende Abbildung läßt die Zweckmäßigkeit erkennen, Unterschiede in der Gründichte zu minimieren und auf Grünbearbeitung zu verzichten.

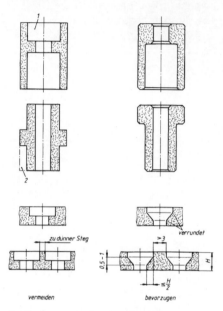

Schlechte und günstige Gestaltung hinsichtlich der Gründichte (oben) und hinsichtlich abgesetzter Durchbrüche und Stege (unten)

Isostatisches Pressen

Das isostatische Pressen ermöglicht die rationelle Herstellung dünnwandiger Formteile mit relativ großer Länge und kleinem Durchmesser, wie nachfolgende Abbildung zeigt. Von Vorteil sind die gleichmäßige Vorverdichtung und einfache, preiswerte Werkzeuge. Bei Innenkonturen ist auf eine gute Entformbarkeit zu achten.

Heißpressen

Heißpressen lassen sich nur geometrisch einfache Körper wie Platten oder Quader. Die Endform verlangt eine Hartbearbeitung, der auch die Konstruktionsrichtlinien entsprechen müssen.

Spritzgießen, Extrudieren

Da Spritzgießen und Extrudieren in der keramischen Fertigung weitgehend den Verfahren in der Kunst-

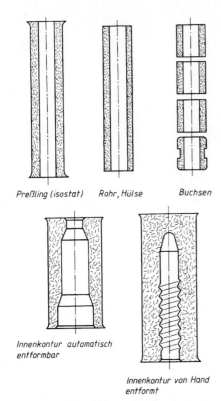

Preßling (isostat) Rohr, Hülse Buchsen

Innenkontur automatisch entformbar

Innenkontur von Hand entformt

Isostatisch gepreßte Formteile mit relativ großer Länge (oben). Innenkonturen, bei denen auf eine gute Entformbarkeit geachtet wurde (unten).

stoffverarbeitung entsprechen, gelten hier wie dort etwa dieselben Konstruktionsrichtlinien. Materialanhäufungen und abrupte Querschnittsänderungen sind zu vermeiden, keine vollkommen ebenen, großflächigen Wandungen und Böden vorsehen, keine scharfen Ecken und Kanten konstruieren, genau parallele Konturen in Entformungsrichtung vermeiden, keine unnötigen Einschnitte, Kerben und Hinterschneidungen, keine Durchbrüche quer zur Spritz- bzw. Entformungsrichtung vorsehen sowie randnahe Durchbrüche und Löcher für Senkschrauben vermeiden.

Schlickergießen

Das Schlickergießen ist besonders für Hohlkörper mit schwer zu definierender Geometrie geeignet. Die Formteile müssen jedoch eine gleichmäßige Wanddicke aufweisen. Hinterschneidungen sollen aus Gründen der Entformbarkeit vermieden werden. Scharfkantige Innenkonturen lassen sich nicht herstellen.

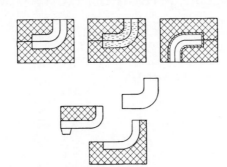

Schlickergegossene Hohlkörper mit schwer zu definierender Geometrie

Grünbearbeitung (Bearbeitung im ungebrannten Zustand)

Durch Grünbearbeitung ist aus zylinder- oder plattenförmigen Preßlingen jede auf mechanischer Bearbeitung beruhende Gestalt erzeugbar. Die Formgebung erfolgt durch Drehen, Bohren, Senken, Schleifen, Fräsen und bei entsprechenden Konturen oder Flächen auch durch Honen. Vor allem in der Massenfertigung rotationssymmetrischer Teile dominiert das Schleifen mit Diamantschleifscheiben bzw. Profilscheiben aus Korund. Hinsichtlich der Maßgenauigkeit sind sowohl die rein „keramischen" als auch die beim Spanen auftretenden Abweichungen zu berücksichtigen.

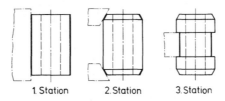

1. Station   2. Station   3. Station

Grünbearbeitung eines rotationssymmetrischen Teils

Hartbearbeitung

Da die spröde Keramik bei punktueller Belastung zum Abplatzen neigt, sind bestimmte Regeln zu beachten. Gefahrenbereiche bei aufeinanderstehenden Kanten, die miteinander Winkel von weniger als 90° bilden, lassen sich durch Schutzfasen, die vor dem Sintern angebracht wurden, vermeiden. Diese Schutzfasen sollten großzügig toleriert werden, da die grünbearbeitete oder angepreßte Form nach dem Sintern Einbußen in der vorher exakten Geometrie erfährt.

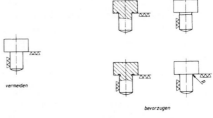

vermeiden

bevorzugen

Hartbearbeitung einer Welle mit Bund. Links ungünstig wegen scharfer Innenkante.
a) Die eingepreßte Schleifrille am Übergang von der Welle zum Bund ermöglicht ein einwandfreies Schleifen der Bundfläche.
b) Zum Schleifen der Mantelfläche der Welle muß die Schleifrille durch Nachbearbeiten des Rohlings angebracht werden (Verteuerung).
c) Sind Bund- und Mantelfläche der Welle zu schleifen, so ist eine durch Nachbearbeiten angebrachte Schleifrille notwendig.
d) Falls ein unterschiedlicher Radius zwischen Bund und Welle nicht stört, können beide Flächen ohne Rille geschliffen werden.

Literatur

Droscha, H.: Erfahrungen mit dem Konstruieren keramischer Bauelemente, Konstruktion 39 (1987) H. 5, S. 189–192.

Gläser, H.; Hähnel, K.; Lori, W.; Schröpel, H.: Richtlinien und Hinweise zur keramikgerechten Konstruktion, IH/TH Zwickau, Eigenverlag, 1987, Ergänzung 1989.

Gläser, H.; Lori, W.: Keramikgerechtes Konstruieren, Teil 1, Grundlagen, Werkstoffe, Fügeverfahren, Werkstattblatt 1109, Hoppenstedt Technik Tabellen Verlag, Darmstadt, 1992.

Gläser, H.; Lori, W.: Keramikgerechtes Konstruieren, Teil 2, Gestaltung von Bauteilen, Werkstattblatt 1110, Hoppenstedt Technik Tabellen Verlag, Darmstadt, 1992.

Gläser, H.; Lori, W.: Keramikgerechtes Konstruieren, Teil 3, Gestaltung von Verbindungen, Werkstattblatt 1116, Hoppenstedt Technik Tabellen Verlag, Darmstadt, 1992

Hähn, G.: Verbindungstechnik für keramische Bauteile, Konstruktion 38 (1986), H. 9, S. 359–363.

Hähn, G.: Technische Keramik im Maschinenbau – werkstoffgerechtes Fügen keramischer Bauteile, Konstruktion 41 (1989). S. 115–122.

Lewis, C.F.: Putting ceramics together, Mater. Engng. 105 (1988) No. 2, pp. 31–34.

Verband der keramischen Industrie e.V.: Keramik in der Isoliertechnik – Konstruktionshinweise, Ausgabe 8, 1974.

Verein Deutscher Ingenieure: VDI-Berichte 1036, Konstruieren mit Keramik, VDI-Verlag GmbH, Düsseldorf, 1993.

Willmann, G.: Basis für die konstruktive Gestaltung keramischer Bauteile, Konstruktion 38 (1986), H. 9, S. 341–347.

KERAMIK

✗ Checkliste zum keramikgerechten Konstruieren

Einfache Bauteilformen anstreben
— Hinterschneidungen vermeiden
— Absätze möglichst vermeiden
— Modulbauweise bei komplizierten Formen anwenden
— Ovale Teile vermeiden
— Gleichmäßige Dichte anstreben
— Entformbarkeit erleichtern

Spannungsspitzen vermeiden
— Ecken und scharfe Kanten vermeiden
— Kerbwirkung minimieren
— Plötzliche Querschnittsänderungen vermeiden
— Großflächige Krafteinleitung vorsehen

Zugspannungen minimieren, Druckspannungen bevorzugen
— Zugspannungen in Druckspannungen umwandeln
— Druckvorspannung einbringen

Materialanhäufung vermeiden
— Gleiche Wanddicken vorsehen
— Querschnittssprünge vermeiden
— Knotenpunkte auflösen

Nachbearbeitung verringern
— Geringe Bearbeitungszugaben für die Nachbearbeitung vorsehen
— Grünbearbeitung der Hartbearbeitung vorziehen
— Bearbeitungsflächen klein und erhaben gestalten
— Eindeutige Auflage- und Einspannmöglichkeiten vorsehen

Hinterschneidungen sind zu vermeiden wie in den Darstellungen rechts.

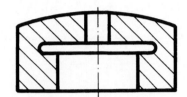
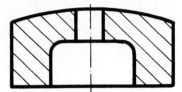
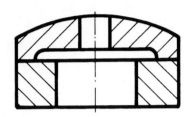

Absätze sind nach Möglichkeit zu vermeiden wie rechts dargestellt.

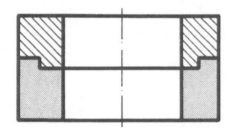
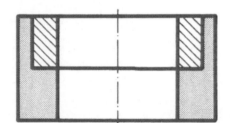

Modulbauweise bevorzugen (siehe rechts), besonders bei kompliziert gestalteten Bauteilen.

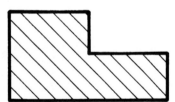
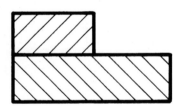

Ovale Teile (siehe rechts) sind möglichst zu vermeiden, da der Werkzeugaufwand sehr hoch ist.

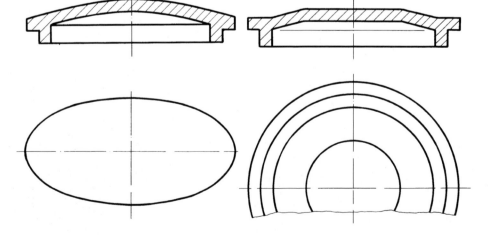

KERAMIK

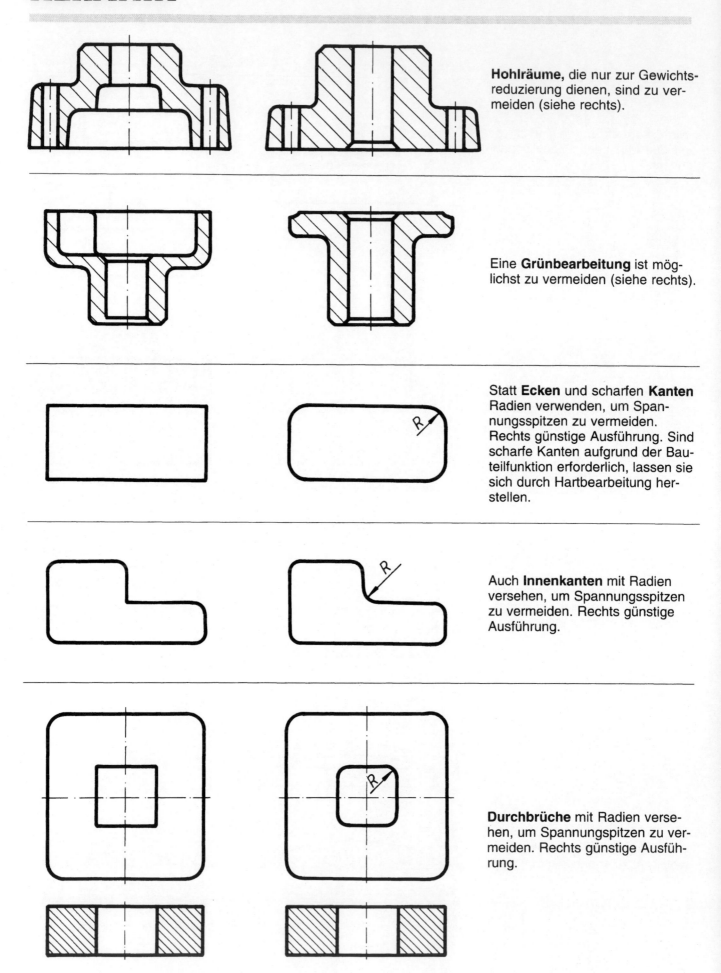

Hohlräume, die nur zur Gewichtsreduzierung dienen, sind zu vermeiden (siehe rechts).

Eine **Grünbearbeitung** ist möglichst zu vermeiden (siehe rechts).

Statt **Ecken** und scharfen **Kanten** Radien verwenden, um Spannungsspitzen zu vermeiden. Rechts günstige Ausführung. Sind scharfe Kanten aufgrund der Bauteilfunktion erforderlich, lassen sie sich durch Hartbearbeitung herstellen.

Auch **Innenkanten** mit Radien versehen, um Spannungsspitzen zu vermeiden. Rechts günstige Ausführung.

Durchbrüche mit Radien versehen, um Spannungspitzen zu vermeiden. Rechts günstige Ausführung.

Bei **Absätzen** vermindert der Radius die Kerbwirkung. Rechts günstige Ausführung.

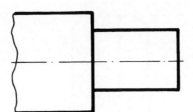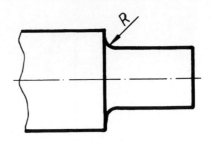

Gewinde sind zu runden (siehe Darstellung rechts) und nur bei geringer Belastung einzusetzen.

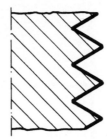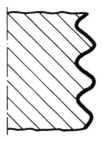

Gewindeausläufe sind zu strekken, wie in der Darstellung rechts. Gewindeausläufe nach DIN 76-B sind nicht günstig.

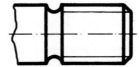

Innengewinde sollten mit Fase/Senkung versehen werden, wie in der Darstellung rechts.

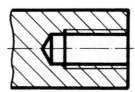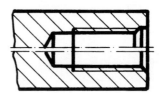

Plötzliche **Querschnittsänderungen** sind durch allmähliche Übergänge zu vermeiden, wie in der Darstellung rechts.

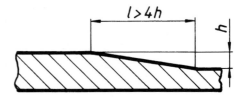

Lochabstände sollten groß genug sein, wie in der Darstellung rechts, um Spannungsspitzen zu vermeiden.

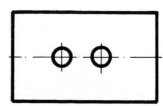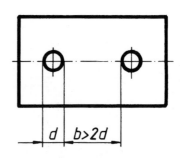

KERAMIK

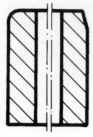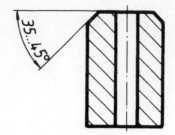

Kanten sind senkrecht zur Preß-richtung kurz zu brechen, wie in der Darstellung rechts.

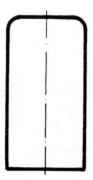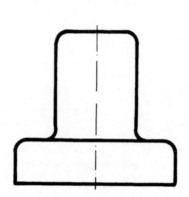

Möglichst große **Auflagefläche** vorsehen, wie in der Darstellung rechts.

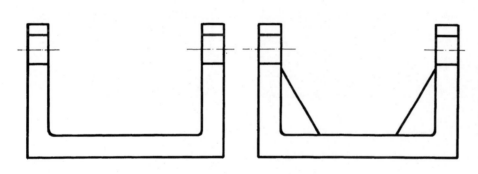

Sperrige Teile sind durch Rippen zu versteifen (siehe rechts), die auch die Gefahr des Wärmever-zugs beim Brennen reduzieren.

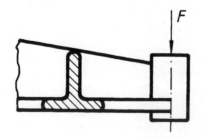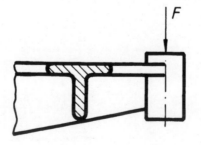

So konstruieren, daß vorwiegend **Druckspannungen** auftreten. Die Rippe in der Darstellung rechts liegt im Druckbereich.

Zugspannungen möglichst in Druckspannungen (siehe rechts) umwandeln.

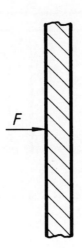
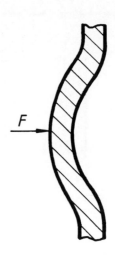

Vorteilhaft ist das Einbringen einer **Druckvorspannung,** wie in der Darstellung rechts.

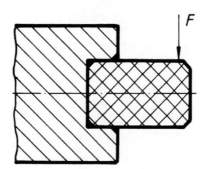
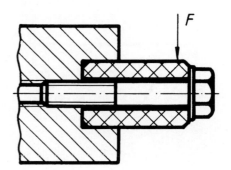

Um Materialanhäufungen zu vermeiden, sind gleichmäßige **Wanddicken** anzustreben, wie in der Darstellung rechts.

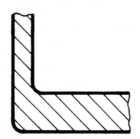
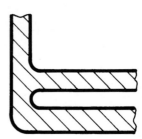

Knotenpunkte sind aufzulösen, um Materialanhäufungen zu vermeiden, wie in der Darstellung rechts.

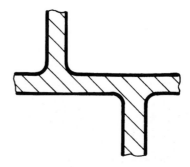

KERAMIK

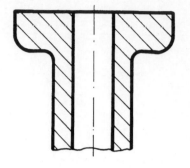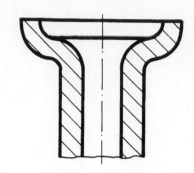

Dicke **Ränder** an Formteilen sind zu vermeiden, um Materialanhäufungen zu vermeiden, wie in der Darstellung rechts.

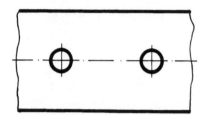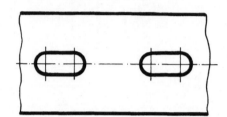

Zum Ausgleich von Abweichungen und um die Montage zu erleichtern, sind **Langlöcher** zu bevorzugen, wie in der Darstellung rechts.

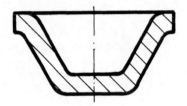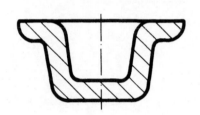

Durch eine geringe **Formteilschräge** wird ein dichteres **Gefüge** erzielt, wie in der Darstellung rechts.

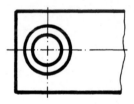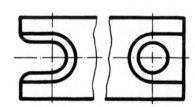

Bohrungen und **Senkungen** am Bauteilrand sind möglichst nach außen zu öffnen, wie in der Darstellung rechts.

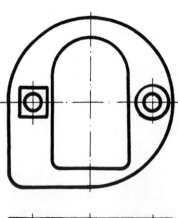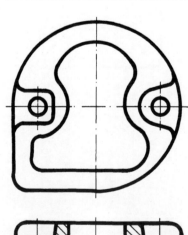

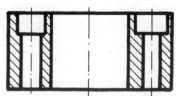

Geringe **Wanddicken** sind zu vermeiden, um Spannungsspitzen zu verhindern. Rechts die günstige Ausführung.

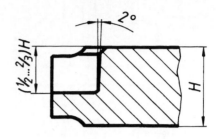

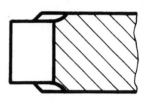

Formschlußelemente, wie z. B. eine **Nut**, sollen an die Außenkontur gelegt werden, Rechts günstige Ausführungen.

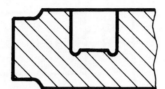

Aussparungen und **Durchbrüche** sind in Entformungsrichtung zu legen, wie in der Darstellung rechts.

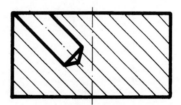

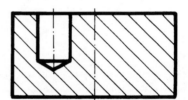

Herausragende Formelemente mit geringem Querschnitt sind zu vermeiden und stattdessen wie in der Darstellung rechts zu gestalten.

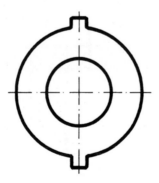

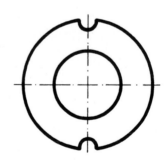

Seitliche Löcher dürfen sich nicht überschneiden und sind so wie in der Darstellung rechts zu gestalten.

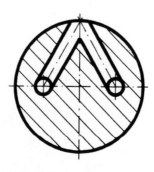

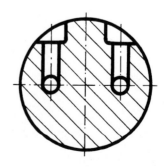

KERAMIK trockenpressen

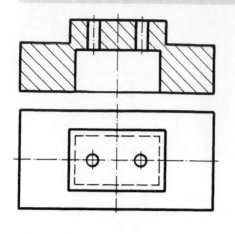

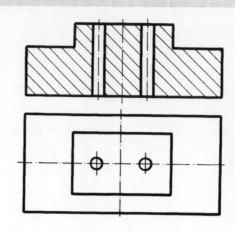

Hohlräume nur zur Materialersparnis sind wegen der kostspieligen Werkzeugkosten zu vermeiden. Anzustreben sind einfache **Konturen.**

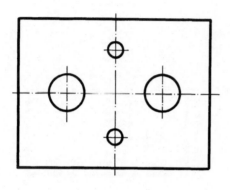

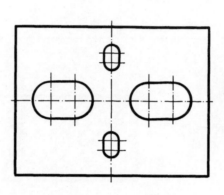

Bohrungen sind wegen der Fertigungstoleranzen möglichst als Langlöcher auszuführen (rechts).

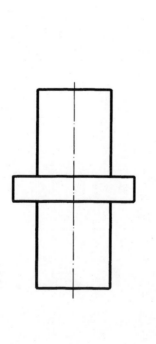

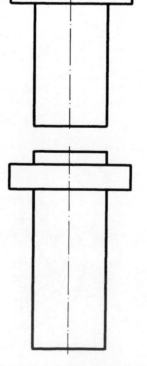

Absätze sind möglichst an den Enden wegen der geringeren Einpressung durchzuführen wie die Beispiele rechts zeigen.

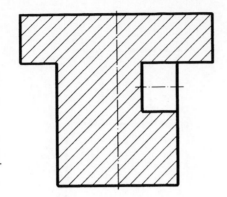 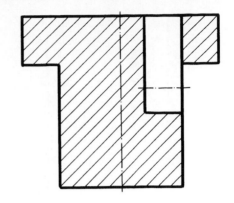

Seitliche **Sacklöcher** erfordern teure Werkzeuge. Die konstruktive Ausführung nach der Darstellung rechts ist mit einem einfachen Werkzeug herstellbar.

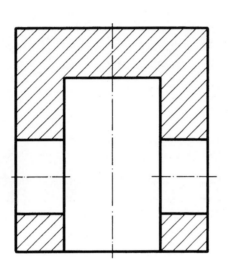 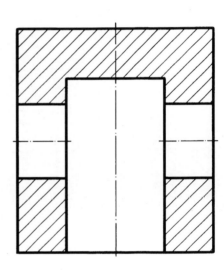

Seitliche Bohrungen im unteren Bauteilabschnitt sind nur durch Nachbearbeitung herstellbar. Konstruktiv besser ist es, die Bohrungen im oberen Bauteilbereich vorzusehen, da sie hier durch Schieber im Werkzeug hergestellt werden können.

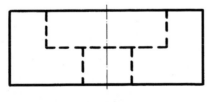 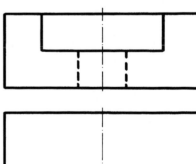

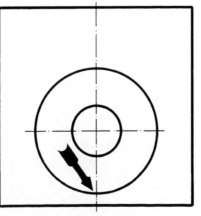 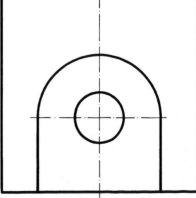

Bei **Einpressungen** ist die Wanddicke (Pfeil links) zu schwach und neigt zur Rißbildung. Kann die Einpressung nicht weiter in Bauteilmitte verlegt werden, empfiehlt sich die Einsenkung nach außen ganz zu öffnen wie die Darstellung rechts zeigt.

KERAMIK trockenpressen

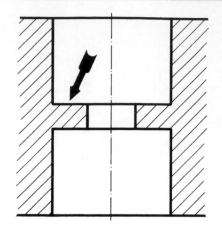
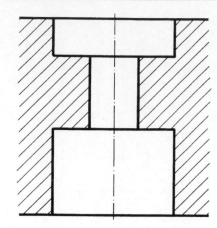

Wenn Wanddicken zu dünn ausgeführt werden, neigen sie zur Rißbildung (s. Pfeil links). Ausreichende **Wanddicke** und geringere obere **Einsenktiefe** sind fertigungstechnisch vorteilhaft (rechts).

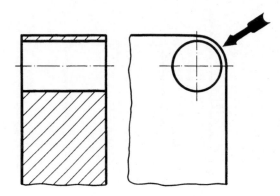
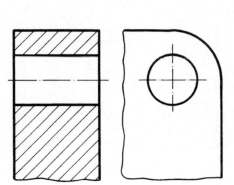

Zu dünne **Wanddicken** (s. Pfeil) sind zu vermeiden. Anzustreben sind ausreichende Wanddicken (rechts).

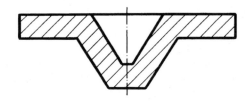
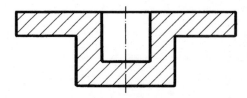

Schrägen in Preßteilen ergeben ungleichmäßiges Gefüge (links). Senkrechte, waagerechte **Körperkanten** ergeben gleichmäßiges Gefüge (rechts).

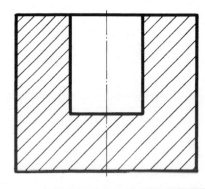
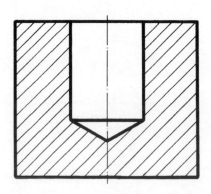

Spitze Stifte im Preßwerkzeug ermöglichen einen ausreichenden Materialfluß (rechts) und verhindern schädliche Überpressungen, wenn das **Sackloch** rechtwinklig zur Mitte ausgeführt ist.

Scharfkantige **Innenkonturen** erhöhen die Bruchgefahr und führen zur Rißbildung. Fertigungstechnisch richtig sind Radien an den Innenkonturen (rechts).

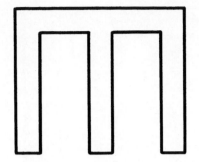
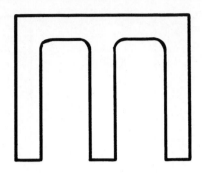

Scharfe **Ecken** sind zu vermeiden. Auch Ecken an Rippen führen zu Beschädigungen. Sie sind deshalb abzuschrägen (s. Darstellung rechts).

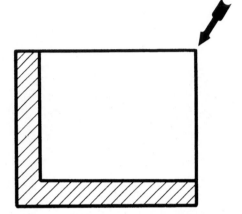
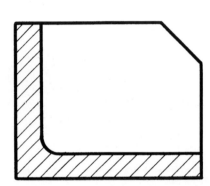

Abgerundete und spitzwinklige **Außenkonturen** sind zu vermeiden. Anzustreben ist eine stumpfwinklige Brechung der Körperkanten wie die Darstellung rechts zeigt.

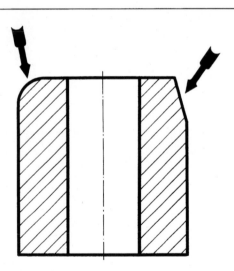
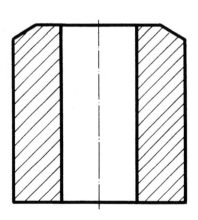

Bei **Innengewinde** ist für ausreichenden Gewindeauslauf und Aussenkung am Gewindeeintritt zu sorgen (s. Darstellung rechts).

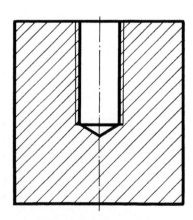
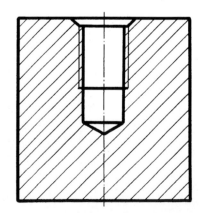

KERAMIK naßpressen

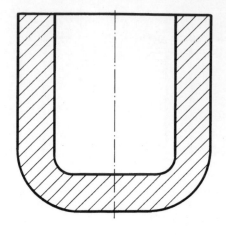
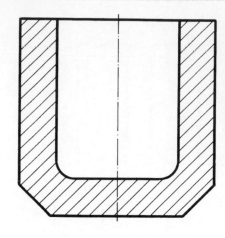

Verrundungen, die scharf-auslaufende Stempel erge-ben (links), sind zu vermei-den. Abschrägungen von **Außenkonturen** zwischen 30° und 45° sind ferti-gungstechnisch besser zu realisieren (rechts).

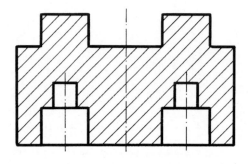
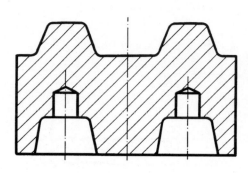

Scharfkantige **Konturen** und nicht konische **Hohl-räume** sind zu vermeiden. Anzustreben sind Kon-struktionen wie die Darstel-lung rechts zeigt.

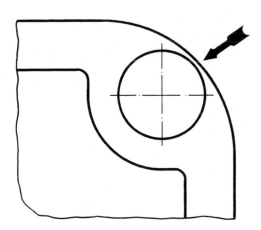
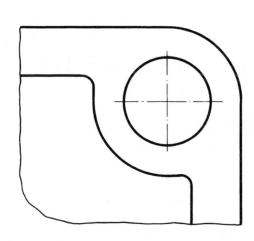

Bei zu dünnen **Wanddicken** besteht die Gefahr des Rei-ßens. Anzustreben sind genügende Wanddicken (rechts).

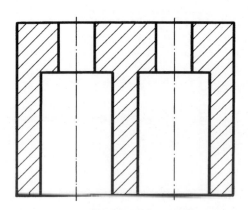
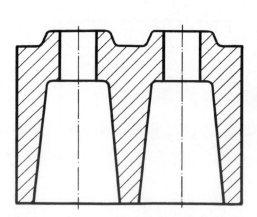

Senkrechte **Innenkonturen** sind zu vermeiden. Besser ist eine Konstruktion wie die Darstellung rechts zeigt.

Bei **seitlichen Löchern** sind kostspielige Werkzeuge erforderlich. Besser ist es, wenn ein seitlich notwendiges Loch nach unten ausgeführt wird, da diese Konstruktion kostengünstigere Werkzeuge zur Folge hat.

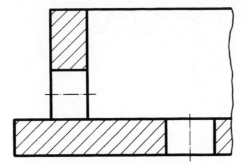 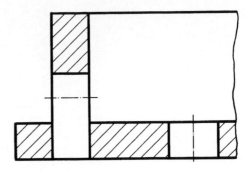

Hinterschneidungen an Innenkonturen sind kaum herstellbar (links). Besser ist es, die Hinterschneidung nach außen durchzuführen wie die Darstellung rechts zeigt, weil dann mit einfachen Werkzeugen produziert werden kann.

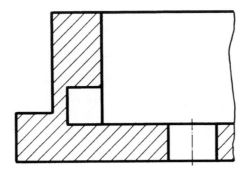 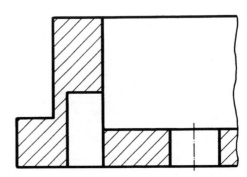

Dünnwandige lange Flächen sind zu vermeiden. Anzustreben sind Konstruktionen wie die Darstellung rechts zeigt.

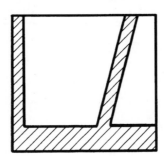 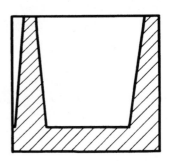

Um Montageschwierigkeiten zu vermeiden, sind **Langlöcher** wie die Darstellung rechts zeigt empfehlenswert.

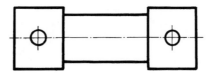 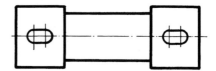

KERAMIK strangpressen

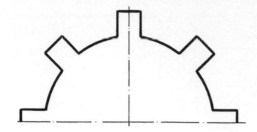 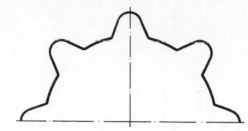

Scharfe **Kanten** führen zu Rissen und Beschädigungen. Anzustreben sind abgerundete Außenkonturen.

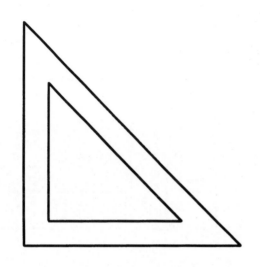 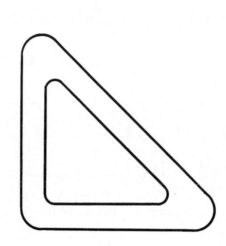

Scharfkantige **Außenkonturen** sind zu vermeiden. Rechts ein konstruktiv richtiges Preßteil.

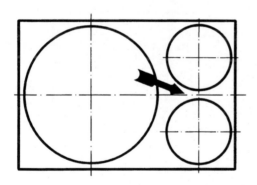 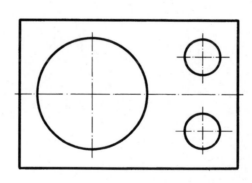

Zu dünne **Wanddicken** (s. Pfeil links) sind zu vermeiden.

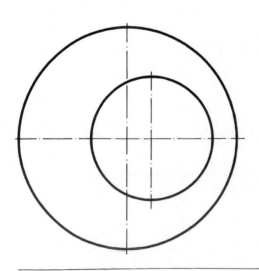 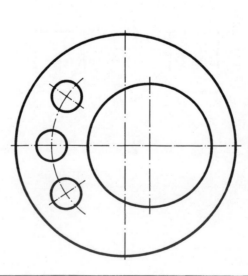

Verschiedene **Wanddicken** ergeben ungleichmäßigen Materialfluß und Rißgefahr. Rechts die konstruktiv bessere Lösung.

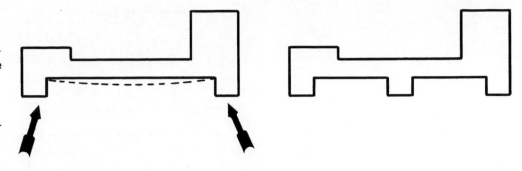

Zu weit auseinanderliegende **Auflagepunkte** (s. Pfeile links) ergeben beim Brennen die Gefahr des Durchbiegens (gestrichelte Linie). Zusätzliche Auflagepunkte (rechts) verhindern ein Durchbiegen.

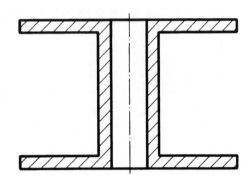
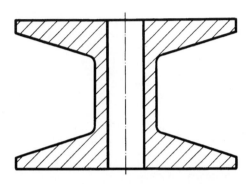

Dünne **Wände** verziehen sich leicht beim Brennen. Durch entsprechende Verstärkung kann der Verzug vermieden werden.

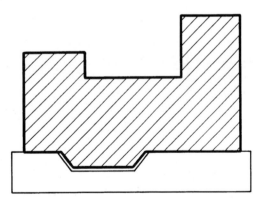
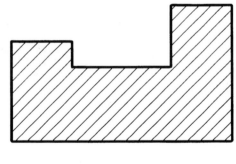

Für zu brennende Teile sollten ebene **Auflageflächen** vorhanden sein, da abgesetzte Auflageflächen nur mit entsprechenden Hilfsmitteln gebrannt werden können (links).

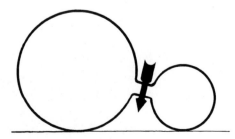
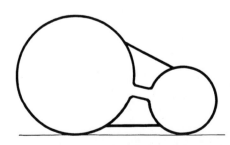

Beim Brennen **großvolumiger Teile** besteht die Gefahr des Verformens (s. Pfeil links). Rechts die gleiche Konstruktion zusätzlich mit Rippen versteift.

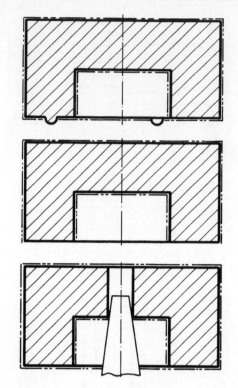

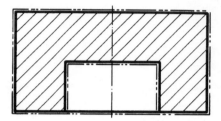

Für das Rundumglasieren fehlt bei dem links dargestellten Teil eine **Standfläche.** Rechts oben rundum zu glasierendes Teil mit glasurfreier Dreipunktauflage. Rechts Mitte zu glasierendes Teil, das eine glasurfreie Auflagefläche erhält. Rechts unten rundum zu glasierendes Teil, bei dem ein teurer Brennboms erforderlich ist.

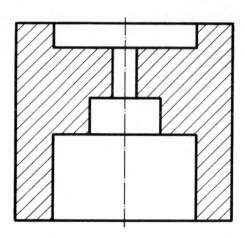

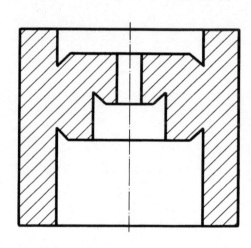

Ohne **Glasurrillen** (links) ergeben sich sogenannte Glaswülste und dadurch unebene Bauteilflächen. Durch etwa 0,5 mm tiefe, konstruktiv vorzusehende Glasurrillen ergeben sich keine Glasierwülste.

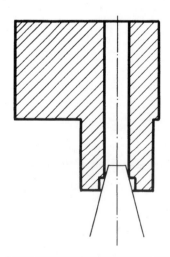

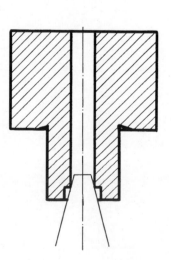

Körper, die **rundum glasiert** werden müssen, sollten nicht asymmetrisch gestaltet sein. Rechts die verarbeitungsgerechte Konstruktion.

Einseitige **Schleiferhöhungen** ergeben schlechte Aufnahmemöglichkeiten zum Schleifen (links). Besser sind Konstruktionen, die die Planparallelität durch mindestens 2 Punktauflagen ermöglichen (rechts).

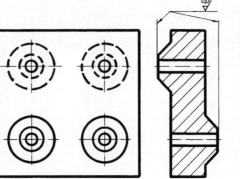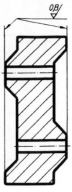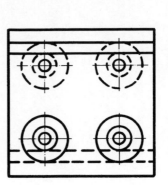

Große Schleifflächen sind zu vermeiden (links). Anzustreben sind **Schleiferhöhungen,** die ein wirtschaftliches Fertigen ermöglichen (rechts).

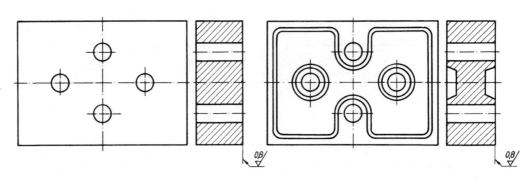

Scharfkantige **Absätze** bei zu schleifenden Flächen sind zu vermeiden. Vorzusehen ist bei rechtwinklig zueinander laufenden Schleifflächen ein entsprechender Schleifscheibenauslauf.

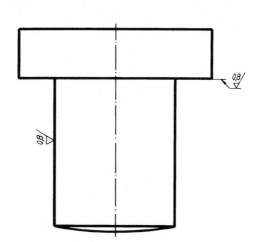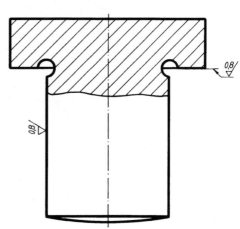

Das Schleifen **verschieden starker Durchmesser** an einem Körper erfordert mehr Aufwand, als wenn das Teil nach der Darstellung rechts ausgelegt wird.

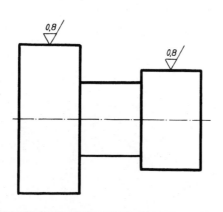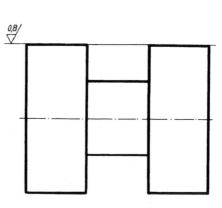

KERAMIK schleifen

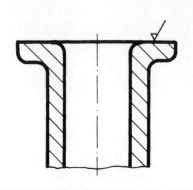 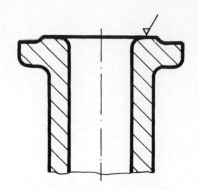

Die **Bearbeitungsflächen** sollen erhaben sein, wie in der Darstellung rechts.

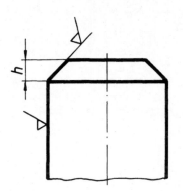 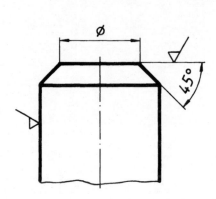

Die **Bearbeitung** sollte möglichst an der Außenkontur vorgenommen werden, wie in der Darstellung rechts.

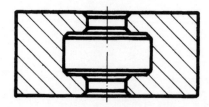 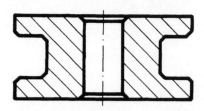

Die **Fasen** an rotationssymmetrischen Teilen sind so zu bemaßen, daß die Facette nicht zu bearbeiten ist, wie in der Darstellung rechts.

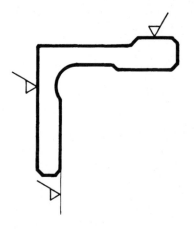 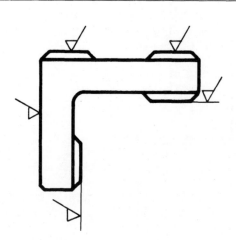

Winkelteile sollen dicke Schenkel, reduzierte Bearbeitungsflächen und eindeutige Auflagen haben, wie in der Darstellung rechts.

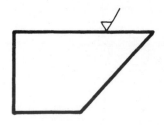 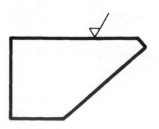

Bei der **Hartbearbeitung** sind **Kantenwinkel** < 90° zu vermeiden, wie in der Darstellung rechts.

Fügegerechtes Konstruieren mit Keramik

Um die Fügebereiche zu verbindender Teile zu optimieren, so daß die positiven Eigenschaften keramischer Werkstoffe am besten genutzt bzw. ihre Nachteile weitgehend ausgeglichen werden, sind folgende Regeln zu beachten:

— Eine flächenhafte Krafteinleitung anstreben, damit keine Spannungsspitzen oder große Spannungsgradienten entstehen. Der Kraftfluß im Verbindungsbereich muß möglichst gleichförmig verlaufen und darf keine scharfen Umlenkungen oder gar Richtungsänderungen erfahren.
— Die Fügeteile sind so zu konstruieren, daß sie bevorzugt auf Druck beansprucht werden. Scherbeanspruchungen sind noch zu tolerieren und Zug- oder Biegebelastungen zu vermeiden.
— Ausdehnungsmöglichkeiten vorsehen, um Verformungsunterschiede aufgrund unterschiedlicher Elastizitätsmodule oder Wärmeausdehnungskoeffizienten, insbesondere bei Verbundkonstruktionen wie Stahl-Keramik bei mechanischer oder thermischer Beanspruchung, zu kompensieren. Die geringe Verformungsfähigkeit der Keramik erfordert eine entsprechende Gestaltung der Stahlbauteile oder – sofern vorhanden – der Zwischenschicht (z. B. Anpassen der Klebstoffelastizität beim Kleben, verformungsfähige Lote beim Verbindungsaktivlöten oder das auf die Betriebsbeanspruchung abgestimmte Übermaß und die hinsichtlich der Verformungen abgestimmte Gestaltung der Krafteinleitung bei Preßverbindungen).
— Die Lösbarkeit der Verbindungen ermöglichen, denn sie stellt eine wichtige Ergänzung zu den lösbaren Fügeverfahren des Klemmens und der verschiedenen formschlüssigen Verbindungsarbeiten des Zusammensetzens dar.

Die Tabelle auf der nächsten Seite gibt einen Überblick über die möglichen Fügeverfahren keramischer Bauteile, deren allgemeine Einordnung, die keramischen Wirkflächen, den Fügevorgang und die Gebrauchseigenschaften.

✗ Checkliste zum fügegerechten Konstruieren mit Keramik

Spannungsspitzen und Punktbelastungen vermeiden
— Große Krafteinleitungsflächen vorsehen
— Parallele Kontaktflächen schaffen
— Kraftfluß ohne scharfe Umlenkung gestalten

Zugspannungen vermeiden oder minimieren
— Druckspannungen für das Keramikteil bevorzugen
— Krafteinleitung entsprechend anordnen

Schlag- und Stoßbeanspruchung vermeiden
— Krafteinleitungsstelle vergrößern
— Belastung verringern
— Elastische Elemente einbauen

Wärmeausdehnung berücksichtigen
— Werkstoffe mit ähnlichen Wärmeausdehnungskoeffizienten kombinieren
— Dehnung nicht behindern
— Elastische Elemente einbauen
— Luftspalte vorsehen

Verformungsdifferenzen vermeiden
— Elastische Elemente einbauen
— Steifigkeiten abstimmen

Formschluß ist meist dem Kraftschluß vorzuziehen, wegen
— Günstigem Kraftfluß
— Spannungsbegrenzung
— Vermeiden weiterer Verbindungselemente

Fügeverfahren (Gruppe)	Fügeverfahren	Zustand Keramik	mögliche Paarungen	Schlußart	Lösbarkeit	bevorzugte Geometrie	Hart-bearbeitung	Aufwand	Zusätze	Zusatz-bedingungen	mechanische Festigkeit	chemische Beständigkeit	maximaler Temperaturbereich	sonstige
	Zusammensetzen	gesintert	Ke—Me, Ke—Ke	Form-schluß	ja	keine Einschränkung	teilweise	gering	keine	keine	hoch (Druckbeanspruchung)	gering — hoch (je nach Werkstoff)	gering — hoch (je nach Werkstoff)	
Anpressen, Einpressen	Schrauben	gesintert	Ke—Me, (Ke—Ke)	Kraft-schluß	ja	Außenteil Keramik (Klebstoff-Gew.)	nein (Klebstoff-Gewinde)	gering (Klebstoff-Gewinde)	Schraube Klebstoff (Klebstoff-Gewinde)	z. T. erhöhte Temperatur (Klebstoff-Gewinde)	mittel (Zugscherfestigkeiten bis 30 N/mm², Klebstoffgewinde)	gering (Klebstoffgewinde)	bis 150 °C (Klebstoffgewinde)	
	Klemmen	gesintert	Ke—Me, Ke—Ke	Kraft-schluß	ja	eben oder rotations-symmetrisch	ja (Auflageflächen)	gering	Verbindungselemente	keine	mittel (Scherfestigkeiten bis 10 N/mm², bei $p = 100$ N/mm² und $\mu = 0{,}1$)	mittel (je nach Werkstoff)	mittel (Wärmedehnung)	
	Fügen durch Preßverbindung	gesintert	Ke—Me	Kraft-schluß	teilweise ja	rotations-symmetrisch Außenteil Metall	ja (Auflageflächen)	mittel	keine	Einpreßkraft oder Erwärmung oder Unterkühlung	hoch	hoch	mittel (Wärmedehnung)	
Fügen durch Urformen	Eingießen Umgießen	gesintert	Ke—Me	Form-schluß Kraft-schluß	nein	bei Hohlkörpern runde bzw. konkave Querschnitte	nein	mittel	keine	z. T. Vorwärmen (nicht alle Werkstoffkombinationen möglich)	hoch	hoch	mittel (Wärmedehnung)	
	Einvulkanisieren	gesintert	Ke—Me, Ke—Ke	Stoff-schluß	nein	keine Einschr.	nein	gering	Kautschuke	keine	gering	gering	gering	
	Einsintern	gesintert	Ke—Me	Form-schluß Kraft-schluß	nein	rotations-symmetrisch Außenteil Metall	teilweise ja (definierter Fügespalt)	mittel	keine	Sintertemperatur 1000...1250 °C	mittel (Druckscherfestigkeiten bis 30 N/mm²)	hoch	mittel (Wärmedehnung)	
	Kitten	gesintert	Ke—Me, Ke—Ke	überwiegend Form-schluß	nein	keine Einschränkung	nein	gering	Zemente oder Bleilegierungen	keine	gering	mittel bis hoch	mittel bis hoch	
	Garnieren	ungesintert	Ke—Ke	Stoff-schluß	nein	keine Einschränkung	—	gering	ident. keram. Werkstoffe	Sintervorgang	wie Ausgangswerkstoffe			
	Laminieren	ungesintert	Ke—Ke	Stoff-schluß	nein	ebene Flächen	—	mittel	ident. keram. Werkstoffe	Sintervorgang (Druck)	mittel	hoch	hoch	gasdicht
F. d. Schweißen	Festkörper-schweißen	gesintert	Ke—Me, Ke—Ke	Stoff-schluß	nein	ebene bzw. geometrisch einfache Flächen	ja	hoch	ohne oder mit Zwischenschichten (Edelmetalle, Metalle oder Nichtmetalle)	- geringer o. hoher Druck - Temperatur ($0{,}6...0{,}95\ T_{SMetall}$ in K) - spez. Atmosphäre (Schutzgas o. Vakuum) - spez. Temperaturführung	hoch (Biegefestigkeiten bis zu 250 N/mm²)	hoch	bis 800 °C (metallische Zwischenschichten) bis 1200 °C (ohne bzw. nicht-metallische Zwischenschichten)	gasdicht
	Schmelzverbindungsschweißen	gesintert	Ke—Me, Ke—Ke	Stoff-schluß	nein	keine Angabe	keine Angabe	hoch	keine Angabe	keine Angabe	keine Angabe	keine Angabe		
Fügen durch Löten	Verbindungslöten nach Metallisieren	gesintert	Ke—Me, (Ke—Ke)	Stoff-schluß	nein	keine besonderen Einschränkungen	teilweise ja	hoch (Metallisierung)	Weichlote oder Hartlote	Metallisierung (z. B. Einbrennen von Mo, Mn bei 1400—1600 °C)	hoch (Stirnzugfestigkeiten bis 150 N/mm²)	hoch	bis 1200 °C (bei entsprechender Metallisierung u. Lot)	gasdicht
	Verbindungs-aktivlöten	gesintert	Ke—Me, Ke—Ke	Stoff-schluß	nein	keine besonderen Einschränkungen	ja	mittel	Aktivlote (Ti, Cu, Al oder Zr-haltig, auch mehrschichtig)	- spez. Atmosphäre (Schutzgas o. Vakuum) - $T_{Löt} = 600$ bis 1130 °C (je nach Lot)	hoch (Zugscherfestigkeiten bis 150 N/mm²)	hoch	300...800 °C (je nach Lot)	gasdicht
	Verbindungslöten mit nichtmetall. Loten (Glasloten)	gesintert	Ke—Me, Ke—Ke	Stoff-schluß	nein	keine besonderen Einschränkungen	teilweise ja	mittel	Glaslote	- $T_{Löt} = 450$ bis 1600 °C (je nach Lot) - z. T. zusätzl. Druck u. spez. Atmosphäre	hoch (Biegefestigkeiten bis 150 N/mm²)	hoch	bis 1200 °C (je nach Lot)	gasdicht
	Kleben	gesintert	Ke—Me, Ke—Ke	Stoff-schluß	nein	keine Einschränkung	nein	gering	Klebstoffe (organische und anorganische)	- z. T. erhöhte Temperatur - z. T. Druck	mittel	gering — mittel (je nach Klebstoff)	bis 600 °C (anorganischer Klebstoff)	

Obere Spaltengruppen: allgemeine Einordnung (Zustand Keramik, mögliche Paarungen, Schlußart, Lösbarkeit) · Keram. Wirkflächen (bevorzugte Geometrie, Hart-bearbeitung, Aufwand) · Fügevorgang (Zusätze, Zusatzbedingungen) · Gebrauchseigenschaften (mechanische Festigkeit, chemische Beständigkeit, maximaler Temperaturbereich, sonstige)

Großflächige **Krafteinleitung** vorsehen, um Spannungsspitzen und Punktbelastungen zu vermeiden. Rechts günstige Ausführung.

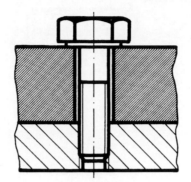
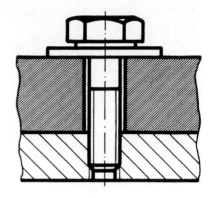

Kerbwirkung, spitze Kanten und schroffe Übergänge vermeiden. Stattdessen großflächige **Krafteinleitung** vorsehen. Rechts günstige Ausführung.

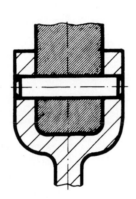

verform-barer Stift

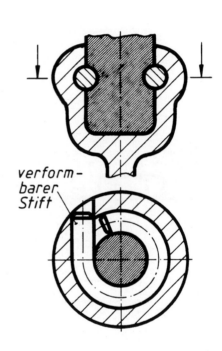

Großflächige **Krafteinleitung** ohne spitze Kanten und schroffe Übergänge vorsehen. Rechts günstige Ausführung.

für kleine M_t

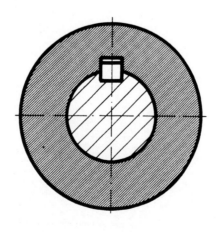
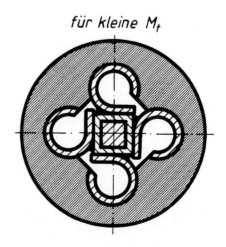

KERAMIK fügen

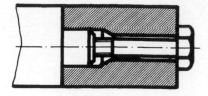 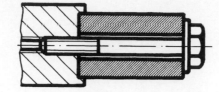

Direkte **Krafteinleitung** vermeidet Spannungsspitzen wie in der Ausführung rechts.

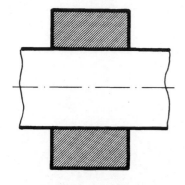 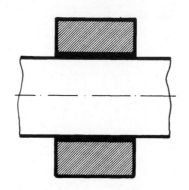

Elastische Zwischenschichten können die ungleichförmige Auflage ausgleichen wie in der Ausführung rechts.

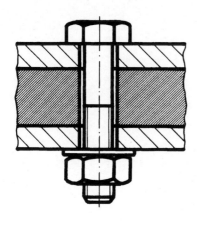 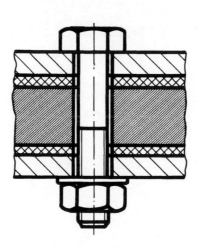

Elastische Zwischenschichten können die ungleichförmige Auflage ausgleichen wie in der Ausführung rechts.

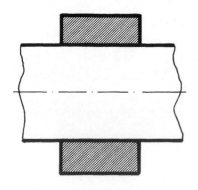 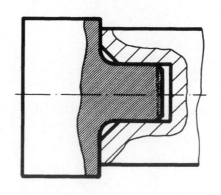

Preßverbindungen so gestalten, daß das keramische Bauteil innen und das Metallteil außen ist, um Zugspannungen zu vermeiden. Rechts günstige Ausführung.

Rohrverbindungen so gestalten, daß das keramische Rohr auf Druck beansprucht wird, wie in der Ausführung rechts.

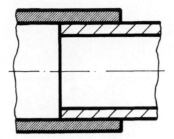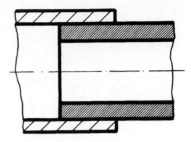

Die **Krafteinleitung** so vorsehen, daß das Bauteil auf Druck belastet wird, wie in der Ausführung rechts.

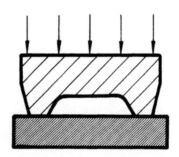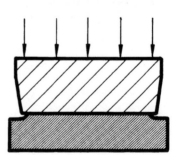

Die **Krafteinleitungsstelle** möglichst groß ausführen, wie in der Darstellung rechts.

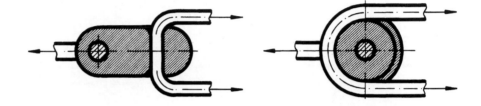

Bei **Kegelverbindungen** das Kegelverhältnis gering halten, da sich aufgrund unterschiedlicher **Wärmeausdehnung** die Kegelwinkel unterschiedlich ändern. Rechts günstige Ausführung.

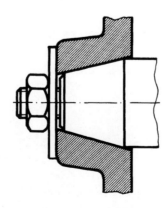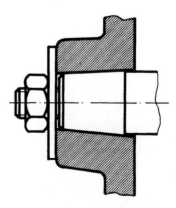

KERAMIK fügen

Luftspalt, nachgiebige Schicht

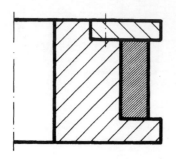 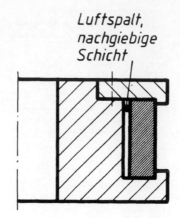

Luftspalt oder nachgiebige Schicht vorsehen, um die **Wärmeausdehnung** nicht zu behindern. Rechts günstige Ausführung.

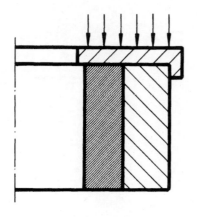 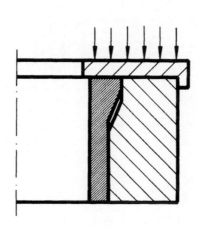

Bei parallel angeordneten Bauteilen einen Ausgleich der **Dehnungsunterschiede** berücksichtigen, wie in der Ausführung rechts.

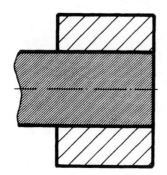 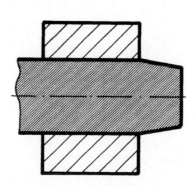

Bei **Welle-Nabe-Verbindungen** sind Eckenausbrüche aufgrund Spannungskonzentration im Kantenbereich zu vermeiden. Rechts günstige Ausführung.

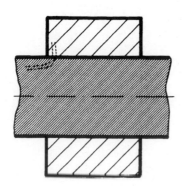 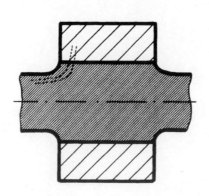

Bei **Welle-Nabe-Verbindungen** keine schroffe Kraftumlenkung vorsehen, um Kerbwirkungen zu vermeiden. Rechts günstige Ausführung.

Bei **Welle-Nabe-Verbindungen**
die Flächenpressung im Kantenbereich vermindern, um der Kerbwirkung zu begegnen. Rechts
günstige Ausführung.

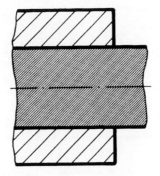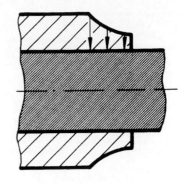

Bei **Welle-Nabe-Verbindungen**
keine Formelemente in das Keramikteil einbauen, um die Kerbwirkung zu vermeiden. Rechts günstige Ausführung.

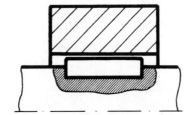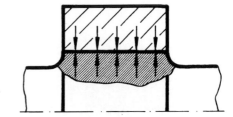

Lagersitze auf keramischen Wellen durch aufgeschrumpfte Stahl-
buchsen erzeugen eine günstige
Druckvorspannung der Welle, wie
in der Ausführung rechts.

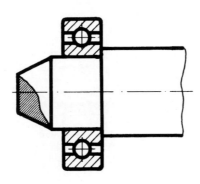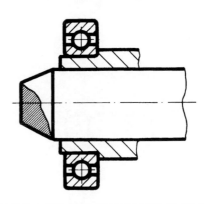

Bei **Welle-Nabe-Verbindungen**
sind sehr lange Fügesitze zu vermeiden. Rechts günstige Ausführung.

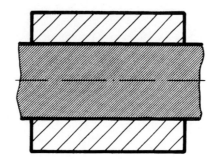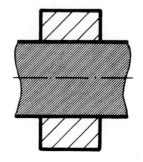

Bei **Welle-Nabe-Verbindungen**
ist ein Überstand der Nabe zu vermeiden. Stattdessen ist die Wel-
lensitzlänge größer als die Naben-
sitzlänge zu wählen, wie in der
Darstellung rechts.

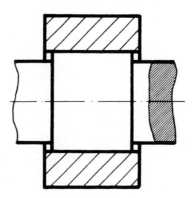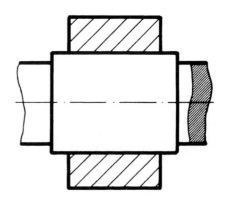

KERAMIK fügen

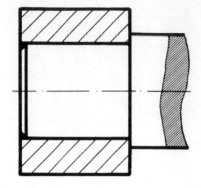 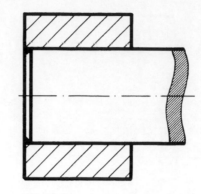

Bei **Welle-Nabe-Verbindungen** sind abgesetzte Keramikwellen zu vermeiden. Rechts günstige Ausführung.

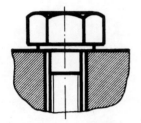 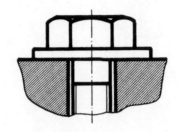

Insbesondere bei hochfesten **Schraubverbindungen** sind Unterlagen zu verwenden, wie in der Darstellung rechts.

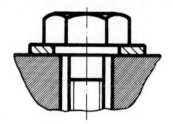 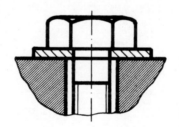

Die Unterlagen von **Schraubverbindungen** sind so zu gestalten, daß die Bohrungskante immer mit belastet wird. Rechts günstige Ausführung.

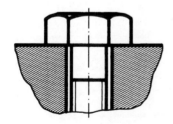 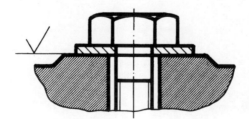

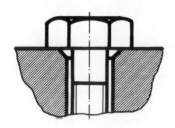

Bei **Schraubverbindungen** ist der Bereich der Bohrungskante mit in die Kraftüberleitung einzubeziehen. Die Auflage des Schraubenkopfes soll gleichmäßig und geschliffen sein. Fasen an Bohrungen sind zu vermeiden. Rechts günstige Ausführung.

Für **Schraubverbindungen** sollten keine dünnen Keramikplatten Verwendung finden. Rechts günstige Ausführung.

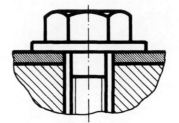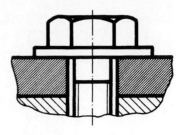

Bei **Schraubverbindungen** sind genügend große Auflageflächen vorzusehen. Rechts günstige Ausführungen.

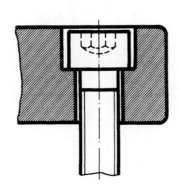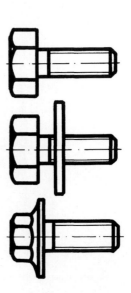

Bei **Schraubverbindungen** ist auf exakte Planparallelität zu achten, da sie von größerer Bedeutung ist, als bei Stahl. Rechts günstige Ausführung.

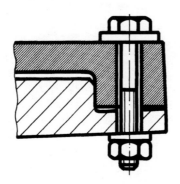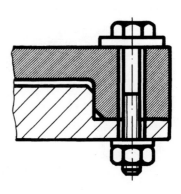

Bei **Schraubverbindungen** mit Dichtfunktion sind Verspannungen zu vermeiden. Rechts günstige Ausführung.

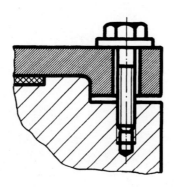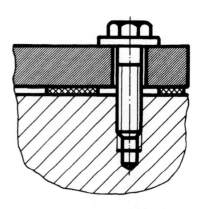

KERAMIK fügen

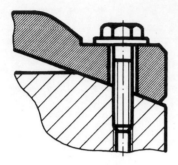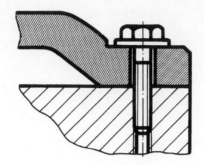

Bei **Schraubverbindungen** ist eine gleiche Materialdicke im Verformungsbereich der Schraube anzustreben. Rechts günstige Ausführung.

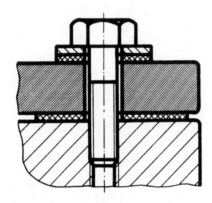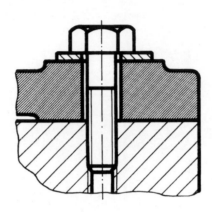

Für **Schraubverbindungen** sind elastische Zwischenlagen möglichst zu vermeiden, da sie zum Vorspannkraftverlust durch Kriechen führen und somit höhere Vorspannkräfte erfordern. Rechts günstige Ausführung.

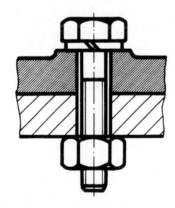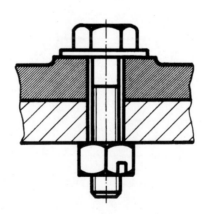

Bei dynamisch belasteten **Schraubverbindungen** sollte die Vorspannkraft groß sein und die Mutter entsprechend gesichert sein. Rechts günstige Ausführung.

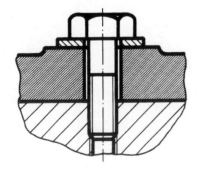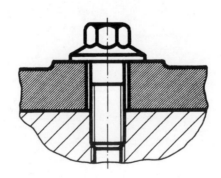

Für **Schraubverbindungen** sind Flanschschrauben zur Erhöhung der Grenzverschiebung vorteilhaft. Rechts günstige Ausführung.

Möchte man lösbare Verbindungen für Keramikbauteile schaffen, so bietet das Kleben insbesondere bei **Schrauben-Verbindungen-** und **Welle-Nabe-Verbindungen** gute Fügemöglichkeiten. Das Verbindungskonzept beruht darauf, daß nur Formelemente auf einem Verbindungspartner benötigt werden, während die Gegenkontur am Keramikbauteil durch Klebstoff beim Fügen entsteht. Die Teile werden so miteinander verklebt (siehe Abbildung), daß die Formelemente enthaltenden Verbindungspartner (a) keine oder nur eine geringe und die Keramikbauteile (b) eine hohe Haftfestigkeit zum Klebstoff (c) besitzen. Nach dem Aushärten bildet der an den Keramikteilen haftende Klebstoff die zur Kraftübertragung und zum wiederholbaren Fügen und Lösen notwendigen Formelemente (d).

Vorteile dieser Verbindungsart sind das einfache Herstellen komplizierter Formelemente, gleichmäßige Krafteinleitung aufgrund der Spielfreiheit, Dichheit der Verbindungen und Toleranzausgleich, so daß je nach Anwendungsfall auf eine aufwendige Hartbearbeitung verzichtet werden kann. Derartige Verbindungen sind je nach verwendetem Klebstoff auf Niedertemperaturanwendungen beschränkt.

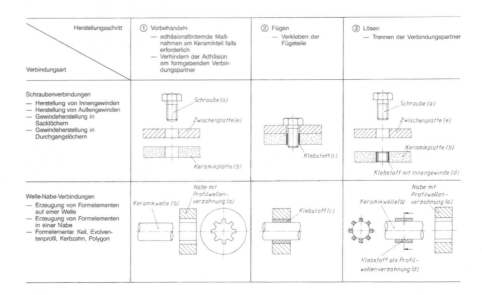

Um unterschiedliche Wärmeausdehnungen **thermisch belasteter Verbindungen** verschiedener Werkstoffe zu kompensieren, sind derartige Verbindungen entweder mit einer duktilen Zwischenschicht zu versehen oder konstruktiv günstig (siehe Abbildung rechts) zu gestalten.

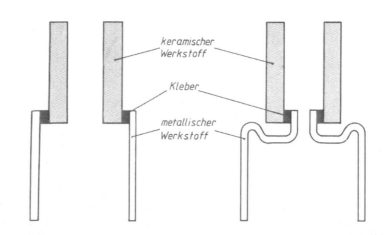

Bücher von Vieweg

Kunststoffgerecht konstruieren

Gestaltungsrichtlinien – Konstruktions- und Verbindungselemente – Bearbeitungsrichtlinien – CAD – Kunststoffdatenbanken

von Dieter Wimmer

2. Auflage 1991
398 Seiten mit 226 Abbildungen und
73 Tabellen. Kartoniert. DM 118,–
ISBN 3-528-04983-9

Aus dem Inhalt: Gestaltungsrichtlinien – Konstruktionselemente – Verbinden von Kunststoffteilen – Bearbeitung von Kunststoffen – Rechnerunterstützung

Konstrukteure, die sich mit Produkten befassen, die hauptsächlich aus Kunststoffen bestehen, finden in diesem Fachbuch einen wertvollen Helfer. Das Buch ist in fünf Abschnitte geteilt:

– Konstruktive Auslegung von Kunststoffteilen
– Wichtige Konstruktionselemente
– Verbindungs-Methoden (Fügetechnik) für Kunststoffteile
– Bearbeitungs-Richtlinien für Halbzeuge, Halbzeug-Angebot mit Hinweisen zu DIN-Normen
– Computerunterstützung für den Konstrukteur.

In allen fünf Abschnitten, die anschaulich bebildert sind, wird der Fachmann auf Besonderheiten und mögliche Schwierigkeiten bei der Entwicklung eines Produktes hingewiesen. Auf diese Weise erhält er Richtlinien und Vorschläge für eine formgerechte Gestaltung, eine auf seine spezielle Problematik zugeschnittene Werkstoff-Auswahl mit Daten-Übersicht und Berechnungs-Grundlagen, die auch durch Praxisbeispiele ergänzt sind. Wichtige Stichworte, seitlich herausgezogen, sowie das ausführliche Stichwortverzeichnis erleichtern das Auffinden von Details.

Verlag Vieweg · Postfach 1546 · 65005 Wiesbaden

Kunststoffgerechtes Gestalten

Um Kunststoff-Formteile hoher Qualität zu erzielen, ist eine enge Zusammenarbeit von Rohstoffhersteller, Kunststoffverarbeiter, Konstrukteur und Endabnehmer sinnvoll, so daß sich sämtliche Einflußgrößen optimieren lassen, als da sind:

— Eigenschaften der Formmasse
— Verarbeitung der Formmasse
— Gestaltung des Formteils.

Allgemeines zur Formteil-Gestaltung

Unter Berücksichtigung zulässiger, kunststoffgerechter Toleranzen ist das Übereinstimmen der Formteilabmessungen mit der Sollform (Zeichnungsmaße) eine wichtige Forderung. Bei „kunststoffgerechter Toleranz" ist zu berücksichtigen, daß im allgemeinen der Wärmeausdehnungskoeffizient größer ist als der der Metalle, daß Schwindung und Nachschwindung zeitabhängige Maßänderungen am Formteil hervorrufen usw. Dies hat zur Folge, daß ISO-Toleranzen (ISO-Grundtoleranzen für Längenmaße DIN 7151) der Reihe IT5, IT6 oder IT7 mit teilkristallinen technischen Kunststoffen im allgemeinen spritzgießtechnisch*) nicht erzielt werden können. Folgende Qualitäten sind je nach Aufwand erreichbar:

IT10 mit „normalem" Aufwand
IT9 mit „erhöhtem" Aufwand
IT8 mit „hohem" Aufwand.

Der Begriff „hoher" Aufwand bezieht sich sowohl auf das Verarbeiten des Werkstoffes als auch auf Maschine und Werkzeug und damit auch auf Zusatzaggregate wie Temperiergeräte usw. Der mit höherem Aufwand verbundene Präzisionsspritzguß ist daher notwendigerweise kostenintensiv und setzt ein sehr hohes technisches Niveau voraus. Daher sollte die allgemeinste Gestaltungsregel lauten:

---

*) Werden Formteile spanend aus Halbzeug gefertigt, sind ISO-Toleranzen ohne großen Aufwand in Qualität 7 möglich.

„Nicht so genau wie möglich, sondern so genau wie nötig".

Um weitgehend verzugsfreie und spannungsarme Formteile zu erhalten, sollte ortsunabhängig gleicher Druck im Formnest herrschen, da die Verarbeitungsschwindung von der jeweiligen Höhe des Werkzeuginnendruckes abhängig ist (Abb. 1).

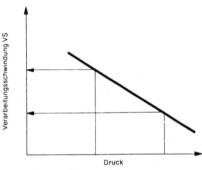

Abb. 1: Verarbeitungsschwindung VS als Funktion des (Werkzeuginnen-)Druckes.

Aus dem Zusammenhang zwischen Verarbeitungsschwindung und Werkzeugwandtemperatur ergibt sich weiterhin die Forderung nach einer möglichst allseits gleichen Werkzeugwandtemperatur (Abb. 2).

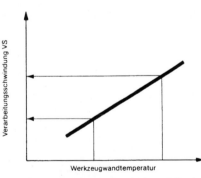

Abb. 2: Verarbeitungsschwindung VS als Funktion der Werkzeugwandtemperatur.

Diese Maximalforderungen sind in der Praxis nur annäherungsweise zu erfüllen. So zeigt der Verlauf von Druck und damit in Zusammenhang stehend die Schwindung, zum Beispiel entlang einer durchströmten plattenförmigen Kavität mit einem seitlichen Anschnitt qualitativ den in Abb. 3 und 4 gezeigten Verlauf (identische Verarbeitungsbedingungen).

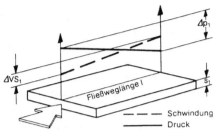

Abb. 3: Schwindungsänderung ΔVS_1 infolge Druckabfalls Δp_1 entlang der Fließweglänge an einer „dicken" Platte.

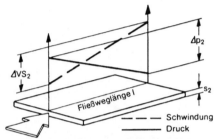

Abb. 4: Schwindungsänderung ΔVS_2 infolge Druckabfalls Δp_2 entlang der Fließweglänge an einer „dünnen" Platte.

Die Druckunterschiede Δp_1 bewirken Schwindungsunterschiede ΔVS_1, die Ursache z. B. von Verzugserscheinungen, Eigenspannungen etc. sein können.

Der Druckverlust Δp wird vom Hagen-Poisseuilleschen-Gesetz beschrieben:

$$\Delta p \sim \frac{\dot{V} \cdot l \cdot \eta}{s^4}$$

$\dot{V}$ zeitlicher Volumenstrom der Schmelze
l Fließweglänge
η Viskosität der Schmelze = $f(\vartheta, p, \dot{\gamma})$
ϑ Temperatur
p Druck
$\dot{\gamma}$ Schergeschwindigkeit oder Geschwindigkeitsgefälle
s Plattendicke

Tabelle 1

Zunahme von . . .	bewirkt auf Druckverlust. . . Bewertung (. . .)
Fließweglänge l	Anstieg (—)
Viskosität η	Anstieg (—)
Wanddicke s	Abfall (+)

Um den Druckverlust zu minimieren, können zum Beispiel folgende Abhilfemaßnahmen durchgeführt werden:

— Verwenden von **Formmassen** mit sehr hohem Schmelzindex, das heißt, mit sehr niedriger Schmelzenviskosität.
— Entsprechende **Anschnittanordnung** oder Verwenden von Mehrfachanschnitten, um Fließwege zu verkürzen und/oder auszugleichen (Abb. 5 und 6).

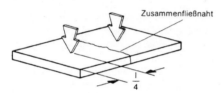

Abb. 5: Verkürzen der Fließweglänge durch entsprechende Anordnung des Anschnittes; Einfachanschnitt, mittig.

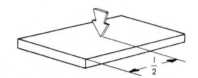

Abb. 6: Verkürzen der Fließweglänge durch entsprechende Anordnung des Anschnittes; Mehrfachanschnitt.

Ein zentraler Anschnitt kann häufige Ursache von Verzugserscheinungen sein (Abb. 5).

Als Folge der Aufteilung des Volumenstromes bei der Mehrfachanbindung (Abb. 6) ergibt sich in der Mitte des Formteiles eine Zusammenfließnaht, die in den meisten Fällen eine Schwachstelle bedeutet und häufig auch zu einer optisch sichtbaren Oberflächenmarkierung (Bindenaht) führt. Die gleiche Erscheinung ergibt sich grundsätzlich hinter einem umströmten Hindernis, hier besonders ausgeprägt bei fasergefüllten Formmassen (Abb. 7). Die Faserorientierung ist wesentliche Ursache für die Anisotropie der mechanischen Eigenschaften und der Schwindungsunterschiede (Verzug).

— Verwenden von **Fließhilfen** (Querschnittserweiterungen oder zusätzliche Rippen).

Hiermit lassen sich Druckunterschiede vermindern oder ausgleichen (Verwenden von **Fließpressen**, beispielsweise Querschnittsverengungen) und eine gleichmäßige Füllung der Kavität erzielen (Abb. 8).

Unterschiedliche Wanddicken führen im allgemeinen zu Schwindungsunterschieden und an Querschnittsübergängen unter Umständen zu Oberflächenmarkierungen bzw. sogar zu erhöhter Kerbwirkung. Querschnittsänderungen sind daher im allgemeinen nicht ohne Einschränkungen zulässig.

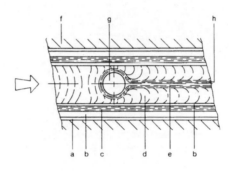

a faserarme Randschicht
b regellose Faserorientierung
c Fasern bevorzugt parallel zur Fließrichtung
d Fasern bevorzugt senkrecht zur Fließrichtung
e Fasern bevorzugt parallel zur Fließrichtung
f Werkzeugwand
g Fließhindernis
h Formteil

Abb. 7: Faserorientierung in einem Flachstab mit Fließhindernis.

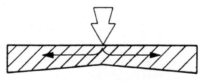

Fließhilfe (Querschnittserweiterung)

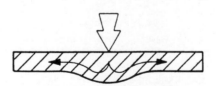

Fließbremse (Querschnittsverengung)

Abb. 8: Änderung des Druckverlustes durch Fließhilfen bzw. Fließbremsen.

Die durch unterschiedliche Schwindungen hervorgerufenen Kräfte können jedoch auch gezielt zur Verzugsminderung eines Formteiles herangezogen werden (Abb. 9).

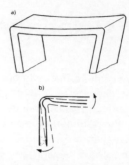

Abb. 9: Verzugserscheinungen infolge Wanddickeneinflusses
a) Winkelverzug eines kastenförmigen Formteils,
b) die höhere Schwindung in den Bereichen ▨ führt zu einem Kräftepaar ⌣, mit dem der Verzugserscheinung entgegengesteuert werden kann. Eine biegeweiche Ausbildung des Eckbereiches (Wanddickenverminderung) ist neben der damit verbundenen Verbesserung der Abkühlbedingungen von Vorteil.

Beim schrittweisen Vorgehen
— Entwurf des Formteiles,
— Konstruktion des Werkzeuges,
— Bau des Werkzeuges,
— Abmusterung,

sollten stets Änderungen wie Nacharbeit am Werkzeug eingeplant werden, da zum Beispiel schwindungsbedingte Maß- bzw. Gestaltabweichungen am Formteil häufig unvermeidlich sind. So ist der Versuch einer umfassenden mathematischen Behandlung des Problemkreises Verarbeitungsschwindung mit Zielrichtung einer möglichst genauen Vorhersage bisher erfolglos geblieben. Gleiches gilt für die Vorausberechnung der Faserorientierung bei verstärkten Thermoplasten. Erfahrungen, gewonnen am Praxisteil, haben daher den größeren Stellenwert.

Aus diesen Erfahrungen sowie aus werkstofftechnischen Gründen ergeben sich Richtlinien, die beim Entwurf eines Formteils Beachtung finden sollten. Beginnend mit elementaren Bauteilen wird im nachfolgenden Abschnitt die Maß- und Gestaltabweichung der Sollform (vergleichbar mit Zeichnungsmaßen) gegenübergestellt, die Ursache begründet und — soweit möglich — Abhilfemaßnahmen vorgeschlagen. Es werden Hinweise auf eine größtmögliche Gestaltfestigkeit bei bestimmter Belastungsart gegeben.

Richtlinien für die Formteil-Gestaltung

Platte

Sollform

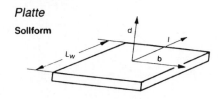

Maß- bzw. Gestaltabweichung

Abb. 10

Maßabweichungen an einer Platte infolge Schwindung in Richtung Länge l, Dicke d und Breite b.

Es gilt z. B.:

$$L_w = \frac{L}{1 - \frac{VS}{100}} \quad \text{oder mit } \Delta l = L_w - L$$

$$\Delta l = L_w \cdot \frac{VS}{100}$$

Viertelkreisscheibe

Sollform

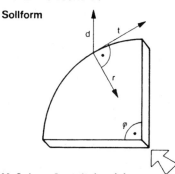

Maß- bzw. Gestaltabweichung

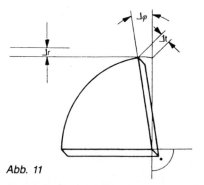

Abb. 11

Maß- und Gestaltabweichungen infolge Schwindung VS_r in radialer (Radius r), VS_d in Dicken- (d) und VS_t in Umfangsrichtung t (tangential). Infol-

ge Längenänderung Δt in tangentialer Richtung verändert sich der (rechte) Winkel φ. Damit ist eine Gestaltabweichung des Formteils verbunden. Schwindungsdifferenzen $\Delta VS = VS_r - VS_t$ führen im allgemeinen zur Verwindung oder Aufwölbung der Fläche.

Volumen-Verzerrung im Inneren einer Viertelscheibe mit Punktanguß (Abb. 12 oben) und einer quadratischen Platte mit Bandanguß (unten).

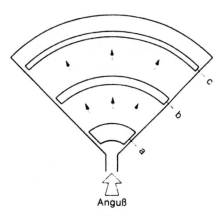

Anguß

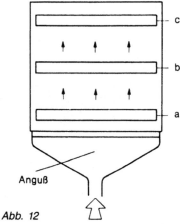

Anguß

Abb. 12

Der Transport eines Volumenelements von a über b nach c hat bei Querschnittvergrößerung (Punktanguß) eine zunehmende Dehnung quer zur Fließrichtung zur Folge. Wird diese Dehnung eingefroren, ergeben sich Orientierungen senkrecht zur Fließrichtung. Bei Anwendung breiter Angüsse (Bandanguß) tritt dieser Verzerrungs- bzw. Dehnungsvorgang je nach Breite des Angusses weniger oder gar nicht ein. Die Verzugsneigung ist infolgedessen bei dieser Art der Anbindung im allgemeinen geringer.

Platte

Sollform

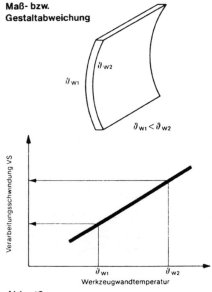

Maß- bzw. Gestaltabweichung

Abb. 13

Gestaltabweichung (Verzug) infolge Schwindungsunterschieden.

Höhe der Schwindung ist abhängig von der Werkzeugwandtemperatur (Abb. 13). Die Seite mit der höheren Werkzeugwandtemperatur ϑ_{w2} schwindet (verkürzt sich) mehr als die mit ϑ_{w1} (sog. Bimetall-Effekt), das Formteil verwölbt sich.

Abhilfe:
Möglichst gleiche Werkzeugwandtemperaturen anstreben.

Stufenplatte

Sollform

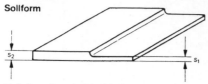

Maß- bzw. Gestaltabweichung

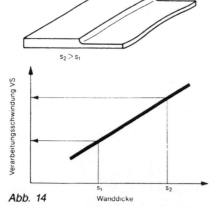

$s_2 > s_1$

Abb. 14

Gestaltabweichung (Verzug, Faltenbildung insbesondere im Bereich der geringeren Wanddicke s_1).

Höhe der Schwindung ist wanddickenabhängig (Abb. 14). Die Seite mit der Wanddicke s_1 schwindet weniger und ist somit relativ länger, was zur Faltenbildung führt.

Abhilfe:
Möglichst gleiche Wanddicken anstreben.

Winkel

Sollform

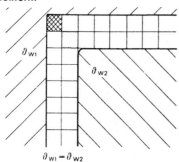

Maß- bzw. Gestaltabweichung

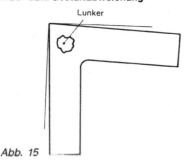

Abb. 15

Gestaltabweichung (Winkelverzug) infolge Schwindungsunterschiede, Gefahr der Lunkerbildung.

Trotz gleicher Werkzeugwandtemperaturen $\vartheta_{W1} = \vartheta_{W2}$ ist die örtliche Abkühlung des Formteils infolge unterschiedlicher Werkzeugwand-Kontaktflächen verschieden:

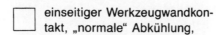 einseitiger Werkzeugwandkontakt, „normale" Abkühlung,

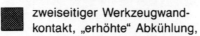 zweiseitiger Werkzeugwandkontakt, „erhöhte" Abkühlung,

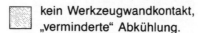 kein Werkzeugwandkontakt, „verminderte" Abkühlung.

Abhilfe:
Werkzeugtemperierung insbesondere im Eckbereich intensivieren. Masseanhäufung im Eckbereich vermindern (Abb. 16a, 16b: $s_1 < s_2$).

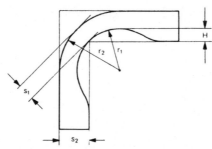

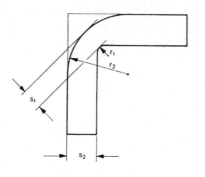

Abb. 16:
a) Werkzeugtechnisch einfachere Ausführung.
b) Werkzeugtechnisch aufwendiger, jedoch wirksamer. Infolge Wanddickenreduzierung ergibt sich bei entsprechender Entformungsrichtung ein Hinterschnitt „H".

T-Profil

Sollform

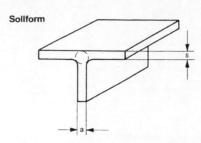

Maß- bzw. Gestaltabweichung

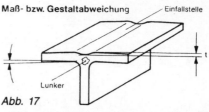

Abb. 17

Gestaltabweichung (Winkelverzug) infolge Schwindungsunterschiede, Gefahr der Lunkerbildung und Bildung von Einfallstellen.

Einfallstellen infolge zu großer Stegbreite a bzw. örtlicher Masseanhäufung ⬡ (Winkelverzug).

Abhilfe:
— Stegbreite a verringern,
  Faustformel: $a \leq 0,5 \cdot s$
— Wirksamen Spritzdruck erhöhen (Abb. 18).
— Werkzeugwandtemperatur ϑ_W erhöhen (Abb. 18 links).
— Wahl geeigneterer konstruktiver Lösungen (Abb. 19).
— Treibmittel verwenden.

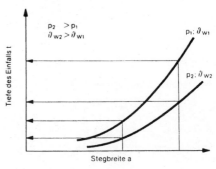

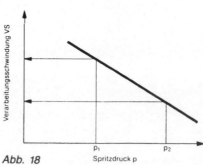

Abb. 18

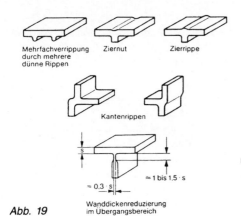

Mehrfachverrippung durch mehrere dünne Rippen   Ziernut   Zierrippe

Kantenrippen

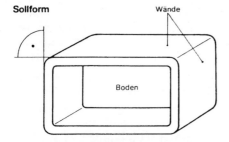

s

$\approx 0,3 \cdot s$ ≈ 1 bis $1,5 \cdot s$

Wanddickenreduzierung im Übergangsbereich

Abb. 19

Kasten mit Boden

Sollform

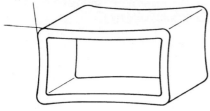

Wände

Boden

Maß- bzw. Gestaltabweichung

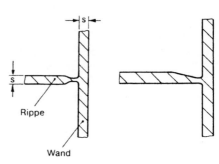

Abb. 20

Gestaltabweichung (Winkelverzug). Ursache siehe *Winkel*.

Abhilfe:
— Werkzeugtemperierung in den Eckbereichen intensivieren.
— Masseanhäufungen in den Eckbereichen verringern (Abb. 21):
 Bei **Wänden**:
 Wanddicken zur Mitte hin anheben (ca. +20 bis 30%).
 Bei **Böden**:
 Wanddicken zum Rand hin anheben (ca. +20 bis 30%).

Wände: $d_2 = 1,2$ bis $1,3 \cdot d_1$

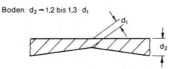

d_1 d_2

Boden: $d_2 = 1,2$ bis $1,3 \cdot d_1$

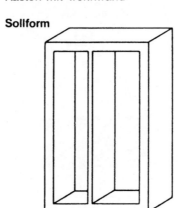

d_1 d_2

Abb. 21: Möglichen Hinterschnitt beachten.

Kasten mit Trennwand

Sollform

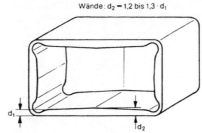

Maß- bzw. Gestaltabweichung

Abb. 22

Gestaltabweichung (Winkelverzug), Verzug der Rippe (Faltenbildung).

Schwindungsunterschiede infolge ungleicher Wanddicken.

Die relativ dicken Außenwände haben eine größere Schwindung als die Rippe. Die Rippe „drückt" daher nach außen (Abb. 23).

Abhilfe:
— Gleiche Wanddicken anstreben,
— die dabei zu erwartenden Einfallstellen vermeiden z. B. durch Reduzierung des Übergangsbereiches Rippe/Wand (Abb. 24, siehe auch *T-Profil*).

Grundsätzlich gilt:

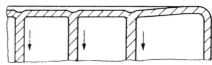

Dickere Rippen „ziehen" Wandungen nach innen

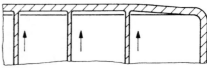

Dünnere Rippen „drücken" Wandungen nach außen

Abb. 23

s

s

Rippe

Wand

Abb. 24

Innendruckbeanspruchter Zylinder

Sollform

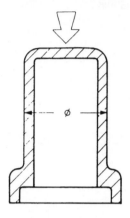

Maß- bzw. Gestaltabweichung

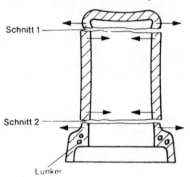

Schnitt 1

Schnitt 2

Lunker

Abb. 25

Eigenspannungen infolge Schwindungsbehinderung. Lunkerbildung infolge Masseanhäufung.

Abhilfe:
— Masseanhäufungen reduzieren,
— konstruktive Maßnahmen siehe *Winkel*,
— Intensivierung der Kernkühlung siehe *Schnapp-Element*,
— eventuell Formteil tempern, z. B.: Lagerung bei $\vartheta = 140\ °C$, Lagerungsdauer ca. 1 Stunde, um Eigenspannungen zu reduzieren (bei höheren Eigenspannungen kann sich die Zeitstandfestigkeit verringern).

Um Eigenspannungen bzw. Verzugsneigung eines Formteils qualitativ beurteilen zu können, werden Schnitte durch das Formteil gelegt. Je nach Größe der Verformungsbehinderung werden so Eigenspannungen frei, die häufig einen deutlich sichtbaren Verzug bewirken. Um die Schnittflächen (Schnitt 1 und 2) wieder zueinander zu führen, bedarf es jeweils Kräftepaare ⇄, d. h. die Deformationen werden so wieder (gedanklich) rückgängig gemacht.

Mit diesem Experiment lassen sich Eigenspannungen im Formteil leicht qualitativ beurteilen.

Zylinder mit Innentubus, innendruckbeansprucht

Sollform

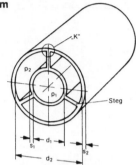

Maß- bzw. Gestaltabweichung

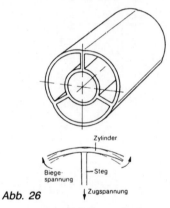

Zylinder

Biege-spannung

Steg

Zugspannung

Abb. 26

Spannungen infolge Verformungsbehinderung bei Innendruck-Beanspruchung.

Für den — praktisch nicht ausführbaren — Fall nicht behinderter Verformung (d. h. ohne Stege) und einer Innendruckbeanspruchung mit $p_1 = p_2 = p$ würde sich lediglich der Durchmesser d_2 des Zylinders um

$$\Delta d_2 = \frac{p \cdot d_2^2}{2 \cdot s_2 \cdot E} \text{ oder}$$

$$\frac{\Delta d_2}{d_2} = \frac{p \cdot d_2}{2 \cdot s_2 \cdot E} \cdot 100\ \%$$

vergrößern.

Infolge Abstützung von Zylinder und Innentubus über Stege wird diese Durchmesservergrößerung weitgehend behindert. In den Stegen entstehen so Zugspannungen, die durch Kerbwirkung bei „K" erhöht werden. Zusätzlich können sich noch Schwindungsspannungen aufgrund möglicherweise unterschiedlicher Abkühlbedingungen addieren. Zylinder

und Innentubus erfahren eine Gestaltabweichung bei ausreichend hoher Biegebeanspruchung in den Bereichen „K".

Abhilfe:
Unter Beibehaltung vorliegender Konstruktion läßt sich die Verformungsbehinderung praktisch nicht beseitigen, jedoch durch Anheben der Wanddicke s_2 in Grenzen halten. Im Bereich „K" ausreichend bemessene Radien vorsehen, um die Kerbwirkung zu minimieren (jedoch Gefahr von Einfallstellen).

Optimierungsschritte durch Langzeitversuche unter praxisnahen Bedingungen absichern (Zeitraffung bei höheren Temperaturen möglich). Vorliegende Konstruktion möglichst vermeiden.

Bei entsprechender Dicke der Stege entstehen Einfallstellen auf der Zylinder-Oberfläche und auf der Innenseite des Innentubus. Die Spannungserhöhung führt zu einer Reduzierung der Gestaltfestigkeit (hier insbesondere zur Reduzierung der Zeitstandfestigkeit).

Gewindespindel mit Handrad

Sollform

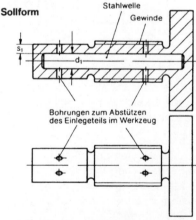

Stahlwelle

Gewinde

Bohrungen zum Abstützen des Einlegeteils im Werkzeug

Maß- bzw. Gestaltabweichung

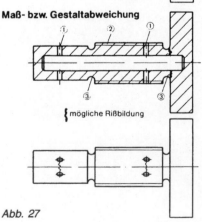

mögliche Rißbildung

Abb. 27

Rißbildungen in der Kunststoffummantelung einer umspritzten Metallwelle.

— Eigenspannungen infolge Schwindungsbehinderung (Verformungsbehinderung in radialer und axialer Richtung).
— Kerbwirkung an den Stellen Querbohrung (1), Gewinde (2), Gewindeauslauf (3).
— Wanddicken s_1 zu gering.
— Der zwischen Stützbolzen und Stahlwelle beim Spritzgießvorgang sich bildende dünne Kunststoff-Film ist häufig Rißursprung. Von hier aus kann sich der Riß über den gesamten Querschnitt des Bauteils ausbreiten.

Abhilfe:
— Siehe *Umspritzte Metallwelle.*
— Konstruktive Maßnahmen (Abb. 28).
— Weitgehende Vermeidung der Schwindungsbehinderung in axialer Richtung.
— Auflagerung der Metallwelle im Werkzeug ohne Stifte zum Abstützen.

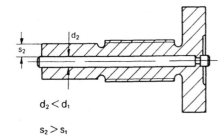

$$d_2 < d_1$$

$$s_2 > s_1$$

Abb. 28

Zur Überprüfung der Gestaltfestigkeit hat sich ein Temperatur-Wechseltest (z. B. bei −30 und +80 °C) bewährt.

Geschlitzter Kolbenring

Sollform

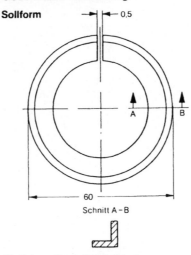

Maß- bzw. Gestaltabweichung

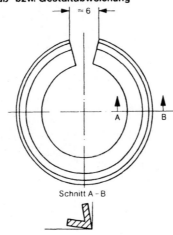

Abb. 29

Gestaltabweichung (Ovalität, Spaltweite zu groß) an einem geschlitzten Kolbenring.

Winkelabweichung, siehe Schnitt A—B.

Abhilfe:
Masseanhäufung im Eckbereich vermindern (Abb. 30).

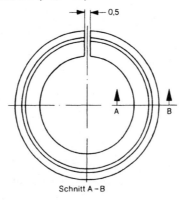

Abb. 30

Durchbiegung unterschiedlich gestalteter Profile

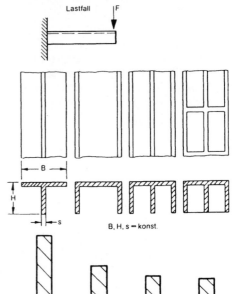

B, H, s = konst.

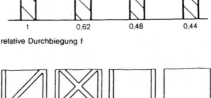

relative Durchbiegung f

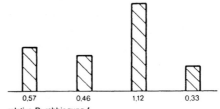

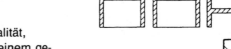

relative Durchbiegung f

Abb. 31

Relative Durchbiegung unterschiedlicher Profile. Die Durchbiegung f eines auf Biegung beanspruchten

Bauteils (Abb. 32 oben), ergibt sich aus:

$$f = \frac{F \cdot l^3}{3 E \cdot J}$$

Um die Durchbiegung klein zu halten, sollte das Produkt aus Elastizitätsmodul E und axialem Trägheitsmoment J möglichst groß sein (E · J = „Biegesteifigkeit").

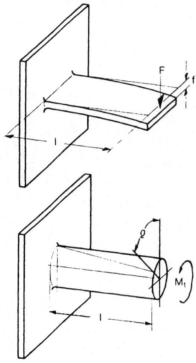

Abb. 32: Oben Durchbiegung, unten Verdrehwinkel

Der Elastizitätsmodul ist materialbedingt, das Trägheitsmoment ist von der konstruktiven Gestaltung des Formteiles abhängig. Durch Wahl einer geeigneten Verrippung läßt sich so die Durchbiegung bzw. die Gestaltfestigkeit in relativ weiten Grenzen beeinflussen. Dies gilt insbesondere für die Höhe eines Profils, die in das Trägheitsmoment mit der 3. Potenz eingeht.

Torsionssteifheit unterschiedlich gestalteter U-Profile

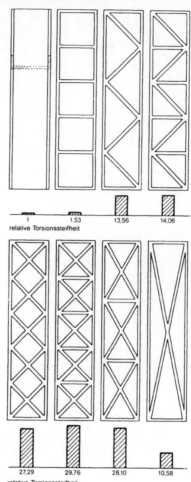

Abb. 33

Relative Torsionssteifheit unterschiedlich gestalteter U-Profile.

Der Verdrehwinkel ϱ bei einem auf Torsion beanspruchten Bauteil (Abb. 32 unten), ergibt sich aus:

$$\varrho = \frac{180}{\pi} \cdot \frac{M_t \cdot l}{G \cdot J_p}$$

Um den Verdrehwinkel ϱ klein zu halten, sollte das Produkt aus Schubmodul G und polarem Trägheitsmoment J_p möglichst groß sein (G · J_p = „Torsionssteifigkeit").

Der Schubmodul ist materialbedingt, während das polare Trägheitsmoment von der konstruktiven Gestaltung des Formteils abhängig ist.

Durch Wahl einer geeigneten Verrippung läßt sich so die Verdrehsteifigkeit bzw. die Gestaltfestigkeit in relativ weiten Grenzen beeinflussen.

Umspritzte Metallwelle
Sollform

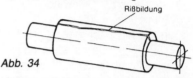

Maß- bzw. Gestaltabweichung

Abb. 34

Rißbildung in der Kunststoffummantelung einer umspritzten Metallwelle.

Eigenspannungen (Zugspannungen) infolge Schwindungsbehinderung (Verformungsbehinderung in radialer Richtung). Wanddicke s zu gering.

Abhilfe:
— Wanddicke s vergrößern Faustformel: s ≈ 0,3 bis 0,4 · d, wobei d bis ≈ 25 mm.
— Zusammenfließnaht nach Möglichkeit vermeiden.
— Welle vor dem Umspritzen vorwärmen (z. B. auf ϑ = 80 bis 100 °C).
— Preßverbindung mit einer separat herzustellenden Kunststoffbuchse vorsehen.

Infolge Zeitstandbeanspruchung des Kunststoffmantels kann Rißbildung auch erst nach längerer Beanspruchungsdauer (Monate bis Jahre!) auftreten. Kerbwirkung (z. B. Querbohrungen, Gewinde etc.) kann zusätzlich die Rißbildung fördern, hierbei gilt o. a. Faustformel nicht. Zur Überprüfung der Gestaltfestigkeit hat sich ein Temperatur-Wechseltest (z. B. bei −30 und +80 °C) bewährt.

Bauelemente mit Verankerung auf Platine (Outsert-Technik)
Sollform

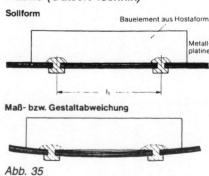

Maß- bzw. Gestaltabweichung

Abb. 35

Gestaltabweichung infolge Schwindungsbehinderung.

Stoffschlüssige Veankerung des Bauteils auf der Platine (Outsert-Technik) führt zu Schwindungsspannungen (die auch zum Verzug einer Metallplatine führen können), da Abstand der Befestigungspunkte zu groß. Bauteil kann sich von Platine „abheben".

Abhilfe:
— Aufteilung des Bauteils in mehrere Segmente (Abb. 36).
— Abstand I verkleinern (Abb. 36, $l_2 < l_1$).
— Evtl. Langloch zur Fixierung des Bauteils vorsehen (Abb. 37).

Eine maßgenaue Positionierung des Bauteils ist bei Verwenden eines Langloches in der Platine nicht gesichert.

Abb. 36

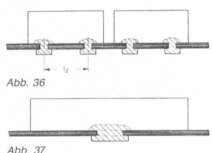

Abb. 37

Schnapp-Element

Sollform

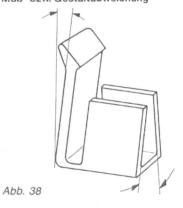

Maß- bzw. Gestaltabweichung

Abb. 38

Gestaltabweichung (Winkelverzug). Ursache siehe *Winkel*.

Abhilfe:
— Intensivierung der Kernkühlung durch Verwenden gut wärmeleitender Werkstoffe, z. B. geschmiedete Mehrstoff-Aluminiumbronze, DIN-Bezeichnung AlBz 10 Ni oder AlBz 9 Mn
— Konstruktive Maßnahmen siehe *Kasten mit Boden*.

Clip

Sollform

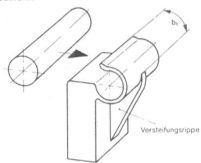

Verstefungsrippe

Maß- bzw. Gestaltabweichung

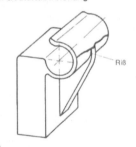

Riß

Abb. 39

Zu große örtliche Dehnung und/oder Rißbildung am Federelement eines Clips.

Verformungsbehinderung durch Versteifungsrippe, da freie Biegelänge b_1 des Federelementes zu gering, infolgedessen $\varepsilon > \varepsilon_{zul.}$

Abhilfe:
Rippen verkürzen oder weglassen um Biegesteifheit zu vermindern, dadurch Verlängern der freien Biegelänge b_2. Es gilt:

$$\varepsilon_{zul.} \geqq \varepsilon \sim \frac{1}{b^2}$$

d. h. durch Vergrößern der freien Biegelänge (biegeweiche Gestaltung) kann die Dehnung wesentlich reduziert und dadurch die Gestaltfestigkeit erhöht werden.

Die Haltekraft der Schnappverbindung reduziert sich jedoch infolge Vergrößern der Biegelänge b_2.

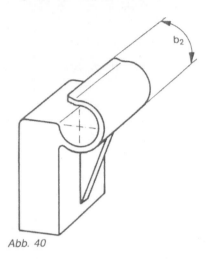

Abb. 40

Schnapphaken mit Rastnase und Ausnehmung

Sollform

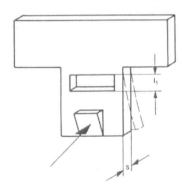

Maß- bzw. Gestaltabweichung

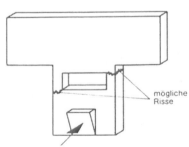

mögliche Risse

Abb. 41

Rißbildung an der Ausnehmung bei mechanischer Beanspruchung des Schnapphakens. Zu biegesteife Ausführung, da l_1 zu kurz. Kerbwirkung infolge scharfer Kanten der Ausnehmung begünstigt Rißbildung.

Abhilfe:
— Biegeweiche Konstruktion anstreben ($l_2 > l_1$ und eventuell s ver-

kleinern), d. h. die örtliche Dehnung

$$\varepsilon \sim \frac{s}{l^2}$$ verkleinern (Abb. 42).

— Kanten gut verrunden.

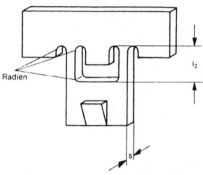

Abb. 42

Unlösbare Schnappverbindung

Sollform

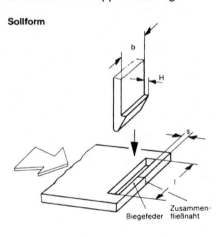

Maß- bzw. Gestaltabweichung

Abb. 43

Rißbildung infolge scharfer, nicht verrundeter Kanten im Durchbruch.

Rißbildung in der Mitte des Durchbruchs begünstigt durch Zusammenfließnaht.

Verhältnis $\frac{b}{l}$ zu groß, d. h. Biegefeder zu steif („biegesteif") und/oder Schnapphaken zu breit. Hinterschnitt H zu groß.

Abhilfe:
— Radien in Eckbereichen vorsehen (Abb. 44).
— Anschnitt so verlegen, daß Zusammenfließnaht nicht im Bereich der Biegefeder liegt, falls nicht möglich
— Wandverdickung im Bereich der Zusammenfließnaht vorsehen.
— Verhältnis $\frac{b}{l}$ verkleinern, d. h.

    l vergrößern und/oder b verkleinern.

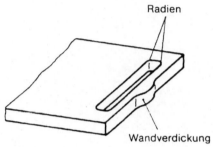

Abb. 44

Schraubenverbindung

Sollform

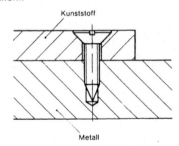

Maß- bzw. Gestaltabweichung

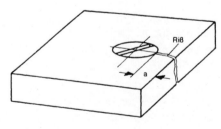

Abb. 45

Rißbildung bei einer Schraubenverbindung mit Senkschraube.

Spreizwirkung durch Senkschraube infolge Schraubenvorspannung. Abstand a zu gering. Möglicherweise im Rißbereich Zusammenfließnaht.

Abhilfe:
— Zusammenfließnaht verlagern durch Änderung des Anspritzortes (Abb. 46).
— Zylinderschraube verwenden (Abb. 47a und 47b).
— Abstand a vergrößern.

Infolge Spannungsrelaxation kann sich die Schraubenverbindung lockern. Hier empfiehlt sich z. B. das Verwenden von Ansatzschrauben (Abb. 47a), oder von geschlitzten Metallhülsen (Abb. 48).

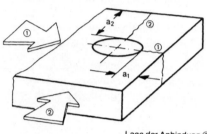

Abb. 46

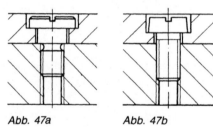

Abb. 47a   *Abb. 47b*

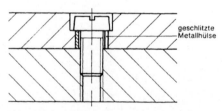

Abb. 48

Nach praktischen Untersuchungen können Verbindungen mit gewindefurchenden Schrauben bis zu etwa 15mal ohne Einbuße der Belastbarkeit gelöst und wiederhergestellt werden. Voraussetzung ist, daß die Schraube immer wieder in die einmal geformten Gewindegänge eingedreht wird. Dies ist in der Regel dann der Fall, wenn die Schraube von Hand eingedreht wird.

Bei gewindeschneidenden Schrauben dagegen ist ein häufiges Lösen und Wiederherstellen der Verbindung nicht zu empfehlen, da das Muttergewinde dabei zerstört werden kann.

Verbindungen mit Gewindeeinsätzen oder Gewindebolzen können beliebig oft gelöst werden.

Verbindung mit gewindeformenden Schrauben

Zur Aufnahme gewindeformender Schrauben werden zylindrische Kernlöcher mit den in Abb. 49 angegebenen Maßen empfohlen. Gelegentlich werden in der Praxis auch dreieckige oder viereckige Kernlöcher vorgesehen, um das Einschraubmoment klein zu halten. Diese Maßnahme kann sich bei harten, spröden Kunststoffen mit ungünstigen Gleiteigenschaften (z. B. Polystyrol, Duroplaste u. a.) vorteilhaft auswirken. Die dadurch geringfügig verringerte Gewindeüberdeckung wird durch eine vergrößerte Einschraub-

länge ausgeglichen. Bei der Anordnung der Augen ist darauf zu achten, daß Masseanhäufungen vermieden werden (Abb. 50).

Verbindung mit metrischen Gewindeeinsätzen und metrischen Gewindebolzen

Bei der Dimensionierung von Augen zur Aufnahme von Gewindeeinsätzen und Gewindebolzen ist darauf zu achten, daß beim Umspritzen der Teile eine Mindestwanddicke erforderlich ist, um Rißbildung zu vermeiden. Diese Wanddicke ist ausreichend, wenn der Außendurchmesser D mindestens das 1,6fache des Durchmessers d_B beträgt (Abb. 51), d. h. $D \geq 1,6 \cdot d_B$.

Beim Einschweißen eines Gewindeeinsatzes mit Hilfe von Ultraschall sollte ein Bohrungsuntermaß x von etwa 0,4 mm vorgesehen werden. In allen Fällen ist darauf zu achten, daß

die Oberkante des Gewindeeinsatzes mit der Oberkante des Auges abschließt oder darüber hinausragt, so daß die Schraubenlängskraft direkt in den Gewindeeinsatz geleitet wird, Abb. 52.

Ultraschallschweißen

Das stoffschlüssige Verbinden von spritzgegossenen oder extrusionsgeblasenen thermoplastischen Formteilen nach dem Ultraschall-Schweißverfahren ist eine wirtschaftliche Fügetechnik, die sich wegen der sehr kurzen Schweißzyklen besonders bei großen Stückzahlen bewährt hat.

Das Ultraschallschweißen wird vorteilhaft für das Fügen z. B. von Feuerzeugtanks, Ventilkörpern, Kleinbehältern usw. sowie zum Komplettieren von Funktionsteilen für Geräte der Elektroindustrie, für den Fahrzeugbau und für die Hausgeräte-Industrie eingesetzt. Mit dem Ultraschall-Schweißverfahren lassen sich hochbelastbare Verbindungen, die auch flüssigkeits- und gasdicht sind, herstellen.

Anforderungen an die Herstellung von Ultraschall-Schweißverbindungen

Optimales Fügen setzt eine schweißgerechte Konstruktion des Formteils voraus. Die Ausführung der Fügezone ist auf die Schweißaufgabe abzustimmen.

Es ist zu beachten, daß
— die Schweißnaht üblicherweise im sog. Nahfeld, d. h. weniger als 6 mm von der Aufsatzstelle der Sonotrode entfernt (Abb. 53) an-

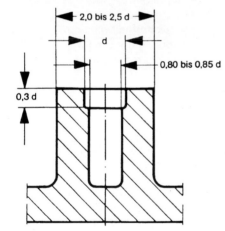

Abb. 49: Kernloch zur Aufnahme gewindeformender Schrauben

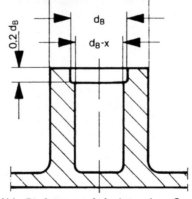

Abb. 51: Auge zur Aufnahme eines Gewindeeinsatzes; d_B Gewindeeinsatz-Außendurchmesser

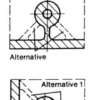

Abb. 50: Auflösen von Werkstoffanhäufungen bei Augen; a an einer Wand, b in einer Ecke; links ungünstig, rechts günstig

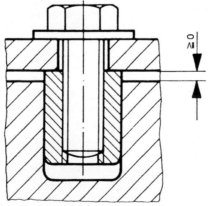

Abb. 52: Anordnung eines Gewindeeinsatzes

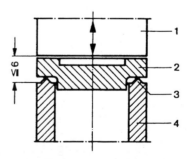

1 Sonotrode 3 Energierichtungsgeber
2 oberes Fügeteil 4 unteres Fügeteil

Abb. 53: Schweißnahtanordnung im Nahfeld (≤ 6 mm)

geordnet sein soll (bei einigen Kunststoffen kann die Entfernung auch >6 mm betragen, d. h. ein Schweißen im Fernfeld ist möglich),

— die Schwingungsenergie örtlich konzentriert und möglichst nur örtlich wirksam wird (Zweck eines Energierichtungsgebers),

— die Teilungsebene konstruktiv so gestaltet sein muß, daß der Schweißvorgang erleichtert und die Funktion des Bauteiles nicht beeinträchtigt wird (Abb. 54 und 55),

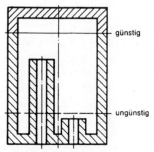

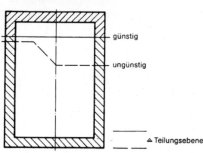

Abb. 54: Konstruktive Ausführung der Teilungsebene

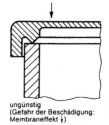 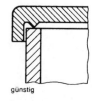

ungünstig
(Gefahr der Beschädigung: Membraneffekt ↓)

günstig

Abb. 55: Wanddickengestaltung

— die zu schweißenden Formteile formstabil ausgeführt sind, d. h. die die Schallenergie aufnehmenden Wandungen sind ausreichend dick zu bemessen (Vermeiden beispielsweise des sog. Membraneffektes, Abb. 55, d. h. Mitschwingen am Schweißvorgang nicht beteiligter Formteilpartien ↓),

— Ecken, Kanten und Übergänge ausreichend abgerundet sind (Vermeiden von Kerbwirkung),

— Schweißnähte möglichst in einer einzigen senkrecht zur Sonotroden-Längsachse liegenden Ebene (Ankopplungsfläche) anzuordnen sind (Abb. 54),

— die Sonotrode über eine ebene und ausreichend groß bemessene Fläche anzukoppeln ist, da bei zu kleinen Flächen die Schalleinleitung behindert wird (Abb. 56),

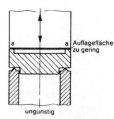 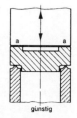

Abb. 56: Gestaltung der Ankopplungsfläche bei „a"

— die Formteile mit geeignetem Spiel gefügt werden, d. h. sie dürfen einerseits nicht klemmen, andererseits aber auch kein zu großes Spiel aufweisen (Abb. 57); Präzisionsspritzguß ist zu bevorzugen,

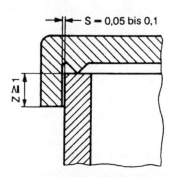

Abb. 57: Notwendiges Spiel S der Fügeteile und Mindestzentrierhöhe Z

— Formober- und -unterteil gut zentriert sind, damit sie bei der Einleitung der Schwingungsenergie ihre Position beibehalten. Die Zentrierhöhe sollte nicht unter 1 mm liegen (Abb. 57),

— hervortretende Zapfen, Rippen, Laschen u. a. beim Beschallen mitschwingen können und dadurch anschmelzen bzw. beschädigt werden. Abhilfe ist durch Verwenden größerer Radien, zu-

sätzlicher Abstützungen oder elastischer Unterlagen zu erzielen,

— die Ankopplungsfläche der Sonotrode auf hochglänzenden Formteiloberflächen bleibende Markierungen bildet. Durch Zwischenlagen unter Verwendung z. B. von LDPE-Folien ist dieser Effekt weitgehend zu vermeiden.

Gestalten der Fügeflächen

Beim Ultraschallschweißen können je nach Schweißaufgabe unterschiedliche Fügeflächenformen gewählt werden. Die Fügeflächen sind mit Energierichtungsgebern zu versehen. Form und Größe der Energierichtungsgeber sind in bestimmten Grenzen frei wählbar, d. h. es sind häufig mehrere Ausführungen von Fügeflächen möglich.

Man unterscheidet folgende Grundformen:

— Fügeflächen mit kegel- und noppenförmigen Energierichtungsgebern,

— Fügeflächen mit dachförmigen Energierichtungsgebern,

— Quetschnähte (Kantenberührungen).

Fügeflächen mit kegel- und noppenförmigen Energierichtungsgebern

Solche Energierichtungsgeber (Abb. 58) lassen sich beim Verbinden von Formteilen und flächigen Fügeteilen anwenden. Sie eignen sich nicht für Dichtschweißungen.

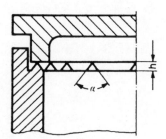

Abb. 58: Kegelförmige Energierichtungsgeber; α = 60 bis 90°, h = 0,5 bis 1,0 mm

Fügeflächen mit dachförmigen Energierichtungsgebern

Fügeflächengeometrien mit dachförmigen Energierichtungsgebern

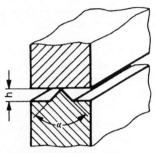

Abb. 59: Dachförmiger Energierichtungsgeber.

(Abb. 59) sind bei nahezu allen
Formteilabmessungen anwendbar.
Der Energierichtungsgeber hat einen
Winkel α von 60 bis 90°; die Höhe h
kann entsprechend der jeweiligen
Anforderung zwischen 0,3 und 1 mm
(in Sonderfällen bis 2 mm) gewählt
werden.

Ein symmetrisch angeordneter Energierichtungsgeber ist einem asymmetrisch angeordneten vorzuziehen:
Er sollte die gegenüberliegende Fügefläche möglichst in der Mitte treffen. In Sonderfällen können anstelle
eines großen auch mehrere kleine
Energierichtungsgeber gewählt werden. Sie lassen sich sowohl versetzt
als auch unterschiedlich hoch anordnen.

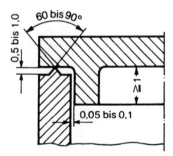

Abb. 60: Oberteil mit Innenzentrierung.
Die Naht ist nach innen verdeckt, nach
außen kann Schmelze austreten.

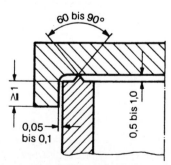

Abb. 61: Oberteil mit Außenzentrierung.
Die Naht ist nach außen verdeckt, nach
innen kann Schmelze austreten.

Die Abb. 60 bis 64 zeigen einige bewährte Fügeflächenformen mit dachförmigen Energierichtungsgebern. In
bestimmten Grenzen können sich
deren Abmessungen ändern. Ebenso
sind Sonderformen möglich.

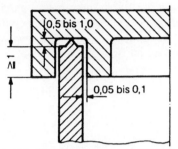

Abb. 62: Oberteil mit doppelseitiger Zentrierung. Wegen der geforderten hohen
Maßgenauigkeit bevorzugt nur bei kleineren Formteilabmessungen anwendbar.

Nahtform für größere Bauteile

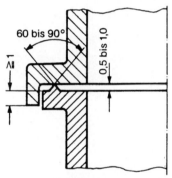

Abb. 63: Mit dieser Fügeflächenform können auch größere Bauteile geschweißt
werden. Die Sonotrode ist am umlaufenden Rand des oberen Teiles aufzusetzen.
Der Rand des Unterteils ist durch den
Amboß abzustützen. Durch eine Zentrierung am Ober- oder Unterteil kann die
Naht nach innen bzw. außen verdeckt
werden.

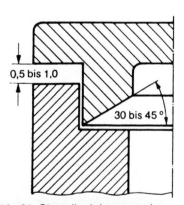

Abb. 64: Oberteil mit Innenzentrierung
und asymmetrischem Energierichtungsgeber. Diese Form eignet sich vorzugsweise für das Schweißen harter
amorpher und teilkristalliner Kunststoffe.

Fügeflächen für Quetschnähte

Quetschnähte werden bevorzugt für
die Dichtschweißung von Formteilen
aus harten, teilkristallinen Kunststoffen gewählt. Die Formteile sollten enge Toleranzen aufweisen, das Pas-
sungsspiel gering sein. Die Seitenwände der Unterteile sind bis zur
Höhe der Schweißnaht abzustützen
(Abb. 65 bis 68).

Einige bewährte Fügeflächenformen
für Quetschnähte zeigen die Abb. 66
bis 68.

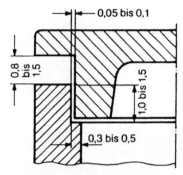

Abb. 65: Prinzip einer Fügefläche für
Quetschnähte

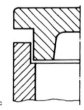
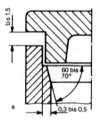
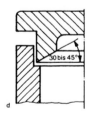
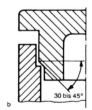

Abb. 66: Fügeflächen für Einfachquetsch-
nähte (a und b sind zu bevorzugende
Quetschnahtgeometrien)

Doppelquetschnaht mit gleichen Fügeebenen

a

0,3 bis 0,4

1,5 bis 1,8

0,3 bis 0,5

>1

50°

b

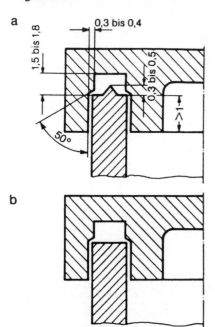

Abb. 67: Fügeflächen für Doppelquetschnähte (a) mit und (b) ohne Energierichtungsgeber am Unterteil. Wegen der geforderten hohen Maßgenauigkeit bevorzugt nur bei Formteilen mit geringen Maßtoleranzen anwendbar.

a

1,5 bis 1,8

0,5

0,3 bis 0,5

>1

50°

b

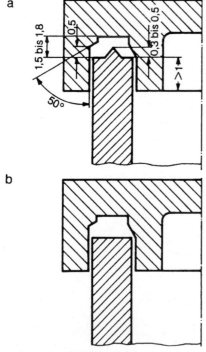

Abb. 68: Fügeflächen für Doppelquetschnähte (a) mit und (b) ohne Energierichtungsgeber am Unterteil. Die zweite Quetschnaht wirkt erst, nachdem das Oberteil etwas eingesunken ist. Wegen der geforderten hohen Maßgenauigkeit nur bei kleineren Formteilabmessungen anwendbar.

Doppelquetschnaht mit abgesetzten Fügeebenen

Die sog. Zapfenschweißung (Abb. 69) wird zum Verbinden von Formteilen gewählt, die zwar fest, aber nicht dicht sein müssen. Für die Bemessung der Nahtformen gelten annähernd die gleichen Gesichtspunkte. In Sonderfällen sind Dichtschweißungen durch Beilagen elastischer Dichtelemente möglich.

a

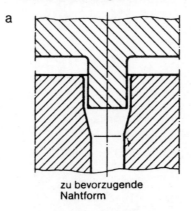

zu bevorzugende Nahtform

b

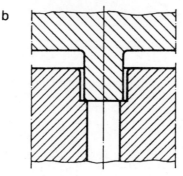

Abb. 69: Fügeflächen für Zapfenschweißung

Nieten mit Ultraschall

Beim Nieten wird die Schwingungsenergie am Nietschaftende in Wärme umgesetzt. Die hierdurch beginnende Plastifizierung wird so lange aufrecht erhalten, bis der Nietkopf geformt ist. Die Sonotrode übernimmt dabei die Aufgabe des Nietwerkzeuges. Sie wird in der gewünschten Form der Nietkopfausbildung hergestellt. In einem Arbeitsgang sind sowohl Ein- als auch Mehrfachnietungen möglich.

Die Nietzeit („Schweißzeit") ist abhängig vom Werkstoff und dem Nietschaftdurchmesser. Sie liegt bei etwa 0,5 bis 2 s. In vielen Fällen ist es besser, mit Niederhalter zu arbeiten.

Folgende Punkte sind beim Nieten zu beachten:

— Anpassen des Nietschaftüberstandes an die Nietkopfform (das Volumen des überstehenden Nietschaftes soll dem Volumen des Nietkopfes entsprechen),
— langsame Absenkgeschwindigkeit der Sonotrode,
— geringe Anpreßkraft und im allgemeinen höhere Amplituden als beim Ultraschallschweißen,
— Haltezeit bis zum Erstarren des Nietkopfes,
— möglicher Verschleiß der Sonotrodenform (vor allem beim Nieten glasfaserverstärkter Kunststoffe).

Der Nietzapfen ist in den meisten Fällen am Formteil angespritzt. Die Anbindung des Nietzapfens sollte mit einem möglichst großen Radius versehen werden. Dies verhindert ein Plastifizieren oder Reißen in diesem Bereich. Bewährt haben sich die Schaftausbildungen nach Abb. 70 H. Das mit dem Kunststoff zu nietende Teil erhält einen dem Nietschaft angepaßten Durchbruch mit einem geringen Übermaß (Spielpassung). Der Zapfenüberstand und die Nietkopfausbildung richten sich nach

— dem zu nietenden Werkstoff,
— der gewünschten Festigkeit,
— den Nietschaftabmessungen,
— den Maßtoleranzen bei einer Mehrfachnietung.

Abb. 70 zeigt häufig eingesetzte Nietkopfformen. Die Nietkopfausbildungen A und B werden vorzugsweise für dünne Zapfen bis etwa 3 mm verwendet. Besonders bewährt haben sich die Kopfausbildungen C und D. Bei diesen Formen ist die Kontaktfläche zwischen Sonotrode und Nietzapfen durch die zentrale Spitze, die mittig angreifen muß, zunächst sehr klein. Durch diese Fläche wird die Ultraschallenergie eingeleitet. Die Kopfausbildung D wird aufgrund der guten Festigkeitswerte bevorzugt verwendet. Bei der Ausführung E wird die Sonotrodenstirnseite mit einer Kordierung (Waffelmuster) versehen. Diese Nietkopfform hat sich bei Einzel- und besonders bei Mehrfachnietungen bewährt. Dabei wird der Nietbereich an

Darstellung von Sonotrodenform, Werkstück u. ausgebildetem Nietkopf	Kopfausbildung	Darstellung von Sonotrodenform, Werkstück u. ausgebildetem Nietkopf	Kopfausbildung	Nietzapfendurchmesser
d, d, R, 0,9 d, 1,75 d, 0,5 d	A	d, R, 2,6 d, d, 2 d	B	d > 1 – 5
0,5 d, 0,75 d, d, R, 0,6 d, 1,5 d, 0,25 d	C	0,5 d, d, R, 1,6 d, 2 d, d	D	d > 2
d, R, 90°, 0,3 – 0,5 d, 2 d	E	d, R, 2 d	F	d > 0,5
R, R	G	R, R	H	

Abb. 70: Empfehlenswerte Zapfendurchmesser und Nietkopfformen

Werkstoffen verbinden. Je nach Aufgabe ist die Sonotrode auf ihrer Arbeitsfläche zu profilieren, um Ränder, Zapfen, Vorsprünge oder sonstige Befestigungshilfen zu plastifizieren und umzuformen.

Bördelungen mit Ultraschall sind besonders wirtschaftlich. Die Bearbeitungszeiten sind mit den üblichen Zyklen beim Ultraschallschweißen von Formteilen vergleichbar. Beim Einbördeln von Glasteilen darf die Sonotrode das Glasteil nicht berühren.

Die Abb. 71 und 72 zeigen Beispiele für eine Innen- und Außenbördelung.

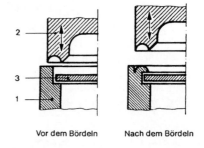

Vor dem Bördeln   Nach dem Bördeln

1 Kunststoffgehäuse
2 Sonotrode
3 zu befestigende Metallscheibe

Abb. 71: Innenbördelung, Befestigen einer Metallscheibe in einem Kunststoffgehäuse

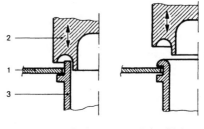

Vor dem Bördeln   Nach dem Bördeln

1 Metallboden
2 Sonotrode
3 zu befestigender Rohrstutzen

Abb. 72: Außenbördelung, Befestigen eines Kunststoffrohrstutzens in einem Behälterboden

der Sonotrodenstirnfläche großflächig kordiert. Positionsgenauigkeiten zwischen Sonotrode und Nietzapfen sowie Maßtoleranzen im Abstandsmaß mehrerer Nietstellen, können damit ausgeglichen werden. Bei größeren Nietzapfendurchmessern empfiehlt es sich, besonders um Einfallstellen beim Spritzen der Teile zu vermeiden, Hohlzapfen, Abb. 70 Ausführung G, oder mehrere dünne Zapfen einzusetzen.

Beim Nieten glasfaserverstärkter Thermoplaste wird gegenüber dem gleichen Kunststoff ohne Glasfaserzusatz eine höhere Ultraschall-Leistung benötigt.

Da die Nietsonotroden bei glasfaserverstärkten Kunststoffen einem verhältnismäßig großen Verschleiß unterworfen sind, muß die Sonotrodenarbeitsfläche verschleißfest ausgeführt werden (z. B. Hartmetallbestückung). In Sonderfällen ist zu prüfen, ob das Warmnieten bessere Ergebnisse liefert.

Bördeln mit Ultraschall

Wie in der Metallverarbeitung üblich, können auch Formteile aus Kunststoff gebördelt werden. Auf diese Weise lassen sich Bauteile aus Kunststoff untereinander, aber auch in Kombination mit unterschiedlichen

Verdämmen mit Ultraschall

Verdämmungsaufgaben lassen sich verhältnismäßig einfach mit Hilfe von Ultraschall ausführen. Verdämmen ist ein dem Bördeln oder Nieten verwandtes Fügeverfahren. Hierbei wird der von der Sonotrode plastifizierte Kunststoff in Aussparungen, Hinterschnitte oder Bohrungen verdrängt,

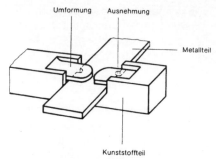

Abb. 73: Befestigen durch Verdämmen

und somit eine unlösbare Verbindung geschaffen, Abb. 73.

Einbetten von Metallteilen

Gewindeeinsätze, Gewindestifte oder andere Metallteile können mit Hilfe von Ultraschall in dafür vorgesehene Bohrungen oder Ausnehmungen eingebettet werden. Je nach Form der Metallteile lassen sich hohe Verdreh- und Ausreißfestigkeiten erzielen. Abb. 74 zeigt einige Beispiele.

Bei dieser Fügetechnik sind die folgenden Hinweise zu beachten:

Ein verkantungsfreies Ansetzen der Metallteile läßt sich durch eine Führungsbohrung, die im Durchmesser etwa 0,1 bis 0,2 mm größer als das

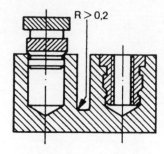

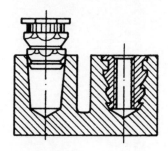

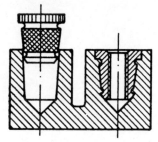

Abb. 74: Kunststoffteile mit angeformten Augen für die Aufnahme von Metallteilen

Metallteil ist, erzielen. Die einzubettenden Metallteile müssen geführt werden. Die Augen sollten im Übergang zum Kunststoffteil einen Radius R > 0,2 mm aufweisen, Abb. 74.

Die Aufnahmebohrung muß etwas kleiner als das einzubettende Metallteil sein, Tabelle 1.

Sofern konische Metallteile in zylindrische Aufnahmebohrungen eingebettet werden, sollte das Metallteil beim Einlegen etwa ein Drittel in die Aufnahmebohrung einsinken. Das Untermaß der Aufnahmebohrung soll so groß sein, daß das Volumen der beim Einbetten plastifizierten Masse mindestens dem Volumen der Hinterschneidungen bzw. Rändelungen des Metallteils entspricht.

Bei Sacklöchern muß die Aufnahmebohrung mindestens 2 bis 3 mm tiefer sein als das Metallteil eingebettet werden soll, um die verdrängte Kunststoffschmelze aufnehmen zu können.

Die Wanddicke der Augen sollte mindestens 2 mm betragen. Beim Einbetten ist die Amplitude so klein wie möglich zu wählen, um Beschädigungen sowohl des Metalleinsatzes

Metrisches Gewinde	Länge der Buchse l	Durchmesser		Aufnahme-bohrung (Richtwerte)	Gewindeeinsatz 1
		D 1	D 2		
M3	5,5	4,0	4,7	4,3	
M4	7,5	5,2	6,15	5,65	
M5	9,0	6,4	7,35	6,85	
M6	10,0	7,7	8,75	8,25	
M8	12,0	9,7	11,3	10,8	
Metrisches Gewinde	Länge der Buchse l	Durchmesser		Aufnahme-bohrung (Richtwerte)	Gewindeeinsatz 2
		D 1	D 2		
M3	5,8	3,9	4,7	4,0	
M4	8,2	5,5	6,3	5,6	
M5	9,5	6,3	7,1	6,4	
M6	12,7	7,9	8,7	8,0	
M8	12,7	9,5	10,2	9,6	

Tabelle 1: Empfohlene Bohrungsdurchmesser zur Aufnahme der Gewindeeinsätze 1 und 2 (Maße in mm)

als auch der Kunststoffwandung zu vermeiden.

Es ist vorteilhaft, mit schwingender Sonotrode aufzusetzen, oder die Ultraschallenergie sofort nach ganz geringem Druckaufbau einzuleiten. Die Einsinkgeschwindigkeit soll gering sein. Der Ultraschall soll nur so lange einwirken, bis das Metallteil eingebettet ist. Beim Einbetten ist mit Metallabrieb zu rechnen.

Literatur

Hoechst AG: Technische Kunststoffe, Berechnen—Gestalten—Anwenden:

B.3.2 Verbindungen mit Metallschrauben.
B.3.7 Ultraschallschweißen und -fügen von Formteilen aus technischen Kunststoffen.
C.3.4 Richtlinien für das Gestalten von Formteilen aus technischen Kunststoffen.
Wimmer, D.: Kunststoffgerecht konstruieren, Hoppenstedt TTV, Darmstadt, 1989.

✗ Checkliste zum kunststoffgerechten Gestalten

Spritzguß und Formpreßteile
— Materialanhäufung vermeiden, auch an Knotenpunkten
— Statt schroffe Querschnittsübergänge allmähliche Übergänge vorsehen
— Kanten und Ecken möglichst abrunden
— Hinterschneidungen weitgehend vermeiden, wegen hoher Werkzeugkosten
— Seitliche Öffnungen auch nach unten oder oben bis zum Bauteilrand gestalten
— Große ebene Flächen sind zu versteifen oder nach innen oder außen gewölbt zu konstruieren

Tiefziehteile
— Abrupte Übergänge in den Formteilkonturen vermeiden
— Ecken und Kantenradien dürfen selbst bei sehr flachen Formteilen nciht mehr als die zweifache Dicke des Plattenzuschnitts betragen
— An Tiefziehteilen, die im Negativ-Werkzeug geformt werden, sollen sämtliche Radien mindestens das Vierfache der geforderten Mindestwanddicke des Fertigteils betragen
— Radien an Stellen starker Belastung sollen mindestens das Zehnfache der geforderten Mindestwanddicke des Fertigteils betragen
— Radien an Rippen und Rundungen sollen nicht weniger als die geforderte Mindestwanddicke des Fertigteils betragen

Faserverstärkte Teile
— Ecken und Kanten mit großen Radien konstruieren
— Gleiche Wanddicken vorsehen
— Bohrungen und Vertiefungen im rechten Winkel zu den Verstärkungsfasern anordnen

Schweiß- und Klebverbindungen
— Großflächige Verbindungen anstreben
— Verbindung so konstruieren, daß keine Schälbeanspruchung auftritt

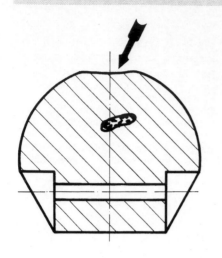
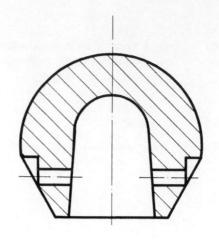

Starke **Materialanhäufungen** (links) sind zu vermeiden. Es besteht die Gefahr von Lunkern und Einfallstellen (s. Pfeil). Rechts die technisch bessere Lösung.

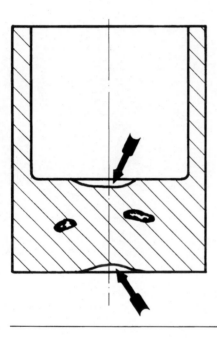
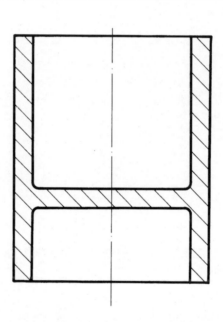

Starke **Materialanhäufungen** und grobe **Wanddikkenunterschiede** führen zur Lunkerbildung und zu Einfallstellen (s. Pfeile links). Die rechte Darstellung hat gleiche Wanddicke.

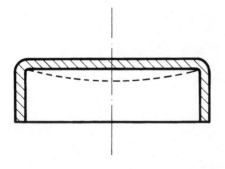
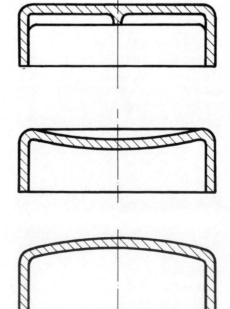

Ebene, vor allem größere Flächen neigen zum Einfallen (Darstellung links). Solche Flächen sind entweder zu verrippen (rechts oben) oder nach innen oder nach außen gewölbt zu konstruieren (rechts Mitte und unten).

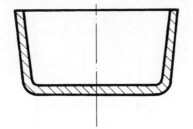

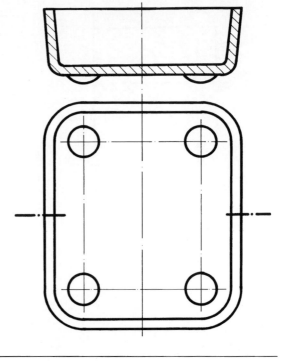

Große **Standflächen** sind nicht standsicher. Anzustreben sind Standfüße entsprechend der Darstellung rechts.

Große **Bodenflächen** sind zu versteifen, wobei die Versteifung gleichzeitig einen sicheren Stand gewährleistet.

Seitliche Durchbrüche erfordern teure Werkzeuge (links). Einfachere Werkzeuggestaltung durch eine Konstruktion nach der rechten Darstellung.

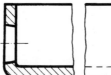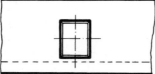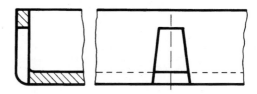

Kreuzrändelungen sind schwer herstellbar. Besser sind **Längsriffelungen** (rechts oben) oder abgeflachte Grifformen (rechts unten).

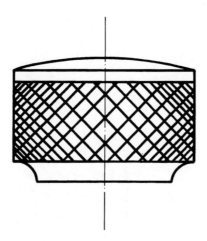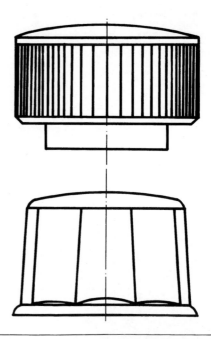

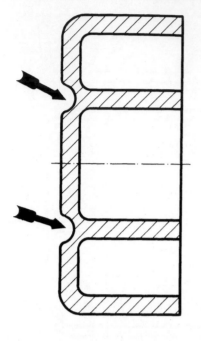

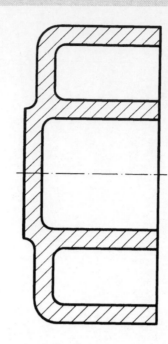

An **Versteifungsrippen** bilden sich leicht Einfallstellen. Deshalb ist die Konstruktion nach der Darstellung rechts auszuführen.

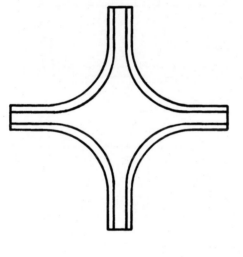

Knotenpunkte mit starker Materialanhäufung sind zu vermeiden. Rechts die richtige Ausführung.

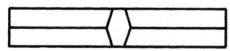

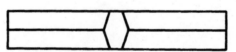

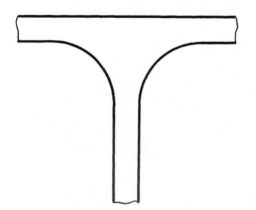

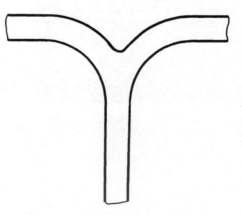

Wenn 3 Wände oder eine Wand und eine Rippe zusammenlaufen, besteht die Gefahr von **Materialanhäufungen** (links). Rechts die technisch richtige Ausführung.

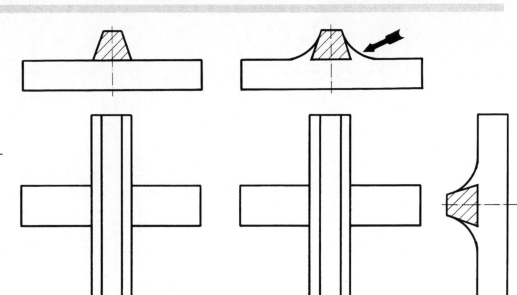

Versetzt angeordnete Stege und Rippen sind mit entsprechendem Konturenverlauf an den Knotenpunkten (s. Pfeil rechts) auszuführen.

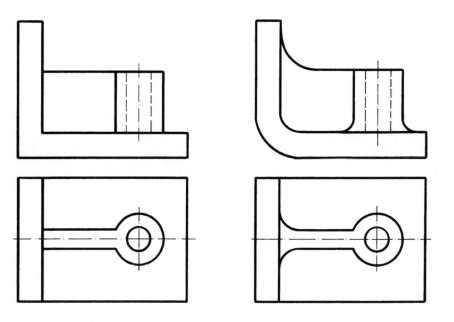

Augen sind mit auslaufenden runden Verrippungen wie die Darstellung rechts zeigt zu versehen.

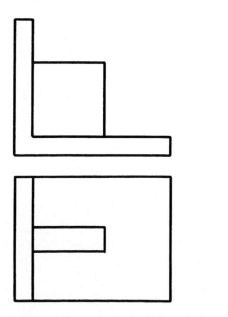 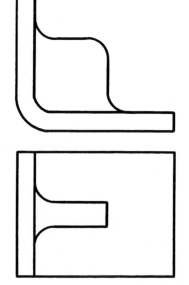

Rippen sind mit entsprechendem Kurvenauslauf wie die Darstellung rechts zeigt zu versehen.

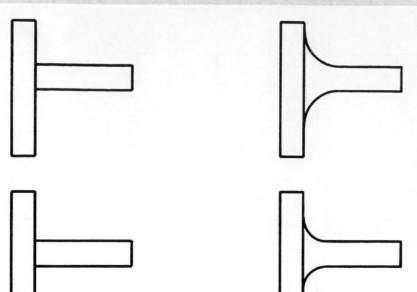

Nasen an Wandungen sind mit rundem Auslauf anzugleichen (rechts).

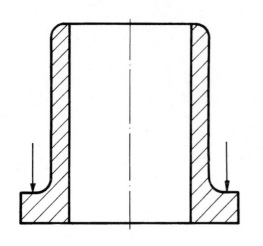
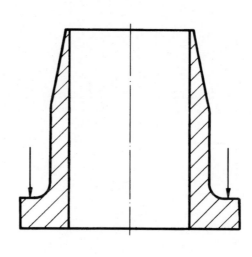

Schroffe **Querschnittsübergänge** sind wegen der entstehenden möglichen Spannungskonzentration bei belasteten Bauteilen zu vermeiden. Rechts die technisch einwandfreie Ausführung. Die Pfeile zeigen die Belastungsrichtung.

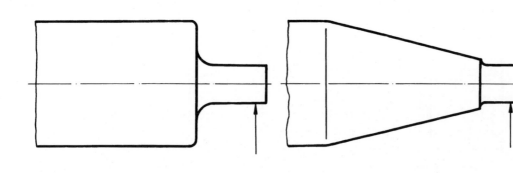

In Pfeilrichtung beanspruchte Bauteile sind mit allmählichen **Querschnittsübergängen** zu konstruieren wie die Darstellung rechts zeigt.

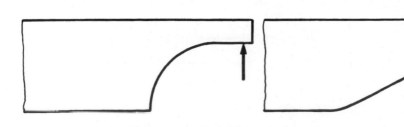

Bei in Pfeilrichtung belasteten Bauteilen ist für einen allmählichen **Querschnittsübergang** wie die Darstellung rechts zeigt zu sorgen.

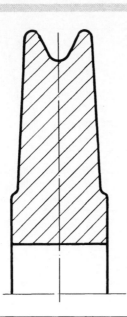
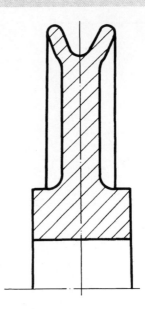

Seilrollen und ähnliches sind ohne starke materialintensive Querschnitte so zu gestalten wie die rechte Abbildung zeigt.

Größere Zahnräder mit großen Zähnen sind, um Lunker und Einfallstellen zu vermeiden, in Spritzguß hohl zu konstruieren wie die Darstellung rechts zeigt.

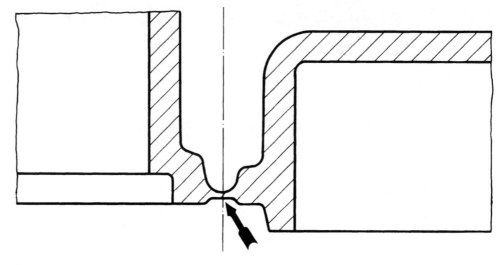

Aus einer ganzen Reihe von Kunststoffen lassen sich sogenannte **Filmscharniere** herstellen. Das heißt, das Scharnier wird an 2 spritzzugießenden Bauteilen aus dem gleichen Werkstoff in einer Stärke von 0,25 bis höchstens 0,8 mm Dicke mit spritzgegossen.

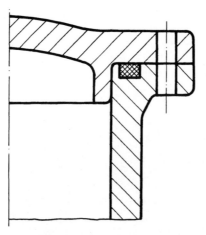
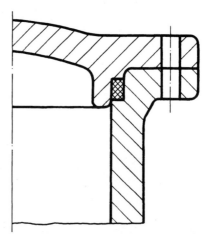

Die axiale **Abdichtung einer Flanschverbindung** (links) ist wegen der möglichen Verformungskräfte zu vermeiden. Besser ist es, eine radiale Abdichtung wie die Darstellung rechts zeigt vorzusehen.

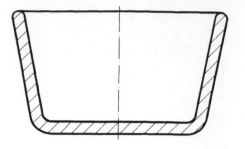
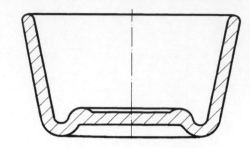

An **größerflächigen Böden** Wülste zur Versteifung vorsehen wie die Darstellung rechts zeigt.

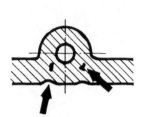
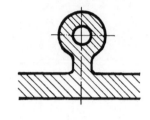

Werkstoffanhäufungen führen zu Lunkern und zu Einfallstellen an den Außenflächen (s. Pfeile). Durch Umkonstruktion können diese kritischen Stellen vermieden werden (rechts).

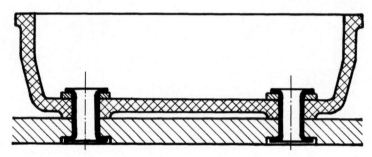

Kunststoffteil am Metallteil mit Rohrniete befestigen. Trotz der niedrigen Schließungskräfte für Rohrniete auf der Kunststoffseite mit Metallscheiben unterlegt.

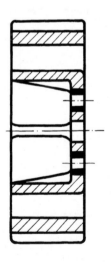
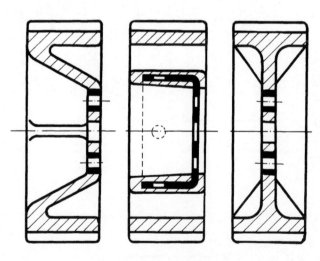

Naben sind wegen der Biegespannungen nicht als Tulpennaben auszulegen. Die rechten Ausführungen zeigen mögliche Konstruktionen. Die mittlere davon ist mit einer Stahlblecharmierung ausgerüstet.

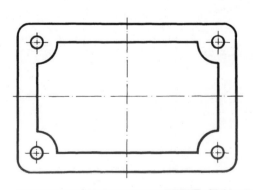
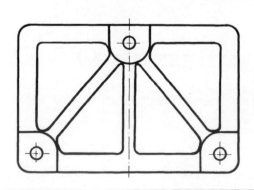

Füße sind möglichst als Dreipunktauflage wegen der größeren Standsicherheit vorzusehen (rechts).

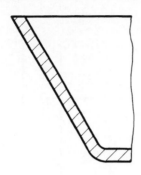 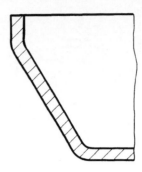

Wegen der Ausbruchgefahr scharfkantige **Randzonen** vermeiden. Rechts die bessere Konstruktion.

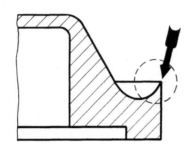 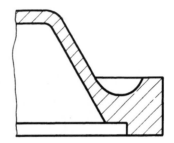

Spitzwinklig auslaufende **Kanten** (Pfeil links) vermeiden. Rechts bessere Konstruktion.

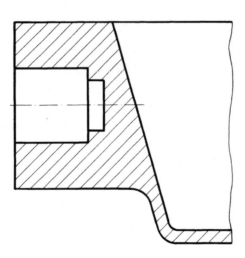 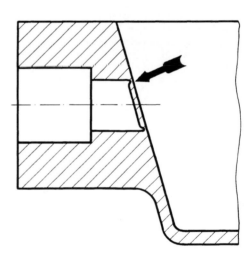

Ausbrechwände an Spritzgußteilen mit umlaufenden Kerben vorsehen und entsprechend dünn wählen. Rechts die konstruktiv richtige Ausführung.

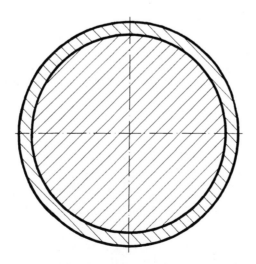 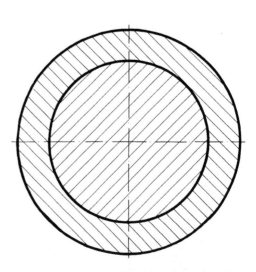

Um **Metallteile zu umgießen** ist für ausreichende Materialdicke des Kunststoffmantels zu sorgen (rechts).

KUNSTSTOFF Spritzguß und Formpreßteile

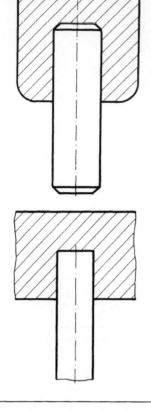
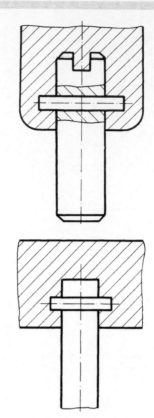

Eingegossene Metallteile
sind gegen Verdrehen und
Herausziehen zu sichern.
Rechts 2 mögliche Ausfüh-
rungsarten.

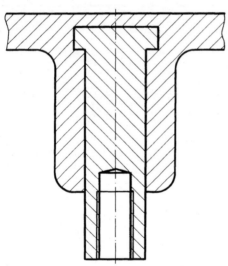
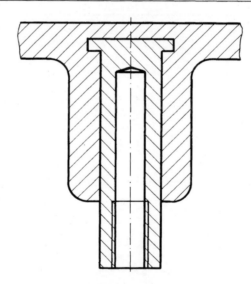

**Größere einzugießende
Metallteile** möglichst hohl
und dünnwandig ausfüh-
ren, da sonst zu starke
Abkühlung beim Spritzgie-
ßen (rechts).

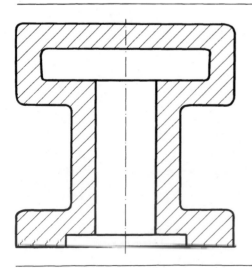
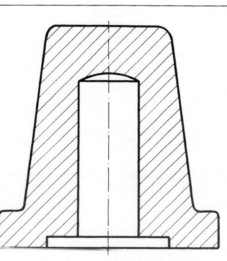

Innere und äußere **Hinterschneidungen** weitgehend
vermeiden, da sehr kost-
spielige Werkzeuge erfor-
derlich. Rechts eine Kon-
struktion, die mit einfachen
Werkzeugen herstellbar ist.

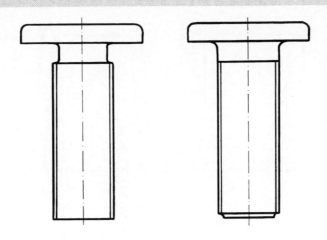

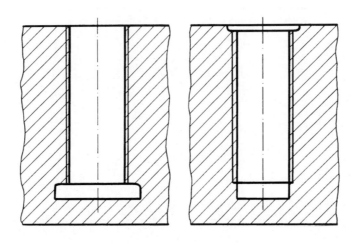

Hinterschneidungen bei Kunststoffteilen vermeiden. Rechts technisch richtige Ausführung.

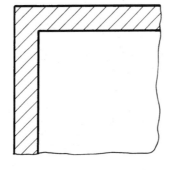

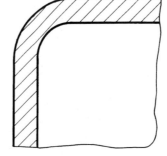

Kanten und Ecken möglichst abrunden (rechts).

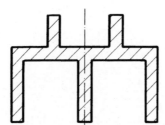

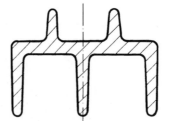

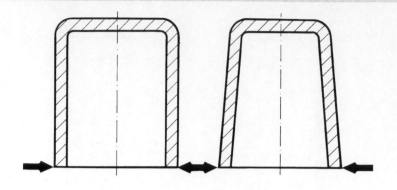

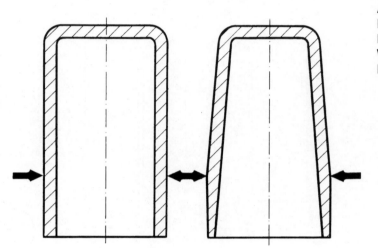

An Spritzgießteilen ist eine **Konizität** von 1 : 100 in der Konstruktion vorzusehen. **Werkzeugteilfuge** durch Pfeile gekennzeichnet.

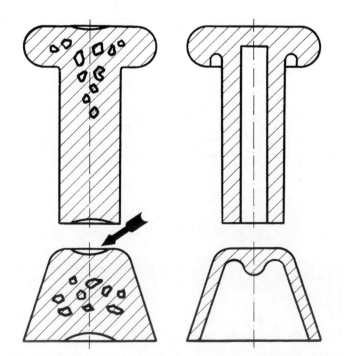

Zu starke **Materialanhäufungen** führen zu Einfallstellen an den Außenflächen (s. Pfeil) und zur Lunkerbildung. Möglichst für gleichmäßige Wanddicken sorgen.

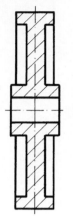
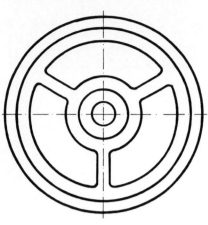

Zur Vermeidung des Werfens sind bei **größeren Konstruktionen Rippen** nach der Darstellung rechts vorzusehen.

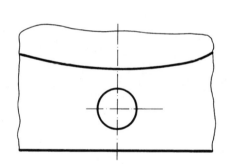
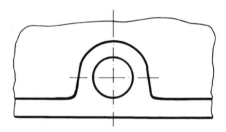
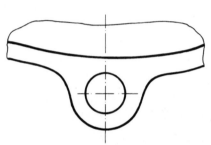

Augen für Schrauben sind nach den Darstellungen rechts vorzusehen. Links zu starke Materialanhäufung.

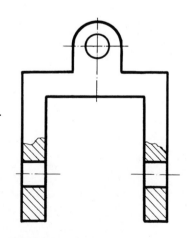
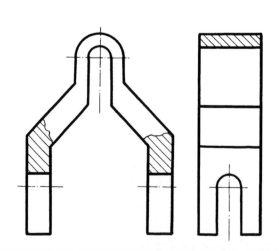

Mit **seitlichen Öffnungen** versehene Teile erfordern erheblichen Werkzeugaufwand. Rechts die gleiche Konstruktion, die mit einfachen Werkzeugen herzustellen ist.

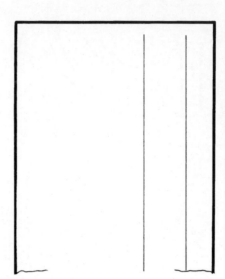

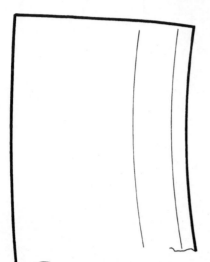

Bei **Extrusionsprofilen** besteht durch **Materialanhäufung** leicht die Gefahr des Verzugs. Durch Beseitigen der Materialanhäufung (rechts) läßt sich der Verzug vermeiden.

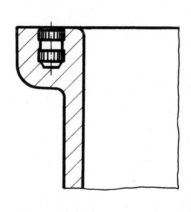

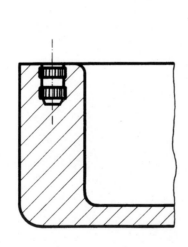

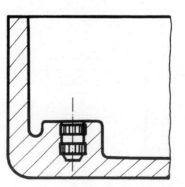

Einpreßteile mit nicht zu starken **Materialanhäufungen** konstruieren. Rechts 2 fertigungsgerechte Lösungen.

Starke **Materialanhäufung**
(s. Pfeil). Rechts bessere
Lösung.

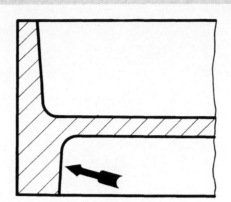 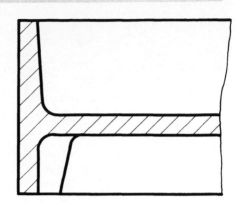

Filmscharniere (s. Pfeil)
wegen Rißgefahr sehr
stark ausrunden.

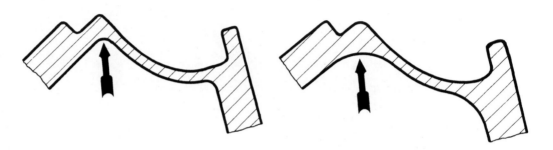

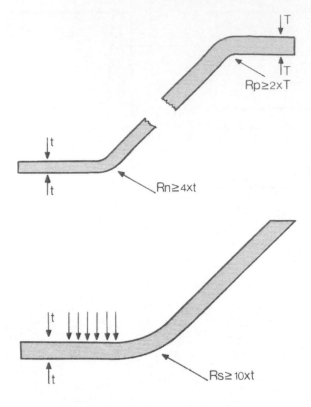

T = Ausgangsdicke
t = Mindestwanddicke nach dem Verformen
Rp = Radius bei Positiv-Werkzeugen
Rn = Radius bei Negativ-Werkzeugen
Rs = Radius an Stellen mit starker Belastung

Hinterschneidungen sind schwer und kostspielig zu formen; außerdem heben sie die Vorteile eines kostengünstigen Werkzeugbaus teilweise wieder auf. Wo auf Hinterschneidungen nicht verzichtet werden kann, ist die mit „verlorenem Einsatz" arbeitende Technik anwendbar, bei der vorgeformte Einsatzteile aus Holz oder einem anderen geeigneten Werkstoff in das Werkzeug eingelegt oder vorübergehend darin befestigt werden. Solche Einsätze werden entweder aus dem entformten Teil entfernt und erneut verwendet oder aber als „verlorener Einsatz" im Formteil gelassen. Folgende Mindestmaße für Werkzeugschrägen ermöglichen reibungsloses Entformen:

bei Positiv-Werkzeugen:
2—3°
bei Negativ-Werkzeugen:
$^1/_2$—1°

Die Beachtung nachstehender Empfehlungen kann dem Konstrukteur das Ausschalten von zu dünnen Materialstellen, von Spannungskonzentrationen sowie von weiteren Fehlerhaftigkeiten am Endprodukt erleichtern helfen:

— Abrupte Übergänge in den Formteilkonturen sind zu vermeiden.
— Ecken und Kantenradien dürfen selbst bei sehr flachen Formteilen nie mehr als die zweifache Dicke des Plattenzuschnitts betragen.
— An Artikeln, die im Negativ-Werkzeug geformt werden, müssen sämtliche Radien mindestens das Vierfache der geforderten Mindestwanddicke des Fertigteils betragen.
— Radien an Stellen mit starker Belastung, auch abgeleiteter Belastung, müssen mindestens das Zehnfache der geforderten Mindestwanddicke des Fertigteils betragen.
— Radien an Rippen und Rundungen dürfen nicht weniger als die geforderte Mindestwanddicke des Fertigteils betragen.

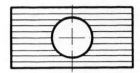
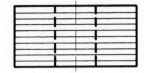

Bohrungen und Vertiefungen im rechten Winkel zu den Verstärkungsfasern anordnen wie die Darstellung rechts zeigt.

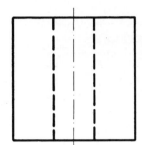
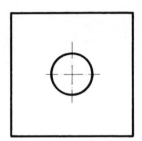

Beim **Anbringen von lösbaren oder auch unlösbaren Verbindungen** entsprechende großflächige Einbettungen in den Kunststoffteilen zur Krafteinleitung vorsehen. Rechts 2 mögliche Konstruktionsbeispiele.

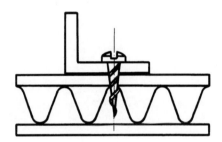
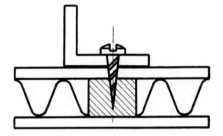

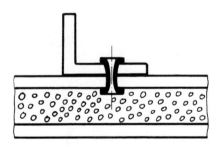
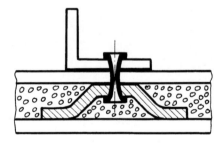

Anlamierte Kunststoffteile mit ausreichend großen Flächen wie die Darstellung rechts zeigt vorsehen.

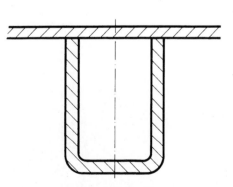
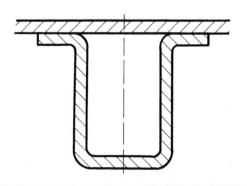

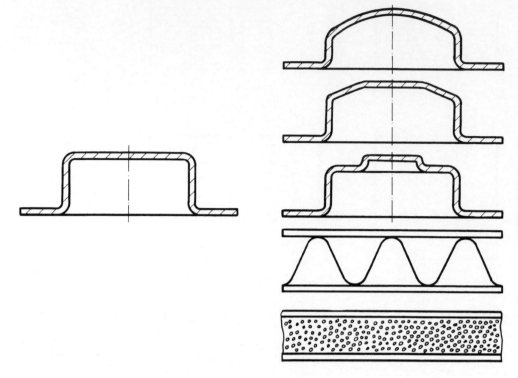

Großflächige Bauteile entsprechend durchwölben oder in Sandwichbauweise ausführen wie die Beispiele rechts zeigen.

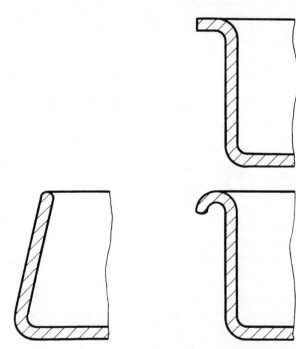

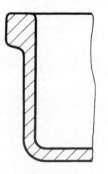

Bauteilkanten nicht wie die Darstellung links ausführen, sondern entsprechend wölben oder versteifen wie die Beispiele rechts zeigen.

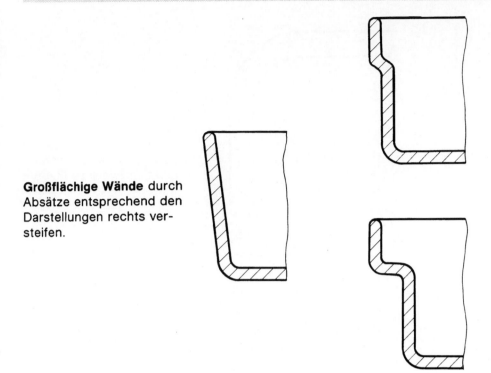

Großflächige Wände durch Absätze entsprechend den Darstellungen rechts versteifen.

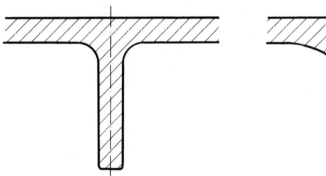

Bei **Versteifungsrippen** für großzügige Übergänge zu den Wänden sorgen.

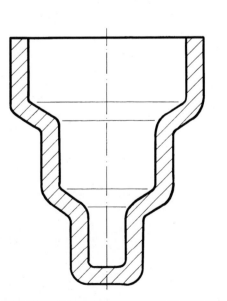

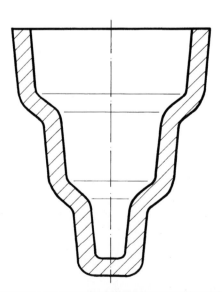

Bei **Hohlkörpern** eine Konizität von 1 : 25 bis 1 : 100 je nach Verfahren vorsehen (Darstellung rechts).

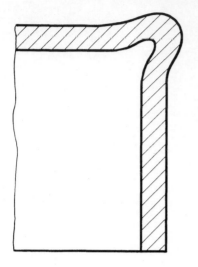

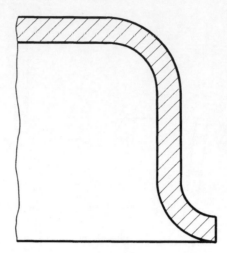

Ecken und Kanten mit großen Radien konstruieren. Links unzweckmäßige Ausführung.

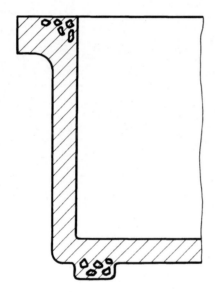

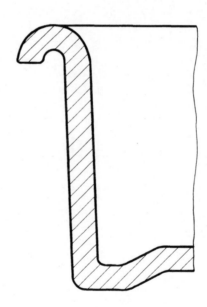

Bauteile möglichst mit gleichen **Wanddicken** konstruieren (rechts), da sonst die Gefahr von Harzansammlungen, Spannungsrissen und Lunkern besteht.

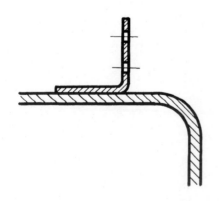

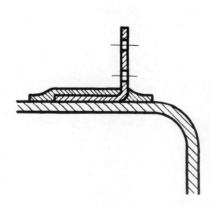

Metallteile können auf faserverstärkte Bauteile **aufgeklebt** werden (wie die Darstellung links zeigt). Rechts der gleiche Blechwinkel mit zusätzlich auflaminierter Faserverstärkung zur Aufnahme großer Kräfte.

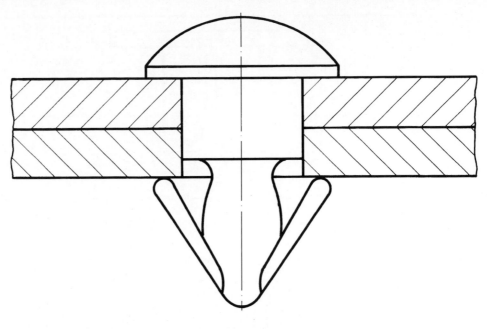

Schnappnietverbindung für 2 Kunststoffteile.

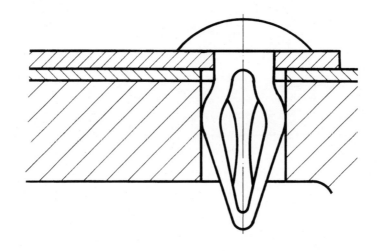

Schnappnietverbindung.

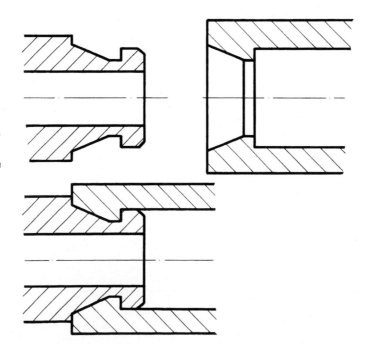

Unlösbare Schnappverbindung. Oben die 2 zu verbindenden Teile; unten die montierte Schnappverbindung.

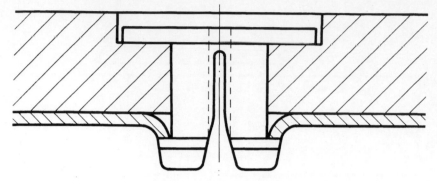

Schnappnietverbindung mit versenktem Kopf.

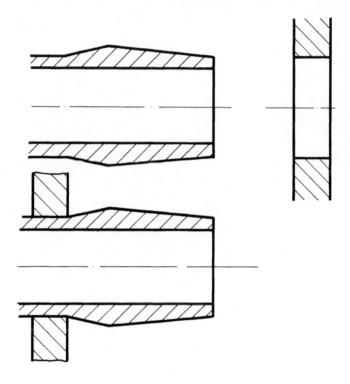

Unlösbare Schnappverbindung. Oben die beiden Konstruktionsteile vor der Montage; unten im eingeschnappten Zustand.

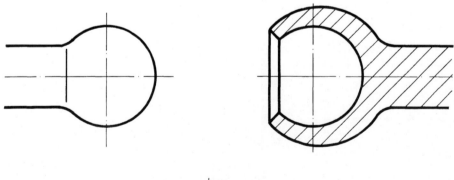

Kugelschnappverbindung. Oben die 2 Konstruktionsteile; unten im eingeschnappten Zustand.

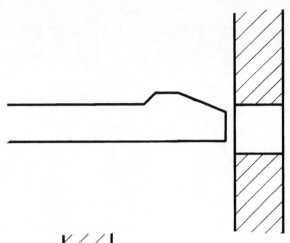

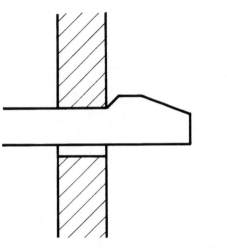

Schnappkeil. Oben vor dem Einschnappen; unten im eingeschnappten Zustand.

Schraubverbindungen sind mit großflächigen U-Scheiben (Darstellung rechts) zu versehen.

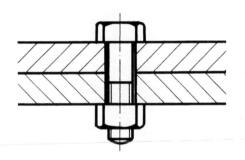

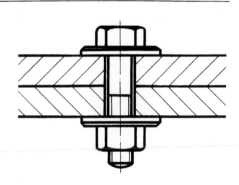

Schraubverbindung mit umspritztem oder nachträglich eingebettetem Gewindeeinsatz.

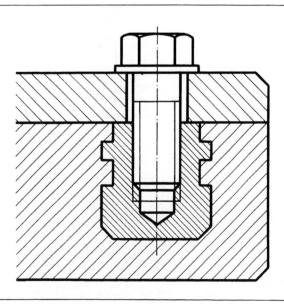

KUNSTSTOFF   Schnapp- und Schraubenverbindungen

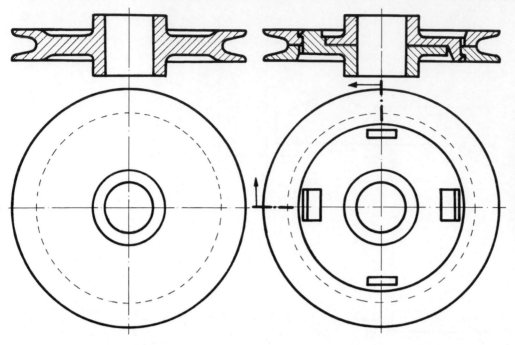

Oft lassen sich Konstruktionsteile durch das Auflösen in mehrere Einzelteile günstiger herstellen. Hier ist eine **Keilriemenscheibe** durch Schnappverbindungen aus 2 gleichen Teilen hergestellt worden (Darstellung rechts).

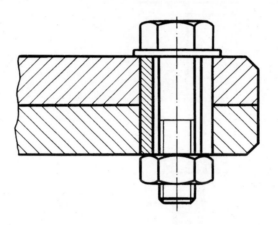

Schraubverbindung mit zusätzlicher Stützhülse zur Aufnahme der Vorspannkraft (oben). Schraubverbindung mit umspritztem Gewindebolzen (unten).

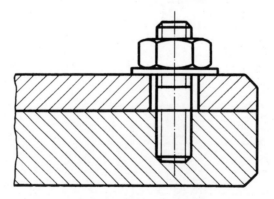

Schraubverbindung mit Schnellbefestigungsmutter.

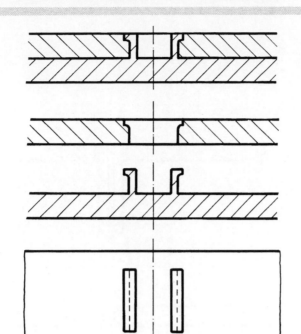

Schnappverbindung.

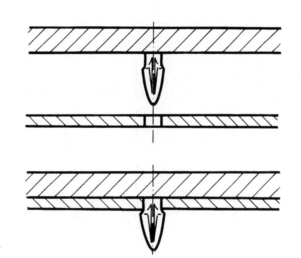

Schnappverbindung.

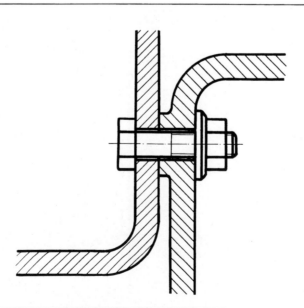

Kunststoffteile, die mit Metallteilen verbunden werden, erfordern auf der Kunststoffseite das Unterlegen von großflächigen Scheiben unter die Verbindungselemente.

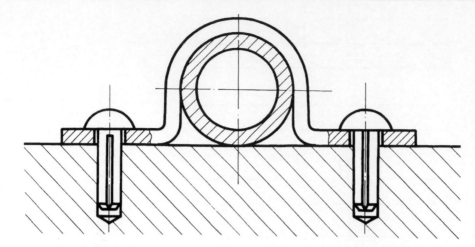

**Befestigung von Rohr-
schellen mittels Kerbnägel.**

**Befestigung von Platten
mit Kerbnägeln.**

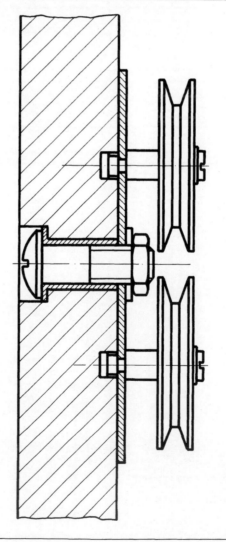

Bei der konstruktiven **Auslegung verschiedener
Werkstoffe** ist die unterschiedliche **Materialaus-
dehnung** zu berücksichtigen. Hier ein Konstruk-
tionsbeispiel mit 2 Laufrol-
len auf einem Blechträger.

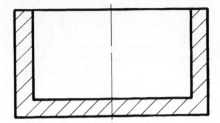

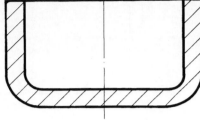

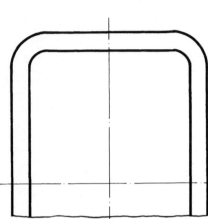

Innen- und Außenkanten
sind stark abzurunden wie
die Darstellung rechts
zeigt.

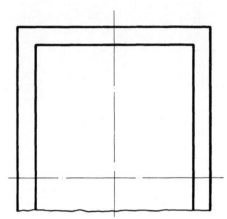

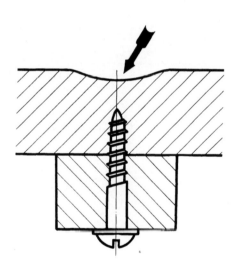

Bei zu langen Schrauben
bzw. zu geringen **Wanddik-
ken** für die einzudrehenden
Schrauben besteht die Ge-
fahr von Einfallstellen
(s. Pfeil). Kürzere Schrauben bzw. stärkere Wand-
dicken vermeiden diese
Einfallstellen.

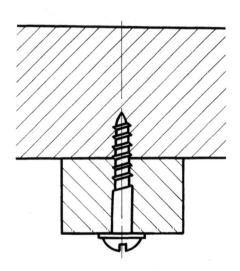

Innenliegende **Verstei-
fungsringe** (Darstellung
links) sollten wegen hoher
Werkzeugkosten vermie-
den werden. Die technisch
bessere Ausführung zeigt
die Darstellung rechts.

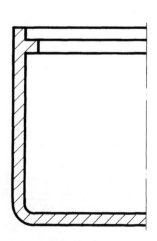

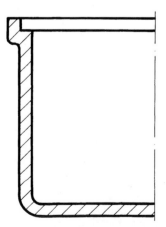

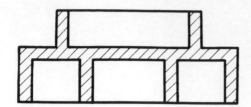
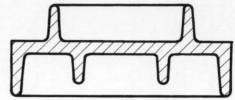

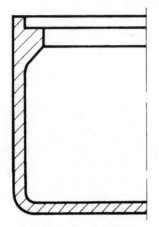

Rippen sind allseitig abzurunden und mit entsprechender Konizität wie die Darstellung rechts zeigt zu versehen.

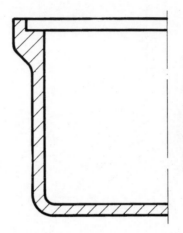

Dichtungsflächen sind wegen der hohen Werkzeugkosten nicht nach innen wie die Darstellung links zeigt, sondern nach außen wie aus der Darstellung rechts zu ersehen ist, zu legen.

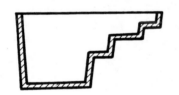
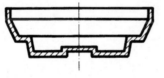
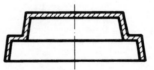

Großflächige Formteile sollten durch Stufenkonstruktionen formsteif gemacht werden. Hier 3 mögliche Ausführungsarten.

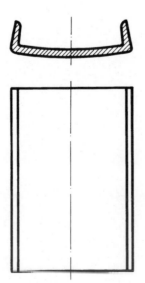
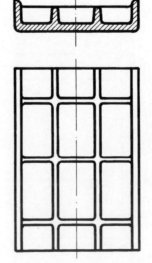

Größere flächige Formteile neigen zum Verziehen. Sie sollten durch Rippen wie die Darstellung rechts zeigt versteift werden.

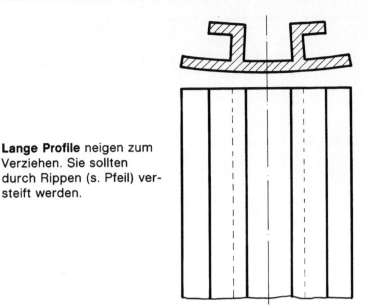
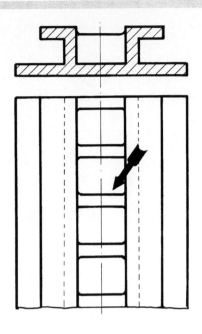

Lange Profile neigen zum Verziehen. Sie sollten durch Rippen (s. Pfeil) versteift werden.

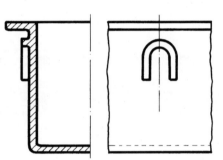
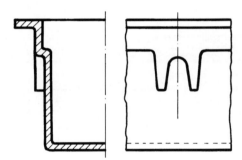

Das **offene Auge** (links) ist nur mit erheblichem Werkzeugaufwand herstellbar. Indem die Behälterwand abgesetzt wird auf die Augenebene (Darstellung rechts), ist mit einfachen Werkzeugen auszukommen.

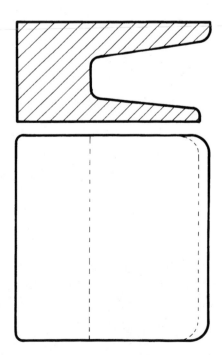
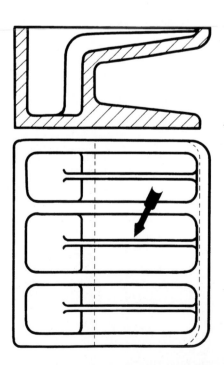

Zu große **Werkstoffanhäufungen** (links) sind zu vermeiden. Anzustreben sind gleiche Wanddicken, die im Bauteil rechts noch zusätzlich mit **Rippen** (s. Pfeil) versteift wurden.

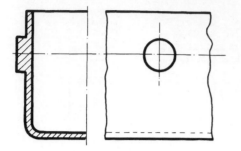

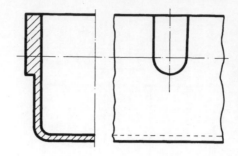

Augen an Formteilen sind möglichst bis zum Formteilrand hochzuziehen, da dadurch die Werkzeugkosten wesentlich niedriger sind.

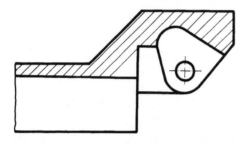

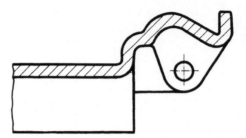

Starke **Werkstoffanhäufung an einem Lager** (links) ist zu vermeiden. Anzustreben ist eine Konstruktion nach der Darstellung rechts.

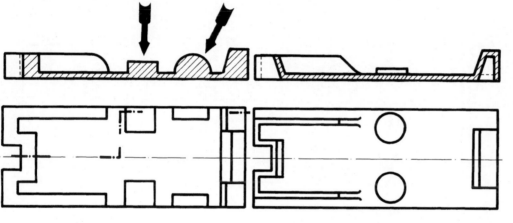

Starke **Werkstoffanhäufungen** (s. Pfeile) sind zu vermeiden. Rechts die technisch einwandfreie Konstruktion.

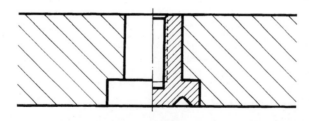

Eingeschäumter Gewindeeinsatz aus Kunststoff.

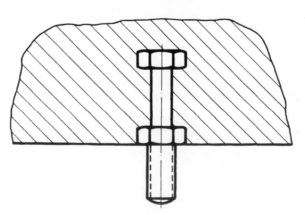

Eingeschäumte Sechskantschraube.

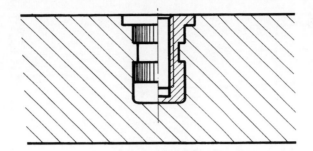

**Eingeschäumter Metallge-
windeeinsatz.**

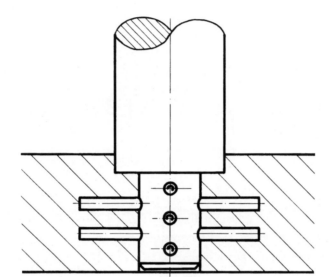

Eingeschäumtes Drehteil.

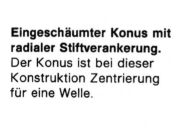

**Eingeschäumter Konus mit
radialer Stiftverankerung.**
Der Konus ist bei dieser
Konstruktion Zentrierung
für eine Welle.

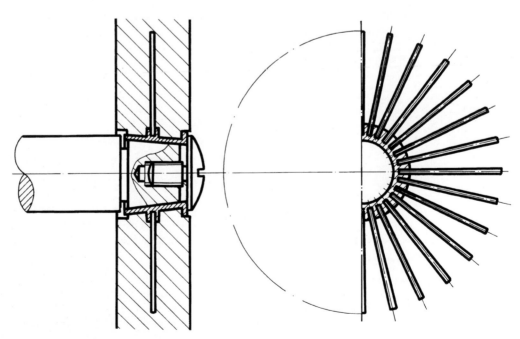

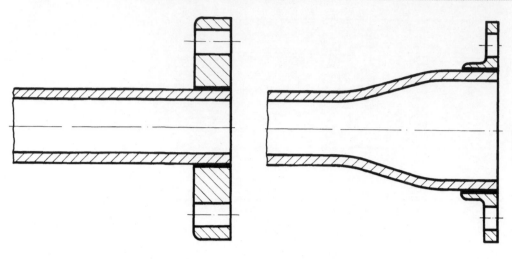

Großflächige **Schweiß- und Klebeverbindungen** sind zu bevorzugen (rechts).

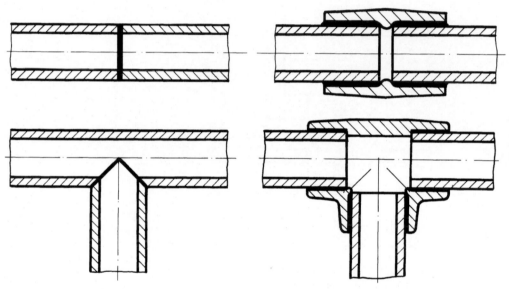

Nur gering belastete **Rohrverbindungen** nach den Darstellungen links oben und links unten herstellen. Bei höher beanspruchten Konstruktionen Fittings verwenden (rechts).

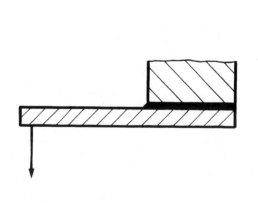

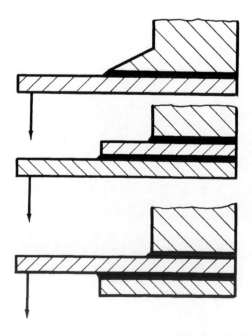

Kritische **Schälbeanspruchungen von Kleb- und Schweißverbindungen** durch Vergrößern der Verbindungsfläche (rechts oben) oder Versteifen (rechts Mitte und rechts unten) vermeiden.

Winkelverbindungen möglichst versteifen wie die Darstellung rechts zeigt.

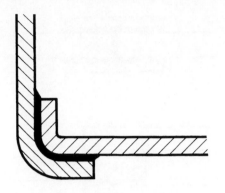

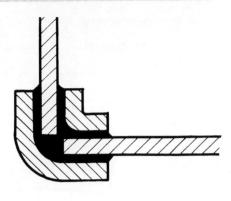

Winkelverbindungen so konstruieren, daß sich entlastete Kleb- bzw. Schweißverbindungen ergeben (s. Darstellung rechts).

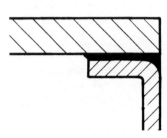

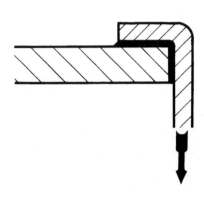

Verbindungskonstruktionen so auslegen, daß keine **Schälbeanspruchungen** (links) entstehen können. Wenn sich das nicht vermeiden läßt, ist die Verbindung zusätzlich durch andere nicht lösbare Verbindungselemente (rechts oben) zu sichern. Auch sind entlastete Schälbeanspruchungen nach der Darstellung unten rechts möglich.

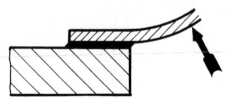

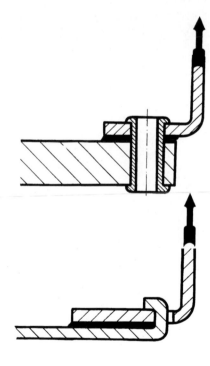

Nur mit erheblichem Aufwand herzustellende Verbindungen (links) sind zu vermeiden. Anzustreben sind **einfache Verbindungen,** die gegebenenfalls durch zusätzliche Profilleisten zu sichern sind.

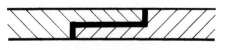

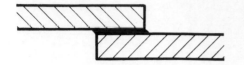

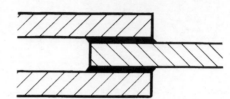

Bei **Verbindungen mit Zug-beanspruchung** Biegemomente (links unten) vermeiden. Rechts konstruktiv bessere Lösungen.

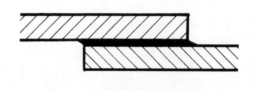

Verbindungsflächen zu klein (links). Großflächige Verbindungsflächen (rechts) vorsehen.

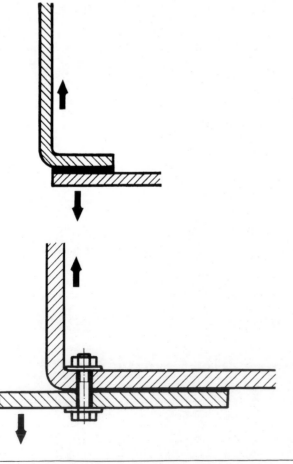

Gegen angreifende **Schäl-kräfte** (links) erweisen sich geklebte Verbindungen als außerordentlich empfindlich. Einreißen erfolgt schon bei geringen Kräften. Die klebegerechte Konstruktion rechts ist als **Zug-Scher-Beanspruchung** ausgelegt.

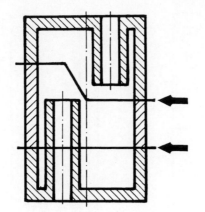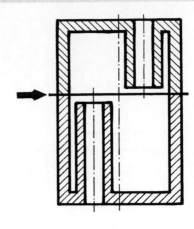

Beim **Ultraschallschweißen** von technischen Kunststoffen sind abgesetzte Ankopplungsflächen und herausragende Innenteile zu vermeiden (links). Anzustreben sind ebene **Schweißflächen.**

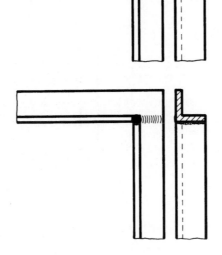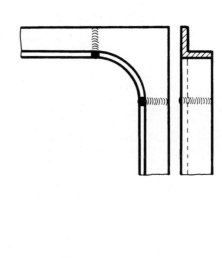

Hochbelastete Rahmenekken nicht auf Gehrung und nicht stumpf schweißen (links), sondern warmgeformte Rahmenecken stumpf einschweißen (rechts).

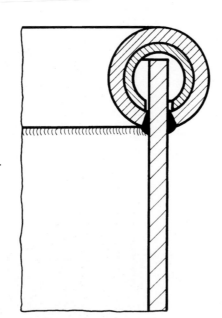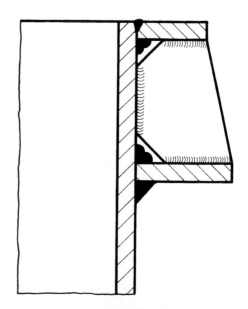

Randversteifungen mit eventuell eingelegtem geschlitztem Stahlrohr (links). Tragpratzenausführung rechts.

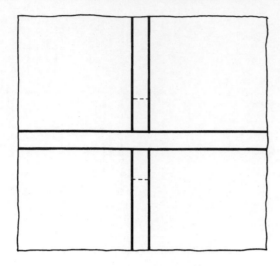

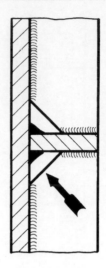

Kreuzrippen sind in den Kreuzungspunkten auf Gehrung zu schneiden (s. Pfeil)

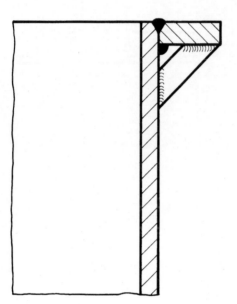

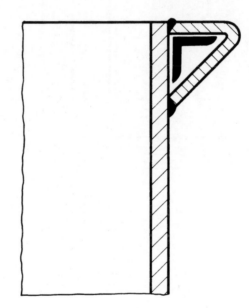

Randversteifungen an Behältern. Rechts mit eingelegtem Profileisen.

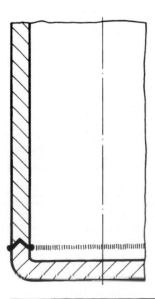

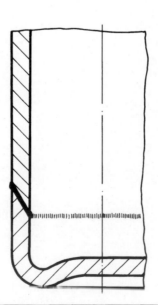

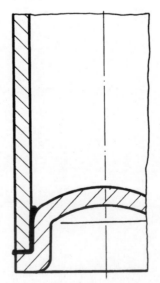

Mögliche **Auslegung von Schweißnähten beim Reibschweißen.**

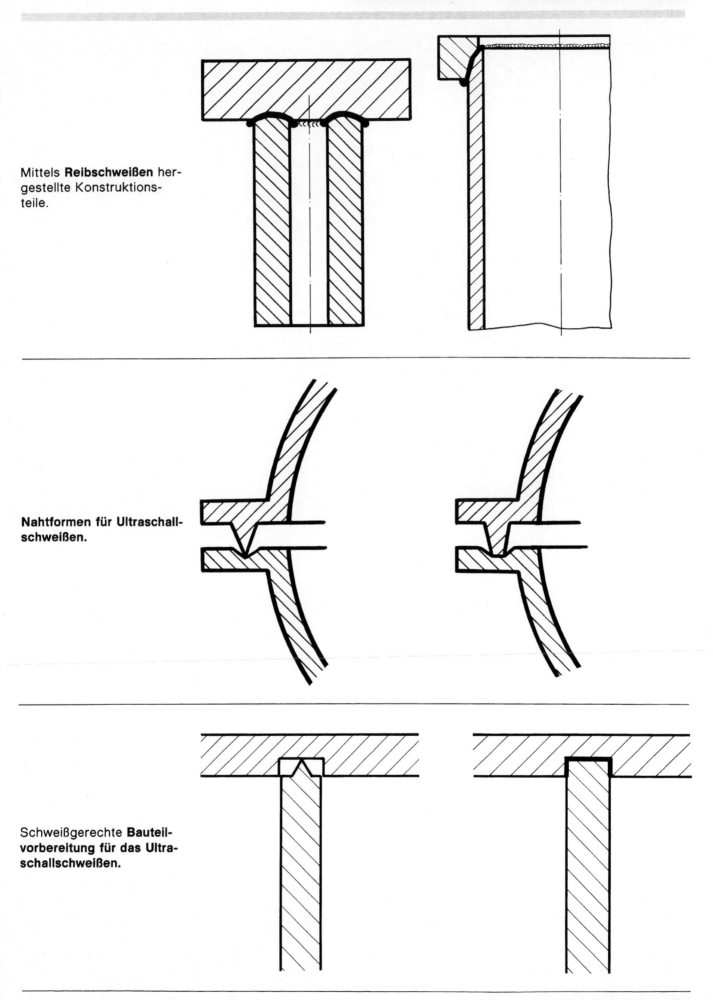

Mittels **Reibschweißen** hergestellte Konstruktions-
teile.

**Nahtformen für Ultraschall-
schweißen.**

Schweißgerechte **Bauteil-
vorbereitung für das Ultraschallschweißen.**

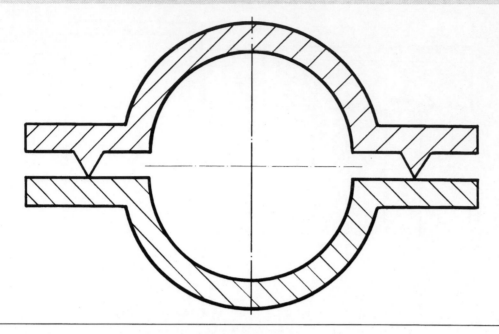

Ultraschallzuschweißende Bauteilhälften.

Mögliche **Nahtformen für ultraschallzuschweißende Konstruktionsteile.**

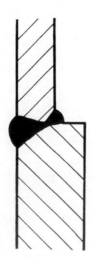

Bei Bauteilen verschiedener Dicke sind schroffe **Querschnittsübergänge** wegen der Spannungskonzentration zu vermeiden. Anzustreben sind Konstruktionen wie die Darstellung rechts zeigt.

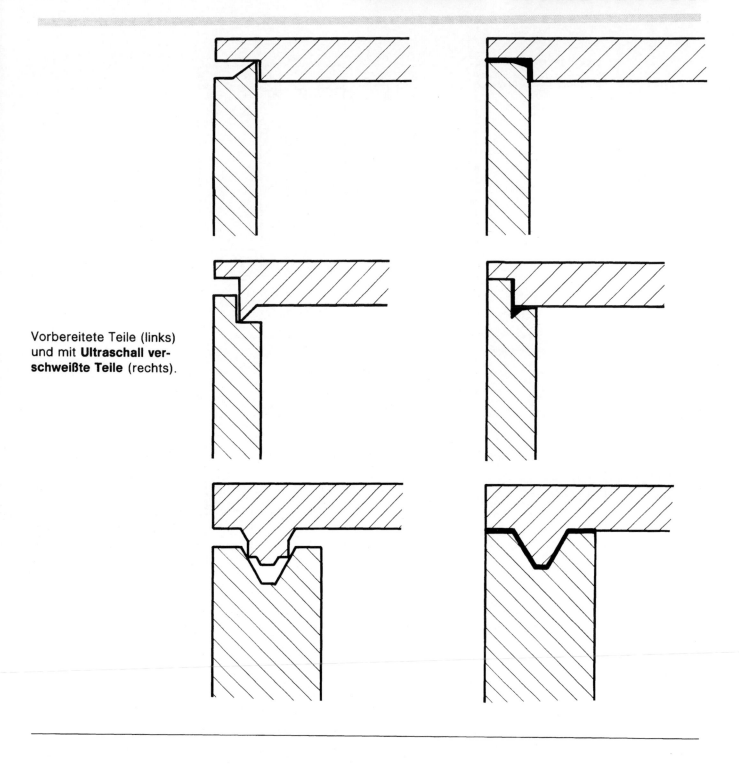

Vorbereitete Teile (links)
und mit **Ultraschall verschweißte Teile** (rechts).

**Stumpfe V-Naht mit aufge-
schweißter Verstärkungslasche** (oben). Links unten
vorbereitete **Überlappungs-
schweißnaht.** Unten rechts
ausgeführte Überlappungs-
schweißnaht.

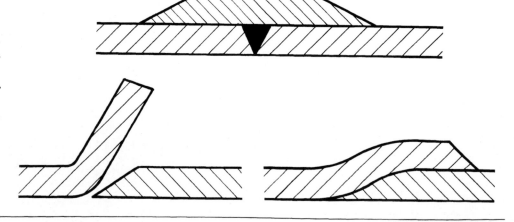

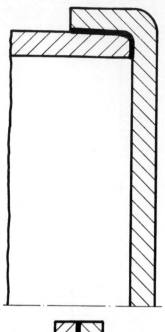
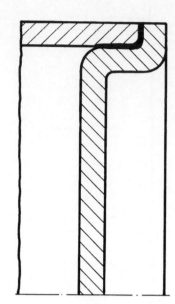

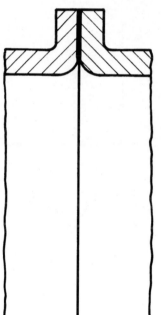
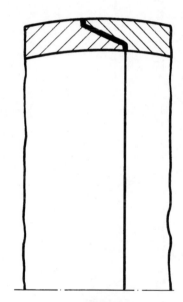

Ausführungsformen für Reibschweißverbindungen.

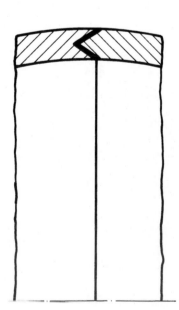
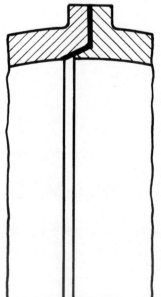

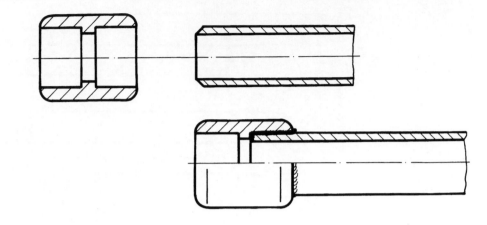

Das **Verbinden von Fittings mit Rohren mittels Heizelementschweißen.** Oben links Fitting. Oben rechts angefastes und abgezogenes Rohr. Unten fertige Schweißverbindung.

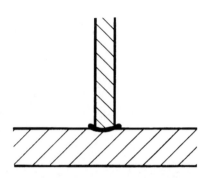

Heizelementschweißen. Links oben und unten Anwärmen der zu verbindenden Teile mittels Heizelement. Rechts fertig geschweißte **T-Naht.**

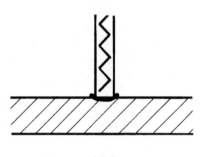
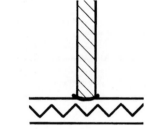
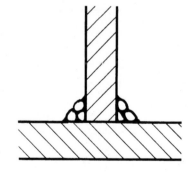

Schweißnahtarten für **T-Verbindungen.** Links Doppelkehlnaht. Rechts K-Naht.

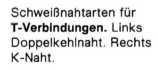
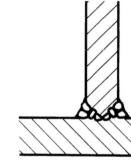

Weitere Schweißnahtarten für **T-Verbindungen.** Links HV-Naht ohne (links) und mit Kapplage (rechts).

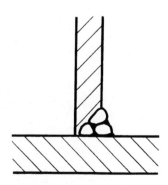
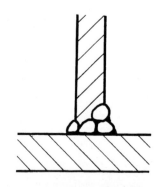

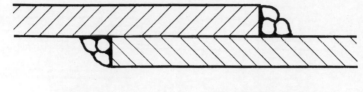
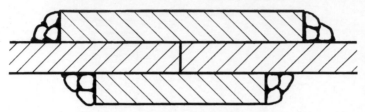

**Überlappungs- und
Stumpfschweißnahtarten.**
Oben Überlappungsnaht
mit beiderseitiger Kehl-
naht. Mitte stumpf zusam-
menstoßende Teile mit
Doppellasche und Kehlnäh-
ten. Unten stumpfe V-Naht
mit Verstärkungslasche
und Kehlnähten.

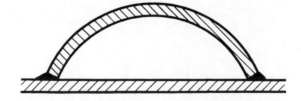

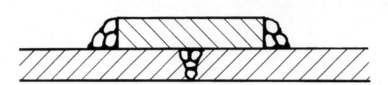

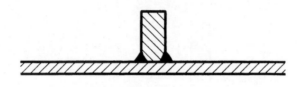

Verschiedene **Versteifungen für großflächige Teile.**

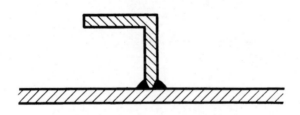

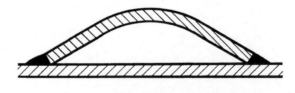

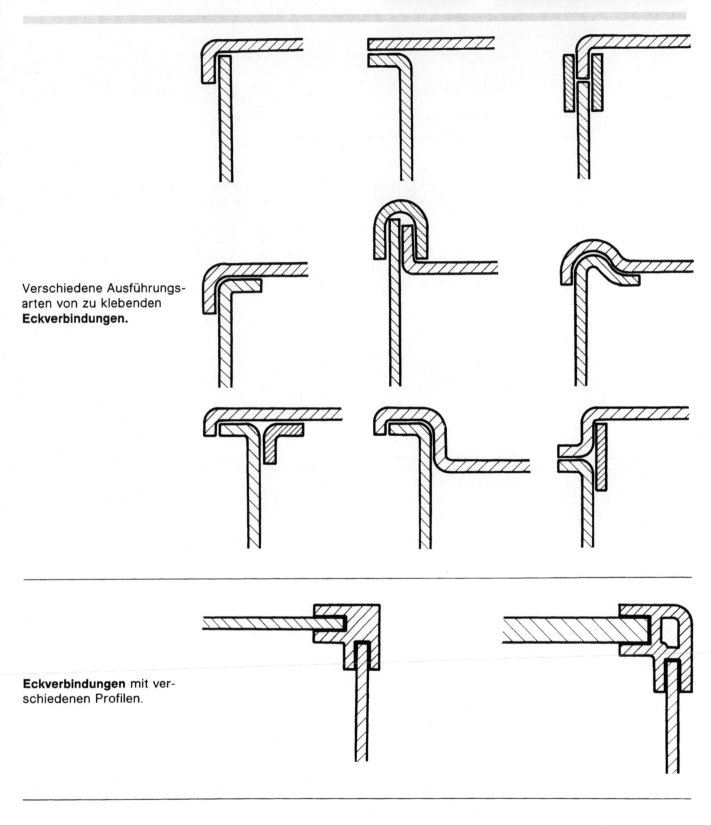

Verschiedene Ausführungs-
arten von zu klebenden
Eckverbindungen.

Eckverbindungen mit verschiedenen Profilen.

Zu klebende **Rohrverbin-
dungen.**

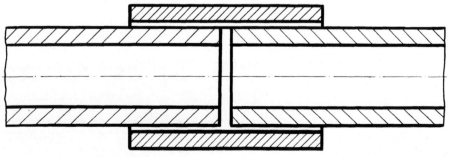

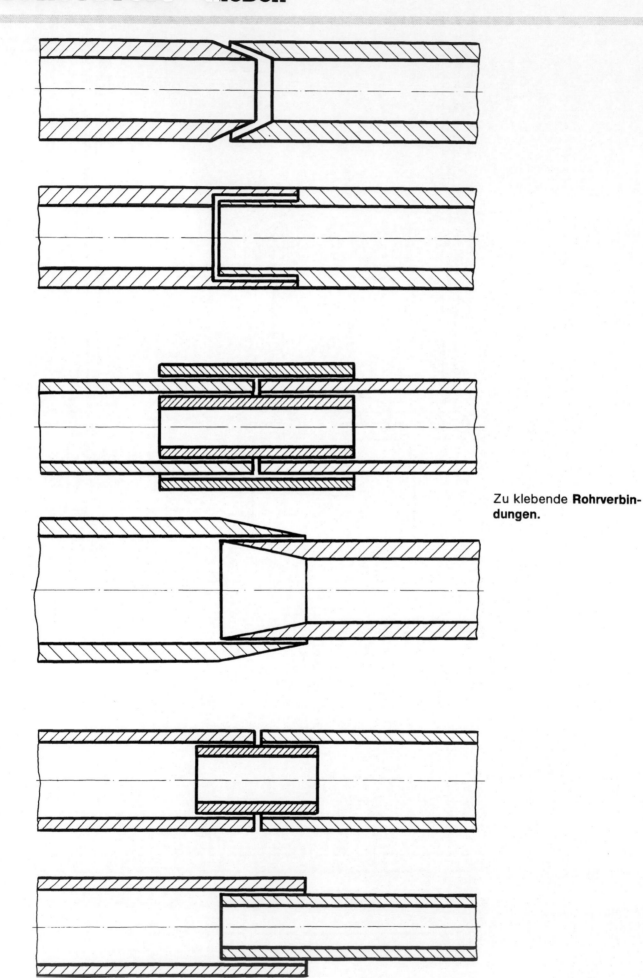

Zu klebende **Rohrverbindungen.**

Verschiedene Klebverbin-
dungen für das **Zusam-
menfügen von Platten.**

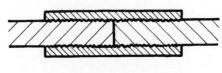

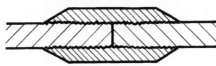

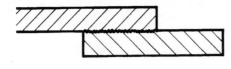

Beispiele von **Überlap-
pungsklebungen.**

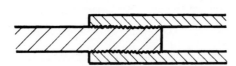
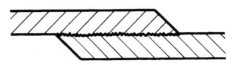

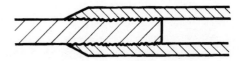

Beispiele von **T-Klebungen.**

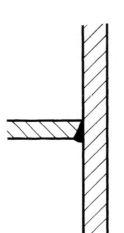
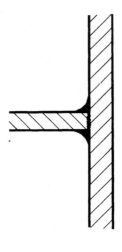

An Bauteilen, die zusam-
mengeklebt einen **Hohlkörper** ergeben, sollten Entlüftungslöcher wie die Dar-
stellung rechts zeigt angebracht werden. Links un-
zweckmäßige Ausführung.

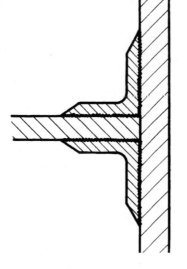

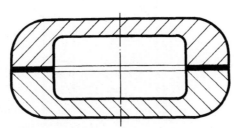
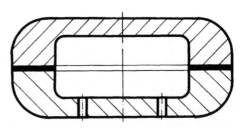

KUNSTSTOFF kleben

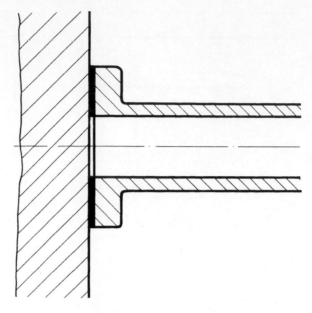

Stumpfe Klebverbindung an einem Flansch.

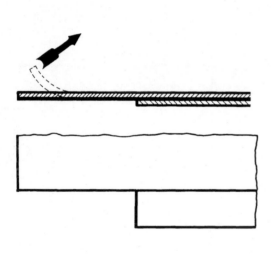

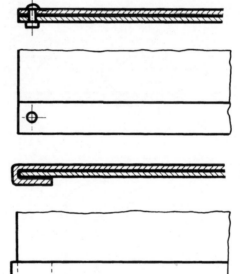

Um schädliche **Schälbeanspruchung** (links) zu vermeiden, sind zusätzliche konstruktive Maßnahmen nach den Darstellungen rechts erforderlich.

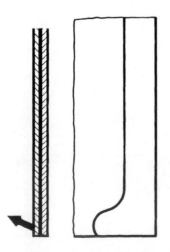

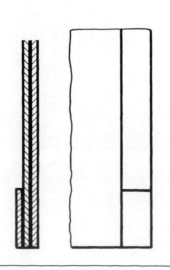

Zur Vermeidung schädlicher **Schälbeanspruchung** kann entweder an der angreifenden Stelle eine Klebflächenvergrößerung konstruktiv vorgesehen werden oder durch zusätzlich aufgeklebtes Material die Steifigkeit erhöht werden (rechts).

Durch Kleben können **Konstruktionen wesentlich vereinfacht** werden wie die
Darstellung rechts zeigt.
Links bisherige Ausfüh-
rung.

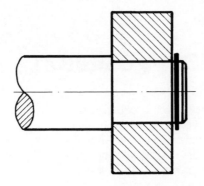
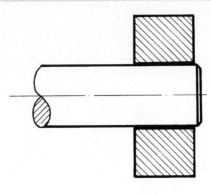

Antriebsteile auf Wellen
lassen sich konstruktiv wesentlich kostengünstiger
geklebt befestigen (s. Darstellung rechts). Links
nicht geklebte Ausführung.

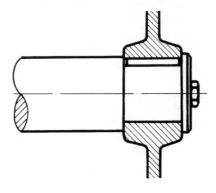
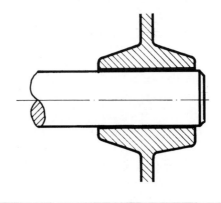

Buchsen lassen sich kostengünstig einkleben
(rechts). Links nicht einge-
klebte Buchse.

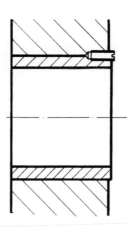
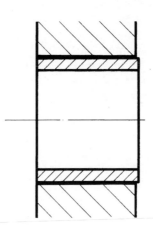

Rohre in Böden. Links eingewalzt. Rechts eingeklebt.

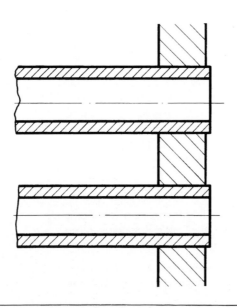
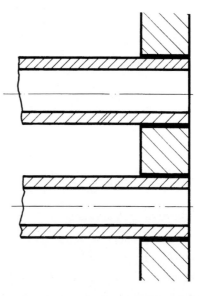

Beschichtungsgerechtes Gestalten

Beschichtungen haben unterschiedliche Aufgaben zu erfüllen wie z. B.:

— Korrosionsschutz
— Oxidationsschutz
— Verschleißschutz
— Verbessern der Gleiteigenschaften
— Erzielen bestimmter magnetischer/elektrischer Eigenschaften
— Haftgrund
— Wärmedämmung
— Strahlenschutz
— Lötgrund
— Reflexion und Transmission
— Dekor.

Der Konstrukteur muß diese Aufgaben in seiner Konstruktion möglichst von Anfang an berücksichtigen, um funktionsgerechte und wettbewerbsfähige Produkte zu schaffen. Die Möglichkeiten zum Erfüllen dieser Aufgaben sind sehr zahlreich und durch die modernen Dünnschichtsysteme noch vielfältiger geworden. Bei der Wahl von geeigneten Schichtsystemen müssen Anwendung und Eigenschaften von Schichten sowie bestimmte erforderliche Konstruktionsmerkmale berücksichtigt werden. Nur so entstehen Produkte, die die geforderte Funktion, Qualität und Zuverlässigkeit so optimal wie möglich erfüllen und durch die hohe Folgekosten aufgrund Reparatur und eingeschränkter Verfügbarkeit vermieden werden.

Außer den generellen Regeln für das beschichtungsgerechte Gestalten

— scharfe Kanten und Ecken vermeiden
— enge und spitzwinkelige Vertiefungen vermeiden
— auf gute Zugänglichkeit achten
— Lufteinschlüsse vermeiden,

sind bestimmte verfahrensspezifische Konstruksionsregeln zu beachten.

Galvanisiergerechtes Gestalten

Festlegen der wesentlichen Flächen

Die Werkstückoberfläche läßt sich entsprechend der Zweckbestimmung

in wesentliche und unwesentliche Flächen aufteilen. Diese Aufteilung ist daher sinnvoll, weil die Anforderungen an die unwesentlichen Flächen geringer sind und somit das galvanisiergerechte Konstruieren oft erheblich reduziert werden kann. In Konstruktionszeichnungen von zu galvanisierenden Werkstücken sollte immer angegeben werden, welche Flächen für das Galvanisieren als wesentlich anzusehen sind.

Partielles Beschichten

Auf den unwesentlichen Flächen sollte möglichst immer ein geringer Niederschlag abgeschieden werden, um das Grundmetall vor Korrosion bei einem späteren Transport und Einsatz des Werkstückes zu schützen.

Ist dies nicht erwünscht oder zweckmäßig, so kann das Abscheiden partiell auf die wesentlichen Flächen beschränkt werden. Unwesentliche Flächen lassen sich mit geeigneten Materialien wie Wachs, Lacken oder Kunststoffen, letztere in Form von Bändern oder Folien, abdecken. Um eine saubere Trennung von wesentlichen und unwesentlichen Flächen zu erzielen, sind Lackierkanten oder -rillen von Vorteil. Sollen Teilflächen im Fertigzustand lackiert sein, so kann die für dieses Lackieren erforderliche Grundierung ohne Nachteil gleichzeitig zum Abdecken beim Galvanisieren benutzt werden, sofern der Galvaniseur die Grundierung akzeptiert.

Hohlräume können mit Stopfen oder Kunststoffschrauben verschlossen werden. Bei Serienteilen ist es empfehlenswert, Abdeckkonstruktionen in Verbindung mit dem Gestellbau zu entwickeln und einzusetzen.

Niederschlagsverteilung

Folgende Maßnahmen bewirken eine relativ gleichförmige Schichtdickenverteilung:

— Verwendung von Anoden, deren Form der Oberflächengestalt des

Bauteils so angepaßt ist, daß eine möglichst gleichmäßige Stromdichteverteilung entsteht (siehe nachfolgende Abbildung).

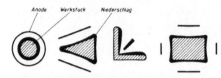

Einfluß der Anordnung von Anoden auf die Niederschlagsverteilung verschiedener Werkstückgeometrien

Derartige Anoden sind allein oder als Hilfsanoden in Verbindung mit den Hauptanoden verwendbar. In Form von Hilfsanoden werden sie meist isoliert am Kathodengestell angebracht und besitzen eine eigene Stromzuführung. Oft ist es von Vorteil, die Hilfsanode bis auf ihre eigentliche Arbeitsfläche abzudecken (siehe nachfolgende Abbildung).

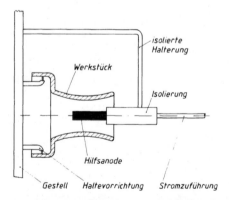

Einsatz von Hilfsanoden zum Erzielen einer relativ gleichförmigen Schichtdickenverteilung

— Verwenden von Hilfskathoden in der Nähe von Bauteiloberflächen, wo die höchsten Stromdichten auftreten. Sie werden elektrisch leitend mit dem zu galvanisierenden Bauteil verbunden. Auf den Hilfskathoden schlägt sich ein Teil des Metalls nieder, das sich sonst an den Stellen höchster Stromdichte abscheiden würde (siehe nachfolgende Abbildung).

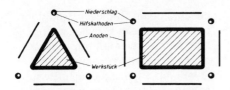

Einfluß von Hilfskathoden auf die Niederschlagsverteilung an Stellen hoher Stromdichte

— Verwenden von nichtleitenden Abdeckungen (an Stelle der Hilfskathoden). Sie vermeiden Stromdichtekonzentrationen an Ecken, Spitzen und Kanten und führen somit zu einer gleichmäßigeren Schichtdicke. Wenn möglich, sind nichtleitende Abdeckungen den metallischen Hilfskathoden vorzuziehen (siehe nachfolgende Abbildung).

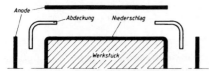

Einfluß von Kunststoffabschirmungen auf die Niederschlagsverteilung an Stellen hoher Stromdichte

Kanten und Spitzen

Innere und äußere Bauteilkanten dürfen auf keinen Fall scharfwinklig sein. Sie müssen immer mit einem möglichst großen Krümmungsradius ausgebildet werden. Der Krümmungsradius muß größer oder zumindest gleich der Niederschlagsdicke sein. Spitzen sind möglichst ganz zu vermeiden (siehe nachfolgende Abbildung).

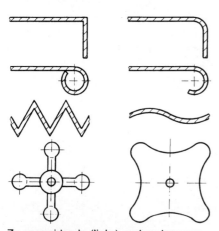

Zu vermeidende (links) und zu bevorzugende Konstruktionen (rechts)

Vertiefungen

Vertiefungen wie z. B. Rillen, Nuten, Falze, Mulden, nach innen führende Spalte sind bei zu galvanisierenden Werkstücken möglichst zu vermeiden. Denn solche Stellen können nicht oder nur mit erheblichem Aufwand elektrolytisch beschichtet werden. Grundsätzliche Schwierigkeiten bereiten dabei Vor- und Zwischenbehandlungen.

Hohlkörper

Bei Hohlkörpern kann es dazu führen, daß beim Eintauchen des Werkstückes in eine Behandlungslösung in den Hohlräumen Luft eingeschlossen wird und die Vorbehandlungslösungen, Spülmittel und Elektrolyte nicht die gesamte zu galvanisierende Fläche erreichen. Dies läßt sich durch geeignetes Aufhängen der Werkstücke in die Rahmen bzw. an die Gestelle oder durch Bohren von Löchern für den Luftaustritt beseitigen.

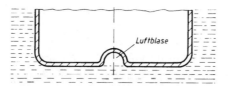

Luftblase in einer Vertiefung einer Werkstückunterseite, die eine ungenügende Galvanisierung bewirkt

An tief gelegenen Stellen eines Hohlkörpers können leicht Lösungen festgehalten und in die nachfolgenden Bäder verschleppt werden. Verunreinigungen und hoher Chemikalienverbrauch sind die Folge. Dies ist besonders bei automatischen Galvanisieranlagen zu beachten, bei denen es nicht wie bei von Hand beschickten Wannen möglich ist, Spülvorgänge durch geeignetes manuelles Drehen oder Kippen der Werkstücke zu unterstützen. Für solche Teile ist ein Loch als Abfluß für Lösungsreste zu berücksichtigen, wobei beim Befestigen des Werkstückes im Rahmen oder am Gestell auf die richtige Lage des Abflußloches geachtet werden muß.

Links verbleibende Lösungsreste in einer Radkappe, da ein Abflußloch am niedrigsten Punkt fehlt. Rechts Abflußbohrung in einem Hohlkörper.

Beim Galvanisieren wesentlicher Innenflächen läßt sich meist durch geeignetes Zuordnen der Werkstücke zueinander am Gestell eine ausreichend gleichmäßige Schichtdicke erzielen. Ansonsten sollten, insbesondere bei tiefen Hohlräumen, Hilfsanoden verwandt werden, deren Form der des Werkstückes angepaßt ist.

Besondere Aufmerksamkeit ist der Gefahr einer Elektrolytverunreinigung zu schenken. Um diese zu vermeiden, können neben den bereits genannten Maßnahmen Hohlräume ganz abgedichtet werden, wie z. B. bei Rohren das Abdichten der Rohrenden.

Sperrige Teile

Bei sperrigen Teilen steht oft die relativ kleine zu galvanisierende Fläche in einem wirtschaftlich sehr ungünstigen Verhältnis zum erforderlichen großen Elektrolytvolumen. In solchen Fällen sollten Konstrukteur, Gestellbauer und Galvaniseur gemeinsam überlegen, wie durch geeignete Formgebung der Bauteile, deren Anordnung auf den Galvanisiergestellen sowie Auslegung und Gestaltung der Badwannen und -armaturen wirtschaftlich gefertigt werden kann. Hierbei ist auch die Zerlegung des Bauteils in Einzelteile zu berücksichtigen.

Paßformen, Bohrungen

Beim Festlegen der Maße und Formen für Auflageflächen, Bohrungen, Passungen, Nuten usw. ist auf die durch das Galvanisieren beeinflußten Bauteilmaße zu achten. So kann beispielsweise eine Gewindebohrung an der Eintrittsöffnung zu eng werden, da an Ecken und Kanten besonders viel Metall abgeschieden wird. Dies läßt sich durch Einsenken der Bohrungen vermeiden.

Versenken von Bohrungen zur Vermeidung einer Niederschlagsverdickung an den Eintrittsöffnungen

Für das Galvanisieren von Schraubengewinden haben Geissman und Carlson [1] sowie Wallbank und Layton [2] folgendes herausgefunden: Das zu galvanisierende Gewinde ist mit einem Untermaß zu fertigen, das das Fünffache der Niederschlagsdicke, bezogen auf den Schraubendurchmesser, beträgt.

Festlegen von Maßen und Bezugspunkten

Soll ein Bauteil nach dem Galvanisieren spanend bearbeitet werden, so sind vor dem Beschichten Bezugspunkte und -maße festzulegen, die durch das Galvanisieren nicht verändert werden. Ansonsten können bei einer mechanischen Nachbearbeitung Schichten örtlich abgetragen und Grundwerkstoffe freigelegt werden. Beim Festlegen des Vormaßes ist zu beachten:

— Bei Wellen muß das Vorbearbeitungsmaß im Durchmesser um die doppelte Sollschichtdicke vermindert und bei Bohrungen erhöht werden, um das gewünschte Fertigmaß zu erhalten.
— Die Toleranz der Schichtdicke ist zweimal zu berücksichtigen.

Aufhängen und Kontaktieren der Bauteile, Trommeln und Gestelle

Kleinteile, die in rotierenden Trommeln galvanisiert werden, sollen eine möglichst glatte Oberfläche haben, damit sie sich gut vorbehandeln und spülen lassen und sich außerdem während des Galvanisierens nicht untereinander verhaken oder aufeinandner kleben. Jedes Werkstück erhält einen bestimmten Anteil am Gesamtniederschlag, der jedoch nicht auf allen Teilen gleich ist, sondern einer Normalverteilungskurve folgt.

Größere Werkstücke sollten nicht nach alter Weise mit einem Draht an der Kathodenstange befestigt, sondern auf Gestelle geklemmt und in den Elektrolyten eingehängt werden. Dadurch lassen sich die Werkstücke zwischen den Bädern leichter transportieren und sie sind zueinander und der Anode gegenüber fixiert.

Werkstücke sollten nach Möglichkeit so am Gestell befestigt werden, daß ihre wesentliche Fläche nicht nach oben, sondern zur Seite oder nach unten zeigt, damit sich keine Verunreinigungen mit in der Schicht absetzen und damit die Gefahr einer Porenbildung geringer ist. Letztere ist z. B. gegeben, wenn Gasblasen auf waagerechten Flächen oder in Winkeln und Vertiefungen infolge örtlich mangelhafter Elektrolytbewegung nicht mehr fortgespült werden.

Gestaltungsregeln beim stromlosen Abscheiden

Niederschlagsverteilung

Aufgrund des fehlenden äußeren elektrischen Feldes, zeichnen sich stromlos abgeschiedene Metallschichten durch eine von engen Toleranzen begrenzte sehr gleichmäßige Schichtdickenverteilung aus. Dies gilt sowohl für Kanten, Ecken und Spitzen als auch für Vertiefungen und Hohlräume, solange die Bauteiloberfläche nur gleichmäßig von frischer Elektrolytlösung umspült wird und das entstehende Wasserstoffgas ungehindert entweichen kann.

Beschichtungsgerechte Werkstückform

Die Anforderungen an die konstruktive Formgebung von außenstromlos beschichteten Bauteilen sind geringer als die beim Galvanisieren. Die Maßnahmen werden reduziert auf ein einwandfreies Reinigen der Oberfläche, gleichmäßiges Beaufschlagen der zu beschichtenden Oberfläche mit frischem Elektrolyten und Vermeiden eines Festsetzens von Luft- und Gasblasen in zu beschichtenden Hohlräumen. Nicht zu beschichtende Hohlräume müssen sich dicht verschließen lassen.

An scharfen Kanten und in zu engen Radien dürfen Wachstumsgrenzen, Poren oder Risse nicht auftreten. Wird in zu engen Hohlräumen ein ständiger Elektrolytaustausch nicht mehr gewährleistet, kann dort das Metallabscheiden bis zum Abbruch reduziert werden. Dies tritt z. B. bei Luft- und Wasserstoffblasen in Sackbohrungen und ähnlichen nicht-entlüftbaren Hohlräumen ein.

In Trommeln zu beschichtende Massenteile sind so zu gestalten, daß sie nicht während des Drehens der Trommel ineinander verhaken oder infolge Adhäsion miteinander verkleben.

Für Vertiefungen und Hohlkörper sowie das Festlegen von Maßen und Bezugspunkten enthalten die Konstruktionsregeln zum Galvanisieren noch weitere Hinweise.

Schmelztauchgerechtes Gestalten

Wenn man sich beim Konstruieren von Bauteilen von vornherein vor Augen hält und berücksichtigt, daß es sich beim Schmelztauchen um ein Verfahren handelt, bei dem das Beschichten selbst, aber auch die es begleitenden Vorgänge wie die vorbereitenden Beiz- und Spülbäder, die Behandlung mit Flußmitteln und auch das Spülen im Wasserbad

Beispiel	Fertigmaß [mm]	Gewünschte Nickel-schichtdicke [µm]	Bearbeitungsmaß [mm]
Bohrung	⌀ 60 H7 ⌀ 60,000...60,030	20 ± 3	⌀ 60,046...60,064
Welle	⌀ 60 h7 ⌀ 60,000...59,970	20 ± 3	⌀ 59,954...59,936

Zusammenhang zwischen Vorbearbeitungsmaß, Fertigmaß und Schichtdicke am Beispiel einer stromlos vernickelten Bohrung und Welle

nach dem Beschichten allesamt Tauchvorgänge sind, so bedeutet dies beinahe schon, schmelztauchgerecht zu konstruieren und damit einen ersten Beitrag zur Erlangung einer guten Schichtqualität zu leisten.

Hohlkörper

Aufgrund der Tauchvorgänge ist dafür zu sorgen, daß keine toten Ecken vorliegen, die durch Lufteinschluß eine einwandfreie Benetzung mit dem jeweiligen Behandlungsmedium erschweren oder unmöglich machen. Die Folge können Schichten mangelhafter Qualität oder sogar überhaupt nicht beschichtete Stellen sein.

Insbesondere Hohlkörper (z. B. Rohrgeländer, Rohrsysteme, Behälter und ähnliches) müssen mit Zu- und Ablauföffnungen versehen werden, die so anzuordnen sind, daß ein freier Ein- und Auslauf der Behandlungsmedien gewährleistet ist und gleichzeitig Lufteinschlüsse unmöglich sind. Das Einlaufloch sollte sich beim Eintauchen an der tiefsten Stelle und das Entlüftungsloch an der obersten Stelle des Behälters befinden. Die Größe der Bohrungen hängt von der Länge und vom Durchmesser der Rohre ab.

Mindestgröße der Bohrungen für das Feuerverzinken von Konstruktionen aus Rund-Hohlprofilen (Rohren):

daß es beim vollständigen Eintauchen des Hohlkörpers weit genug aus dem Bad herausragt.

Besondere Beachtung erfordert auch der Auftrieb von Hohlkörpern. Je nach Schmelzbad, ist der Auftrieb unterschiedlich groß. Im Zinkbad z. B. ist der Auftrieb wegen des siebenmal höheren spezifischen Gewichtes von Zink gegenüber Wasser auch siebenmal so groß. Daher können hohe Auftriebskräfte bei großen Hohlkörpern entstehen, denen durch entsprechende Gewichtsbelastung und Dimensionierung von Druckpunkten zu begegnen ist.

Eigenspannungen

In jedem Bauteil sind Eigenspannungen (durch z. B. Walzen, Schweißen, Richten, Kaltverformen) unterschiedlicher Größe und Wirkrichtung vorhanden. Normalerweise stehen diese Spannungen im Gleichgewicht. Jedoch wird durch Wärmeeinwirkung (Schmelztauchen) dieses Gleichgewicht in der Regel umgelagert, so daß Verformungen die Folge sein können. Um Verzug von Konstruktionen zu vermeiden, sollten daher die Eigenspannungen in einem Bauteil so gering wie möglich gehalten werden.

Zusammengesetzte Querschnitte sind in Einzelteilen zu verzinken und zu verschrauben. Ist dies nicht mög-

nicht größer als erforderlich ausführen. Generell ist bei unsymmetrischen Querschnitten die Verzugsgefahr größer. Derartige Bauteile sollten nach einem sorgfältig festgelegten Schweißplan hergestellt werden, um die Schweißspannungen so gering wie möglich zu halten.

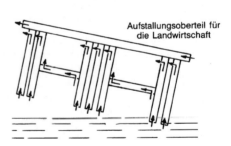

Blechkonstruktionen, links ungünstige, rechts günstige Ausführung

Anordnen von Bohrungen

Lichter Durchmesser [Zoll]		Nennweite [mm] ca.	Mindest-Lochdurchmesser [mm]	
			< 2 m	≧ 2 m
bis	3/8	10	5,0	6,5
	1/2	15	6,0	8,0
	3/4	20	6,5	9,0
	1	25	8,0	10,0
	1 1/4	32	9,0	12,0
	1 1/2	40	10,0	15,0
	2	50	12,0	15,0
	2 1/2	65	15,0	15,0
	3	80	15,0	15,0

Sollen Hohlkonstruktionen nur außen beschichtet werden, so sind deren Innenräume abzudichten. Jedoch ist jeder Hohlraum mit einem Entlüftungsrohr zu versehen, um Explosionen aufgrund verbleibender Feuchtigkeitsreste im Inneren zu vermeiden. Das Rohr muß so lang sein,

lich, sind die Schweißnähte möglichst in die Nähe der Schwerachse des gesamten Profiles zu legen. Ist auch dies problematisch, sollten die Schweißnähte möglichst symmetrisch im gleichen Abstand zur Schwerachse gelegt und beide Nähte gleichmäßig gezogen werden. Schweißnähte

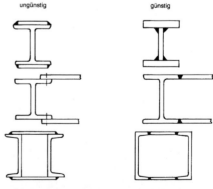

Alle Bauteile müssen sich bei Erwärmung im Schmelzbad ungehindert dehnen können, um ein Verziehen der Teile zu verhindern. Überlappungen sind zu vermeiden oder dicht zu schweißen.

BESCHICHTEN

Emailliergerechtes Gestalten

Eine nachträgliche Korrektur von Formteilen an emaillierten Gegenständen ist nicht möglich. Durch Beachten der folgenden Konstruktionsregeln (Auszüge aus dem Merkblatt 414, Emailliergerechtes Konstruieren in Stahlblech) kann die Qualität der Produkte und Wirtschaftlichkeit bei deren Fertigung wesentlich beeinflußt werden.

Schnittkanten

Zuschnitte

Zu Beginn einer jeden stanztechnischen Fertigung steht das Erstellen des geeigneten Zuschnitts. Später kann nach Umformungen das Beschneiden zur Gewährleistung der Paßmaße erfolgen. Stärker noch als bei anderen Oberflächenschutz-Verfahren wirkt sich die Gratlage auf die Qualität von emaillierten Gegenständen aus.

Einfache Konturen oder kleine Stückzahlen werden auf Tafelscheren zugeschnitten. Der von der Blechdicke und der Festigkeit abhängige Schneidspalt u_s, die Schärfe der Schneidkanten und die Zuverlässigkeit der Blechniederhaltung beim Schneiden beeinflussen die Güte der Scherzone, bei der die Gratbildung so klein wie möglich gehalten werden soll.

Für das Erzeugen von Innenformen (Lochungen) und Außenformen (Ausschneiden, Abschneiden) bestimmter Konturen werden unterschiedliche Schneidwerkzeuge eingesetzt, in der Hauptsache entweder Plattenführungswerkzeuge (ohne Blechniederhaltung) oder säulengeführte Werkzeuge (zweckmäßig mit Blechniederhaltung). Die säulengeführten Werkzeuge mit Blechniederhaltung gewährleisten eine genauere Stempelführung, einen gleichmäßig umlaufenden Schneidspalt u_s, höhere Standmengen bei geringerer Gratbildung und vermeiden ein Verwerfen (Verzug) des Werkstückes.

Außer der unerläßlichen Werkzeugpflege (Zustandüberwachung, Nacharbeit der Schneidelemente) wirken sich erheblich die Genauigkeit der

Pressenführung und Sorgfalt des Einrichtvorganges auf die Werkzeugstandmenge und Qualität des Produktes aus.

Nachfolgende Abbildung zeigt die verschiedenen Scherzonen-Güteklassen für Außen- und Innenformen

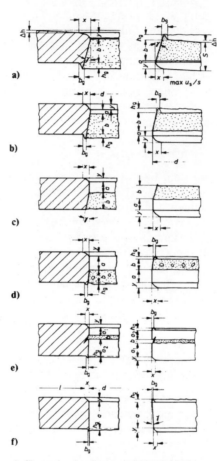

a) für grobe Lochungen bei minimaler Rückzugkraft ohne Nieder- und Gegenhalter; x, y Kanteneinzug
b) große Werkzeugstandmengen wegen geringer Reibungskräfte, geringer Schnittzonenanteil a; h_g Grathöhe, g_b Gratbreite, a Schnittfläche, b Bruchfläche
c) meist geforderte Trennzonenart, Grat kaum wahrnehmbar, erhöhter Schnittzonenanteil a für nachfolgende Formung oder Teile aus härtbaren Werkstoffen sowie Elektrobleche
d) für Maschinenbauteile, die bei Passungen noch spanend nachgearbeitet oder geglättet werden, normaler Grat, Scherstellen in der Bruchzone
e) minimaler Kanteneinzug x, y, mehrfache Schnittzonen a, erhöhter Werkzeugverschleiß bei zähen Stahlwerkstoffen, geeignet für Passungen
f) vollkantiger Glattschnitt für Trennflächen, Funktionsflächen, verfestigt bis $2 \times R_m$, normaler Grat durch Kontaktschleifen beseitigt, einbaufertige eng tolerierte Montageteile

unter der Voraussetzung einwandfreier Stempelführung und Gewährleistung eines gleichmäßig umlaufenden Schneidspaltes u_s. In Betracht kommen im wesentlichen die Güteklassen 3 und 4, während in diesem Zusammenhang die Konturen nach Güteklassen 5 und 6 als mangelhaft anzusehen sind und solche nach Güteklasse 2 wegen der Zipfelbildung (später nicht entfernbare Reste von Reinigungsmitteln und Beizrückständen im Spalt) ebenfalls zu verwerfen sind. Zipfelbildung kann auch auf Stempelversatz zurückzuführen sein. Es ist zu berücksichtigen, daß Entgratarbeiten routinemäßig nur bei Kleinteilen automatisiert durchgeführt werden können.

Das Emaillieren von Kanten mit scharfem Grat ist in jedem Fall problematisch. Bei zu dünnem Emailauftrag bleiben die Grate nach dem Einbrand sichtbar. Bei Auftragsverfahren im elektrischen Feld kann ein zu dicker Emailauftrag erfolgen (Feldlinienkonzentration), wodurch diese Stellen bei mechanischer Beanspruchung bruchgefährdet sind.

Der Konstrukteur muß den Schneidvorgang und die Anordnung der Werkzeug-Schneidelemente so festlegen, daß im beanspruchten Bereich bzw. im Sichtbereich des Fertigteils die gerundete Kante (sog. Kanteneinzug) vorliegt. Der Grat befindet sich dann auf der weniger beanspruchten, bzw. nicht im Sichtbereich liegenden Seite (siehe nachfolgende Abbildung).

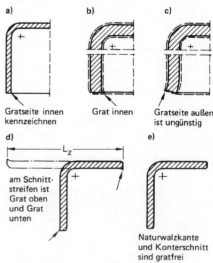

Schnittgrat an Zieh- und Biegeteilen

Insbesondere bei Paßteilen oder bei zunehmender Blechdicke genügt es nicht, in Skizzen und Zeichnungen den spanlos zu trennenden Blechquerschnitt in einfacher Rechteckform darzustellen. Es muß für kritische Bereiche der Formgebung stets die Gratlage vorgegeben werden, um Informationslücken in den nachfolgenden Fertigungsschritten zu vermeiden.

Mit zunehmender Blechdicke ist die Verrundung exponierter Außenkonturen durch spanende Nacharbeit unvermeidbar, wie etwa bei größeren Behältern, die meist geschweißt sind.

Löcher in Feinblechen

Löcher dienen zur Aufnahme von Befestigungselementen (Schrauben, Nieten) oder für Anschlüsse unterschiedlicher Zwecke (Zu- und Abflüsse an Spülen, Badewannen etc.). Dabei ist folgendes zu beachten:

— Je nach Emailauftragsverfahren (Tauchen oder Spritzen) müssen Löcher, bezogen auf die Blechdicke s, einen Mindestdurchmesser d aufweisen, um das Zusetzen mit Schlicker zu vermeiden. Die Dicke der gebrannten Emailschicht ist bei der Festlegung der Lochdurchmesser zu berücksichtigen.
— Der Stanzgrat der Lochränder soll auf der dem Schrauben- bzw. Nietkopf abgewandten Seite liegen, damit durch dessen Übergangsrundung vom Kopf zum Schaft keine Kantenpressung entsteht, die zu Email-Abplatzungen führt.

— Löcher müssen einen Mindestabstand vom Blechrand haben, der ca. $\geq 5 \times s$ sein soll, um einen gleichmäßigen örtlichen Emailauftrag zu gewährleisten und ein Überbrennen mit der Folge ungleicher Spannungsverteilung in der Emailschicht nach dem Abkühlen zu vermeiden (siehe nachfolgende Abbildung). Das gleiche gilt für Lochabstände zueinander und für Lochreihen.

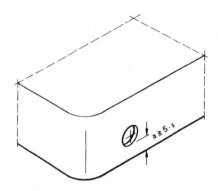

Lochabstand a vom Rand

— An Löchern und Durchbrüchen, bei denen zur Randversteifung Kragen auch geringerer Höhe gezogen werden muß, muß die Gratseite dem später angreifenden Kragenziehstempel zugekehrt sein, da dieser einerseits den Grat einebnet, andererseits bei gegenüber dem Stempel außen liegendem Grat zu Einrissen im Blech und damit zur Minderung der Stabilität des Lochrandes führt. Unterschiedliche Umformgrade, z. B. enge Rundungsradien gegenüber geraden Kanten bei Langlöchern, können Spannungsrisse im Email nach

dem Erkalten bewirken (siehe nachfolgende Abbildung).

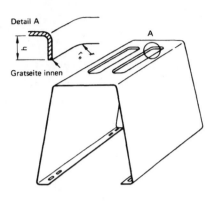

Lochrandversteifung an einem Toastergehäuse durch Kragenziehen; Gratseite innen; der Rundungsradius r bestimmt die erreichbare Kragenhöhe h

— Zwecks völliger Entleerung von z. B. Spülen, Wannen und Brausetassen muß an Löchern und Durchbrüchen, die dem Anschluß von Ablaufverschraubungen dienen, ein Kragen angezogen werden. Hier gilt ebenfalls der vorher genannte Hinweis, um Nacharbeit durch Entgraten zu vermeiden. Ein exponiert außen liegender Grat bedeutet zugleich eine Schwachstelle beim Transport und bei der Montage (siehe Abbildung unten).
— Löcher müssen grundsätzlich von Biegekanten weit genug entfernt sein, damit in den Biegeradien keine Beschädigungen durch Befestigungselemente entstehen. Bei vor dem Biegen eingebrachten Löchern muß der Abstand zur Biegekante so groß sein, daß sich die Löcher beim Biegen nicht deformieren und somit nach dem Emaillieren einwandfreie

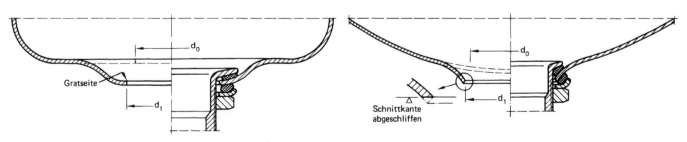

Kragenziehen von Lochrändern

Auflageflächen bieten (siehe nachfolgende Abbildung).

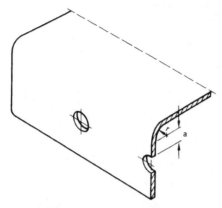

Lochrandabstände a von Biegekantenrundungen r

Löcher in dicken Blechen

Löcher in dicken Blechen können unterschiedlichen Zwecken dienen und entweder spanend durch Bohren und Fräsen oder spanlos mittels Lochwerkzeugen eingebracht werden. Für Löcher, die im späteren Emaillierbereich liegen, gilt:

— Gebohrte und gefräste Löcher sind beiderseits zu entgraten bzw. zu verrunden, um einwandfreies Emaillieren zu gewährleisten (siehe nachfolgende Abbildung a).
— Gestanzte Löcher erfordern in jedem Fall ein Verrunden der Gratseite (siehe nachfolgende Abbildung b).

Um diese Arbeitsgänge im Fertigungsablauf sinnvoll einplanen zu können, müssen entsprechende Angaben bereits aus der Konstruktionszeichnung hervorgehen.

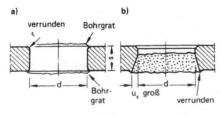

Löcher in dicken Blechen sind für das Emaillieren zu verrunden

Gestaltung von Biegekanten und Randversteifungen

Vor allem bei der Verarbeitung von Feinblech bietet die gezielte Anordnung von Biegekanten die Möglichkeit, die Blechdicken unter Beibehaltung der geforderten Stabilität zu reduzieren. Die bei beidseitigen Emaillierungen aufgrund unterschiedlicher Ausdehnungskoeffizienten auftretenden Spannungszustände bewirken eine Versteifung des Bauteils, da der Träger Stahlblech unter Zugspannung und die eingebrannte Emailschicht unter Druckspannung steht.

Bei normalen Biegevorgängen tritt stets eine Überlagerung von plastischer und elastischer Formänderung ein (Rückfederung in Abhängigkeit vom Verhältnis r/s = Biegeradius/Blechdicke). Durch Druckentlastung findet eine Umkehr der Zugspannungen außen und Druckspannungen innen statt, die insbesondere die direkt unter Oberflächen liegenden Bereiche betrifft. Daher besteht die Gefahr, daß beim Einbrennvorgang die von der Wärmeeinwirkung zuerst betroffenen Außenkanten der Biegung je nach Walzrichtung eine Minderung der schützenden Druckspannungen erleiden, wodurch eine nachträgliche Rückfederung entsteht.

Biegekanten

Allgemein werden in der Stanztechnik und Blechverarbeitung kleine Verhältnisse r/s angestrebt, weil dadurch die Stabilität und Genauigkeit verbessert und die Rückfederung vermindert wird. Die emailtechnischen Gesetzmäßigkeiten setzen hier allerdings Grenzen.

— Bezogen auf 1 mm Blechdicke wird bei Grund- und Deckemaillierungen ein Mindestbiegeradius von r = 5 mm und bei Einschichtemaillierungen von r = 3,5 mm verlangt. Mit kleiner werdendem Radius r wird je nach Auftragsverfahren die Schichtdicke im Bereich von Innen- und Außenseite der Rundungen unterschiedlich (Beeinträchtigung des Trocken- und Einbrennvorganges).

— Bei Einschichtemaillierungen sind wegen der geringeren Emailschichtdicke an dünnen Blechen kleinere Radien r zulässig (siehe nachfolgende Abbildung). Die neueren Emailauftragsverfahren wie Elektrostatik, Pulverbeschichtung und Elektrophorese reagieren anders als die konventionellen Verfahren. Sie erlauben unter gegebenen Voraussetzungen und Maßnahmen gleichmäßigere Schichtdicken. Ihr zweckmäßiger Einsatz steht in direktem Zusammenhang mit den Details der Formgebung.

— Biegekanten an Blechen über 3 mm Dicke ergeben bereits derartige Mindestbiegeradien, daß die zuvor genannte Bedingung r = 5 mm erfüllt ist.

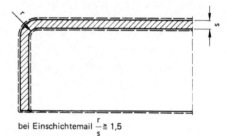

bei Einschichtemail $\frac{r}{s} \geqq 1{,}5$

Rundungen an Biegekanten

Randversteifungen an geraden Seiten

180°-Umkantungen (siehe nachfolgende Abbildung) sind für das Emaillieren ungeeignet. Verunreinigungen aus der spanlosen Formgebung, wie Öl und Fett, können aus dem Spalt nicht entfernt werden. Die Vorbehandlung ist hier unwirksam, vielmehr sammeln sich wegen der Kapillarwirkung zusätzlich Reinigungsmittel, die beim Einbrennen gasförmig entweichen und die Emailschicht beschädigen.

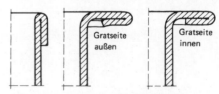

Randversteifung durch 180°-Biegung

Eine geeignete Lösung ist die Randwölbung oder Kröpfung (siehe nachfolgende Abbildung), die bei geringerem Materialverbrauch die gleiche Stabilität bewirkt, jedoch entsprechende Umformwerkzeuge erfordert.

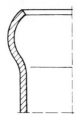

Randversteifung durch Wulst

Randversteifungen an gezogenen Hohlkörpern

Emailtechnisch günstig ist die Gestaltung des abgesetzten Topfrandes (siehe nachfolgende Abbildungen). Der schräg geneigte obere Rand dient zur Aufnahme des U-Ringes aus nichtrostendem Stahl als besonderer Kantenschutz und zur leichteren Montage. Zu diesem Topf gehört ein einfacher Deckel, der sicher zentriert ist und trotzdem Dampf leicht entweichen läßt.

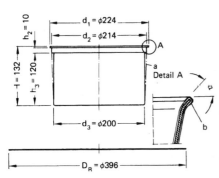

Tiefgezogener Vierlitertopf; a) erster Zug; b) U-Profilring (nichtrostender Stahl)

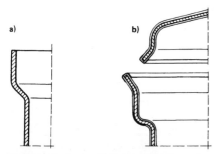

Randversteifung mit Doppelfunktion; a) Deckelstütze; b) Deckelstütze + U-Schutzringhalterung

Die Füllöffnung am Wasserkessel (siehe nachfolgende Abbildung) kann auf zweierlei Art hergestellt werden. Entsprechend nachfolgendem Bild a wird der Kragen nach innen gezogen, was ein gefälliges Aussehen ergibt und auch Wasseraustritt nach oben verhindert. Dabei ist jedoch die Beseitigung von Flüssigkeiten der Vorbehandlung erschwert. In Bild b wird der Kragen nach oben gezogen, was emailtechnisch optimal ist.

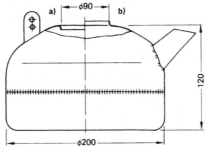

Wasserkessel (geschweißt)

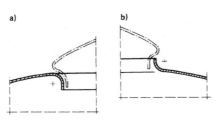

Gestaltung der Wasserkesselöffnung

Rundbördel sind Versteifungsmaßnahmen an Rändern von Töpfen. Hierbei sind verschiedene Gesichtspunkte zu beachten. Für das Emaillieren ist ein geschlossener, jedoch nicht satt an der Zarge anliegender Bördel ungünstig. In dem so entstehenden Hohlraum können Fett- und Schmiermittelreste zurückbleiben, die den Einbrennvorgang stören und zu den im vorigen Abschnitt erwähnten Emaillier-Fehlern führen.

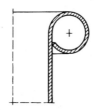

Rundbördel außen, geschlossen

Da das satte Anliegen durch Zipfelbildung (aus dem Ziehvorgang) gestört wird, müßte vor dem Bördeln der Rand beschnitten oder zipfelfrei-

es Blech verwendet werden, was den Aufwand erhöht.

Von besonderem Nachteil sind Innenbördel (siehe nachfolgende Abbildung). Die Flüssigkeit aus der Vorbehandlung kann nicht vollständig entfernt werden. Deren Rückstände beeinträchtigen den Einbrennvorgang.

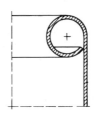

Innen-Rundbördel (ungünstig)

Offene Bördel bereiten keine Schwierigkeiten, da beidseitig ungestört die Vorbehandlungsflüssigkeit zu- und ablaufen und der Emailauftrag erfolgen kann. Das gleiche gilt für umlaufende Abkantungen an freistehenden Badewannen (siehe nachfolgende Abbildung).

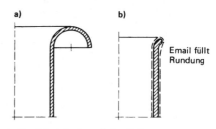

Außenbördel offen (günstig)

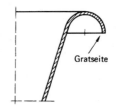

Bördel an freistehender Badewanne

Einbau-Badewannen erfordern wegen der Stabilität und auch aus optischen Gründen ein- oder zweifache Abkantungen. Während die einfache Abkantung, z. B. für eingelassene Badewannen (siehe nachfolgende Abbildung a) emailtechnisch keine Schwierigkeiten bereitet, sind bei einer geschlossenen umlaufenden Doppelabkantung (Abbildung b) konstruktive Maßnahmen oder besondere Betriebseinrichtungen erforderlich, um Flüssigkeiten aus der Vorbehandlung zuverlässig zu entfernen. Dies kann einerseits durch örtlich geringen Überlaufrand (an den Ecken), andererseits durch vorübergehende Schräglage bei hängendem Transport bewirkt werden.

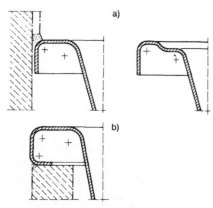

a) Abkantung eingelassener Badewannen (1× Kantung), b) Einbau-Badewanne

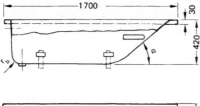

Einbau-Badewanne

Sicken, Wölbungen und andere Versteifungen

Sicken haben unterschiedliche Aufgaben und können

— große Flächen gegen Verwerfungen stabilisieren
— die Belastbarkeit unterschiedlicher Flächenelemente durch Vergrößerung des Widerstandsmomentes erhöhen
— als Funktionselemente dienen, z. B. als Gleitbahnen für Einschübe in Backröhren
— als unterbrechendes Flächenelement optischen Zwecken dienen.

Umformtechnisch ist darauf zu achten, daß Sicken in ebenen Flächen von Hohlkörpern oder abgekanteten Bauelementen flach auslaufen und einen genügend großen Randabstand haben, um Quetschfalten oder Risse zu vermeiden. Die zulässige Werkstoffdehnung (aus der Ebene je nach Walzrichtung) ist zu berücksichtigen.

Scharfe Konturen an umlaufenden Sicken führen zu ungleichen Emailschichtdicken an den Übergängen zur Bodenfläche auf der Innen- und Außenseite. Die daraus resultierenden ungleichen Druckspannungen können Abplatzer auf der Außenrundung bewirken. Der Sicken-Einlaufradius am Sicken-Prägewerkzeug ist zu vergrößern.

Backröhren können einen einteiligen oder einen aus mehreren Elementen (Deckel, Boden, Seitenwände) bestehenden Mantel erhalten. Zwar gewährleistet die mehrteilige Bauart aus Flachteilen einen leichteren Vorbehandlungs- und Emaillierdurchgang. Andererseits ist zu berücksichtigen, daß beim Einbrennvorgang die unterschiedlichen Zug- und Druckspannungen in den stark umgeformten Seitenwänden sich, wenn auch nur geringfügig, lösen und bei der späteren Montage keine dichtschließenden Konturen ergeben.

Wölbungen an ebenen Flächen, wie etwa bei Herdmulden können mehrere Funktionen erfüllen:

— Wölbungen der Stege und Umgebungszonen der Durchbrüche für Gasbrenner oder Heizplatten bewirken eine Versteifung im Vergleich zur ebenen Ausgangsfläche.
— Wölbungen in Übergangsflächen bewirken eine gleichmäßige Spannungsverteilung im Blech und beim Email-Einbrand geringere Neigung zum Verzug.

Höhere Anforderungen an die emailliergerechte Gestaltung stellt die Kombination von Herdmulde mit Arbeitsfläche. Um Verzug und Faltenbildung zu vermeiden, müssen sym-

metrische Proportionen angestrebt und Übergänge von einer Ebene (z. B. Arbeitsfläche) zur anderen (Herdmulde) mit geeigneten Übergangsradien und Neigungswinkeln versehen werden. Auf emaillierten Flächen sind derartige Mängel deutlich sichtbar. Schwache Sicken im Bereich der Arbeitsfläche wirken optisch günstiger und entlasten die im Bereich der Herdmulde auftretenden Zug- und Druck-Spannungen.

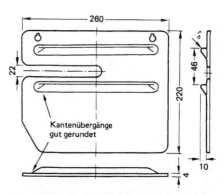

Versteifungssicken in einer Schale

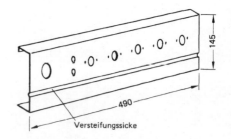

Sicken in einer Grill-Seitenwand; scharfe Konturen führen zu Rissen und ungleichmäßigem Emailauftrag außen und innen

Versteifungssicke in einem Herd-Frontelement

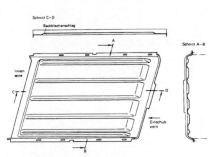

Backrohr-Seitenwand

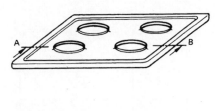

Elektroherdmulde mit gewölbtem Boden

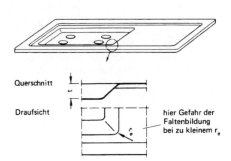

Einteiliger Backrohrmantel vor und nach dem Biegen; Arbeitsfolge: Platine zuschneiden, Sicken ziehen, Rand beschneiden, abkanten, vorreinigen (!), biegen (1–4), widerstandsschweißen

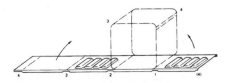

Herdmulde mit Arbeitsfläche für einen Gasherd; zu kleiner Eckenrundungsradius r_e bei größerer Ziehtiefe t führt zur Gefahr der Faltenbildung

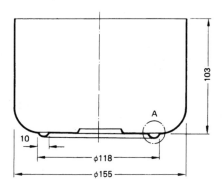

Kaffeemaschinenschale mit umlaufender Sicke im Boden

Gestaltungsregeln beim thermisch Spritzen

Ebene Flächen

Beispiele hierfür geben die folgenden Zeichnungen.

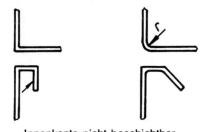

Innenkante nicht beschichtbar

Zwischen- und Innenräume nicht beschichtbar

Innenkante der ausgeklinkten Versteifung nicht beschichtbar

Aufspritzen bei ebenen Flächen, links ungünstige, rechts günstige Ausführung

Drehsymmetrische Teile

Einschränkungen hinsichtlich der geometrischen Abmessungen ergeben sich vorwiegend beim Beschichten von Innenflächen, wobei außerdem das Spritzverfahren zu berücksichtigen ist.

Gängige Mindestabmessungen für thermische Innenspritzungen sind (siehe auch nachfolgende Abbildung):

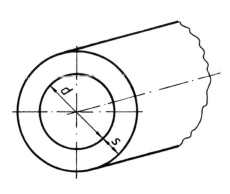

Wanddicken

Verfahren	d_{min}, mm	Länge
Standardgerät	30	$L/D \leqq 1 : 1$
Sonderausführungen	50	max. 900 mm

BESCHICHTEN

Die tatsächlichen Abmessungen sind von Fall zu Fall mit dem auszuführenden Spritzbetrieb abzustimmen.

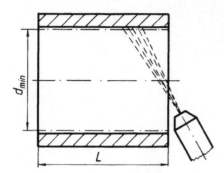

Beschichten von Innenflächen

Aufgrund der Verzugsgefahr von schmelzverbundenen Schichten, ist es notwendig, ausgehend vom Durchmesser der Beschichtungsfläche, folgende Wanddicken einzuhalten (siehe auch nachfolgende Abbildung):

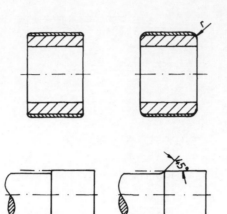

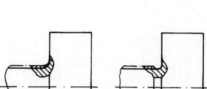

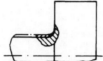

Gestalten von drehsymmetrischen Teilen (Spritzbehandlung außen), links ungünstige, rechts günstige Ausführung

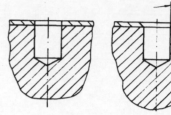

Gestalten von Teilen zum Vermeiden von zu hohen Kantenpressungen, links ungünstige, rechts günstige Ausführung

Literatur

AGG Arbeitsgemeinschaft der Deutschen Galvanotechnik: Galvanisiergerechtes Konstruieren, Eine Information für Konstrukteure und Designer.

Beratung Feuerverzinken: Feuerverzinkungsgerechtes Konstruieren, Merkblatt der Beratung Feuerverzinken.

Beratungsstelle für Stahlverwendung: Emailliergerechtes Konstruieren in Stahlblech, Merkblatt 414, 1985.

Bode, E.: Funktionelle Schichten, Auswahl und Einsatz, Hoppenstedt Technik Tabellen Verlag, Darmstadt, 1989.

DVS Deutscher Verband für Schweißtechnik: Regeln zum spritzgerechten Gestalten von Bauteilen und Werkstücken, Merkblatt DVS 2308, November 1978.

	Durchmesser, mm				
übliche Wanddicken, mm	10	15	20	25	30

Scharfe Kanten sind abzurunden oder es ist eine Stützkante vorzusehen, um die Gefahr von Beschädigungen zu vermeiden (siehe nachfolgende Abbildungen).

Bereich nicht beschichtbar Korrosionsgefahr durch Rückstände

Gestalten von drehsymmetrischen Teilen (Spritzbehandlung innen), links ungünstige, rechts günstige Ausführung

Sonderformen

Unter Sonderformen sind Nuten, Keilnutenprofile, Kanten, Stirnflächen, Stützkanten und Flansche zu verstehen. Um zu hohe Kantenpressungen zu vermeiden, sind Winkel oder Abrundungen anzuschleifen (siehe nachfolgende Abbildung). Thermisch gespritzte Schichten sollen möglichst keiner punkt- und linienförmigen Belastung ausgesetzt werden (mit Ausnahme selbstfließender Sonderlegierungen mit nachträglichem Schmelzverbinden).

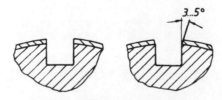

Um Abplatzungen durch Kantenpressung an der Spritzschicht zu vermeiden, ist diese abzuschrägen.

✗ Checkliste zum beschichtungsgerechten Gestalten

— Scharfe Ecken und Kanten vermeiden
— Enge und spitzwinklige Vertiefungen vermeiden
— Auf gute Zugänglichkeit achten
— Lufteinschlüsse vermeiden, insbesondere bei Tauchvorgängen

Bei **Schweißnähten** dürfen keine Ansätze, Versetzungen, Einbrandkerben, Schlackeneinschlüsse u. ä. vorhanden sein (links). Rechts die konstruktiv richtige Ausführung.

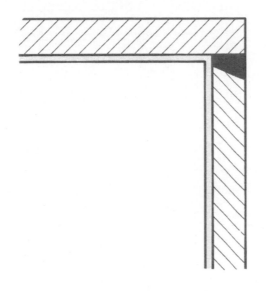
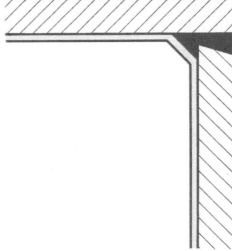

Bei **Eckverbindungen** sind spitze Ecken (links) zu vermeiden. Richtig sind Ausführungsformen nach der Darstellung rechts.

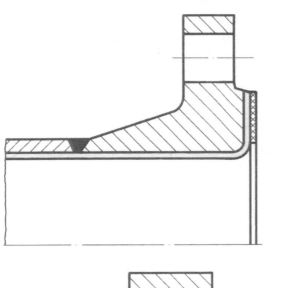

Ausführungsarten einer **Flanschverbindung mit Dichtung.**

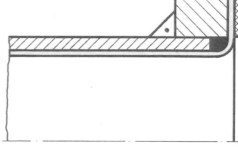
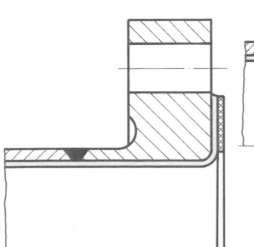

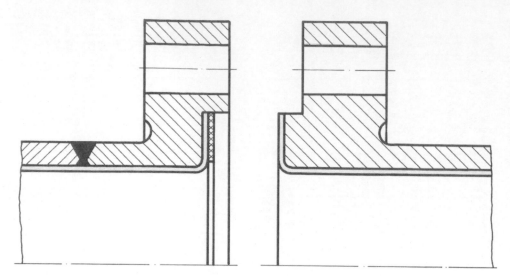

Ausführung einer **Flansch-verbindung für hohe Drük-ke.**

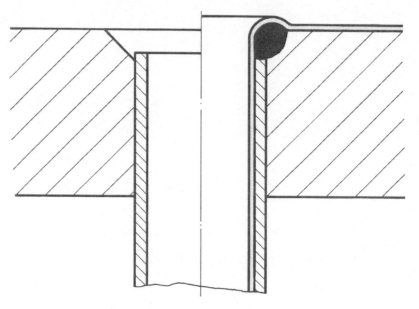

Ausführungsform eines **Rohrbodens mit einge-schweißtem Rohr.** Links vor dem Schweißen. Rechts eingeschweißtes Rohr und beschichtet.

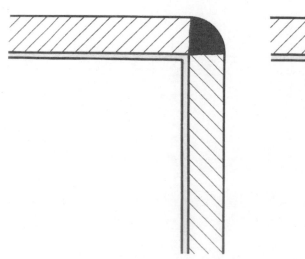

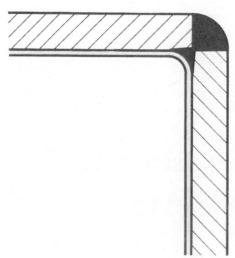

Spitzwinklige scharfkantige **Ecken** sind zu vermeiden. Anzustreben sind Kon-struktionen wie die Darstel-lung rechts zeigt.

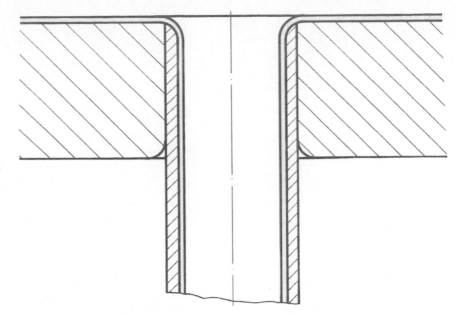

Eingewalztes Rohr in einen Rohrboden in beschichteter Ausführung.

Sich verengende Rohrkonstruktionen sind so auszuführen, daß die sich verengenden Teile leicht zugänglich sind. Links unzweckmäßige, rechts richtige Konstruktion.

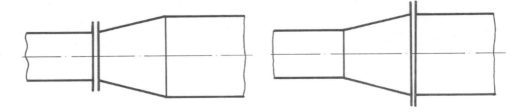

Schraubverbindung mit U-Scheiben aus nicht korrosionsbeständigem Werkstoff. Unter den U-Scheiben befinden sich zusätzliche Dichtungen, ebenso zwischen den Blechen. Die Schrauben sind mit aus korrosionsbeständigem Werkstoff bestehenden Kappen geschützt (aufgekittet).

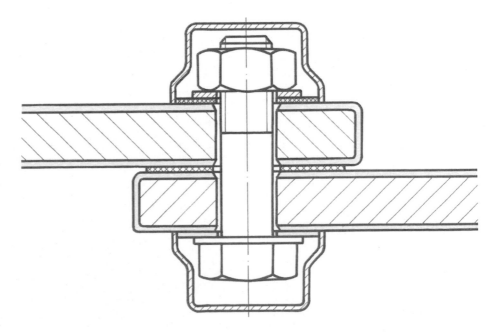

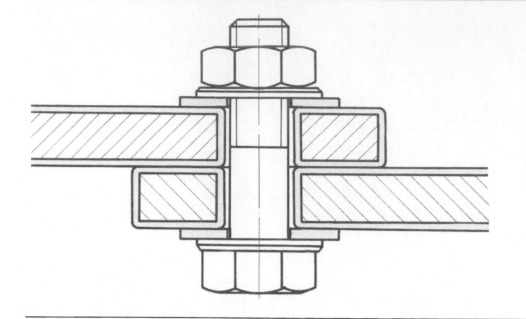

Schraubverbindung mit Schraube und U-Scheiben aus korrosionsbeständigem Werkstoff.

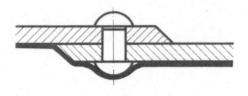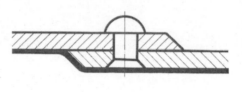

Nietverbindungen sind so auszuführen, daß glattflächige Innenflächen der zu verkleidenden Werkstoffseite entstehen. Links falsche, rechts zweckmäßige Ausführung.

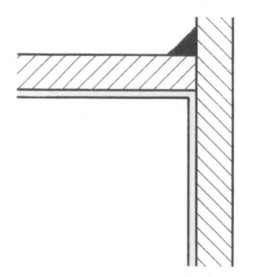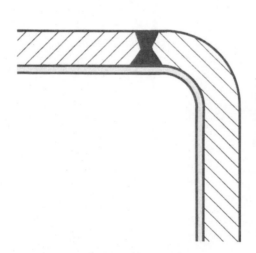

Eckverbindungen nicht spitzwinklig, sondern gerundet ausführen wie die Darstellung rechts zeigt.

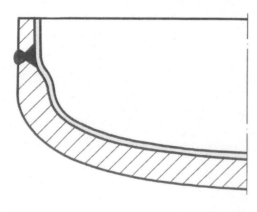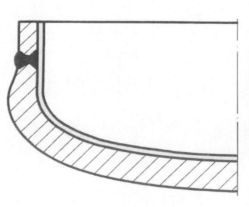

Materialverbindungen mit unterschiedlichen Wanddicken sind so auszuführen, daß innen an den zu beschichtenden Wänden kein Absatz entsteht. Rechts konstruktiv sinnvolle Ausführung.

Kehlnähte an T-förmig zu-sammenzufügenden Teilen sind konstruktiv so durch-zubilden wie die Darstel-lung rechts zeigt. Links fal-sche Ausführung.

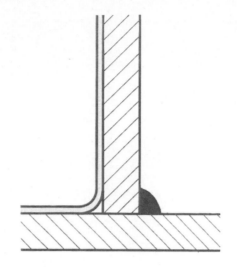
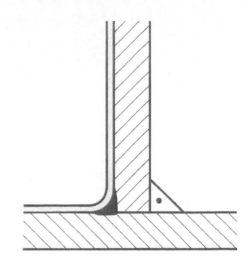

Scharfe **Kanten und Ecken** (links) sind unbedingt zu vermeiden. Alle Übergänge sind auszurunden (Darstel-lung rechts).

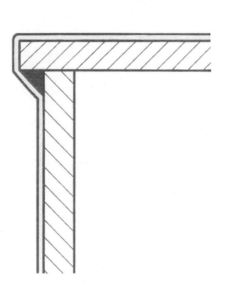
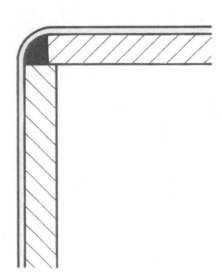

Lufteinschlüsse müssen vermieden werden. Des-halb die **Gewindelöcher** durchgehend ausführen und damit als Entlüftungs-bohrungen nutzen.

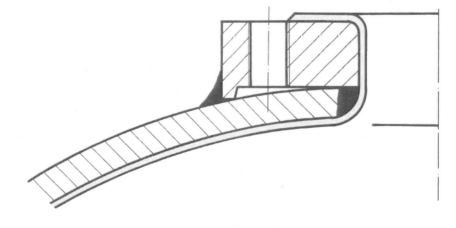

Schweißnähte sind zu ver-schleifen, um glatte Be-schichtungsflächen zu schaffen.

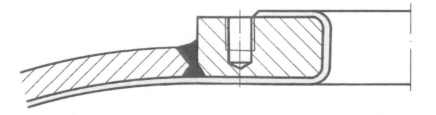

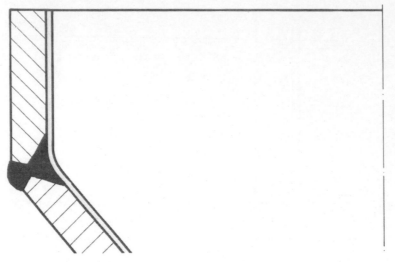

Ausführung einer **Schweiß-verbindung an einer Konuskonstruktion.**

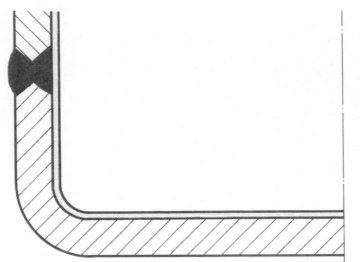

Schweißverbindung eines Bodens mit einem zylindrischen Mantel.

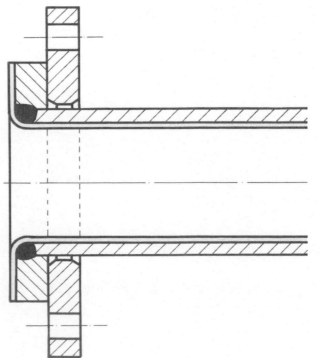

Konstruktive Auslegung eines **Rohres mit Losflansch und Bund.**

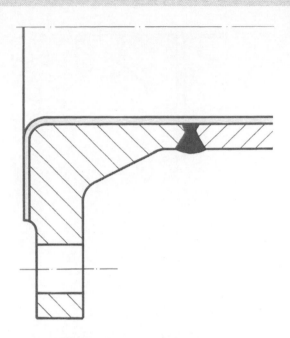

Vorschweißflansch mit Beschichtung.

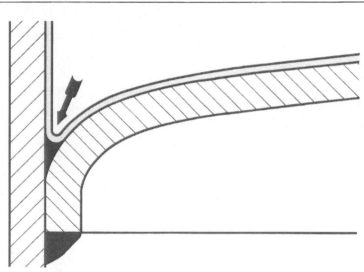

Eingeschweißter gewölbter Boden in einen zylindrischen Mantel. Vollkommen ungeeignete Konstruktion, da spitzwinklige, rundum laufende Beschichtungszone (s. Pfeil).

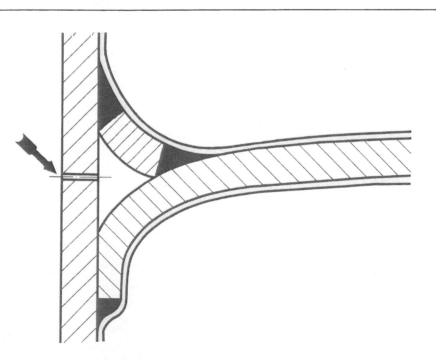

Konstruktive Durchbildung eines **Zwischenbodens,** der beidseitig beschichtet wird. Entlüftungslöcher im Außenmantel nötig (s. Pfeil).

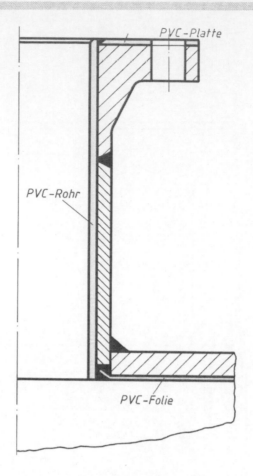

Beim Kunststoffbeschichten von **Rohrstutzen** ist zweckmäßigerweise passendes PVC-Rohr und damit zu verschweißende PVC-Platte bzw. PVC-Folie zu verwenden.

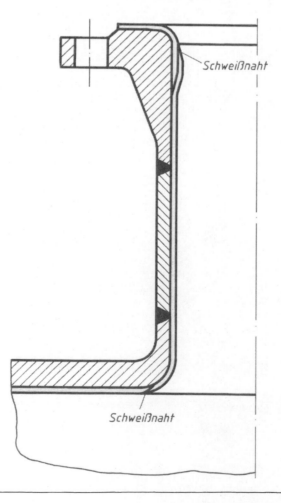

Anstelle von PVC-Rohr zum **Auskleiden von Rohren** kann auch PVC-Hartfolie Verwendung finden. Die konstruktive Durchbildung der Schweißnähte zeigt die Darstellung.

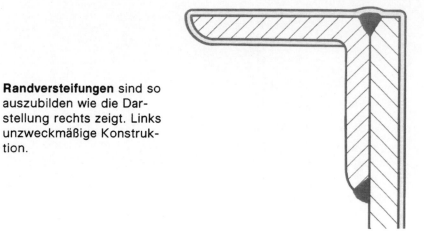
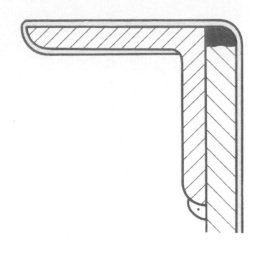

Randversteifungen sind so auszubilden wie die Darstellung rechts zeigt. Links unzweckmäßige Konstruktion.

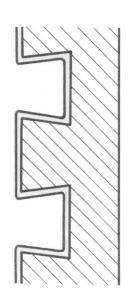
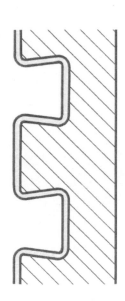

Profilierungen sind nicht scharfkantig auszuführen. Nur bei abgerundeten Ecken und Kanten ist eine sichere Schutzschicht gewährleistet (rechts).

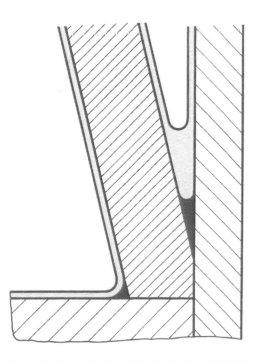
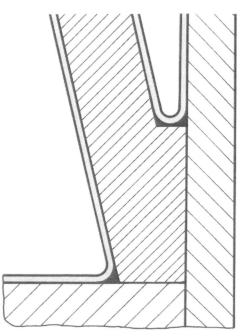

Knotenpunkte sind so durchzubilden, daß sich keine spitzen Ausläufe ergeben. Rechts konstruktiv richtige Durchbildung.

BESCHICHTEN gummieren · kunststoffbeschichten u. ä.

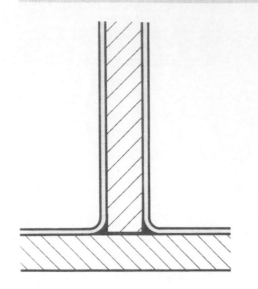 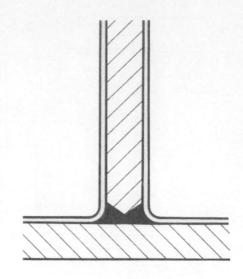

T-Verbindungen sind mit starken Radien ausrundend zu versehen wie die Darstellung rechts zeigt.

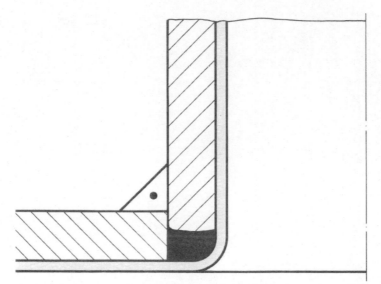

Konstruktive Durchbildung eines **eingesteckten Stutzens in einen Mantel** mit außen durchbrochener Schweißnaht.

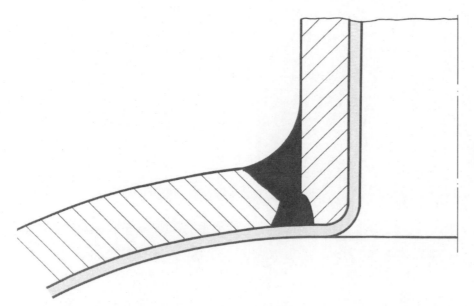

Eingeschweißter Stutzen in einen Mantel.

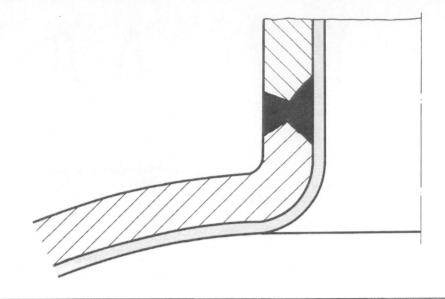

Ausgehalster Stutzen.

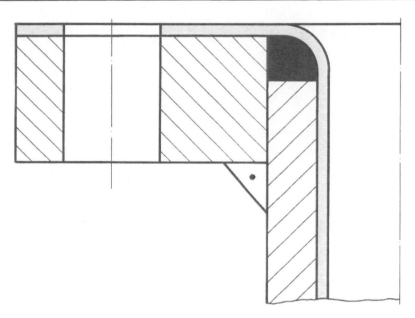

Anschweißflansch. Innen mit überschliffener Schweißnaht. Außen unterbrochene Schweißnaht, um Lufteinschlüsse zu vermeiden.

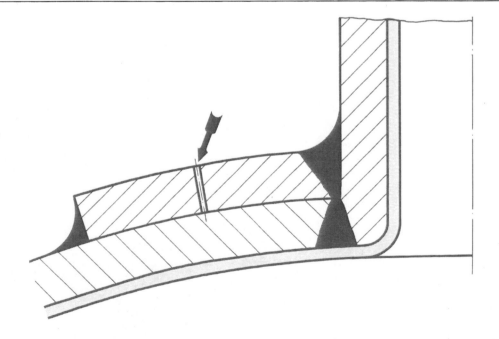

Eingeschweißter Stutzen mit Verstärkungsblech. Innere Schweißnaht überschleifen. Verstärkungsblech zur Vermeidung von Lufteinschlüssen mit Entlüftungsbohrungen versehen (s. Pfeil).

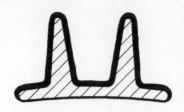
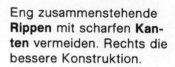

Scharfkantige **Ecken, Guß-
nähte u. ä.** sind zu vermeiden. Anzustreben sind
glattflächige, abgerundete
Konturen (Darstellung
rechts).

Eng zusammenstehende
Rippen mit scharfen **Kanten** vermeiden. Rechts die
bessere Konstruktion.

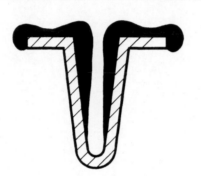
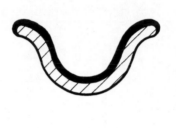

Tiefe **Rinnen** erhöhen die
Beschichtungszeit und da-
mit die Kosten. Rechts
zweckmäßige Konstruk-
tion.

Bei spitzwinkligen **Vertiefungen** ist keine zufrieden-
stellende Beschichtung erreichbar. Anzustreben sind
starke Ausrundungen der
Vertiefungen.

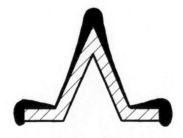
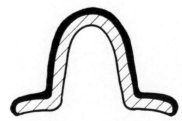

**Keine scharfkantigen
Übergänge** (links) vorsehen. Alle Übergänge stark
aus- und abrunden
(rechts).

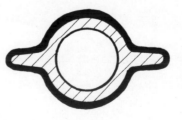

Spitzen ergeben uner-
wünschte Ablagerungen,
während gleichzeitig die
darunterliegenden Flanken
zu dünn beschichtet wer-
den. Auch hier gilt: die
Konstruktion stark ausrunden.

Gewölbte Flächen eignen sich besonders gut zum Beschichten. Jedoch nur dann, wenn sie stark abgerundete **Ecken** aufweisen (rechts).

Ebene Flächen sind nicht so günstig zu beschichten wie **konvexgewölbte** Flächen wie die Darstellung rechts zeigt.

Ebene Flächen mit scharfen Kanten sind zu vermeiden. Anzustreben sind für die Beschichtungsseite leichte **Konvexflächen** mit stark gerundeten **Ecken**.

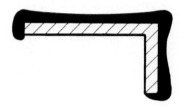 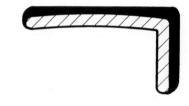

An zusammenlaufenden **T-förmigen Konstruktionsteilen** sind die Ecken nicht nur stark auszurunden, sondern möglichst auch gewölbte oder zumindest geneigte Grundflächen vorzusehen.

 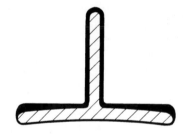

Schlitze und Gitter sollen stark abgerundete Außenkonturen haben. Zusätzlich empfiehlt sich eine einseitige, besser allseitige Konvexausführung (Darstellung rechts).

Scharfkantige enge **Sacklöcher** sind schwierig zu beschichten. Empfehlenswert sind auszurundende Sacklöcher wie die Darstellung rechts zeigt.

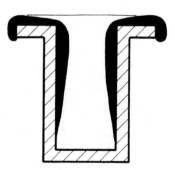 

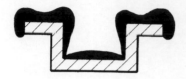

Vertiefungen sind nicht scharfkantig auszuführen, sondern stark auszurunden und die Grundfläche möglichst durchzuwölben.

Vertiefungen möglichst nicht rechtwinklig und scharfkantig ausführen, sondern in fließenden abgerundeten Formen.

emaillieren

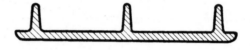

Beim Emaillieren gelten sinngemäß die gleichen vorstehend aufgeführten Regeln. Zusätzlich sind bei **großflächigem Gußeisen,** das emailliert werden soll, Versteifungen konstruktiv vorzusehen, um ein Verziehen zu verhindern. Links unzweckmäßige Konstruktion von größeren Gußeisenflächen. Rechts konstruktiv richtige Durchbildung.

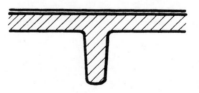

Versteifungen mit viel Materialvolumen (links) führen bei zu emaillierenden Teilen infolge Wärmeaustausch zu Blasen und Haarrissen. Rechts die auch aus gießtechnischen Gründen bessere Lösung.

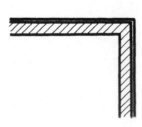
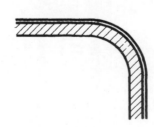

Zu emaillierende Teile dürfen keine scharfen **Ecken** aufweisen. Anzustreben sind starke Ausrundungen (rechts).

Bücher von Vieweg

Funktionelle Schichten

Herausgegeben von Erasmus Bode

*1989. 377 Seiten mit 371 Abbildungen.
Kartoniert. DM 118,–
ISBN 3-528-04981-2*

Dieses Buch wendet sich an Konstrukteure, Fertigungsplaner, Anwender, Oberflächentechniker und Qualitätsprüfer mit dem Ziel, interdisziplinäres Wissen zum Thema „Oberflächen" zu vermitteln. Denn die Oberfläche eines Produktes hat die unterschiedlichsten funktionellen Aufgaben zu erfüllen, macht oft sogar den Wert des Produktes aus. Diese vielfältigen Aufgaben, z.B. Korrosionsschutz, Oxidationsschutz, Verschleißschutz, Verbessern der Gleiteigenschaften u. v. a. m. sind von vornherein zu berücksichtigen, um funktionsgerechte und wettbewerbsfähige Produkte entwickeln zu können. Schließlich werden heute Bauteile aus Gewichts- oder Kostengründen mit immer weniger Reserven dimensioniert, Werkstoffe bis an die Grenzen ihrer Eigenschaften belastet oder Anforderungen an einen Werkstoff gestellt, die er letztlich nicht erfüllen kann.

Hier möglichst grundlegend Klarheit zu schaffen, hat sich der Autor in seinem Buch vorgenommen. Dazu liefert er anwendungsbezogene, vereinheitlichte und vor allem vergleichbare Darstellungen. Auf diese Weise macht er Zusammenhänge und Wechselwirkungen deutlich, stellt Beschichtungsverfahren im erforderlichen Ausmaß vor und bietet damit insgesamt Entscheidungshilfen für mögliche Problemlösungen.

Verlag Vieweg · Postfach 1546 · 65005 Wiesbaden

Der Korrosionsschutz beginnt am Zeichenbrett. Durch geeignete konstruktive und fertigungstechnische Maßnahmen lassen sich viele Korrosionsschäden vermeiden oder vermindern.

Die korrosionsschutzgerechte Konstruktion kann oftmals höhere Kosten verursachen als die fertigungstechnisch einfachere Lösung. Jedoch ist zu berücksichtigen, daß Korrosionsschäden hohe

	Korrosionsart	Erscheingungsform	Mechanismus
1.	Atmosphärische Korrosion	Bei unlegierten u. niedriglegierten Stählen: narbenförmig aufgerauhte Fläche. Bei chemisch beständigen Stählen: Deckschichtbildung und geringe Korrosion.	Umgebende Atmosphäre löst durch Feuchtigkeit (wäßriger Film oder Adsorptionsschicht) und Verunreinigungen Korrosion aus. Lutfsauerstoff als Oxidationsmittel ist Voraussetung dafür.
2.	Flächenkorrosion, Muldenkorrosion	Bei gleichmäßiger Flächenkorrosion erfolgt auf gesamter Oberfläche nahezu gleichmäßiger Korrosionsabtrag. Bei Muldenkorrosion ist der Abtrag örtlich verschieden, und es entstehen flache Mulden.	Je nach Elektrolytlösung ist im allgemeinen die Reduktion des gelösten Sauerstoffs oder die Reduktion der Wasserstoffionen die entscheidende kathodische Teilreaktion. Bei der Muldenkorrosion ist der ungleichmäßige Abtrag auf werkstoff- bzw. mediumseitig örtlich unterschiedliche Korrosionsbedingungen zurückzuführen.
3.	Lochkorrosion	Es treten grübchen- oder nadelstichartige Vertiefungen auf, die meist scharf begrenzt sind. Der Querschnitt von Wänden wird gemindert und kann bis zur Durchlöcherung führen. Möglich sind auch Übergangsformen zwischen Mulden- und Lochkorrosion.	Allgemein entsteht Lochkorrosion durch Ausbildung von Korrosionselementen an der Werkstoffoberfläche. Unlegierte und niedriglegierte Stähle: häufigste Ursache für Lochkorrosion ist die Ausbildung von Belüftungselementen. Werkstoffe mit Passivschicht (meist Oxidschicht): Lochfraß entsteht durch spezifisch schadenserzeugende Ionen. Ferner kann Lochkorrosion an örtlichen Fehlstellen von Schutzschichten auftreten.
4.	Spaltkorrosion	Örtlich verstärkter Abtrag in Spalten, wobei die gesamte Stahloberfläche und häufig bevorzugt der Spaltgrund korrodieren. Bei fortschreitender Korrosion werden die Spalte aufgeweitet und gegebenenfalls bis zum Durchbruch vertieft. Der Übergang von verstärktem Abtrag in Spalten zum Lochfraß ist fließend. Bei nichtrostenden Stählen tritt Spaltkorrosion meist bei Spalten mit Nichtleitern (z.B. nichtmetallische Dichtungen, organische Isolierstoffe) auf.	Spaltkorrosion ist auf die Ausbildung von Korrosionselemten zwischen Spalten und Werkstoffoberfläche zurückzuführen. Die Mechanismen sind denen der Lochkorrosion verwandt. Nichtrostende Stähle sind durch Spaltkorrosion mehr gefährdet als durch Lochkorrosion.
5.	Korrosion unter Ablagerungen (Berührungskorrosion)	Korrosion unter Ablagerungen tritt bei Berührung der Metalloberfläche mit Fremdkörpern auf. Die Korrosionsart kann Spaltkorrosion (Berührung mit einem elektrisch nichtleitenden Festkörper) oder Kontaktkorrosion (Berührung mit einem elektronenleitenden Festkörper) sein.	Berührungskorrosion beruht darauf, daß das vom Elektrolyten benetzte Metall mit einem Fremdkörper Kontakt hat. Sie kann nach dem Mechanismus der Spaltkorrosion ablaufen, wenn der berührende Festkörper elektrisch nichtleitend ist. Bei Berührung mit einem Elektronenleiter können Kontakt und außerdem Spaltkorrosion auftreten. Bei unterschiedlicher Belüftung können sich Belüftungselemte bilden.
6.	Kontaktkorrosion (Galvanische Korrosion)	Kontaktkorrosion tritt häufig in Form von grabenförmigen Abtragungen neben der Kontaktstelle auf. Vor allem bei der Paarung artverschiedener Metalle oder wenn ein großes Flächenverhältnis von Kathode zu Anode vorliegt. Ebenfalls möglich sind Lochfraß und selektiver Angriff.	Kontaktkorrosion ist auf das Ausbilden eines Korrosionselementes bestehend aus einer Paarung Metall/Metall oder Metall/elektronenleitender Festkörper mit unterschiedlichen freien Korrosionspotentialen zurückzuführen. Dabei ist der beschleunigt korrodierende metallische Bereich die Anode des Korrosionselementes.

Folgekosten durch Reparatur und eingeschränkte Verfügbarkeit nach sich ziehen können.
Da nicht jede Konstruktionsvariante behandelt werden kann, sind aus den angegebenen Beispielen individuell für jede Konstruktion günstige Gestaltungselemente abzuleiten. Dabei sind vor allem die örtlichen Beanspruchungen der Konstruktion zu berücksichtigen.

Einflußgrößen	Maßnahmen	Korrosionsart	
Werkstoff, Witterung, Zusammensetung der Atmosphäre, Mikroklima (Schadstoffanreicherung), Art des Witterungsschutzes	Metallische oder organische Beschichtung vorsehen. Lage von Bauteilen so wählen, daß Witterungseinfluß möglichst gering ist.	Atmosphärische Korrosion	1.
Die Korrosiongeschwindigkeit ist abhängig vom Korrosionsmechanismus, Werkstoff, der Belüftung, Temperatur und Strömungsgeschwindigkeit des Korrosionsmediums. Wasserstoffkorrosionstyp: in der Regel nimmt die Korrosionsrate mit sinkendem ph-Wert zu. Sauerstoffkorrosionstyp: Korrosion steigt mit zunehmendem Sauerstoffgehalt.	Korrosionsbeständigen Werkstoff wählen, größere Werkstückdicke vorsehen (Korrosionszuschlag), Aufbringen von Schutzschichten (Gefahr von Lochkorrosion bei Schäden in der Schutzschicht beachten). Beseitigung des Sauerstoffs im Elektrolyten durch Temperaturerhöhung bzw. Zusatz geeigneter Chemikalien.	Flächenkorrosion, Muldenkorrosion	2.
Lochkorrosion durch Belüftungselemente wird durch inhomogene Oberflächenzustände (z.B. anhaftender Zunder, teilweise mit Öl bedeckte Stahloberflächen) gefördert. Lochkorrosion an passiven Werkstoffen tritt nur auf, wenn ein kritisches Lochfraßpotential überschritten wird. Je positiver das Lochfraßpotential ist, desto beständiger ist der Werkstoff. Die Lage des Potentials vom Korrrosionsmedium hängt vor allem von der Konzentration an lochfraßerzeugenden Ionen ab. Durch zunehmende Konzentration (z.B. an Chlorid-Ionen) wird das Lochfraßpotential zu negativeren Potentialen verschoben. Zunehmende Strömungsgeschwindigkeit vermindert Lochkorrosion. Bei nichtrostenden Stählen steigt die Beständigkeit mit zunehmendem Gehalt an Chrom und Molybdän.	Bauteile wie Gefäße und Rohrleitungenn (vor allem aus nichtrostenden Stählen), sind so zu gestalten, daß medienberührte Flächen gebeizt werden können, um Oxidfilme und Zunderschichten zu entfernen. Zu vermeiden sind Toträume sowie fehlerhafte Schweißungen (nicht durchgeschweißte Wurzeln, Einbrandkerben, mangelnde Schutzgasführung). Bei nichtrostenden Stählen bietet Molybdän als Legierungselement Schutz vor Lochfraß. Bei unlegierten und niedriglegiertenStählen kann Lochkorrosion durch Belüftungselemente durch Sauerstoffentzug aus dem Korrosionsmedium vermieden werden. Ferner verhindern hohe Strömungsgeschwindigkeit und passiver Korrosionsschutz Lochfraß	Lochkorrosion	3.
Spaltbreite und -tiefe sowie deren Verhältnis zueinander haben wesentlichen Einfluß auf die Spaltkorrosion.	Spalte sind zu vermeiden oder ausreichend zu erweitern, um die Belüftungs- und Konzentrationselemente zu unterbinden. 1mm Spaltbreite ist in der Regel ausreichend. Allgemein sollte die Spaltbreite mit zunehmender Spalttiefe vergrößert werden, Wurzelfehler an Schweißnähten sind zu vermeiden.	Spaltkorrosion	4.
siehe Lochkorrosion Spaltkorrosion Kontaktkorrosion	siehe Lochkorrosion Spaltkorrosion Kontaktkorrosion	Korrosion unter Ablagerungen (Berührungskorrosion)	5.
Die Geschwindigkeit der Metallauflösung hängt wesentlich vom Flächenverhältnis zwischen edlerem Werkstoff (Kathode) und unedlerem Werkstoff (Anode) ab. Ferner vom Elektrolytwiderstand, der Differenz der Ruhepotentiale, der Polarisationswiderstände der Elektroden sowie der geometrischen Anordnung der Kontaktpartner.	Wenn möglich, Paarungen artverschiedener Metalle vermeiden. Ansonsten ausreichende elektrische Isolierung zwischen den Metallen vornehmen. Beim Verschweißen artverschiedener Metalle ist darauf zu achten, daß einer großen Anode eine möglichst kleine Kathode (z.B. Schweißnaht in einer Behälterwand) gegenübersteht.	Kontaktkorrosion (Galvanische Korrosion)	6.

Korrosionsart	Erscheingungsform	Mechanismus
7. Selektive Korrosion	Korrosionsart, bei der bestimmte Gefügebestandteile, korngrenzennahe Bereiche oder einzelne Legierungselemente bevorzugt korrodieren. Häufige Arten sind Interkristalline Korrosion: Selektive Korrosion, bei der die korngrenzennahen Bereiche bevorzugt korrodieren. Transkristalline Korrosion: Selektive Korrosion, die annähernd parallel zur Verformungsrichtung durch das Innere der Körner verläuft.	Voraussetzung für selektive Korrosion ist gegeben, wenn bestimmte Gefügebestandteile, korngrenzennahe Bereiche oder Legierungsbestandteile eines Werkstoffes in einem korrosioven Medium weniger korrosionsbeständig sind, als die Matrix.
8. Verzunderung Hochtemperaturkorrosion	Korrosion von Metallen in Gasen bei hohen Temperaturen. Es entstehen überwiegend gasdichte Deckschichten, die Werkstoff und Angriffsmittel trennen. Vorwiegend gleichmäßige Flächenkorrosion unter Bildung fester Korrosionsprodukte. Gelegentlich auch lokale Auswüchse (Pusteln) als Folge örtlich zerstörter Schutzschichten. Korrosionsprodukte sind Oxide, Sulfide oder auch Nitride oder Gemische dieser Verbindungen. Innere Korrosion: Hierbei werden Korrosionsprodukte bestimmter Legierungsbestandteile in der Matrix, als Folge der Eindiffusion eines korrosiven Bestandteils des Mediums in den Werkstoff, gebildet.	Vorzugsweise bei Temperaturen > ca. 600 °C kommt es bei Anwesenheit fester oder flüssiger Verschmutzungen auf der Werkstoffoberfläche zu Reaktionen zwischen der im Gas gebildeten Deckschicht und den Verunreinigungen, wodurch weniger schützende feste oder sogar flüssige Verbindungen entstehen. Innere Korrosion: Hierbei werden Komponenten (z.B. Sauerstoff, Schwefel, Stickstoff) des Angriffsmediums von der Metallphase gelöst. Sie diffundieren in das Werkstoffinnere und reagieren dort mit besonders affinen Legierungskomponmenten unter Ausscheidung feiner Partikel in der Legierungsrandzone.
9. Spannungsrißkorrosion	Rißbildung mit inter- oder transkristallinem Verlauf in Metallen unter Einwirken bestimmter Korrosionsmittel bei rein statischen oder überlagerten niederfrequenten schwellenden Zugbeanspruchungen. Kennzeichnend ist eine verformungsarme Werkstofftrennung oft ohne, daß sichtbare Korrosionsprodukte entstehen. Zugspannungen können auch als Eigenspannungen im Werkstück vorliegen. Der Korrosionsbeginn entzieht sich häufig jeglicher Kontrolle. Von allen örtlichen Korrosionsarten ist sie die gefürchteste, da sie verhältnismäßig schnell zur Werkstoffzerstörung führt. Zu unterscheiden sind die anodische (z.B. interkristalline Korrosion bei sinsibilisierten CrNi-Stählen) und die kathodische (wasserstoffinduzierte) Spannungsrißkorrosion, zu der auch häufig die Wasserstoffversprödung gezählt wird.	Spannungsrißkorrosion in Elektrolytlösungen tritt auf, wenn kritische Grenzbedingungen hinsichtlich des Korrosionssystems (Korrosionsmedium und Werkstoff) vorliegen: A. Zugspannungen (Eigenspannungen und/oder Lastspannungen) B. kritische Dehngeschwindigkeit bei sogenannten nichtklassischen (dynamischen) Systemen der Spannungsrißkorrosion (z.B. unlegierter Stahl/Nitratelektrolyt) C. empfindlicher Werkstoff hinsichtlich A u. B D. spezifisch angreifendes Korrosionsmittel E. Vorhandensein eines kritischen Potentialbereiches. Die Rißfortpflanzung wird abwechselnd durch mechanische und elektrolytische Einflüsse bewirkt.
10. Wasserstoffkorrosion	Wasserstoffversprödung macht sich durch Abnahme der Zähigkeitseigenschaften bemerkbar (z.B. im Zugversuch Abnahme der Brucheinschnürung). Es zeigt sich meist ein transkristallines Bruchbild ohne makroskopisch sichtbare Verformung.	Wasserstoffkorrosion ist ein chemisch-metallkundlicher Vorgang, bei dem atomarer Wasserstoff bei Temperaturen < ca. 200 °C unlegierte und hochlegierte Stähle versprödet, wobei der Wasserstoff sowohl aus der Gasphase als auch aus einer Kathodenreaktion geliefert werden kann (siehe auch Spannungsrißkrrosion). Wasserstoffversprödung entsteht dadurch, daß Wasserstoff bei Anlegen von Zugspannungen in den plastisch verformten Bereich vor einer Rißspitze diffundiert, da dieser mehr Wasserstoff aufnehmen kann als das nicht verspannte Gitter. Ursache für das Verspöden sind Rekombination, Druckaufbau sowie Verringerung der Gitterkohäsion. Das Verspröden hängt sehr von der Beanspruchungsgeschwindigkeit ab. Die Wasserstoffversprödung zeigt sich nur bei langsamen Verformungsvorgängen (z.B. nicht beim Kerbschlagbiegeversuch).

Einflußgrößen	Maßnahmen	Korrosionsart	
Chemische Zusammensetzung des korrosiven Mittels, Zusammensetzung, Größe und Verteilung der korrosionsanfälligen Gefügebestandteile oder Werkstoffbereiche. Für interkristalline Korrosion von nichtrostenden Cr- und CrNi-Stählen sind die Massengehalte an Kohlenstoff sowie an Stabilisierungselementen Niob/Tantal und Titan maßgebend. Bei bestimmten Wärmebehandlungen und Fertigungsschritten tritt auch bei Nickel-, Kupfer-, Zink- sowie Zinnlegierungen interkristalline Korrosion auf.	Für die Bauteile sind geeignete Werkstoffe zu wählen und zu verarbeiten. Wärmebehandlungen (auch Löten, Schweißen, Umformen) sind auf den Werkstoff abzustimmen, um Korngrenzenausscheidungen zu vermeiden.	Selektive Korrosion	7.
Neben Temperatur, Gas- und Legierungszusammensetzung ist besonders die Oberflächenverschmutzung maßgebend. Durch Kaltverformungen können besonders bei Legierungen leichter schützende Deckschichten gebildet werden. Das Bilden von Ablagerungen aus Luft- und Brennstoffverunreinigungen kann bei Temperaturen > 600 °C die Wärmebeständigkeit hitzebeständiger Werkstoffe um mehrere hundert Grad senken.	Bei Inbetriebnahme sollten Oberflächen frei von Verunreinigungen sein. Tote Ecken sind zu vermeiden, denn Ablagerungen von Kohle- und Ölaschen sind bei hohen Temperaturen besonders aggressiv. Schwefelhaltige Brennstoffe sollten vollständig mit Luftüberschuß ausgebrannt sein, bevor sie mit Metall in Berührung kommen, um Sulfidbildung zu vermeiden. Brenner sind mit genügend großem Abstand von einer Wand oder Wärmetauscherfläche anzuordnen.	Verzunderung Hochtemperaturkorrosion	8.
Allgemein steigt die Empfindlichkeit eines Werkstoffes gegenüber Spannungsrißkorrosion mit zunehmender Werkstoff-Festigkeit und -Härte. Mit wachsender Zugspannung (auch Eigenspannung) wächst die Geschwindigkeit des Rißfortschrittes. Transkristalline Spannungsrißkorrosion wird vor allem bei austenitischen CrNi-Stählen in schwach sauren, chloridhaltigen Lösungen beobachtet. Die Anfälligkeit ist um so größer, je höher Chloridkonzentration und Temperatur sind. Oxydationsmittel begünstigen die Korrosion. Interkristalline Spannungsrißkorrosion tritt vor allem bei unlegierten und niedrig legierten Stählen in Laugen und Nitratlösungen auf. Ebenso kaltaushärtende Legierungen des Aluminiums mit Cu, Zn und Mg, zum Teil auch gleichzeitig mit Kornzerfall. Messing ist besonders anfällig in ammoniakalischen Lösungen.	Zugspannungen sind niedrig zu halten. Zugeigenspannungen durch Spannungsarmglühen abbauen. Spannungskonzentrationen (z.B. Überlagern von Querschnittswechsel und Schweißnaht) vermeiden. Durch gezieltes Kugeldruckstrahlen, Rollen etc. lassen sich Druckeigenspannungen in die Oberfläche einbringen, die die statische Spannung erhöhen. Legierungsmaßnahmen (z.B. Ni > 32 % in austenitischen Stählen oder Einsatz von CuNi-Legierungen anstelle von CuZn-Legierungen) verbessern die Korrosionsbeständigkeit.	Spannungsrißkorrosion	9.
Der Wasserstoffeintritt hängt sehr von der Wirkung logenannter Promotoren ab. Diese erhöhen den Bedeckungsgrad für atomaren Wasserstoff. Hierzu zählen Verbindungen der Elemente P, As, Sb, Bi, S, Se und Te (Hydridbilder). Wasserstoffverspödung ist temperaturabhängig und ist bei Raumtemperatur maximal. Oberhalb von ca. 200 °C wird Versprödung nicht mehr beobachtet. Legierungselemente haben nur indirekten Einfluß auf die Wasserstoffversprödung.	siehe Spannungsrißkorrosion	Wasserstoffkorrosion	10.

Korrosionsart	Erscheingungsform	Mechanismus
11. Schwingungsriß-korrosion (Korrosions-ermüdung)	Verformungsarme, meist transkristalline Riß-bildung in Metallen bei gleichzeitigem Einwirken von mechanischer Wechselbeanspruchung und Korrosion. Ist die Oberfläche im aktiven Zustand, treten zahlreiche Risse auf, so daß die Bruchfläche in der Regel zerklüftet ist. Im passiven Zustand entsteht im allgemeinen ein einzelner Angriff, der zum Bruch führt (glatte Bruchfläche).	Schwingungsrißkorrosion entsteht durch die Wechselwirkung der im Verlauf der mechanischen Beanspruchung auftretenden Gleitbänder mit dem Elektrolyten. Da die Auflösungsgeschwindigkeit in abgleitenden Oberflächenbezirken wesentlich höher ist als in nicht gleitenden, an den entstehenden Mikrokerben verstärkt weiter Gleitbewegungen erfolgen und dort verstärkt Korrosion auftritt, führt dies zur Rißbildung.
12. Erosionskorrosion	Die Erosionskorrosion zeigt sich durch furchen-artige, glatte Vertiefungen in Strömungsrich-tung. Sie können auch hufeisenförmig sein oder sich verbreitern und eine Dreiecksform anneh-men.	Zusammenwirken von mechanischer Ober-flächenabtragung (Erosion) und Korrosion, was zu einem Materialabtrag in strömenden Flüssigkeiten führt. Wandschubspannungen zerstören Deck- oder Passivschichten.
13. Kavitationskorrosion	Die Kavitationskorrosion zeigt sich durch ört-liche plastische Verformungen, lochkorrosions-artige Vertiefungen oder sogar Ermüdungs-risse. Im weiteren Verlauf der Korrosion ver-stärken und überlagern sich diese Erscheinun-gen. Im Frühstadium ist kein beanspruchungs-typisches Schadensbild erkennbar.	Die lokale Zerstörung von Metalloberflächen erfolgt in schnell strömenden Flüssigkeiten und an Festkörperoberflächen, die in Flüssigkeiten schwingen. Es entstehen Gas- und/oder Dampf-blasen, wo der Druck in der Flüssigkeit ernie-drigt wird. Diese Blasen brechen bei Wiederan-stieg des Druckes sehr schnell zusammen (Implosion), und ein Flüssigkeitsstrahl trifft durch die Blase hindurch auf die Werkstück-oberfläche. Es sind zwei mechanische Bean-spruchungsarten möglich: A. Ermüdungsbeanspruchung durch Druck-wellen in der Flüssigkeit durch symmetrisch zusammenbrechende Blasen. B. Schlagartiges Beanspruchen durch Flüssigkeitsstrahlen.
14. Reibkorrosion	Reibkorrosion führt zu starker Riefenbildung und "Passungsrost", wobei Abrieb durch Ver-schleiß und Korrosionsprodukte zum "Fest-fressen" der Werkstückpaarung führen. Reibdauerbrüche können die Folge sein. Bei Reibschwingungen unter 10 μm Amplitude tritt kein nennenswerter Abtrag auf.	Infolge Relativbewegung zweier Oberflächen zueinander entsteht zunächst Adhäsionsver-schleiß. Werkstoffpartikel werden abgetrennt und reagieren mit dem umgebenden Medium. Die Partikel erhöhen den Verschleiß und den Ab-rieb. Dieser Vorgang kann sich aufschaukeln.
15. Stillstandkorrosion	Korrosion, die nur während des betrieblichen Stillstandes einer Anlage abläuft und keine typische Erscheinungsform aufweist. Sie kann in Form von gleichmäßiger Flächenkorrosion, Lochfraß, selektiver Korrosion oder Spannungs-rißkorrosion auftreten.	Stillstandkorrosion tritt häufig durch wäßrige Medien auf, die beim Abstellen einer Anlage zu-rückbleiben oder sich durch das Abstellen bil-den. Die Korrosivität kann während des Still-standes durch Aufkonzentrieren, Gasaufnahme usw. mit der Dauer zunehmen.
16. Tropfenschlag	Schäden, die durch Tropfen hervorgerufen wer-den. Es können Werkstoffpartikel aus der Ober-fläche herausgeschlagen, Oberflächenbereiche plastisch verformt werden und Risse entstehen. Die Erscheinungsform kann im Anfangsstadium der der Kavitationskorrosion ähneln.	Die aufprallenden Tropfen beanspruchen die Oberfläche mechanisch schlagartig und setzen sie wechselnder Beanspruchung aus. Durch Korrosion wird der Schadensablauf beschleu-nigt.
17. Säurekondensat-korrosion (Taupunktkorrosion)	Bei unterschreiten des Taupunktes kann Was-ser oder Säure (z.B. aus Verbrennungsgasen) auf Metalloberflächen kondensieren und zu ört-lichen oder flächenhaften Schäden führen. Kondensiert Säure: Säurekondensatkorrosion. Kondensiert Wasser: Kondenswasserkorrosion.	Es herrschen Flächen- und Muldenkorrosion. Die Kondenswasserkorrosion funktioniert nach dem Sauerstoffkorrosionstyp und die Säure-kondensatkorrosion nach dem Wasserstofftyp. In schwefelhaltigen Verbrennungsgasen kon-densiert zuerst konzentrierte Schwefelsäure, unterhalb des Wassertaupunktes Wasserkon-densation stark verdünnt wird.

Einflußgrößen	Maßnahmen	Korrosionsart
Je größer die zu erreichende Lastspielzahl eines Bauteils ist, und je höher die Korrosionsbeanspruchungen sind, desto niedriger müssen die Spannungsamplituden sein. Niedrige Lastspielfrequenzen können besonders schädigend sein. Ferner haben Einfluß, die Beamspruchungsart, Bauteilgestalt, Fertigung, Zugeigenspannung (z.B. nach dem Schweißen verminderte Korrosionsschwingfestigkeit) sowie schwach aggressive Kondensate von Dämpfen und Gasen.	A. Begrenzen und Vermindern der Spannungsamplitude; Spannungskonzentrationen sind zu vermeiden (Schweißnähte nicht in Querschnittsübergang legen) B. Trennen von Korrosionsmedium und Metalloberfläche (z.B. Abdichten, organische Beschichtung) C. Kathodischer Schutz D. Bessere Werkstoffauswahl E. Vermindern der Aggressivität des Mediums (z.B. durch Zugabe von Inhibitoren)	Schwingungsrißkorrosion (Korrosionsermüdung) 11.
Verstärkter Materialabtrag erfolgt oberhalb einer kritischen Strömungsgeschwindigkeit, die vom Werkstoff (maßgebend) und vom Medium abhängt. Durch Mehrphasenströmungen (Feststoffe oder Gasblasen in Flüssigkeiten) kann Erosionskorrosion erheblich verstärkt werden.	A. Beständigeren Werkstoff auswählen. B. Strömungsgeschwindigkeit vermindern durch z.B. größeren Strömungsquerschmitt. C. Gestörte Strömungen vermeiden; Einlaufstrecken u. -kanten günstig gestalten. D. Oberflächenschutz durch Beschichtungen.	Erosionskorrosion 12.
Ablauf, Umfang und Erscheinungsbild sind abhängig vom: Feingestalt und Gefügeaufbau der Werkstückoberfläche; Festigkeit, Härte, Zähigkeit, Korrosionsbeständigkeit und -zeitfestigkeit; Spannungszustand in der beanspruchten Oberflächenzone; Amplitude und Frequenz der schwingenden Wand; Viskosität, Temperatur, Korrosivität, Gasgehalt und Dampfdruck der Flüssigkeit; Höhe der verschiedenen örtlichen Strömungsgeschwindigkeiten; Höhe des Drucks bzw. der Druckschwankungen im System Festkörper/Flüssigkeit. Die Verknüpfungen dieser Einflußfaktoren sind sehr vielgestaltig und in ihrer Wirkung oftmals nicht vorherzusehen.	Strömungskanäle sind günstig zu gestalten, Verringern von Amplitude und Frequenz schwingender Werkstoffoberflächen, Verwenden von Werkstoffen hoher Härte und ausreichender Duktilität, homogenem Gefüge sowie glatter Oberfläche. Ferner Aufbringen von Überzügen (z.B. Chrom).	Kavitationskorrosion 13.
Reibkorrosion ist abhängig von der Werkstoffpaarung, Wärmebehandlung, Oberflächenbeschaffenheit, dem Korrosionsmedium, der mechanischen Oberflächenbeanspruchung, Art und Menge des Schmierstoffes sowie von der Betriebstemperatur.	Reibkräfte so weit wie möglich vermindern. Gleitbewegungen durch Erhöhen der Normalkraft oder durch konstruktive Maßnahmen verkleinern oder unterbinden. Einlagern weicher Zwischenlagen zwischen zwei harte Flächen. Kraftschlüssige Verbindungen durch Schweiß-, Löt- oder Klebeverbindungen ersetzen. Bauteilgruppen evtl. durch ein Bauteil ersetzen.	Reibkorrosion 14.
siehe Flächenkorrosion Lochkorrosion Selektive Korrosion Spannungsrißkorrosion	Maschinen und Anlagen möglichst so gestalten, daß flüssigkeitsführende Baugruppen vollständig entleert werden können. Flüssigkeitsberührende Bauteile so gestalten, daß sie bei Stillstand gut abtrocknen. Nicht vollständig entleerbare Behälter und Bauteile durch Beschichtungen schützen. Bei längerer Stillegung von geschlossenen Räumen und Systemen der Korrosion durch z.B. Austrocknen, Inertisieren oder Inhibieren entgegen wirken.	Stillstandkorrosion 15.
siehe Kavitationskorrosion	Maßnahmen, die auch gegen Erosions- und Kavitationskorrosion wirksam sind sowie Abschirmen gefährdeter Teile druch Prallbleche, an denen Schäden in Kauf genommen werden können.	Tropfenschlag 16.
Taupunktunterschreitungen können in Verbrennungsgase führenden Anlagen während des Betriebes an gut wärmeabführenden (schlecht isolierten) Stellen oder beim An- und Abfahren auftreten.	Die sicherste Maßnahme ist, alle Bauteile mit metallischen Oberflächen durch Wärmeisolation oder Beheizen oberhalb des Taupunktes zu halten. Zu beachten ist, daß in schwefelhaltigen Verbrennungsgasen der Säuretaupunkt bei wesentlich höheren Temperaturen liegen kann als der Wassertaupunkt.	Säurekondensatkorrosion (Taupunktkorrosion) 17.

✗ Checkliste zum korrosionsschutzgerechten Gestalten

Allgemeines
— Korrosionsbeständigen Werkstoff wählen
— Schutzschichten aufbringen
— Größere Wanddicke vorsehen
— Lage von Bauteilen so wählen, daß der Witterungseinfluß möglichst gering ist
— Bauteil so gestalten, daß Selbstreinigung bzw. freier Abfluß von Verunreinigungen erfolgen kann
— Spalte und Toträume vermeiden oder ausreichend erweitern
— Offene Profile mit nach unten weisenden Schenkeln einbauen
— Kontrollmöglichkeit zur Früherkennung von Korrosionsschäden vorsehen

Fügen
— Wurzelfehler an Schweißnähten vermeiden
— Schweißnähte nicht in Querschnittsübergang legen
— Unterbrochene Schweißnähte vermeiden
— Fügen artverschiedener Metalle möglichst vermeiden; Ansonsten ausreichende elektrische Isolierung zwischen den Metallen vornehmen
— Verbindungselemente wie Schrauben, Muttern etc. so anordnen, daß Selbstreinigung bzw. freier Abfluß von Verunreinigungen erfolgen kann; Abdeckungen verhindern Spaltkorrosion

Wärmebehandeln
— Wärmebehandeln genau auf den Werkstoff abstimmen, um Korngrenzenausscheidungen zu vermeiden

Eigenspannungen
— Zugeigenspannungen sind durch Spannungsarmglühen abzubauen; Durch gezieltes Kugeldruckstrahlen etc. lassen sich Druckeigenspannungen in die Oberfläche einbringen, um Spannungsrißkorrosion zu vermeiden

Strömungen
— Strömungskanäle günstig gestalten, um Kavitationskorrosion zu verhindern
— Flüssigkeitsführende Baugruppen so gestalten, daß sie vollständig entleert werden können und bei Stillstand gut abtrocknen
— Abschirmen gefährdeter Teile durch Prallbleche

Schweißen

Schweißnaht und Quer-
schnittsübergang auseinan-
derlegen, um Spannungs-
und Schwingungsrißkorro-
sion zu vermeiden (wie
Darstellung rechts). K-
oder X-Schweißnähte sind
V-Nähten gegenüber zu
bevorzugen, um zerstö-
rungsfreies Prüfen zu er-
möglichen (l = 2s).

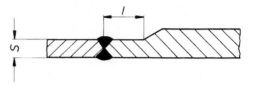

Schweißen

Spalte an Schweißnähten
vermeiden. Gut durchge-
schweißte Nähte verhin-
dern Spaltkorrosion (wie
Darstellung rechts).

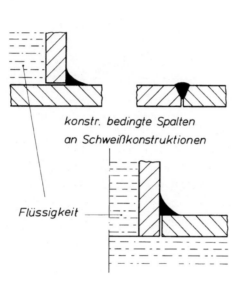

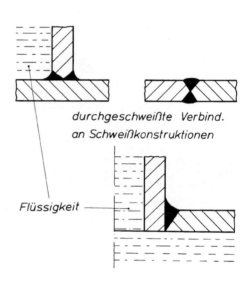

*konstr. bedingte Spalten
an Schweißkonstruktionen*

*durchgeschweißte Verbind.
an Schweißkonstruktionen*

Flüssigkeit

Flüssigkeit

**Schweißen beschichteter
Stahlblechgehäuse**

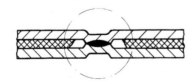

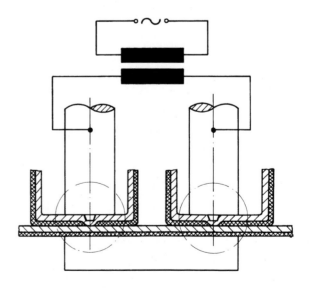

Artgleiche Werkstoffe

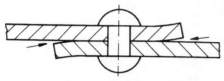

Spaltbildung an langen Über-
ständen

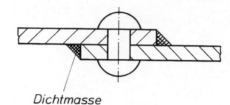

Dichtmasse

Artverschiedene Werkstoffe

üblich

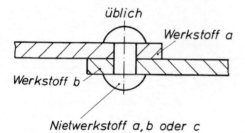

Werkstoff a

Werkstoff b

Nietwerkstoff a, b oder c

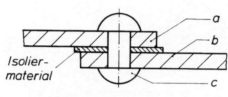

a

b

Isolier-
material

c

Nietwerkstoff c ist edler
als a und b oder entspricht
dem edleren von a oder b

**Nieten artverschiedener
Metalle**

Isoliermaterial verwenden,
um Kontaktkorrosion zu
vermeiden. Dichtmasse
verhindert Spaltkorrosion
(wie Darstellung rechts).

---

unmittelbare
Rastverbindung

mittelbare
Rastverbindung

Metall 1 ersetzt durch
Kunststoff

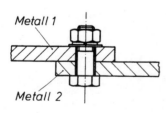

Metall 1

Metall 2

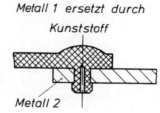

Metall 2

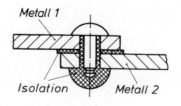

Metall 1

Isolation

Metall 2

Klemmverbindung

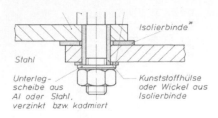

Isolierbinde[*]

Stahl

Unterleg-
scheibe aus
Al oder Stahl,
verzinkt bzw. kadmiert

Kunststoffhülse
oder Wickel aus
Isolierbinde

[*] in einfachen Fällen Dichtpaste

Schraubverbindung zwischen artverschiedenen Metallen

Elektrisch leitende Verbindungen vermeiden. Isolierungen vollständig durch Isolierhülsen, -scheiben, -binden und -pasten vornehmen (wie Darstellungen rechts). Somit werden in Gegenwart von Elektrolytlösungen Kontakt- und Spaltkorrosion verhindert.

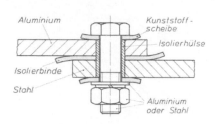

Aluminium

Kunststoff-
scheibe

Isolierhülse

Isolierbinde

Stahl

Aluminium
oder Stahl

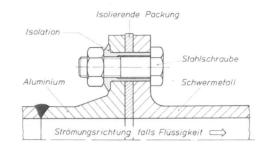

Isolierende Packung

Isolation

Aluminium

Stahlschraube

Schwermetall

Strömungsrichtung falls Flüssigkeit ⟹

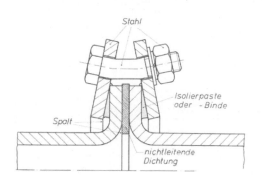

Stahl

Spalt

Isolierpaste
oder -Binde

nichtleitende
Dichtung

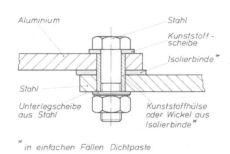

Aluminium

Stahl

Stahl

Kunststoff-
scheibe

Isolierbinde[*]

Unterlegscheibe
aus Stahl

Kunststoffhülse
oder Wickel aus
Isolierbinde[*]

[*] in einfachen Fällen Dichtpaste

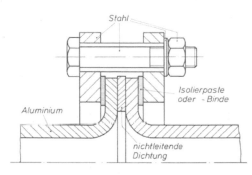

Stahl

Isolierpaste
oder -Binde

Aluminium

nichtleitende
Dichtung

Schraubverbindung

Spalte sind zu vermeiden oder durch Dichtungen zu schließen. Im Falle der unlösbaren Verbindung, ist die Schweißverbindung mit umlaufender Naht die günstigere Lösung (wie Darstellung rechts). Spaltkorrosion wird vermieden.

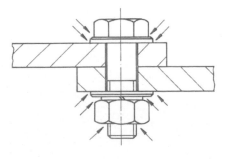

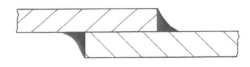

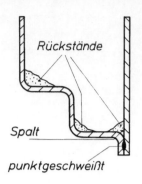

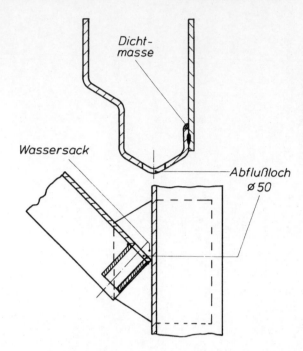

Rückstände

Spalt

punktgeschweißt

Dicht-masse

Wassersack

Abflußloch Ø 50

Offene Profile

Müssen Profile mit der Öffnung nach oben eingesetzt werden, so sind Abflußlöcher mit ausreichend großem Durchmesser vorzusehen. Punktgeschweißte Profile sind mit Dichtmasse zu verschließen (wie Darstellungen rechts). Korrosion unter Ablagerungen und Spaltkorrosion werden vermieden.

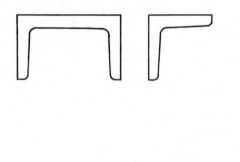

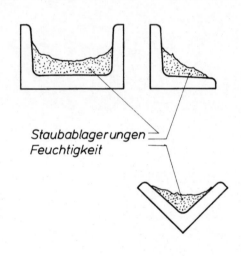

Staubablagerungen Feuchtigkeit

Offene Profile

Profile sind mit nach unten weisenden Schenkeln einzubauen, um Korrosion unter Ablagerungen zu vermeiden (wie Darstellungen rechts).

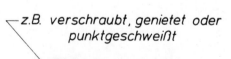

z.B. verschraubt, genietet oder punktgeschweißt

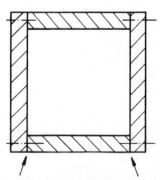

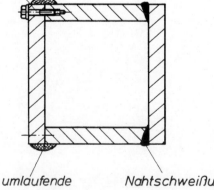

Lücken zwischen den Verbindungsstellen lassen korrosive Mittel in den Innenraum eindringen

umlaufende Abdichtung

Nahtschweißung

Hohlprofile

Spalte an Hohlkörpern sind abzudichten, damit Feuchtigkeit und Verunreinigungen nicht eindringen können (wie Darstellung rechts). Spaltkorrosion wird vermieden.

Hohlprofile

Öffnungen von Profilen so legen, daß Schmutz und Feuchtigkeit nicht eindringen können. Ansonsten Öffnungen mit Abdeckkappen verschließen (wie Darstellungen rechts). Bei nur eingesteckten Kappen Ablauföffnungen für Kondenswasser vorsehen. Korrosion unter Ablagerungen wird vermieden.

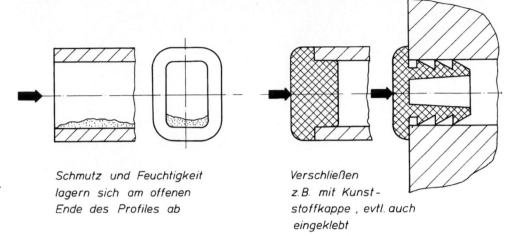

Schmutz und Feuchtigkeit lagern sich am offenen Ende des Profiles ab

Verschließen z.B. mit Kunststoffkappe, evtl. auch eingeklebt

Ablaufstutzen an Behältern

Einlauföffnung des Ablaufs an die tiefste Stelle legen. Durchgesteckte Ablaufstutzen vermeiden. Flachböden zum Ablauf hin neigen (wie Darstellungen rechts). Flüssigkeitsrückstände beim Entleeren, Stillstand-, Flächen-, Loch- und Spannungsrißkorrosion werden verhindert.

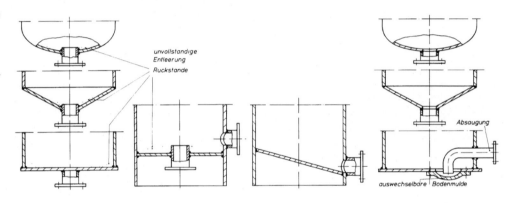

unvollständige Entleerung
Ruckstande

Absaugung

auswechselbare Bodenmulde

Tragkonstruktion für Behälter mit Flachboden

Behälter auf Profilstahlträgern lagern oder Schürze (aus Bitumen) am Behälter anbringen, um herablaufende Flüssigkeit (z. B. Kondenswasser) vom Spalt fernzuhalten und Spaltkorrosion abzuwenden (wie Darstellungen rechts).

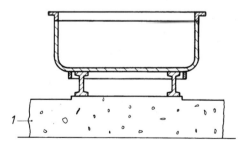

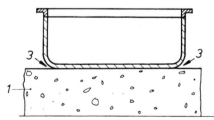

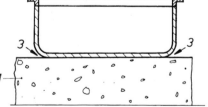

1 Beton
2 Bitumen
3 Spalt

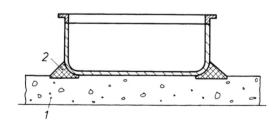

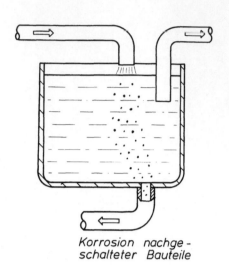

Korrosion nachge-
schalteter Bauteile

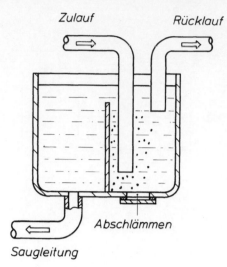

Zulauf   Rücklauf

Abschlämmen

Saugleitung

Zu- und Ablauf von Behältern

Saugstutzen sind vom Zu-
fluß entfernt anzuordnen.
Zuflußstutzen sollen im Betrieb in die Flüssigkeit eintauchen. Gasblasen wer-
den vermieden durch Auf-
teilen des Behälters in zwei
Kammern, in die Zufluß
und Saugleitung getrennt
eingeführt werden (wie
Darstellung rechts).

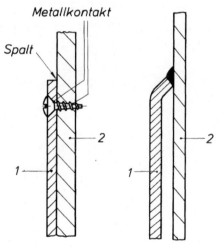

Metallkontakt

Spalt

1 Zierteil, Typenschild u.ä.
2 Gehäuse

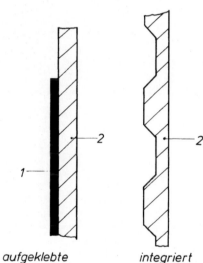

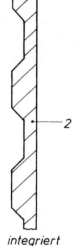

aufgeklebte
Kunststoffolie

integriert
ins Gehäuse

**Typenschilder, Zierteile
u. ä. an Bauteilen**

Typenschilder, Zierteile
u. ä. Aufkleben oder ins
Bauteil integrieren, um
Spaltkorrosion zu vermei-
den (wie Darstellungen
rechts). Geeignete Metall-
paarungen oder Kunststof-
fe verhindern Kontaktkor-
rosion.

Beschichtete Kamininnenwand

Ausreichende Wärmedämmung vorsehen, um Kondensation von Rauchgasbestandteilen und damit Mulden- und Rauchgaskorrosion zu verhüten (wie Darstellung rechts).

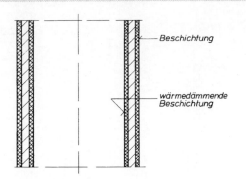

Beschichtung

wärmedämmende Beschichtung

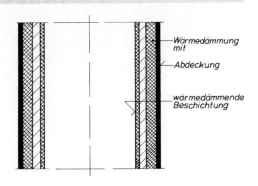

Wärmedämmung mit

Abdeckung

wärmedämmende Beschichtung

Rohrleitungsstutzen

Abflußstutzen müssen sich an tiefster Stelle von Sammlern befinden, um Korrosion durch Ablagerungen zu vermeiden (wie Darstellung rechts).

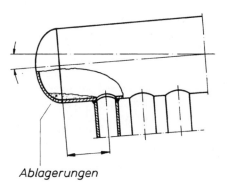

Ablagerungen

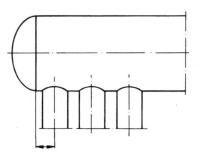

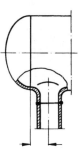

Stahlkamin mit umlaufender Verstärkungsrippe

Verstärkungsrippen, die als wärmeleitende Kühlrippen wirken, sind zu vermeiden oder gegen Wärmeverlust zu dämmen (wie Darstellung rechts). Dadurch wird bei Unterschreiten des Taupunktes von heißem Rauchgas Taupunktkorrosion vermieden.

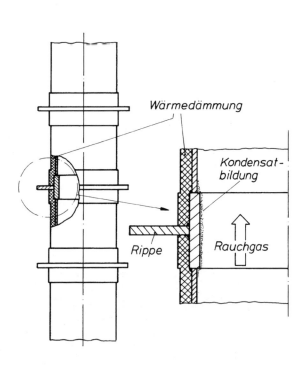

Wärmedämmung

Kondensatbildung

Rippe

Rauchgas

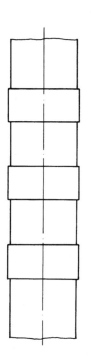

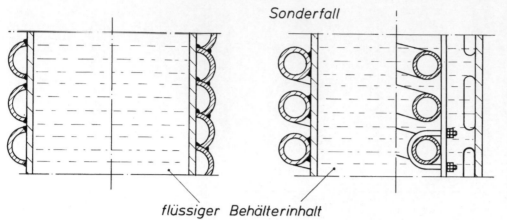

Sonderfall

flüssiger Behälterinhalt

Rohrschlange für Mantel-Rührbehälter

Vollrohrschlangen verwenden, damit in Poren und Spalten keine Kühlmittelreste verbleiben. Vorteilhaft ist es, die Rohrschlange in den Behälter einzuhängen (vermeiden von Spannungsrißkorrosion) oder sie in Sonderfällen außen aufzuschweißen (wie Darstellung rechts).

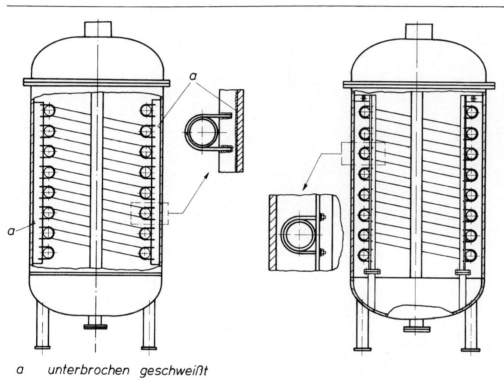

a   unterbrochen geschweißt

Rohrschlangenhalterung innen für Mantel-Rührbehälter

Unterbrochene Schweißnähte vermeiden, um Spaltkorrosion zu verhindern (wie Darstellung rechts). Eingehängte Rohrschlangen sind leichter austauschbar als außen aufgeschweißte.

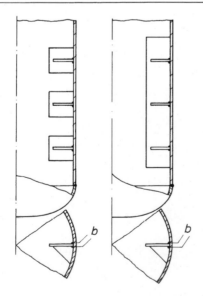
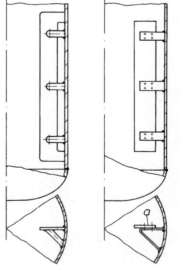

a   geschraubt oder geschweißt
b   unterbrochen geschweißt

Stromstörerbleche für Mantel-Rührbehälter

Lange, von der Behälterwand abgesetzte Stromstörerbleche sowie durchgehende Schweißnähte anwenden (wie Darstellung rechts). Dadurch werden Schwingungsriß- und Spaltkorrosion vermieden.

Abgedeckte Vollrohrschlange außen für Mantel-Rührbehälter

Die oberste freiliegende Windung einer Heizschlange muß ummantelt und verkleidet werden, um gegen Niederschläge abgeschirmt zu sein (wie Darstellung rechts). Denn diese führen bei Temperaturschwankungen zu wechselnden Spannungen und damit zu Schwingungsrißkorrosion.

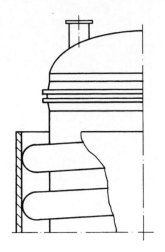

Abdeckung
Dichtung
Isolierung

Halbrohrschlange außen für Mantel-Rührbehälter

Spalte zwischen Behälterwand und Halbrohrschlange vermeiden (wie Darstellung rechs). Dadurch werden Spaltkorrosion (durch zurückbleibendes Wasser) und Spannungsrißkorrosion (durch Betriebs- und Schweißeigenspannungen) vermieden.

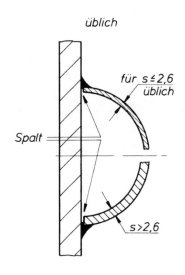

üblich

für s ≤ 2,6 üblich

Spalt

s > 2,6

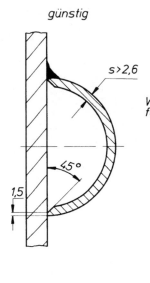

günstig

s > 2,6

45°

1,5

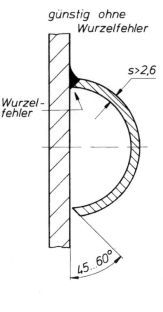

günstig ohne Wurzelfehler

s > 2,6

Wurzelfehler

45...60°

Verkleidung für wärmegedämmten Mantel

Verkleidungen auf Wärmedämmungen sind so anzubringen, daß Flüssigkeiten (Niederschläge) nach außen abfließen können (wie Darstellung rechts). Dadurch werden Flächen- und Spannungsrißkorrosion vermieden. Verkleidungen lassen sich günstig durch Falzen verbinden.

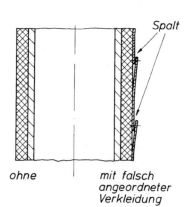

Spalt

ohne

mit falsch angeordneter Verkleidung

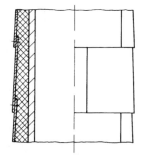

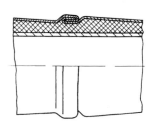

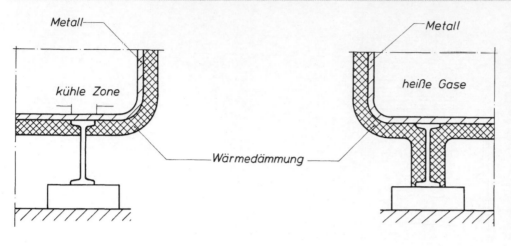

Metall · Metall · kühle Zone · heiße Gase · Wärmedämmung

Tragkonstruktion für wärmegedämmten Glasbehälter

Gut wärmeleitende Auflagen und Stützen sind ganz in die Wärmedämmungen des Behälters zu integrieren (wie Darstellung rechs). Damit werden örtliches Kühlen der Behälterwand, Kondensatbildung bei Taupunktunterschreitung und folglich Taupunktkorrosion vermieden.

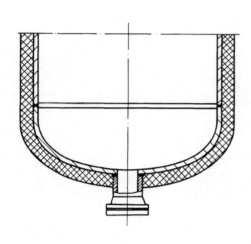

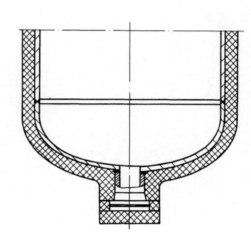

Auslauf für wärmegedämmten Glasbehälter

Die Wärmeisolation muß die ganze Oberfläche des Glasbehälters umfassen. Stutzen, Tragkonstruktionen, Rippen u.s.w. sind mit in die Wärmedämmung zu integrieren (wie Darstellung rechts). Damit werden örtliches Kühlen der Behälterwand, Kondensatbildung bei Taupunktunterschreitung und folglich Taupunktkorrosion vermieden.

ungünstig für Plattierungen aus Titan und Tantal

a · b · e

a Plattierung
b Grundwerkstoff
c Deckstreifen Plattierungswerkstoff verschweißt
d Deckstreifen Plattierungswerkstoff überplattiert
e hochlegierter Zusatzwerkstoff

üblich für Plattierungen aus nichtrostenden Stählen

günstig für Verbindungen zwischen Werkstoffen, die keine Schweißverbindungen miteinander zulassen

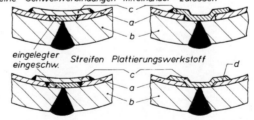

eingelegter eingeschw. Streifen Plattierungswerkstoff

c · a · b

ausgefräste Nut · *weggeätzte Nut*

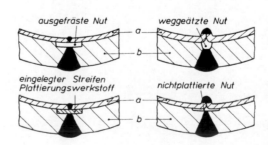

eingelegter Streifen Plattierungswerkstoff · *nichtplattierte Nut*

Schweißverbindung plattierter Bleche

Schweißgut und Plattierungswerkstoff müssen artgleich sein, um Kontaktkorrosion zu vermeiden. Das Verschweißen ist so vorzubereiten, daß ein Auflegieren zwischen Plattierungs- und Grundwerkstoff vermieden wird. Bei nichtrostenden Stählen als Plattierungswerkstoff ist in der Regel eine Wurzellage aus höherlegiertem Schweißgut ausreichend. Dazu kann der Grundwerkstoff im Nahtbereich der Plattierung abgearbeitet werden. Entstehende Hohlräume können mit eingelegten Streifen des Plattierungswerkstoffes geschlossen werden (wie Darstellung rechts).

Schweißen von Auskleidungsblechen

Das Aufmischen der Auskleidung mit dem tragenden Werkstoff beim Schweißen ist durch Überlappung oder durch untergelegte Streifen aus dem Auskleidungsmaterial zu vermeiden (siehe Darstellungen). Dadurch werden spröde intermetallische Phasen und Ausscheidungen verhindert, die sonst häufig selektiv korrodieren.

übliche Ausführungen *Sonderfall*

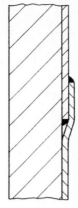
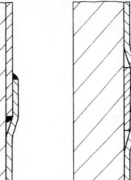
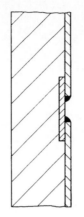
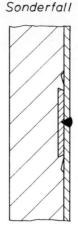

Überlappung *aufgelegter Flachstreifen* *eingelegter Flachstreifen* *verstemmter Schwalbenschwanz*

Sicherheitsbohrung zum Früherkennen von Auskleidungsschäden im Innenrohr

Bohrungen (Ø ca. 4 mm) werden in die Wickellagen und tragenden Mäntel eingebracht. Das Innenrohr bzw. die Auskleidung bleibt ungebohrt. Über Spiralnuten wird das austretende Produkt der Sicherheitsbohrung zugeführt (siehe Darstellungen). Somit können Korrosionsschäden früh erkannt und von der tragenden Konstruktion abgewandt werden.

übliche gute Ausführungen

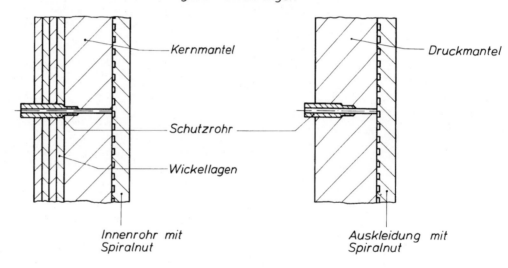

Kernmantel

Druckmantel

Schutzrohr

Wickellagen

Innenrohr mit Spiralnut *Auskleidung mit Spiralnut*

Anschweißen eines Heiz-(Kühl-)Mantels

Spalte zwischen angeschweißtem Mantel und Behälter sind zu vermeiden (wie Darstellungen rechts). V-Nähte mit Wurzelfehlern neigen jedoch zur Spaltkorrosion am Mantel.

Spalten *Wurzelfehler am Heizmantel* *Wurzelfehler am Behältermantel*

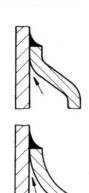
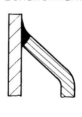
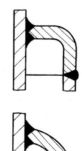
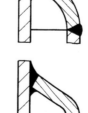
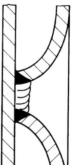
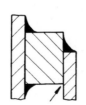

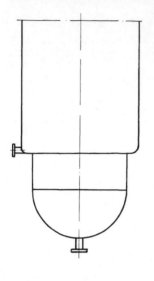
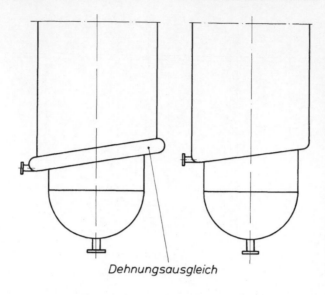

Dehnungsausgleich

Auslauf am Doppelmantel (Heiz- und Kühlmantel)

Der Boden des Doppelmantels ist mit einem Gefälle von 3 bis 5 % zum Abflußstutzen hin zu versehen, so daß die gesamte Flüssigkeit ablaufen kann (wie Darstellungen rechts). Dadurch werden Stillstand- und Spannungsrißkorrosion vermieden. Um Längenänderungen auszugleichen, ist ein Dehnungsausgleich empfehlenswert.

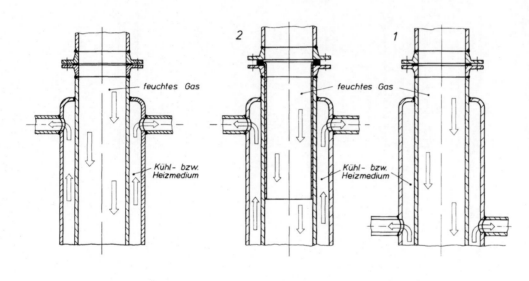

feuchtes Gas

Kühl- bzw. Heizmedium

Mantelrohr zum Trocknen von feuchten Gasen

Das Mantelrohr soll so ausgelegt werden, daß der Wärmeaustausch zwischen dem zu trocknenden Gas und Heiz- oder Kühlmedium allmählich erfolgt. Entweder wird der Abflußstutzen so gelegt, daß der Wärmeaustausch gering ist (1), oder es wird eine korrosionsbeständige Manschette eingezogen (2). Dadurch werden Flächen- oder Muldenkorrosion und bei Kühlung Taupunktkorrosion vermieden.

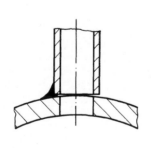
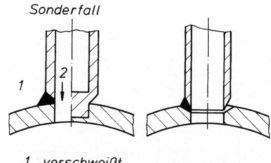

Sonderfall

1 *verschweißt*
2 *ausgebohrt*

Schweißnippel (Stutzenrohr)

Spalte sind durch ganz durchgeschweißte V-Nähte zu vermeiden. Beispiel rechts bis NW 100, Sonderfall für Nippel ≦ NW 50. Bei hoher mechanischer und korrosiver Beanspruchung ist dem Sonderfall-Beispiel der Vorzug zu geben. Dadurch werden Spalt- und Spannungsrißkorrosion und bei wechselnder mechanischer Beanspruchung Schwingungsrißkorrosion vermieden.

Schweißen von aufgesetzten Stutzen

Spalte und Wurzelfehler im Schweißnahtbereich sind durch ganz durchgeschweißte V-Nähte zu vermeiden (wie Darstellungen rechts). Bei hoher mechanischer Beanspruchung ist ein ausgehalster Stutzen vorzuziehen. Somit werden Spalt- und Spannungsrißkorrosion vermieden.

Sonderfall

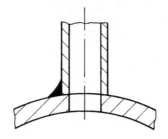
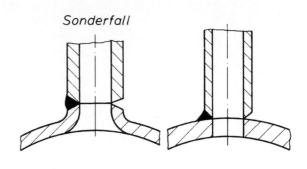

Schweißen von eingesetzten Stutzen

Einseitig offene Spalte zwischen Stutzen und Ausschnitt sollen vermieden werden (wie Darstellungen rechts). Dies verhindert Spalt- und Spannungsrißkorrosion.

falsch *weniger günstig* *ungünstig* *günstig*

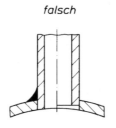
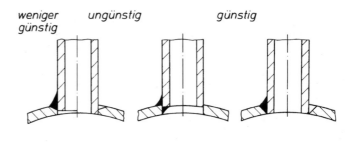

Stutzenrohr angepaßt oder eben *Stutzenrohr angepaßt*

Schweißen von durchgesteckten Stutzen

Spalte zwischen Stutzen und Ausschnitt sollen vermieden werden (wie Darstellungen rechts). Dies verhindert Spaltkorrosion. Da die Verbindung relativ starr ist, ist Spannungsarmglühen empfehlenswert, um Spannungsrißkorrosion zu vermeiden.

ungünstig *befriedigend* *gut* *gut dickwandig*

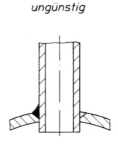
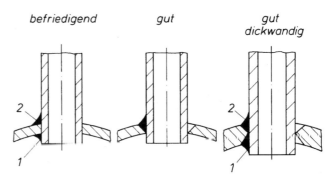

Schweißfolge 1,2

Durchgesteckter Deckelstutzen

Der Überstand der Stutzenrohre muß groß genug sein (m $\geq$ 15 mm), damit sich keine Kruste zwischen Stutzenrohr und Deckelwand bildet und Flächen- und Lochkorrosion vermieden werden.

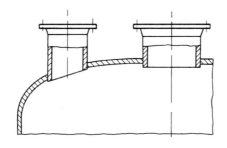
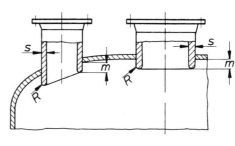

$m \geq s$

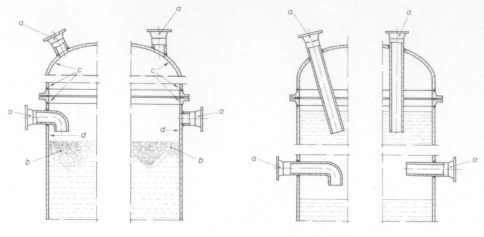

a   verschiedene Möglichkeiten ausgeführter Zuflußstutzen
b   höhere Konzentration an der Behälterwand
c   an der Behälterwand herablaufendes Produkt
d   Spritzer an der Behälterwand

Lang durchgesteckte Stutzenrohre, Tauchrohre

Die Einlauföffnung des Zuflußstutzens muß weit genug von der Behälterwand entfernt liegen. Das Stutzenrohr soll bis kurz über die Oberfläche der Flüssigkeit oder in diese hineinragen (wie Darstellungen rechts). Die zugemischte Flüssigkeit soll nicht an der Behälterwand herunterlaufen. Dadurch können sich keine Salzkrusten bilden und Loch- sowie Spannungsrißkorrosion werden vermieden.

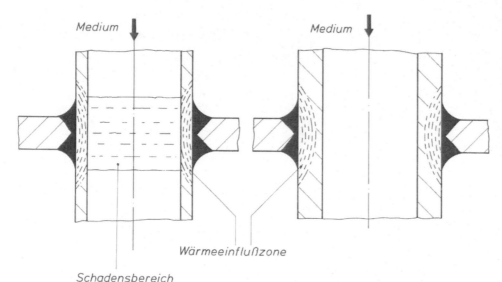

Wärmeeinflußzone

Schadensbereich

Rohr-, Stutzen-Schweißverbindung, Innenwand durchwärmt

Wandungen sind so zu bemessen, daß keine nachteiligen Gefügeänderungen auf der der Schweißnaht abgewandten und medienberührenden Oberfläche auftreten (wie Darstellung rechts). Selektive Korrosion und Spannungsrißkorrosion entfallen.

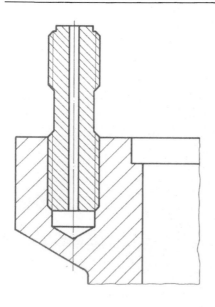
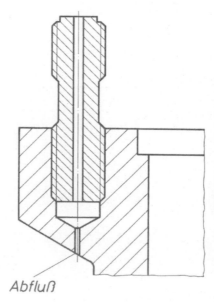

Abfluß

Flansch mit eingesetzter Stiftschraube

Löcher in Stiftschrauben sind sofort nach der Montage zu verschließen. Kleine Durchgangsbohrungen (wie Darstellung rechts) ermöglichen das Abfließen von Flüssigkeit aus den Sacklöchern und verhindern Spannungsrißkorrosion und Wasserstoffversprödung.

Flanschverbindung mit Flachdichtung

Saugfähige Dichtungen vermeiden. Zu verwenden sind Dichtungen mit einer rundum flüssigkeitsabweisenden Schicht (wie Darstellung rechts). Spalt- und Spannungsrißkorrosion werden vermieden.

Einzelheit Z

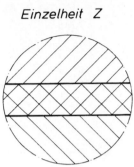

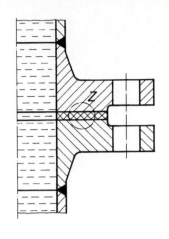

Einzelheit Z

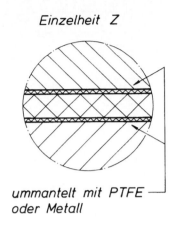

ummantelt mit PTFE oder Metall

Schweißverbindung an aufgesetztem Blockflansch

Spalt zwischen Mantel und Flansch gegen Mantelinnenraum abdichten (wie Darstellung rechts). Die medienberührende innere Schweißnaht muß porenfrei sein. Dies verhindert Spaltkorrosion.

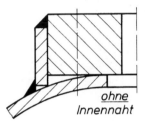

ohne Innennaht

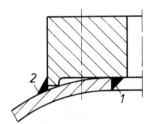

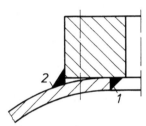

Bei Sacklöchern im Flansch Schweißfolge 1,2 einhalten

Schweißverbindung an eingesetztem Blockflansch

Spalte zwischen Flansch und Behälterwand sind zu vermeiden. Zuerst ist die dem korrosiven Medium zugewandte Seite zu schweißen. Bei hoher mechanischer Beanspruchung sollen Querschnittswechsel und Schweißnaht weit genug auseinanderliegen (wie Darstellungen rechts). Spalt- und Spannungsrißkorrosion werden vermieden.

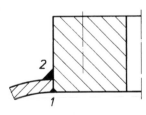

Schweißfolge 2,1

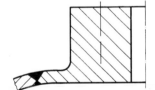

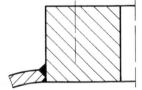

Schweißverbindung an eingesetztem Blockflansch, innen vorstehend

Spalte zwischen Flansch und Behälterwand vermeiden, insbesondere bei hoher schwingender Beanspruchung. Bei beidseitigem Zugang ist die K-Naht vorzuziehen. Spalt- und Schwingungsrißkorrosion werden vermieden.

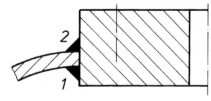

Schweißfolge 1,2

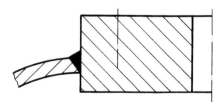

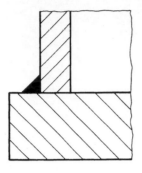 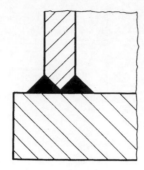 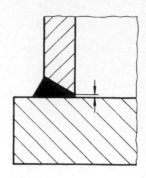

Schweißverbindung an aufgesetztem Flachboden

Böden sind vollständig mit der Zarge zu verschweißen. Bei beidseitigem Zugang ist die K-Naht vorzuziehen. Bei V-Nähten ist ein Wurzelspalt von 1–2 mm einzustellen, um Wurzelfehler zu vermeiden (wie Darstellungen rechts). Spalt- und Spannungsrißkorrosion werden verhütet.

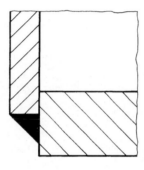 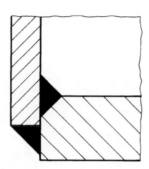 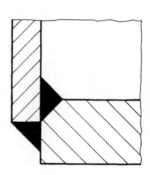

Schweißverbindung an eingesetztem Flachboden

Spalte zwischen Boden und Mantel vermeiden (wie Darstellung rechts, mittlere Darstellung ist weniger günstig). Die medienberührende Seite zuerst schweißen. Somit wird Spaltkorrosion vermieden.

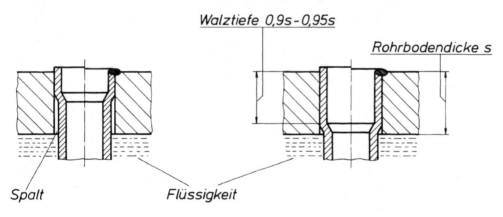

Walztiefe 0,9s - 0,95s

Rohrbodendicke s

Spalt　　*Flüssigkeit*

Rohr-Rohrboden-Verbindung, eingewalzte Rohre

Werden Rohre in Rohrböden eingewalzt, so ist ein Einwalzen über 90 % der Rohrbodendicke vorzusehen (wie Darstellung rechts). Dadurch entstehen keine unerwünschten Spalte und Spalt- sowie Spannungsrißkorrosion entfallen.

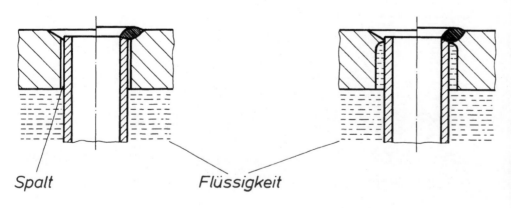

Spalt　　*Flüssigkeit*

Rohr-Rohrboden-Schweißverbindung, stirnseitig verschweißte Rohre

Sind Spalte unvermeidlich, so sollten sie sich nach außen erweitern, um Konzentrationsunterschiede zu vermeiden. Breite Spalte zwischen Rohr und Rohrboden werden bevorzugt für Wärmeaustauscher mit dickeren Rohrplatten (Hochdruckwärmetauscher). Nach der Darstellung rechts werden Spalt- und Spannungsrißkorrosion verhindert.

Rohr-Rohrboden-Schweißverbindung, spaltfrei eingeschweißte Rohre

Rohre sind spaltfrei einzuschweißen, um insbesondere bei thermischer Belastung Schutz vor Spalt-, Spannungsriß-, Heißwasserkorrosion und interkristalliner Korrosion zu bieten (wie Darstellungen rechts). Werden austenitische Stahlrohre eingeschweißt, so muß die Anfälligkeit des Rohrbodens und der Schweißverbindung für selektive Korrosion entlang der Ferritzeilen durch entsprechende Werkstoffauswahl vermieden werden.

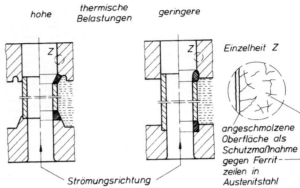

hohe   thermische Belastungen   geringere

Einzelheit Z

angeschmolzene Oberfläche als Schutzmaßnahme gegen Ferrit-zeilen in Austenitstahl

Strömungsrichtung

Leitblech (Umlenkblech)

Spalte zwischen Rohrwand und Lochwand sind durch enge Toleranzen der Bohrungsdurchmesser zu vermeiden (wie Darstellung rechts). Hohe Strömungsgeschwindigkeiten in den Spalten und Erosionskorrosion treten nicht auf.

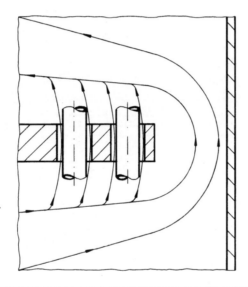
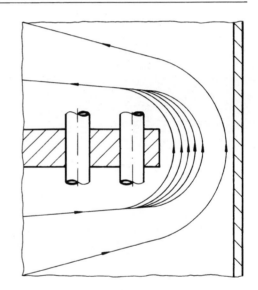

Rohrbündel in Wärmeaustauschern

Überstehende Rohrenden sind zu vermeiden, um Rückstände beim Entleeren und damit Stillstand-, Flächen- und Spannungsrißkorrosion (insbesondere beim Wiederanfahren und Aufheizen des Wärmeaustauschers) zu verhindern (wie Darstellung rechts).

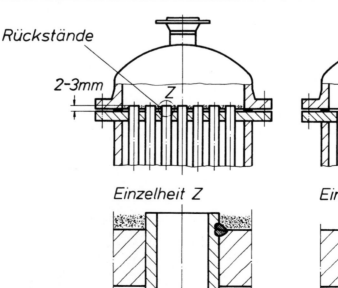
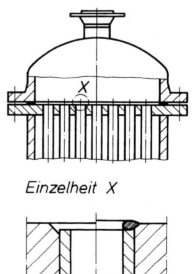

Rückstände

2-3mm

Einzelheit Z   Einzelheit X

Rohr-Rohrboden-Verbindung

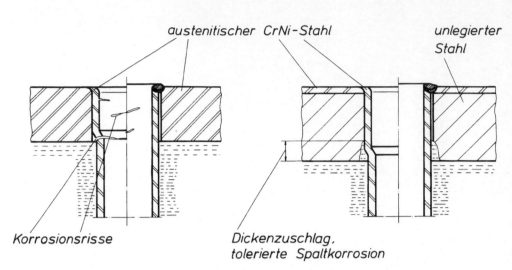

austenitischer CrNi-Stahl

unlegierter Stahl

Korrosionsrisse

Dickenzuschlag, tolerierte Spaltkorrosion

Spalte zwischen Rohr und Rohrboden sind zu vermeiden. Auch durch geeignete Werkstoffauswahl kann der Spannungsrißkorrosion entgegengewirkt werden. So bietet ein Rohrboden aus un- oder niedriglegiertem Stahl gegenüber austenitischen Stahlrohren kathodischen Schutz (wie Darstellung rechts). Durch die Kontaktkorrosion entsteht ein Spalt zwischen Rohr und Rohrboden, dessen Fortschreiten durch einen Dickenzuschlag zu berücksichtigen ist.

Rohrboden mit konkav gekrümmter Fläche

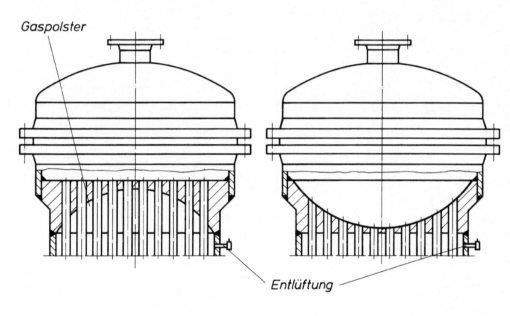

Gaspolster

Entlüftung

Konkav gekrümmte Rohrböden in stehenden Rohrbündel-Wärmeaustauschern sind mit der Krümmung nach oben anzuordnen (wie Darstellung rechts). Somit kann sich kein Gaspolster bilden und Korrosion an der Dreiphasengrenze zwischen Gaspolster und Kühlmedium wird vermieden.

Rohr-Rohrboden-Verbindung, rohrinnenseitig beschichtet

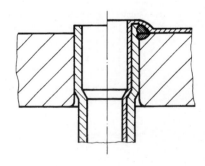 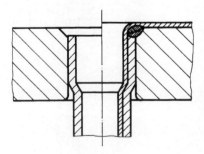

Schweißnähte an stirnseitig verschweißten Rohren sollen bündig mit dem Boden sein, um die Strömung nicht zu stören und Erosionskorrosion zu verhindern (wie Darstellung rechts). Eingewalzte, nicht verschweißte Rohre sollen ebenfalls mit dem Boden abschließen und eine runde Innenkante aufweisen.

Rohr-Rohrboden-Verbindung, rohraußenseitig beschichtet

Um Lufteinschlüsse in Spalten durch den Beschichtungswerkstoff zu vermeiden, sollen Rohre über die gesamte Rohrbodendicke angewalzt werden (wie Darstellung rechts). Bohrungskanten sind abzurunden. Spalt- und Spannungsrißkorrosion werden verhindert.

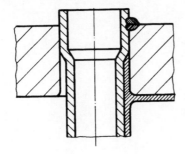
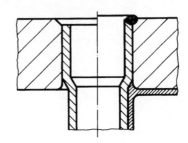

Angeschweißte Hebeöse

Hebeösen sind rundum spaltfrei zu verschweißen, um Spalt- und Flächenkorrosion zu vermeiden (wie Darstellungen rechts). Verstärkungsbleche an höher beanspruchten Bauteilen, sind mit einer Entlüftungsbohrung zu versehen, die nach dem Schweißen wieder zu verschließen ist. Beim Schweißen artverschiedener Werkstoffe besteht Kontaktkorrosionsgefahr.

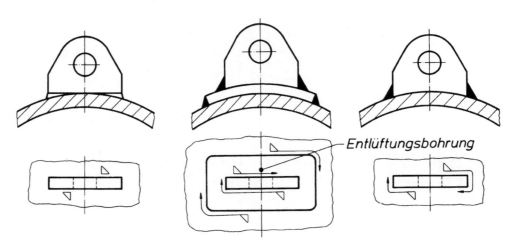

Entlüftungsbohrung

Schweißverbindung von Behälter und Standzarge

Spalte zwischen Standzarge und Behältermantel sind zu vermeiden. Entwässerungsbohrungen vorsehen. Nach den Darstellungen rechts wird Spaltkorrosion verhindert.

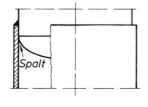
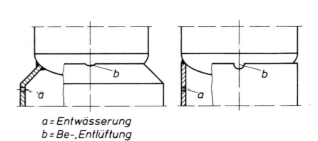

a = Entwässerung
b = Be-, Entlüftung

Schweißen von Behälterfüßen

Spalte durch rundum verschweißte Rohrfüße vermeiden (wie Darstellungen rechts). Artgleiche Verstärkungsbleche sind auf Böden aus nichtrostendem Stahl (s < 4 mm) aufzuschweißen, wenn die Rohrfüße aus unlegiertem Stahl sind. Spaltkorrosion und selektive Korrosion werden verhütet.

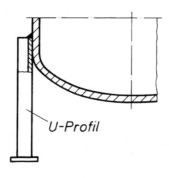
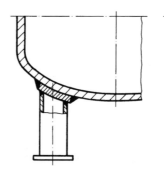
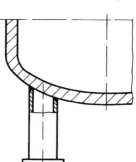

U-Profil

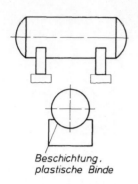

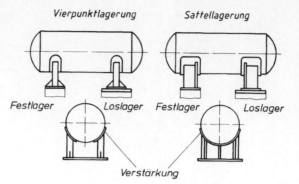

Vierpunktlagerung   Sattellagerung

Festlager   Loslager   Festlager   Loslager

Verstärkung

Beschichtung, plastische Binde

Lagern von Behältern

Möglichst kleine und spaltfreie Auflageflächen vorsehen, um Spaltkorrosion zu verhindern (wie Darstellungen rechts).

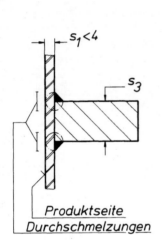

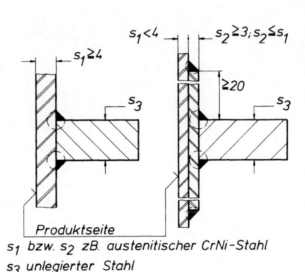

$s_1 < 4$

s_3

Produktseite
Durchschmelzungen

$s_1 \geq 4$

s_3

Produktseite

$s_1 < 4$ $s_2 \geq 3; s_2 \leq s_1$

≥ 20

s_3

s_1 bzw. s_2 zB. austenitischer CrNi-Stahl
s_3 unlegierter Stahl

Schweißen von Mischverbindungen

Bauteile aus korrosionsbeständigen Werkstoffen müssen Mindestwanddikken aufweisen, wenn auf der der Produktseite gegenüberliegenden Wand Teile aus unlegiertem Stahl angeschweißt werden (wie Darstellungen rechts). Durchschmelzungen, Gefügeänderungen und somit selektive Korrosion entfallen. Die angegebenen Wanddicken beziehen sich auf das Handschweißen mit umhüllten Stahlelektroden und das WIG-Schweißen.

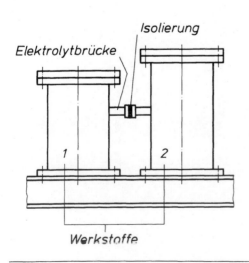

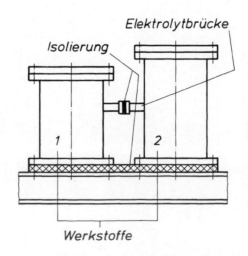

Isolierung

Elektrolytbrücke

Elektrolytbrücke

Isolierung

Elektrolytbrücke

1   2

1   2

Werkstoffe

Werkstoffe

Behälter artverschiedener Metalle auf gemeinsamer Tragkonstruktion

Behälter artverschiedener Metalle müssen isoliert aufgestellt und montiert werden, um das Zerstören der Behälterwand durch Kontaktkorrosion zu vermeiden (wie Darstellung rechts).

Rohrbündel vor Eintrittsstutzen

An den eingewalzten Rohrenden sollen die durch Betriebsbeanspruchung hervorgerufenen Spannungen möglichst gering gehalten werden, um Schwingungs- und Erosionskorrosion zu verhindern. Ein Prallblech am Eintrittsstutzen entlastet die Rohre von Strömungskräften, wenn es an der Behälterwand befestigt ist (wie Darstellung rechts).

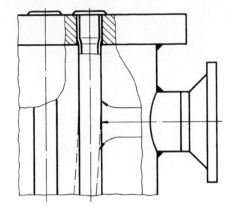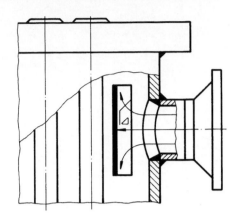

Rohrbündel vor Eintrittsstutzen

Rohre, die vor Eintrittsstutzen angeordnet sind, müssen insbesondere bei hoher Strömungsgeschwindigkeit mittels Prallblech vor Kavitations- und Erosionskorrosion geschützt werden (wie Darstellung rechts).

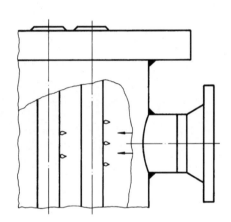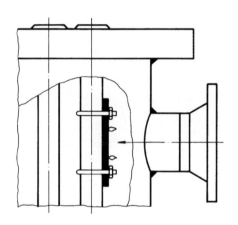

Leitbleche (Umlenkbleche) in Rohrbündelwärmeaustauschern

Der Abstand von Leitblechen sollte so gering gewählt werden, daß Rohrschwingungen begrenzt und Reib-, Kontakt- sowie Schwingungsrißkorrosion vermieden werden (wie Darstellung rechts). Buchsen verhindern mechanische Beschädigung.

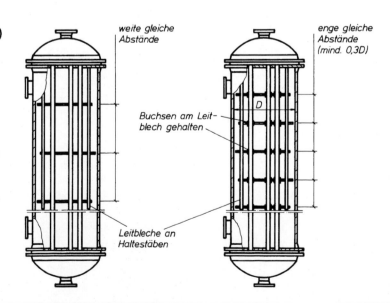

weite gleiche Abstände

enge gleiche Abstände (mind. 0,3D)

Buchsen am Leitblech gehalten

Leitbleche an Haltestäben

Entleerungsaussparung bei liegenden Wärmetauschern

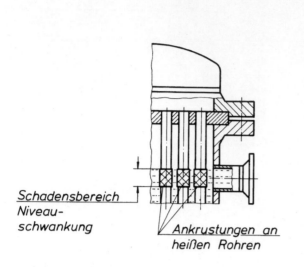

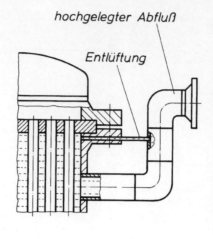

hochgelegter Abfluß

Entlüftung

Schadensbereich
Niveau-
schwankung

Ankrustungen an
heißen Rohren

**Abflußstutzen an Rohrbün-
delwärmeaustauscher**

Dreiphasengrenzen (Werk-
stoff/flüssiges Medium/
Dampfraum) sind z. B.
durch hochgelegten Abfluß
zu vermeiden (wie Darstellung rechts). Spannungs-
riß- und Wasserlinienkorro-
sion entfallen. Leichte
Schrägstellung (2° bis 3°)
des Wärmeaustauschers
fördern eine gute Entlüf-
tung.

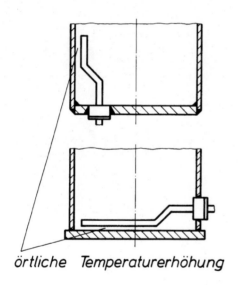

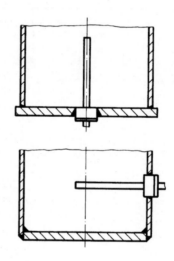

örtliche Temperaturerhöhung

**Anordnen von Heizelemen-
ten in Behältern**

Heizelemente sollen so angeordnet werden, daß die
Behälterflüssigkeit gleichmäßig aufgeheizt wird, und
daß keine Hohlräume zwi-
schen Behälterwand und
Heizelement entstehen
(wie Darstellungen rechts).
Flächen- und Spannungs-
rißkorrosion werden ver-
mieden.

Schweißen von Lagerzapfen, Welle-Nabe-Verbindung

Schweißstellen sind aus dem Bereich von Querschnittsveränderungen in Bereiche geringerer mechanischer Beanspruchung zu legen (wie Darstellung rechts). Dadurch wird bei Wechselbeanspruchung und vor allem unter Einwirken korrosiver Medien, die Schwingungsrißkorrosion eingeschränkt.

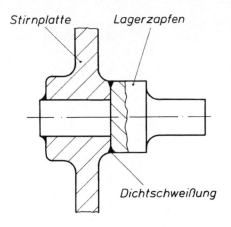

Stirnplatte *Lagerzapfen*

Dichtschweißung

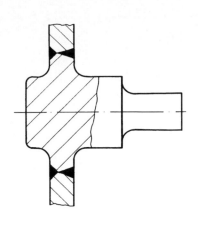

Zylindrische Welle-Nabe-Verbindung

Spalte können bei geringer mechanischer und thermischer Beanspruchung durch Klebeverbindungen vermieden werden (wie Darstellungen rechts). Somit werden Spalt- und bei artverschiedenen Metallen, Kontaktkorrosion abgewandt.

Bei geringer mechanischer Beanspruchung und niedrigen Temperaturen

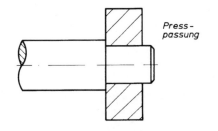

Presspassung

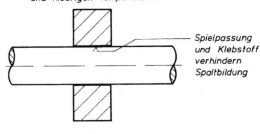

Spielpassung und Klebstoff verhindern Spaltbildung

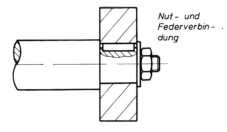

Nut- und Federverbindung

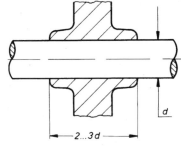

aufgeklebtes Kunststoffteil (hier mit vergrösserter Oberfläche) verhindert Kontaktkorrosion

2...3d   *d*

Abgedichtete Paßfeder für Welle-Nabe-Verbindung

Dichtungsringe sind zu verwenden, um korrosive Medien von Nut und Feder fernzuhalten. Bei sehr starker korrosiver Beanspruchung ist auch die Befestigungsmutter zu schützen (wie Darstellung rechts). Somit werden Spalt- und Reibkorrosion vermieden.

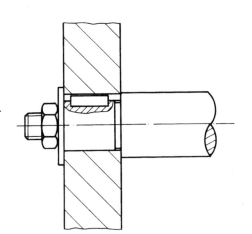

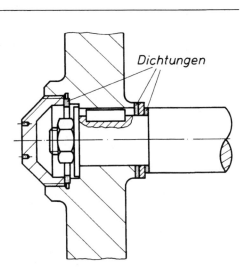

Dichtungen

abgedichtete Laufradbefestigung

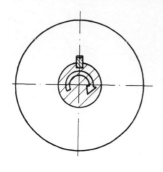

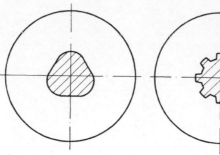

Polygon - Profil *Keilwellen - Profil*

Welle-Nabe-Verbindung

Welle-Nabe-Verbindungen sind so zu gestalten, daß eine möglichst gleichmäßige Spannungsverteilung gewährleistet ist (wie Darstellung rechts). Dadurch werden örtliche Spannungsspitzen und Schwindungsrißkorrosion vermieden.

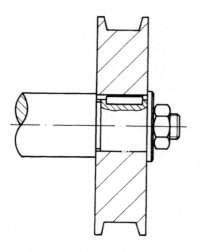

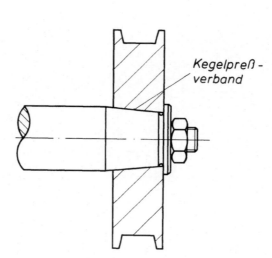

Kegelpreß-verband

Welle-Nabe-Verbindung

Der Anpreßdruck zwischen Welle und Nabe muß groß genug sein, um Relativbewegungen und damit Reibkorrosion zu vermeiden. Kegelschrumpfverbindungen (wie Darstellung rechts), Schweißen, Löten, Kleben oder ein ganzes Bauteil sind Lösungsmöglichkeiten.

Schmutzablagerungen

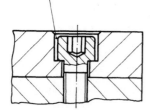

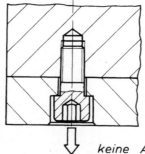

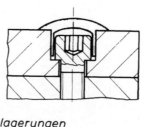

Feuchtigkeit dringt in Spalte ein

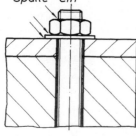

keine Ablagerungen

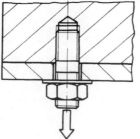

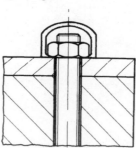

Anordnen von Schraubverbindungen

Verbindungselemente wie Schrauben, Muttern u.s.w., sind so anzuordnen, daß Selbstreinigung bzw. freier Abfluß von Verunreinigungen erfolgen kann. Spalte sollen sich möglichst an der Unterseite von Bauteilen befinden. Ferner verhindern aufgesetzte Kunststoffkappen und Dichtungsmassen Korrosion unter Ablagerungen und Spaltkorrosion (wie Darstellungen rechts).

Preßverbindung Welle-Kappe

Mehrfach-Preßverbindungen sind zu vermeiden (wie Darstellung rechts). Spannungsrißkorrosion durch unterschiedliche Wärmedehnung der Bauteile und Reibkorrosion durch Relativbewegung entfallen.

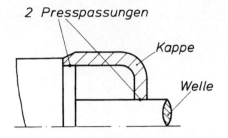

2 Presspassungen
Kappe
Welle

Doppelt geschrumpfte Kappe

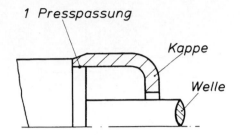

1 Presspassung
Kappe
Welle

Fliegende oder einfach geschrumpfte Kappe

Exzenterbuchsen für Radialgleitlager

Die aufgrund geringer Relativbewegung zwischen Buchse und Zapfen entstehende Reibkorrosion, kann durch Beschichten (z. B. mit Chrom) sowie ausreichende Schmierung durch wendelförmige Nuten verhindert werden (wie Darstellung rechts).

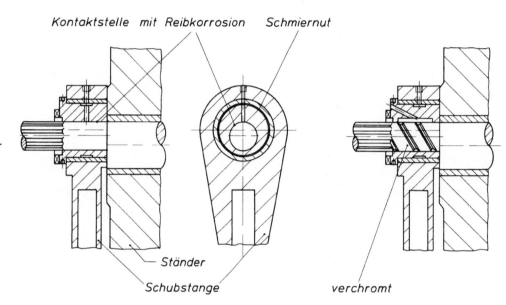

Kontaktstelle mit Reibkorrosion   Schmiernut

Ständer

Schubstange

verchromt

Spurzapfen bei Mischverbindungen, Axialgleitlager

Schmierdepots oder Kunststoffzwischenlagen sollten bei selten bewegten Teilen eingebaut werden, um Abrieb durch Relativbewegung und Reibkorrosion zu vermeiden (wie Darstellungen rechts).

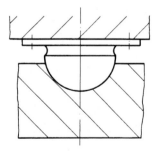

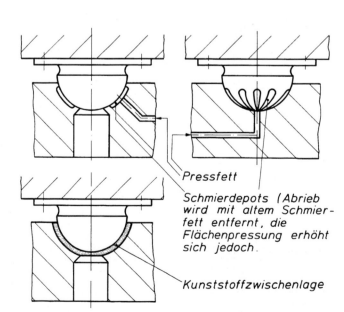

Pressfett

Schmierdepots (Abrieb wird mit altem Schmierfett entfernt, die Flächenpressung erhöht sich jedoch.

Kunststoffzwischenlage

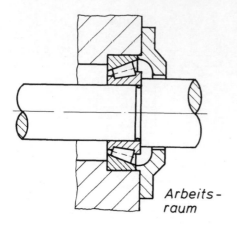

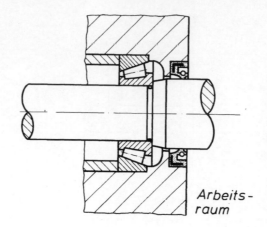

Abdichten von Wälzlagern

Lager sind z. B. vor Eintritt von Kühlschmieremulsion durch entsprechende Dichtungen zu schützen, um Flächen- und Muldenkorrosion zu verhindern (Darstellung rechts ist eine von zahlreichen Möglichkeiten).

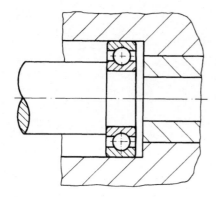

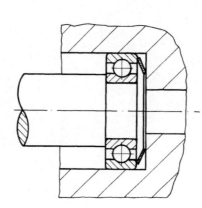

Wälzlager für z. B. Kleinmotor

Der Außenring des Loslagers ist mit einem Federelement gegen das Gehäuse axial abzustützen (wie Darstellung rechts). Dadurch werden Relativbewegung und Reibkorrosion vermieden.

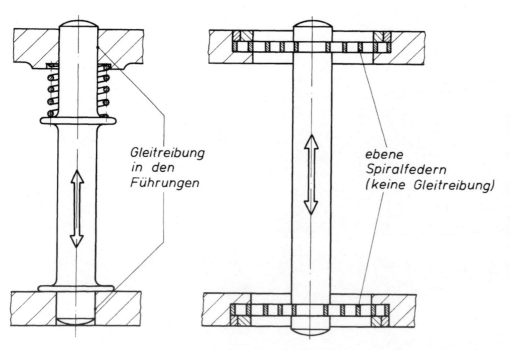

Bolzenführungen

Führungen mit Gleitreibung sind bei Gegenwart korrosiver Medien zu meiden. Möglichst Führungen mit Rollreibung, Blatt- oder Spiralfederlagerung (siehe Beispiel rechts für Schnellschlußbolzen) oder Gummilagerung einsetzen, um Reib- und Spaltkorrosion durch Abriebprodukte und Verunreinigungen zu verhindern.

Führung für Schraubenfeder

Tote Winkel im Einbauraum und direkten Kontakt bei artgleichen Werkstoffen zwischen Feder und Führung durch Beschichtung vermeiden. Sonst entsteht evtl. Kontaktkorrosion. Abstand zwischen Feder und Einbauraum groß genug wählen, um Spaltkorrosion zu verhindern (wie Darstellung rechts).

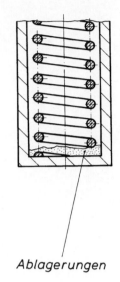

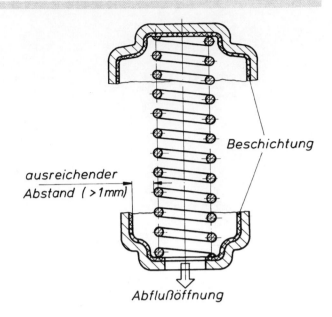

Beschichtung

ausreichender Abstand (>1mm)

Ablagerungen

Abflußöffnung

Biegezonen an Blechteilen

Bauteile sind so zu konstruieren, daß beim Kaltumformen möglichst geringe Verformungsgrade erforderlich sind (wie Darstellung rechts). Dadurch sind die Eigenspannungen und die Neigung zur Spannungsrißkorrosion gering. Eigenspannungen können durch Spannungsarmglühen oder Kugelstrahlen abgebaut werden.

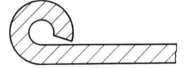

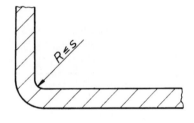

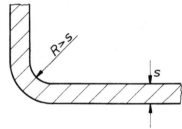

$R \leq s$

$R > s$

s

Bleche aus austenitischem CrNi - Stahl

Sicken und Falze an Blechteilen

Waagerechte Bereiche sind zu vermeiden und Ablauföffnungen vorzusehen, um keine Korrosion unter Ablagerungen entstehen zu lassen (wie Darstellungen rechts). Falze an Blechunterkanten können auch mit Kunststoffen ausgegossen werden.

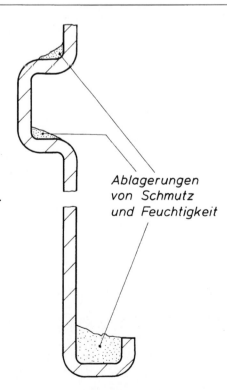

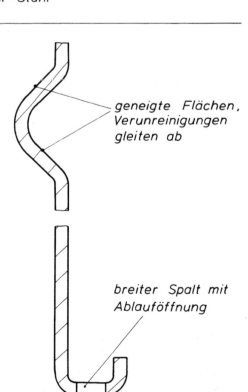

geneigte Flächen, Verunreinigungen gleiten ab

Ablagerungen von Schmutz und Feuchtigkeit

breiter Spalt mit Ablauföffnung

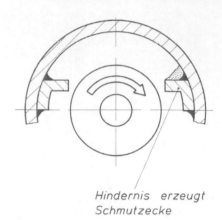
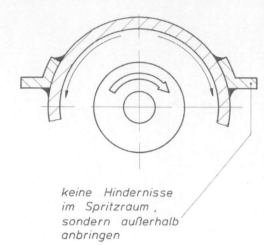

Hindernis erzeugt Schmutzecke

keine Hindernisse im Spritzraum, sondern außerhalb anbringen

Vorstehende Kanten und Profile

Spritzbleche sind so zu konstruieren, daß Schmutzablagerungen und folglich Korrosion vermieden werden. Befestigungselemente z. B. sind außerhalb des Spritzbereiches anzuordnen (wie Darstellung rechts).

---

1 Wärmedämmstoff   2 Gerätewand (Stahl)
3 metall. Überzug (z.B. Feuerverzinkung)
4 Beschichtung
5 Geflecht als tragendes Element

Wärmedämmung von Blechteilen

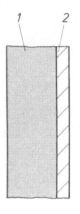
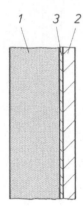
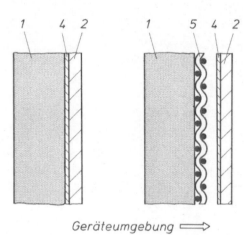

⟸ Geräteinnenraum

Geräteumgebung ⟹

Wärmeflußrichtung ⟹

Das Wärmedämmaterial ist möglichst ganzflächig auf ein beschichtetes Blech zu kleben. Dadurch werden Kondensation an der kälteren Gehäusewand, Schadstoffaustritt aus dem Dämm- oder Klebstoffmaterial und damit Flächen- und Muldenkorrosion vermieden. Geflecht als tragendes Element ermöglicht Luftzirkulation. (Die 3 Darstellungen rechts sind von links nach rechts günstiger.)

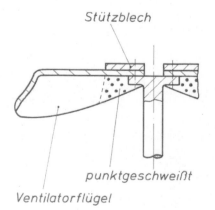
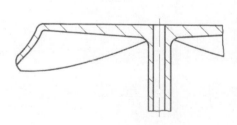

Stützblech

punktgeschweißt

Ventilatorflügel

Befestigung von Ventilatorflügeln

Ventilatorflügel sollten aus einem Stück gefertigt werden, um Schwingungsriß- und Spaltkorrosion zu vermeiden (wie Darstellung rechts).

Riemenscheibe

Riemenscheiben sollten aus einem Stück gefertigt werden, um Reibkorrosion und in Gegenwart von korrosiven Medien Spaltkorrosion zu vermeiden. Ferner kann der Spalt abgedichtet werden (wie Darstellungen rechts).

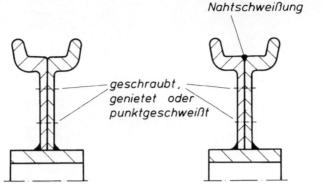
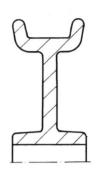

elastische
Abdichtmasse oder
Nahtschweißung

geschraubt,
genietet oder
punktgeschweißt

Felge

Möglichst aus einem Stück fertigen oder Nahtschweißen von Radscheibe und Felge (s. Darstellungen rechts). Kontakt unterschiedlicher Werkstoffe vermeiden. Dies verhindert Spalt- und Kontaktkorrosion sowie Reibkorrosion bei mechanischen Schwingungen.

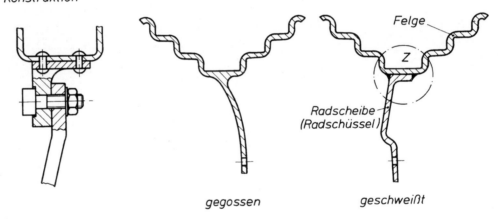

Einzelheit Z bei genietet/geschraubter Konstruktion

Felge

Radscheibe (Radschüssel)

gegossen   *geschweißt*

Funktionsflächen an Gußteilen

Korrosionsbeanspruchte Gußteile sollen so konstruiert werden, daß das Nachbearbeiten entfällt (wie Darstellung rechts). Angüsse sind an unkritischen Stellen vorzusehen, z. B. im Bereich dicker Wandung oder mechanisch gering beanspruchter Stellen. Die Gußoberfläche bleibt erhalten und die Gefahr der Flächen- und Lochkorrosion verringert sich.

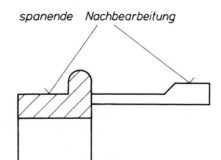
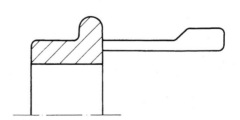

spanende Nachbearbeitung

Fertigguss
keine spanende Nachbearbeitung

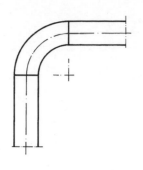
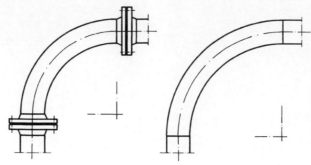
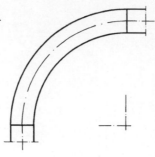

enger Rohrbogen
(innen unbeschichtet)

innen beschichteter
Rohrbogen

weiter Rohrbogen
(innen unbeschichtet)

Rohrbogen

Rohrbögen möglichst innen beschichten oder mit großen Bogenradien ausführen, um Errosionskorrosion, insbesondere bei hohen Strömungsgeschwindigkeiten, zu vermeiden (wie Darstellungen rechts).

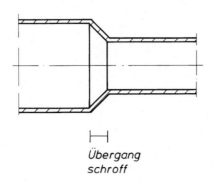
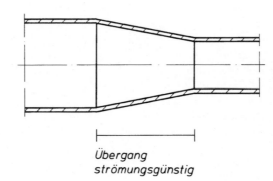

Übergang
schroff

Übergang
strömungsgünstig

Reduzierstück für Rohrleitung

Querschnittsänderungen in Rohrleitungen sollen strömungsgünstig sein, um Wirbel und Errosionskorrosion zu verhindern (wie Darstellung rechts).

starre Ausführung

nachgiebige
Ausführung

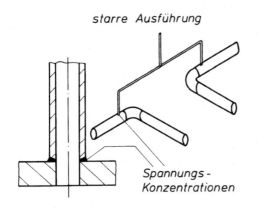
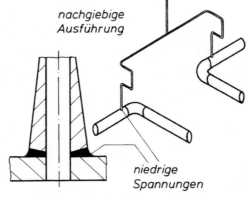

Spannungs-
Konzentrationen

niedrige
Spannungen

Schweißverbindung an Probenahmeleitung

Probenahmeleitungen sind so zu konstruieren, daß sie stark nachgiebig sind und Spannungen abgebaut werden können (wie Darstellung rechts). Spannungsrißkorrosion wird vermieden.

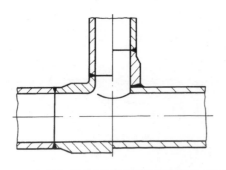
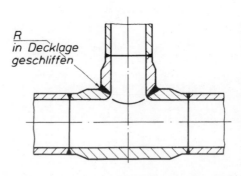

R
in Decklage
geschliffen

T-Stück

Schroffe Übergänge vom Rohr zur Abzweigung vermeiden sowie Anschlüsse und Übergänge spannungs-, fluß- und schweißgerecht konstruieren (wie Darstellung rechts). Spannungsrißkorrosion wird vermieden.

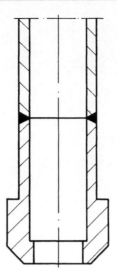
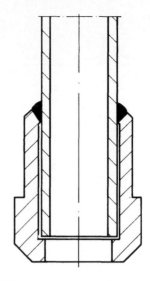

Vorschweißmuffe

Übergeschobene Schweißmuffen sind durch vorgeschweißte Muffen zu ersetzen (wie Darstellung rechts). Ringspalte zwischen Rohr und Muffenwand entfallen und Spaltkorrosion wird verhindert.

Schweißverbindung unterschiedlicher Rohrwanddicken

Schweißnaht und Querschnittsübergang sind auseinanderzulegen, um Spannungsrißkorrosion zu vermeiden (wie Darstellung rechts).

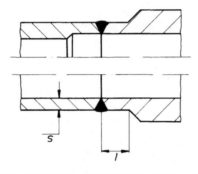
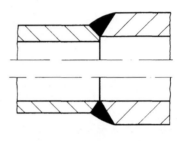

Rohr-Schweißverbindung

V-Nähte sind der Muffenverbindung vorzuziehen. Ringspalte und Spaltkorrosion entfallen (wie Darstellung rechts).

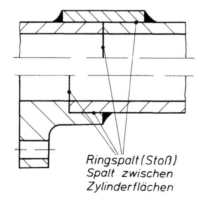
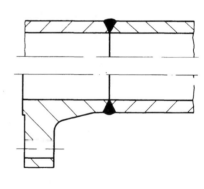

Ringspalt (Stoß)
Spalt zwischen
Zylinderflächen

Rohr-Schweißverbindung

Spalte an Schweißstößen sind zu vermeiden durch
a) Schutzgasschweißen
b) Schweißen mit Zwischenring, der mit dem Wurzelschweißgut verschmilzt
c) Schweißen mit Einlegering und Entfernen desselben (wie Darstellungen rechts). Spalt- und Spannungsrißkorrosion entfallen.

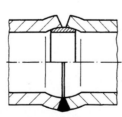
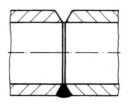
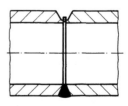

Schweißung mit
Einlegering

Schutzgas-
schweißung

Wurzellage mit
Zwischenring
geschweißt

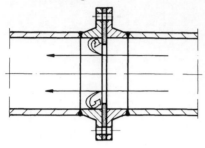

Wirbelbildung

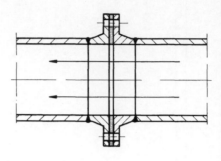

Flachdichtung an Flanschverbindung

Der Innendurchmesser der Flachdichtung soll gleich dem des Rohres sein, um Turbulenzen und Erosionskorrosion zu vermeiden (wie Darstellung rechts). Bei zu großem Durchmesser ist Gefahr von Spaltkorrosion gegeben.

Flanschverbindung unterschiedlich edler Werkstoffe

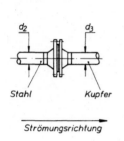

Stahl — *Kupfer*

Strömungsrichtung

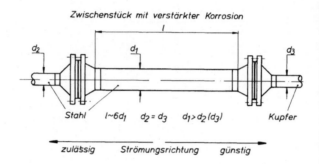

Zwischenstück mit verstärkter Korrosion

Stahl $l \sim 6d_1$ $d_2 = d_3$ $d_1 > d_2 (d_3)$ *Kupfer*

zulässig   *Strömungsrichtung*   *günstig*

Diese Konstruktions-Maßnahme ist nur anzuwenden, wenn keine Beschichtung im Rohrinneren vorgesehen ist und die übliche elektrische Isolation zwischen den Flanschen nicht angewendet werden kann. Rohr-Verbindungen unterschiedlich edler Metalle sind zu vermeiden. Ansonsten kann ein leicht austauschbarer Zwischenflansch eingesetzt werden, auf den sich die entstehende Kontaktkorrosion beschränkt (wie Darstellung rechts). Sein Durchmesser soll größer sein als der des edleren Rohres.

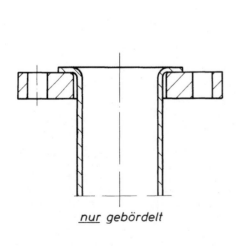

nur gebördelt

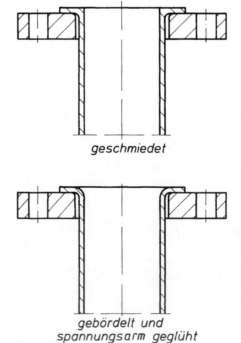

geschmiedet

gebördelt und spannungsarm geglüht

Lose Flanschverbindung

Eigenspannungen durch Kaltverformen sind durch Schmieden oder Spannungsarmglühen zu vermeiden (wie Darstellungen rechts). Spannungsrißkorrosion in aggressiven Medien entfällt.

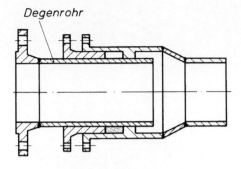

Degenrohr

Kompensator

Stopfbuchsendehner sind
im Bereich des Degenroh-
res bei Zutritt eines Elektrolyten der Korrosionsgefahr ausgesetzt. Wellrohr-
und Axial-Kompensatoren
(wie Darstellung rechts)
bieten Dehnungsausgleich
und Korrosionsschutz.

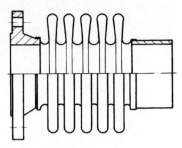

Stopfbuchsdehner

Axial - Kompensatoren

Gelenk-Kompensator

Bei Kardangelenk-Rohr-
stücken befinden sich in
der Nähe der Dichtungs-
packungen tote Räume, wo
Spalt- und Lochkorrosion
auftreten können. Gelenk-
Kompensatoren bieten be-
sonders großen Dehnungs-
und Versatzausgleich so-
wie Korrosionsschutz (wie
Darstellung rechts).

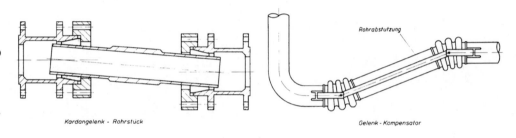

Kardangelenk - Rohrstück

Rohrabstutzung

Gelenk - Kompensator

Flossenrohr

Zweiflossenrohre verwen-
den, um Gefügeänderun-
gen und selektive Korro-
sion sowie Spannungskor-
rosion zu vermeiden (wie
Darstellung rechts).

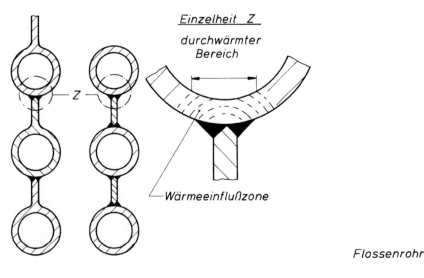

Z

Einzelheit Z

durchwärmter
Bereich

Wärmeeinflußzone

Flossenrohr

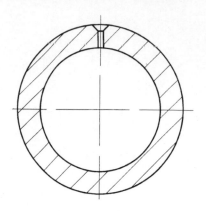

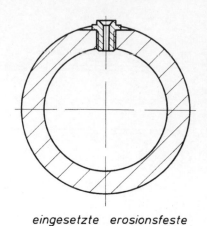

eingesetzte erosionsfeste
Düse

Düsenbohrung

Eingesetzte erosionsfeste
Düsen (z. B. aus Keramik)
verhindern bei einem im
Rohr bestehenden Druck
Erosionskorrosion und das
Aufweiten der Bohrung.

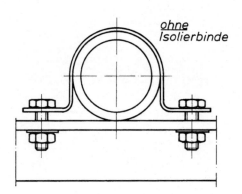

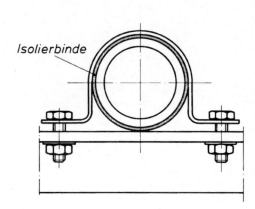

Rohrschelle

Rohrleitung und Schelle
sind mittels Beilagen, Iso-
lierbinden u.s.w. elektrisch
zu isolieren (wie Darstellung rechts). Kontaktkorrosion bei verschieden edlen
Metallen und Spaltkorro-
sion werden vermieden.

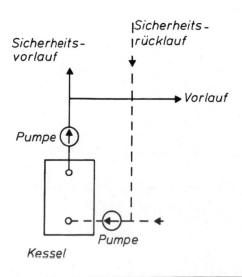

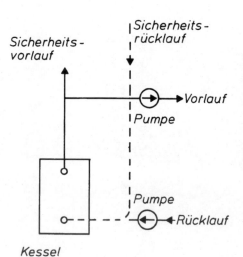

Heizungsanlage

Umwälzpumpen sind in
ganz bestimmten Rohrab-
schnitten einzubauen, um
Unterdruck im Rohrsystem
zu vermeiden (wie Darstellung rechts). Lufteintritt sowie Loch- und Muldenkor-
rosion werden verhindert.

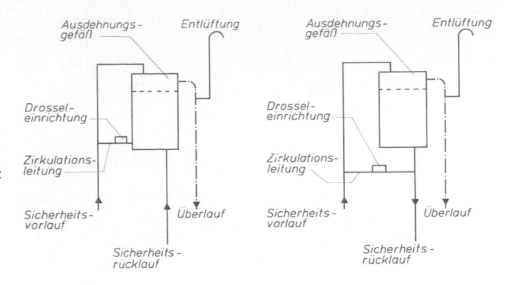

Heizungsanlage

Bei Ausdehnungsgefäßen ist darauf zu achten, daß kein Sauerstoff aus der Luft in das Heizwasser gelangt. Besonders gefährdet sind offene Ausdehnungsgefäße. Die Darstellung rechts zeigt einen günstigen Verlauf der Zirkulationsleitung.

Heizungsrohrleitung

Saugfähige Rohrauflagen (z. B. Holzklötze) bei einbetonierten Rohrleitungen sind zu vermeiden. Geeignet sind Tragkörper aus Beton oder Stahl (wie Darstellung rechts). Somit können Feuchtigkeit und Schadstoffe nicht aufgesogen werden und Lochkorrosion wird verhindert.

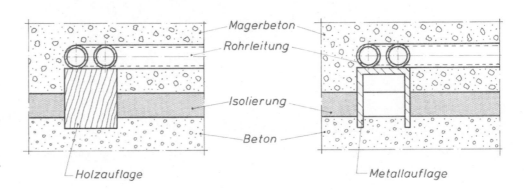

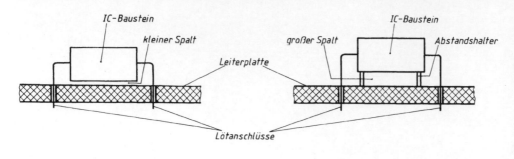

IC-Baustein

kleiner Spalt

Leiterplatte

Lötanschlüsse

IC-Baustein

großer Spalt

Abstandshalter

Anordnen von Bauelementen auf Leiterplatten

Genügend große Spalte zwischen IC-Bausteinen und Leiterplatten vorsehen, um Korrosion durch verbleibende Flußmittelreste vom Löten im Spalt zu vermeiden (wie Darstellung rechts). Maßnahmen sind Abstandshalter, besondere Formen der Lötanschlüsse (siehe rechts unten) oder besondere Anordnung der Bauelemente (stehend).

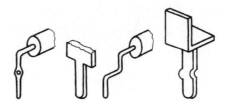

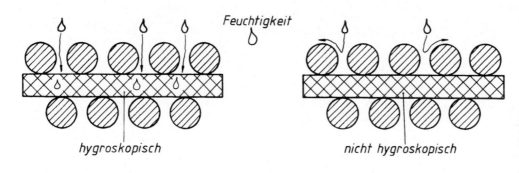

Feuchtigkeit

hygroskopisch

nicht hygroskopisch

Isolierstofflagen zwischen Wicklungen

Hygroskopische Isolierschichten (z. B. Triazetatfolie) verwenden (wie Darstellung rechts) sowie Kupferlackdraht mit möglichst großem Durchmesser einsetzen, da die Qualität der Lackisolation mit zunehmendem Durchmesser zuverlässiger wird. Bei kleinen Leistungen (geringer Wärmebelastung) sind die Wicklungen in aushärtendes Kunstharz einzubetten. Somit werden bei angelegter Gleichspannung das Wandern von Feuchtigkeit und Korrosion des Wickeldrahtes durch anodische Strombelastung vermieden.

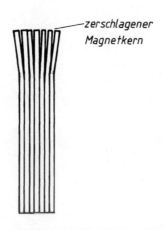

zerschlagener Magnetkern

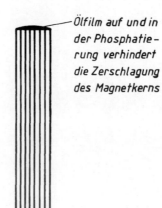

Ölfilm auf und in der Phosphatierung verhindert die Zerschlagung des Magnetkerns

Magnetkern/Blechpaket für Schaltschütz

Stirnfläche des Magnetkerns brünieren oder phosphatieren und einölen, um ein Zerschlagen und Aufpilzen des Kerns durch die Aufschlagwucht des Ankers zu vermeiden (wie Darstellung rechts). Spaltkorrosion wird verhindert. Harzfreie Öle benutzen.

Eisenkern/Blechpaket für Transformator

Nietköpfe beidseitig schlagen (wie Darstellung rechts), um Spalte zwischen den Lamellen zu vermeiden. Keine Überstände an freien Blechenden vorsehen, Rohrniete verwenden, bei höheren Frequenzen Sinterwerkstoffe für Eisenkern einsetzen, Verschweißen der Blechpakete und anschließend Tränken in Harz. Somit wird Spaltkorrosion vermieden.

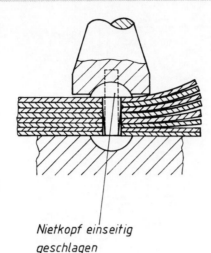
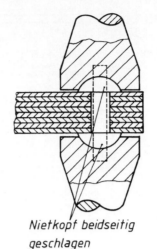

WIG geschweißt

Nietkopf einseitig geschlagen

Nietkopf beidseitig geschlagen

Eisenkern mit Polyamid-Ummantelung

Direkten Kontakt zwischen Polyamid und Eisen durch eine Zwischenschicht vermeiden. Dies verhindert Kondensation am Eisenkern von durch Polyamid durchgedrungenem Wasserdampf. Spaltkorrosion entfällt.

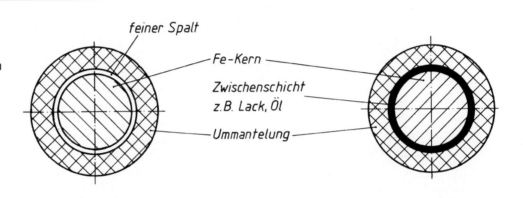

feiner Spalt

Fe-Kern

Zwischenschicht z.B. Lack, Öl

Ummantelung

Messing-Halterung für Ferritkerne und Drahtwiderstände

Große Biegeradien vorsehen, um Zugspannungen und Spannungsrißkorrosion zu verringern (wie Darstellungen rechts). Andere Halterungs-Werkstoffe verwenden, da Messing besonders gefährdet ist in Gegenwart von Ammoniak, Ammoniumsalzen und verschiedenen organischen Aminen.

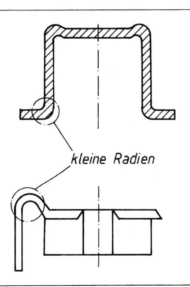
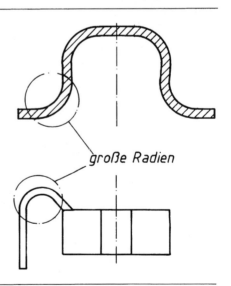

kleine Radien

große Radien

Kontaktdurchführung an Relais

Das Bilden von Kapillarspalten bei Wärmeentwicklung ist mittels Schutzgaskontakten im Metallgehäuse oder kunststoffgebecherten Relais zu vermeiden (wie Darstellung rechts).

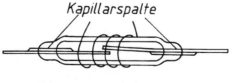

Kapillarspalte

Dry-Reed-Kontakt

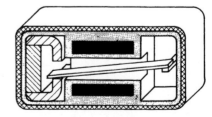

kunststoffgebechertes Relais

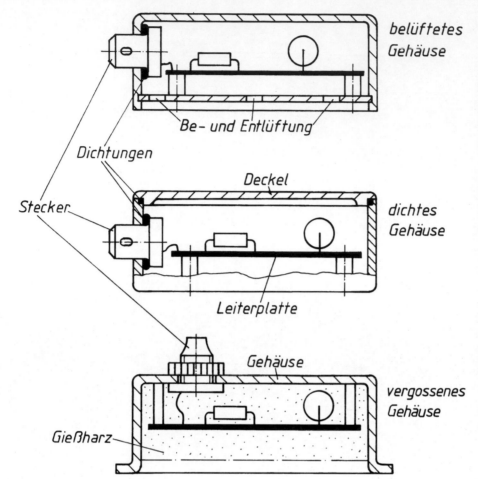

belüftetes Gehäuse

Be- und Entlüftung

Dichtungen

Deckel

Stecker

dichtes Gehäuse

Leiterplatte

Gehäuse

vergossenes Gehäuse

Gießharz

Gehäuse-Ausführungen

Günstig sind
a) *belüftetes Gehäuse*
Feuchtigkeitsrückstände werden schnell abgeführt, Einbaulage ist nicht beliebig, einfach und kostengünstig zu fertigen
b) *dichtes Gehäuse*
konstantes Innenklima (meist Überdruck) durch druckbeständige Abdichtungen, Einbaulage ist frei wählbar, gut zu reparieren, relativ teuer
c) *vergossenes Gehäuse*
vollständig mit Gießharz ausgefüllte Hohlräume schützen die elektrischen Bauteile vor Korrosion, guter Korrosionsschutz, kann nicht repariert werden. Flächen- und Muldenkorrosion werden vermieden.

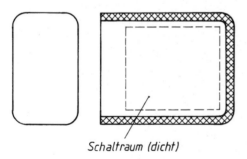
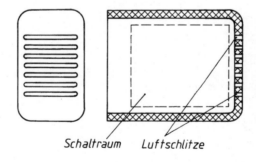

Schaltraum (dicht)

Schaltraum   Luftschlitze

Relaisgehäuse

Luftschlitze und Bohrungen in Kunststoffgehäusen vorsehen, um beim Schalten von Kontakten die entstehenden Gase entweichen zu lassen (wie Darstellung rechts). Die Gase führen ansonsten zu Flächen- und Muldenkorrosion an Schaltkontakten und zum Kontaktversagen.

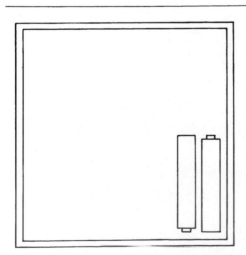
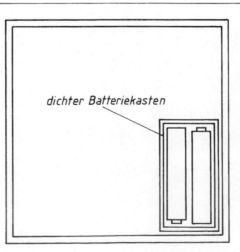

dichter Batteriekasten

Batteriekasten

Batterien und Akkumulatoren sollen in einem separaten und dichten Gehäuse untergebracht werden, das im Schadensfall austauschbar ist (wie Darstellung rechts). Somit können freiwerdende Elektrolyte und austretende Säuren keine weiteren Gerätebereiche schädigen. Bei Geräten mit bevorzugter Gebrauchslage soll die Anode nach oben weisen.

Nachbearbeitetes Kunststoffgehäuse

Im Schaltraum keine Nachbearbeitungsflächen vorsehen. Belüftung einrichten. Gehäuse ohne frisch nachbearbeitete Kanten und Öffnungen verwenden (Zwischenlagern), da an diesen Stellen verstärkt Weichmacher und Monomerreste austreten und als nichtleitende Dickschichten niederschlagen können.

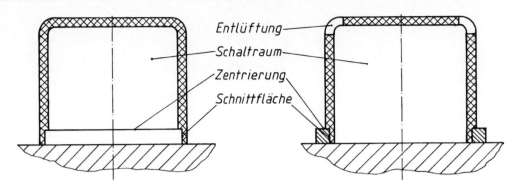

- Entlüftung
- Schaltraum
- Zentrierung
- Schnittfläche

Thermoplast-Gehäuse auf Formaldehydbasis

Temperaturen durch Kühlen unter 80 °C halten, um Austritt von Formaldehyd und Korrosion mit Metallteilen zu vermeiden. Ausreichende Entlüftung vorsehen. Luftfeuchtigkeit im Gehäuseinneren durch hygroskopische Materialien vermindern. Kunststoffteile vor dem Einbau künstlich altern. Spanendes Nachbearbeiten bei der Montage und Bruchstellen vermeiden.

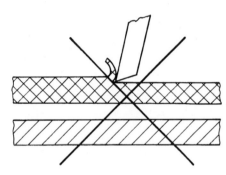

keine spanende Bearbeitung

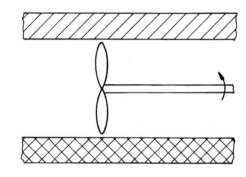

gut durchlüften

Längsbewegliche Gehäusedurchführung

Baugruppen mit beweglichen Gehäusedurchführungen sind so anzuordnen, daß die Dichtstellen dem korrosiven Medium abgewandt sind (wie Darstellung rechts). Somit verschleißen die Dichtungen weniger und Korrosion im Gehäuseinneren wird vermieden.

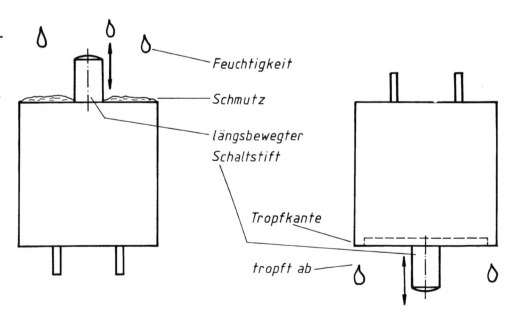

- Feuchtigkeit
- Schmutz
- längsbewegter Schaltstift
- Tropfkante
- tropft ab

mit O-Ringen
(Drehbewegung)

Potentiometer

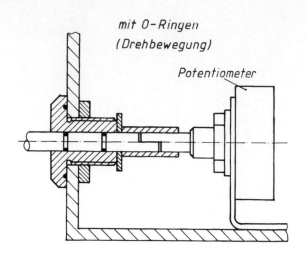

Mechanische, gasdichte Gehäusedurchführung

An gasdichten Gehäusedurchführungen nur die unbedingt notwendigen Elemente nach außen führen. Bei bewegten Durchführungen O-Ringe verwenden (wie Darstellung oben). Elastische Membranen bieten sicheren Schutz vor Kontakt- und Flächenkorrosion (wie Darstellung unten).

mit Membran
(Längsbewegung)

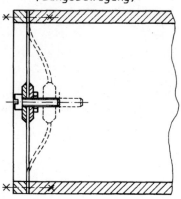

Glas

verschweiß-
tes Blätt-
chen

Halbleiter

Kontaktstift

Bereich — gasdicht
undicht

Kontaktstift

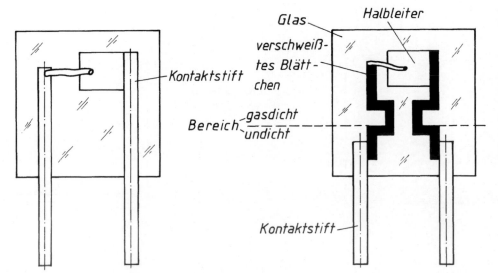

Elektrische, gasdichte Gehäusedurchführung

Für Glaseinschmelzungen sind Werkstoffe mit annähernd gleichen Wärmeausdehnungskoeffizienten zu verwenden. Guten Wärmeübergang zwischen Kontaktstift und Glas bieten:
a) langer Preßsitz
b) abgewinkelte Stifte
c) Blättchen statt Draht (wie Darstellung rechts)

Gehäuse mit Schaltelementen

Werden Schalt- und Stellelemente in feuchter Umgebung eingesetzt, sind die Bedienelemente mit einer elastischen Membrane luftdicht abzudichten. Das Verschrauben von Deckel und Gehäuse mit dazwischen befindlicher Dichtleiste, muß außerhalb der Dichtung erfolgen, damit keine Feuchtigkeit eindringt, sich keine Beläge auf den elektrischen Kontakten bilden sowie Flächen- und Taupunktkorrosion vermieden werden (siehe Darstellung).

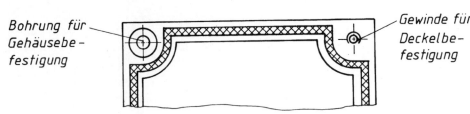

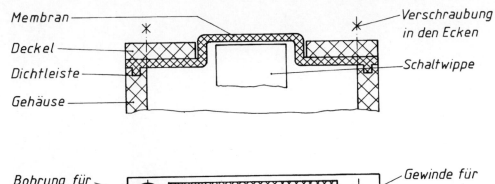

Membran — Deckel — Dichtleiste — Gehäuse — Verschraubung in den Ecken — Schaltwippe

Bohrung für Gehäusebefestigung — Gewinde für Deckelbefestigung

Lötverbindung

Für großflächige Bauteile Ofenlötung bevorzugen, da hierbei das aggressive, korrosive Flußmittel ohne Rückstände verdampft (wie Darstellung rechts). Großes Temperaturgefälle beim Kolbenlöten ist durch thermisches Isolieren (z. B. Laschen, Lötfahnen) zu vermeiden

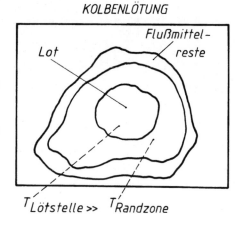

KOLBENLÖTUNG

Lot — Flußmittelreste

$T_{Lötstelle} \gg T_{Randzone}$

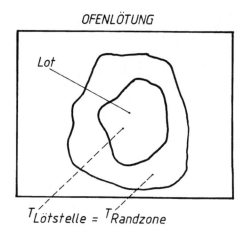

OFENLÖTUNG

Lot

$T_{Lötstelle} = T_{Randzone}$

Lötverbindung, Lötspalt

Zu enge und zu breite Lötspalte vermeiden. Optimal sind 0,05 bis 0,25 mm (wie Darstellung rechts). Dies verhindert Korrosion im ansonsten verbleibenden Spalt (zu breit) und Kaltlötstellen (zu eng).

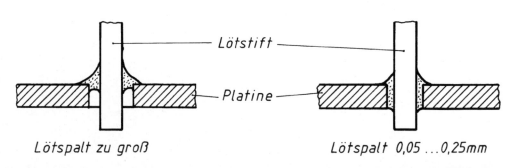

Lötstift — Platine

Lötspalt zu groß — Lötspalt 0,05 ...0,25mm

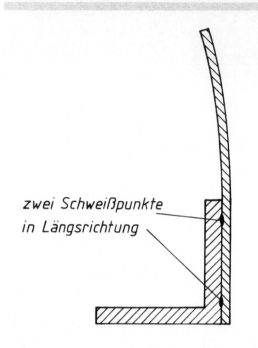

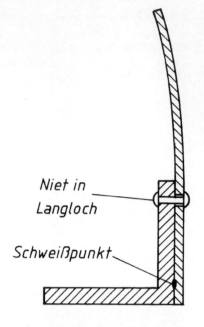

zwei Schweißpunkte in Längsrichtung

Niet in Langloch

Schweißpunkt

Angeschweißter Bimetall-streifen, Kontaktfeder

Wärmedehnspannungen sind zu vermeiden. Durch einen Schweißpunkt in Längsrichtung und eine längsbewegliche Nietver-bindung werden Zugspan-nungen und Spannungsriß-korrosion verhindert (wie Darstellung rechts).

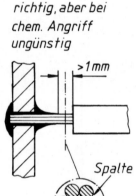

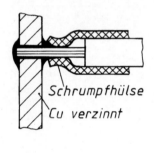

richtig, aber bei chem. Angriff ungünstig

>1mm

Spalte

keine Spalte, aber Bruchge-fahr

Schrumpfhülse
Cu verzinnt

Cu-Draht (Vollmaterial)

Kabel-Anschlußstellen

Ungeschützte Kupferlitze sind durch Aufschrumpfen von Hülsen vor aggressi-ven Medien zu schützen. Oder Cu-Vollmaterial ver-wenden (wie Darstellung rechts) und Schutzlack auf-bringen. Somit können in die feinen Spalte der Litze keine Feuchtigkeit und Schadstoffe eindringen. Spalt- und Flächenkorro-sion werden vermieden.

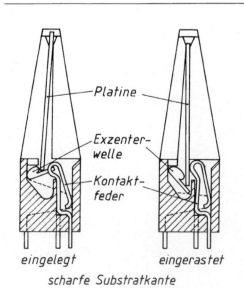

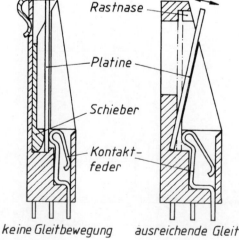

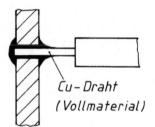

Platine

Exzenter-welle

Kontakt-feder

Rastnase

Platine

Schieber

Kontakt-feder

eingelegt   **eingerastet**

scharfe Substratkante schädigt Kontaktbelag

keine Gleitbewegung zwischen den Kontaktflächen

ausreichende Gleit-bewegung zwischen den Kontaktflächen

Steckkontakt, Federleiste

Lange Gleitwege beim Ein-schieben und rauhe Kanten an den Kontaktfedern ver-meiden. Bauteil schräg in die Halterung einführen und erst durch Schwenken die Kontaktfeder berühren (wie Darstellung rechts). Dies verhindert starken Ab-rieb sowie Reib- und Kon-taktkorrosion.

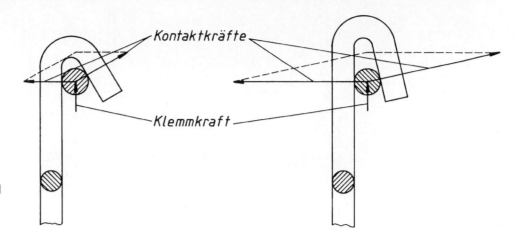

Draht-Klemmverbindung

Spitze Biegewinkel vorsehen, um hohe, beidseitig wirkende Klemmkraft zu erzielen (wie Darstellung rechts). Oxidschichten und Kontaktstörungen werden vermieden.

Verbindung Kabel-Kontaktfahne

Paarungen artverschiedener Metalle möglichst vermeiden und große Dichtflächen an Kabeldurchführungen vorsehen (wie Darstellung rechts). Unter Umständen Entlüftungslöcher im Gehäuse an ungefährdeten Stellen zum schnellen Trocknen von eingedrungener Feuchtigkeit vorsehen. Kontakt- und Spaltkorrosion werden vermieden.

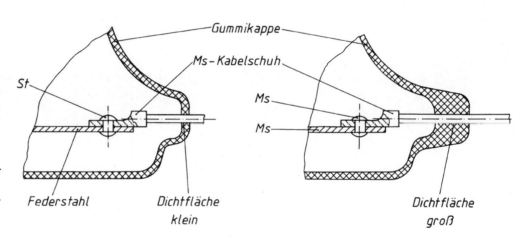

Schaltkontaktform

Durch zweckmäßige Kontaktform möglichst gleichmäßige Felddichte anstreben (wie Darstellungen rechts). Kontaktstelle darf nicht gleich der Schaltfunkenübergangsstelle sein. Belagsbildung und Lochkorrosion werden vermieden.

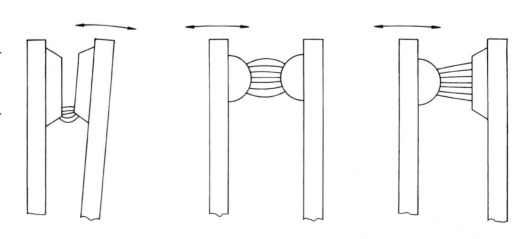

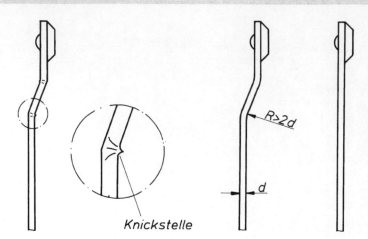

Kontaktträger

Gerade Kontaktträger oder solche mit einem Biegeradius R > 2d verwenden, um Knickstellen und somit Spannungsrißkorrosion durch Eigenspannungen zu vermeiden (wie Darstellungen rechts).

Knickstelle

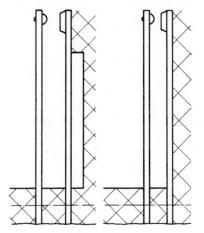
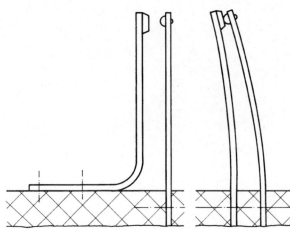

Anordnen von Kontaktträgern

Ausfedern von Kontaktfedern ermöglichen (Selbstreinigung der Kontaktstelle) wie die Darstellungen rechts zeigen. Die Kontaktkraft ist auf die vorgesehene Belastung und den Werkstoff abzustimmen. Muldenkorrosion und Belagsbildung entfallen.

Kontaktfedern starr   *Kontaktfedern schwingen aus*

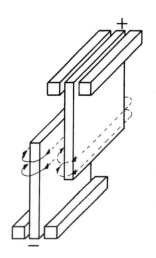
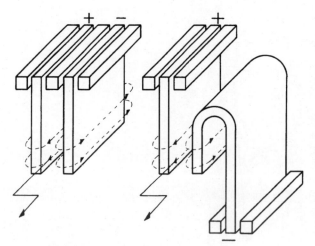

Anordnen von Leistungs-Schaltkontakten

Kontaktträger sind so anzuordnen, daß im Kontaktbereich der Strom gegenläufig fließt. Die im Spalt gleichgerichteten magnetischen Feldlinien drängen den Schaltfunken aus der Luftstrecke ab, so daß Oxidschichten durch Abbrand und Niederschlag vermieden werden.

Schaltfunke wird aus der Luftstrecke abgedrängt

Kontaktträger

Edelmetallauflagen sind erst aufzubringen, wenn der Kontaktträger seine endgültige Form (durch Schneiden, Stanzen, Biegen) erhalten hat. Günstig sind selektives Galvanisieren, aufgeschweißte Kontaktplättchen oder einseitig plattierte Kontaktniete. Nach den Darstellungen rechts werden Spannungsriß- und Kontaktkorrosion vermieden.

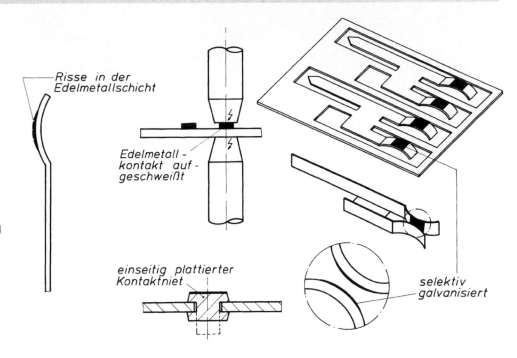

Risse in der Edelmetallschicht

Edelmetallkontakt aufgeschweißt

einseitig plattierter Kontaktniet

selektiv galvanisiert

Schleifkontakt

Der mechanische Verschleiß von Kontaktflächen und Schleifkontakten ist durch eingeebnete Leiterbahnen minimal zu halten. Reibkorrosion wird verhindert (wie Darstellung rechts).

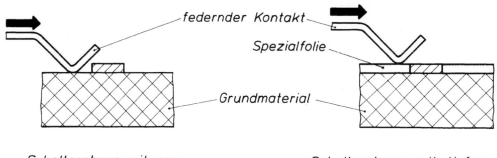

federnder Kontakt

Spezialfolie

Grundmaterial

Schalterebene mit normaler Kontaktfläche

Schalterebene mit tiefergelegter Kontaktfläche (flush print)

Schaltraum mit Verbindungsleitung

In Schalträumen mit Temperaturen $> 50\,°C$ sollen Kunststoffleitungen frei von Weichmacher- und Monomerresten sein (künstlich durch Wärme altern). Bei der Montage sind frische Schnittstellen an Kabelenden zu vermeiden. Schrumpfschläuche oder Kabelendverschlüsse verwenden. Flächenkorrosion und Belagsbildung entfallen nach den Darstellungen rechts.

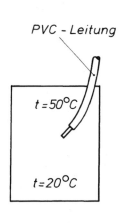

PVC - Leitung

$t = 50°C$

$t = 20°C$

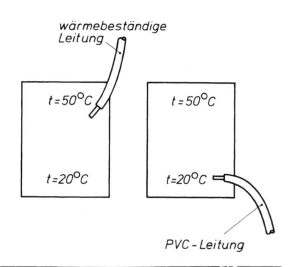

wärmebeständige Leitung

$t = 50°C$

$t = 20°C$

$t = 50°C$

$t = 20°C$

PVC - Leitung

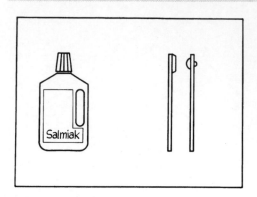 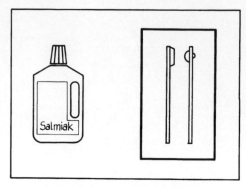

Schaltraum

Schaltkontakte sind vor aggressiven Dämpfen durch Verkapseln zu schützen. Flächen- und Spaltkorrosion sowie Deckschichtbildung werden vermieden. Palladium/Silberkontakte (50%/70%) sind sehr widerstandsfähig.

Schaltkontakte vor Reinigungs-
mitteldämpfen kapseln

Sachwortverzeichnis

Sachwortverzeichnis

Praktische Oberflächentechnik

Vorbehandeln – Beschichten – Prüfen

von Klaus-Peter Müller

1995. XII, 556 Seiten mit 436 Abbildungen und 69 Tabellen. Gebunden. DM 198,– ISBN 3-528-06562-1

Aus dem Inhalt: Mechanische Verfahren der Oberflächentechnik – Oberflächenbehandlung durch Strahlen – Öle und Fette in der Industrie – Reinigen und Einfetten – Phosphatieren – Chromatierverfahren und Brünierung – Beizen und Entrosten – Spültechnik nach Vorbehandlungen – Angewandte Vorbehandlungsverfahren – Auftragsschichten – Farben und Lacke – Das Emaillieren – Chemisches Metallisieren – Galvanisches Metallisieren – Schmelztauchschichten – Diffusionsschichten – Metallische Dickschichten – Dünnschichttechnologie – Chemische und anodische Oxidschichtbildung bei Aluminium – Behandlungsgerechtes Konstruieren – Korrosion metallischer Oberflächen – Reibung und Verschleiß – Grundzüge der Abwasserbehandlung im oberflächentechnischen Betrieb – Beschichtungsfehler und ihre Ursachen – Anmerkungen zu Prüfmethoden. Die wichtigsten DIN-Vorschriften

Das Buch entstand aus einer Vorlesungsreihe, die der Autor 1991 und 1992 an der TH Merseburg durchführte, und die Inhalt seiner Vorlesung an der Märkischen Fachhochschule Iserlohn ist.

Behandelt werden Produktions- und Herstellverfahren, die in der industriellen Oberflächentechnik eingesetzt werden. Das Buch ist keine Dokumentation wissenschaftlicher Grundlagenuntersuchungen. Es wird das Wissen dargestellt, das der Praktiker über die Fertigungsendstufe Oberflächentechnik benötigt.

Verlag Vieweg · Postfach 1546 · 65005 Wiesbaden

Bücher von Vieweg

Fertigungsgerechtes Gestalten von Gußstücken

von Eberhard Ambos

1992. 372 Seiten mit 231 Abbildungen und zusätzlichen Tabellen. Gebunden. DM 118,–
ISBN 3-528-04980-4

Aus dem Inhalt: Konstruktionsarten und Forderungen – Aspekte des fertigungsgerechten Gestaltens – Regeln für die Gußstückfertigung – Regeln für die Bearbeitung und Behandlung

In diesem Buch finden Sie als Konstrukteur, Technologe und Student der Fachrichtung Maschinenbau zum ersten Mal eine systematische Durchdringung des Problems als ganzheitliche Prozeßbetrachtung von der Schmelze bis zum fertigbearbeiteten und - behandelten Gußstück. Es wurden alle vorhandenen Regeln erfaßt und neu erarbeitet. Sie haben die bestmögliche Übersicht, weil alle Regeln nach technologischen Abschnitten zusammengefaßt wurden. Jede Regel wurde mit Begründung und Erläuterung ergänzt. Die Erläuterung wurde mit Beispielen belegt.

Verlag Vieweg · Postfach 1546 · 65005 Wiesbaden

Bücher von Vieweg

Roloff/Matek
Maschinenelemente

Normung, Berechnung, Gestaltung

von Wilhelm Matek, Dieter Muhs,
Herbert Wittel und Manfred Becker

13., überarbeitete Auflage 1994
XX, 690 Seiten mit 621 Abbildungen,
7 Tabellen, 73 vollständig durchge-
rechneten Beispielen und einem Tabellen-
buch. (Viewegs Fachbücher der Technik)
Gebunden. DM 62,–
ISBN 3-528-74028-0

Aus dem Inhalt: Allgemeine Grundlagen –
Normzahlen und Passungen – Festigkeit und
zulässige Spannung – Klebverbindungen –
Lötverbindungen – Schweißverbindungen –
Nietverbindungen – Schraubverbindungen –
Bolzen-, Stiftverbindungen, Sicherungsele-
mente – Elastische Federn – Achsen, Wellen
und Zapfen – Elemente zum Verbinden von
Wellen und Naben – Kupplungen – Lager –
Zahnräder und Zahnradgetriebe – Riemen-
getriebe – Kettengetriebe

Diese umfassende normgerechte Darstellung von Maschinenelementen für den Unter-
richt ist in ihrer Art bislang unübertroffen.
Durch fortwährende Überarbeitung sind alle
Bestandteile des Lehrsystems ständig auf
dem neuesten Stand und in sich stimmig. Die
ausführliche Herleitung von Berechnungsformeln macht die Zusammenarbeit und Hin-
tergründe transparent. Schnell anwendbare
Berechnungsformeln ermöglichen die sofor-
tige Dimensionierung von Bauteilen.

Verlag Vieweg · Postfach 1546 · 65005 Wiesbaden

Printed by Books on Demand, Germany